Peter Gründler

Chemische Sensoren

Springer
*Berlin
Heidelberg
New York
Hongkong
London
Mailand
Paris
Tokio*

Peter Gründler

Chemische Sensoren

Eine Einführung für Naturwissenschaftler
und Ingenieure

Mit 184 Abbildungen und 27 Tabellen

 Springer

Professor Dr. PETER GRÜNDLER
Universität Rostock
Fachbereich Chemie
Albert-Einstein-Str. 3a
18051 Rostock

ISBN 3-540-20984-0 Springer-Verlag Berlin Heidelberg New York

Bibliografische Information der Deutschen Bibliothek
Die Deutsche Bibliothek verzeichnet diese Publikation in der
Deutschen Nationalbibliografie; detaillierte bibliografische
Daten sind im Internet über <http://dnb.ddb.de> aufrufbar

Dieses Werk ist urheberrechtlich geschützt. Die dadurch begründeten Rechte, insbesondere die der Übersetzung, des Nachdrucks, des Vortrags, der Entnahme von Abbildungen und Tabellen, der Funksendung, der Mikroverfilmung oder der Vervielfältigung auf anderen Wegen und der Speicherung in Datenverarbeitungsanlagen, bleiben, auch bei nur auszugsweiser Verwertung, vorbehalten. Eine Vervielfältigung dieses Werkes oder von Teilen dieses Werkes ist auch im Einzelfall nur in den Grenzen der gesetzlichen Bestimmungen des Urheberrechtsgesetzes der Bundesrepublik Deutschland vom 9. September 1965 in der jeweils geltenden Fassung zulässig. Sie ist grundsätzlich vergütungspflichtig. Zuwiderhandlungen unterliegen den Strafbestimmungen des Urheberrechtsgesetzes.

Springer-Verlag ist ein Unternehmen von Springer Science+Business Media

© Springer-Verlag Berlin Heidelberg New York 2004
Printed in Germany
www.springer.de

Die Wiedergabe von Gebrauchsnamen, Handelsnamen, Warenbezeichnungen usw. in diesem Werk berechtigt auch ohne besondere Kennzeichnung nicht zu der Annahme, daß solche Namen im Sinne der Warenzeichen- und Markenschutz-Gesetzgebung als frei zu betrachten wären und daher von jedermann benutzt werden dürften.

Sollte in diesem Werk direkt oder indirekt auf Gesetze, Vorschriften oder Richtlinien (z.B. DIN, VDI, VDE) Bezug genommen oder aus ihnen zitiert werden sein, so kann der Verlag keine Gewähr für Richtigkeit, Vollständigkeit oder Aktualität übernehmen. Es empfiehlt sich, gegebenenfalls für die eigenen Arbeiten die vollständigen Vorschriften oder Richtlinien in der jeweils gültigen Fassung hinzuzuziehen.

Einbandgestaltung: Künkel & Lopka, Heidelberg
Satz: Digitale Druckvorlage des Autors

52/3020 UW – Gedruckt auf säurefreiem Papier – 5 4 3 2 1 0

Vorwort

Die chemischen Sensoren nehmen im deutschen Hochschulstudium einen sehr bescheidenen Platz ein, ganz im Gegensatz zu ihrer stetig wachsenden Bedeutung in weiten Bereichen der Gesellschaft, im Widerspruch aber auch zur intensiven Forschung auf diesem Gebiet. Die Zurückhaltung, mit der das Thema von vielen Hochschullehrern behandelt wird, liegt sicher zum Teil an der in Deutschland sehr ausgeprägten Abgrenzung der traditionellen Fachgebiete. Tatsächlich sind die chemischen Sensoren nicht widerspruchsfrei nur einem der etablierten Wissensgebiete zuzuordnen. Gehören sie zur Analytischen Chemie, wenn man sie als Miniatur-Analysatoren auffaßt, oder handelt es sich um „künstliche Sinnesorgane", mit denen die Ingenieure ihren Maschinen die Fähigkeit zum „Riechen" und zum „Schmecken" verleihen? In der Entstehungsgeschichte haben beide Gesichtspunkte eine Rolle gespielt. Wir haben es mit einem ausgeprägt interdisziplinären Gebiet zu tun. Wenn die chemischen Sensoren erfolgreich weiterentwickelt werden sollen, müssen Naturwissenschaftler und Techniker gleichermaßen mitwirken.

Der Grundgedanke des Buches besteht darin, die Lücken auszufüllen, die von den traditionellen Studiengebieten gelassen werden. Es wird angestrebt, daß Chemiker die notwendigsten physikalischen und technischen Grundlagen vorfinden, während Nichtchemikern ein Minimum an chemischem Grundwissen vermittelt werden soll. Vielen Lesern werden auch einige Ausführungen zur Biochemie willkommen sein, entsprechend der Tatsache, daß Biosensoren im vorliegenden Buch zwanglos zu den chemischen Sensoren gerechnet werden.

Zur Entstehung des Buches hat beigetragen, daß bei meinen Vorlesungen für Chemiker, Physiker und Ingenieure zum Thema Sensoren kein geeignetes Lehrbuch in deutscher Sprache verfügbar war, daß aber auch die internationale Literatur nichts bot, was man vorbehaltlos hätte empfehlen können.

Den formulierten Zielen entsprechend sind die Grundlagen des Gebietes (Sensor-Physik, Sensor-Chemie, Sensor-Technologie und Sensor-Meßtechnik) breit ausgeführt. Im zweiten Teil wird auf die wichtigsten praktisch realisierten, anwendungsfähigen chemischen Sensortypen eingegangen. Vollständigkeit wird angesichts der Fülle der Publikationen zum Thema nicht angestrebt. Es geht vielmehr darum, die Wirkungsweise der ausgewählten Sensoren verständlich zu machen. Das Schlußkapitel, in dem es um miniaturisierte Instrumente und ähnliches geht, verweist schon auf die nicht allzu ferne Zukunft, in der Sensoren, Sensor-Arrays und Mikrolaboratorien an sehr vielen Stellen des täglichen Lebens anzutreffen sein werden.

Rostock, November 2003 P. Gründler

Inhalt

1 Einleitung 1
   1.1   Sensoren und Sensorik 1
       1.1.1 Sensoren als technische Sinnesorgane 1
       1.1.2 Der Begriff Sensor 3
   1.2   Chemische Sensoren 4
       1.2.1 Was sind chemische Sensoren? 4
       1.2.2 Elemente chemischer Sensoren 7
              Rezeptor 8
              Transduktor 9
       1.2.3 Charakterisierung chemischer Sensoren 12
              Bewertung von Analysenergebnissen 12
              Kenngrößen von chemischen Sensoren 13
   1.3   Literatur 14

2 Grundlagen 15
   2.1   Sensor-Physik 15
       2.1.1 Festkörper 15
              Das Bändermodell des Festkörpers 16
              Gitterdefekte, Ionenleitung, Hopping 18
              Sperrschichten 20
              Strukturen 23
       2.1.2 Optik und Spektroskopie 25
              Wechselwirkung Strahlung und Materie 25
              Reflexion und Brechung 29
              Absorption, Photolumineszenz und Chemilumineszenz 30
       2.1.3 Piezoelektrizität und Pyroelektrizität 36
   2.2   Sensor-Chemie 38
       2.2.1 Chemisches Gleichgewicht 37
       2.2.2 Kinetik und Katalyse 40
       2.2.3 Elektrolytlösungen 41
       2.2.4 Säuren und Basen, Fällungen und Komplexe .. 42
              Säuren und Basen 42
              Fällungs- und Komplexbildungsreaktionen 46
       2.2.5 Redoxgleichgewichte 49
       2.2.6 Elektrochemie 52

		Elektroden im Gleichgewicht	52
	2.2.7	Elektrolyseprozesse	55
		Chemische Wechselwirkungen: Ionenaustausch; Extraktion; Adsorption	72
		Ionenaustausch	73
		Extraktion	75
		Adsorption	77
	2.2.8	Besonderheiten biochemischer Reaktionen	78
		Enzymatische Reaktionen	79
		Immunologische Reaktionen	80
		Reaktionen mit Nucleinsäuren	82
2.3		Sensor-Technologien	83
	2.3.1	Dickschichttechnik	84
	2.3.2	Dünnfilmtechnologie und Strukturierungstechniken	85
	2.3.3	Oberflächenmodifizierung und geordnete Monoschichten	88
		Oberflächenmodifizierung	88
		Selbstorganisierende Monolagen (Self Assembled Monolayers; SAM)	94
		Langmuir-Blodgett-Filme (LBL)	96
	2.3.4	Mikrosystem-Technologien	98
		Integrierte Elektronik	99
		Integrierte Optik	100
2.4		Sensor-Messtechnik	101
	2.4.1	Elementare Sensor-Elektronik	101
	2.4.2	Elektrische Meßinstrumente	106
	2.4.3	Optische Meßinstrumente	107
		Spektrometer	107
		Interferometer und Fourier-Transform-Spektrometer	114
2.5		Literatur	116

3 Strukturierte Halbleiter als chemische Sensoren 117

Literatur zu Kapitel 3 119

4 Massenempfindliche Sensoren 121

4.1 BAW-Sensoren 122
4.2 SAW-Sensoren 124

5 Leitfähigkeits- und Kapazitätssensoren 127

5.1 Konduktometrische Sensoren 128
5.2 Resistive und kapazitive Sensoren für Gase 130
    5.2.1 Gassensoren mit polykristallinen Halbleitern 130
    5.2.2 Gassensoren mit Polymeren und Gelen 134
5.3 Resistive und kapazitive Sensoren für Flüssigkeiten 135
5.4 Literatur 137

6	**Thermometrische und kalorimetrische Sensoren**		**139**
	6.1	Sensoren mit Thermistoren und Pellistoren	139
	6.2	Pyroelektrische Sensoren	141
	6.3	Sensoren auf der Basis anderer thermischer Effekte	142
	6.4	Literatur	142
7	**Elektrochemische Sensoren**		**143**
	7.1	Potentiometrische Sensoren	144
		7.1.1 Selektivität potentiometrischer Sensoren	147
		7.1.2 Ionenselektive Elektroden (ISE)	147
		Potentiometrische Sensoren mit Festkörpermembran	148
		Potentiometrische Sensoren mit Flüssigmembran	153
		Die Glaselektrode	159
		Die Lambda-Sonde	162
		7.1.3 Der ionenselektive Feldeffekttransistor (ISFET)	165
		7.1.4 Messungen mit potentiometrischen Sensoren	168
		Meßgeräte	168
		Experimentelle Bedingungen	169
		Kalibrierung	170
		Bestimmung des Selektivitätskoeffizienten	173
	7.2	Amperometrische Sensoren	173
		7.2.1 Selektivität amperometrischer Sensoren	174
		7.2.2 Bauformen und Beispiele	176
		7.2.3 Messungen mit amperometrischen Sensoren	181
	7.3	Sensoren auf der Basis anderer elektrochemischer Meßmethoden	182
	7.4	Elektrochemische Biosensoren	183
		7.4.1 Grundlagen	183
		Biologische Erkennung als Selektivitätsprinzip	183
		Immobilisierung bioaktiver Substanzen	183
		7.4.2 Arten elektrochemischer Biosensoren	187
		Enzymsensoren	187
		Immunosensoren	195
		Sensoren mit ganzen Zellen, Mikroorganismen und Organteilen	197
		Nucleinsäure-Sensoren	199
	7.5	Literatur	205
8	**Optische Sensoren**		**207**
	8.1	Lichtleiter als Basis optischer Sensoren	207
	8.2	Fasersensoren ohne chemischen Rezeptor (Mediator)	210
	8.3	Optoden: Fasersensoren mit chemischem Rezeptor	217
		8.3.1 Übersicht	213
		8.3.2 Optoden mit einfachen Rezeptorschichten	217

8.3.3 Optoden mit komplexen Rezeptorschichten 220
8.4 Sensoren mit planaren optischen Transduktoren 221
    8.4.1 Planare Wellenleiter 221
    8.4.2 Oberflächenplasmonenresonanz und Resonanzspiegel-Prismenkoppler 223
8.5 Optische Biosensoren 224
    8.5.1 Grundlagen 224
    8.5.2 Optische Enzymsenoren 225
    8.5.3 Optische Bioaffinitätssensoren 227
    8.5.4 Optische DNA-Sensoren 230
8.6 Sensorsysteme mit Integrierter Optik 233
8.7 Literatur 234

9 Chemische Sensoren als Detektoren und Indikatoren 237

9.1 Indikatoren für Titrationsprozesse 238
9.2 Durchflußdetektoren für kontinuierliche Analysatoren und für Trennmethoden 239
    9.2.1 Kontinuierliche Analysatoren 240
    9.2.2 Trennmethoden 245
        Chromatographie 247
        Kapillarelektrophorese 248
9.3 Literatur 250

10 Sensor-Arrays und miniaturisierte Totalanalysatoren 251

10.1 Zwei Entwicklungsrichtungen und ihre Ursachen 251
10.2 Intelligente Sensoren und Sensor-Arrays 252
    10.2.1 Intelligenz in Sensorsystemen 252
        Warum Intelligenz? 252
        Selbst-Test, Selbst-Diagnose und Selbst-Kalibrierung 252
    10.2.2 Sensor-Arrays 255
        Warum Sensor-Arrays? 255
        Mehrdimensionale und Mehrkomponenten-Analyse 256
        Elektronische Nasen, elektronische Zungen (ENoses; ETongues) 258
10.3 Miniaturisierte Totalanalysatoren 264
    10.3.1 Entstehungsgeschichte 264
        Vorläufer 265
        µ-TAS und Lab-on-a-Chip 267
    10.3.2 Technologien 268
    10.3.3 Charakteristische Operationen und Prozesse in Mikro-Total-Analysatoren 270
        Elektroosmose in Mikrokanälen 270
        Probenahme und Probenvorbehandlung 270
        Probeninjektion und Detektion 272

	10.3.4	Beispiele für μ-TAS	273
		Kapillar-Elektrophorese	273
		Titrationsvorrichtungen	274
10.4		Literatur	275

Stichwortverzeichnis ... 277

1 Einleitung

1.1 Sensoren und Sensorik

Sensoren gehören zur modernen Welt wie das Handy, die CD oder der Personalcomputer. Der Begriff ist anschaulich, die meisten Menschen stellen sich unter einem Sensor so etwas wie einen Fühler vor, vielleicht wie die Antenne eines Insekts. Was ein *chemischer Sensor* ist, läßt sich einfach am Beispiel des Frische-Sensors erklären, der in Kühlhäusern dafür sorgt, daß verdorbene Ware rechtzeitig erkannt wird. Klar ist auch, daß Sensoren etwas Modernes sind. Eine Generation zurück hat der Begriff so gut wie gar keine Rolle gespielt, heutzutage zweifelt niemand mehr daran, daß wir Sensoren bald an vielen Stellen unseres täglichen Lebens finden werden. Unsere Welt verändert sich sehr schnell, und Sensoren spielen bei dieser Veränderung eine wichtige Rolle.

Chemische Sensoren *analysieren* unsere Umwelt, d.h. sie stellen fest, welche chemischen Substanzen und wieviel davon vorhanden sind. Dies ist gewöhnlich die Aufgabe der *chemischen Analytik*, die es gewohnt war, solche Probleme mit immer besseren, präziseren, aber auch größeren und teureren Instrumenten in mehr und mehr zentralisierten Groß-Laboratorien zu lösen. Wie kommt es, daß sich dieser Trend zum instrumentellen Monumentalismus von einem bestimmten Zeitpunkt an umkehrt, daß unerwarteterweise die Geräte plötzlich kleiner statt immer größer werden und daß man nun mit dem Gerät zum Untersuchungsobjekt gehen kann statt umgekehrt? Diese Tendenz der *Miniaturisierung* und *Dezentralisierung*, die sich in ähnlicher Form schon einmal ereignet hat, als der Personalcomputer in unser Leben eindrang und unerwartet die großen zentralen Rechenzentren zu ersetzen begann, führte im vorliegenden Falle zur breiten Entfaltung des Gebietes der chemischen Sensoren.

1.1.1 Sensoren als technische Sinnesorgane

Der Begriff „Sensor" begann sich etwa seit den siebziger Jahren des 20. Jahrhunderts in großem Ausmaß auszubreiten. Grund war die technologische Entwicklung, die Teil einer technischen Revolution ist, in der wir uns noch immer befinden. Die rapiden Fortschritte der Mikroelektronik machten zum ersten Mal „Intelligenz" verfügbar. Maschinen wurden klüger und selbständiger. Es entstand ein Bedarf an künstlichen Sinnesorganen, die es möglich machten, daß sich Maschinen selbständig in der Umwelt orientierten. Roboter sollten nicht mehr blind ein Programm abarbeiten, sondern sie sollten Hindernisse erkennen und ihre Arbeit an die existierende Umgebung anpassen. In diesem Sinne waren *Sensoren* zunächst *technische Sinnesorgane*, also die Augen, Ohren und Fühler der Automaten. Unsere fünf Sinne beherrschen außer den Funktionen „sehen", „hören" und „fühlen" auch „riechen" und „schmecken". Die letztgenannten Empfindungen sind nichts anderes als das Ergebnis einer chemischen Analyse der Umwelt, entweder der uns umgebenden Atmosphäre oder der von Flüssigkeiten und Festkörpern, mit denen wir in Berührung kommen. Folgerichtig lassen sich *chemische Sensoren* als *künstliche Nasen* oder *künstliche Zungen* auffassen.

Wenn Sensoren technische Sinnesorgane sind, dann lohnt es sich, einen Vergleich zwischen einem lebenden Organismus und einer automatischen Maschine anzustellen. Es wird dann deutlich, daß der Begriff des Sensors aus gutem Grund im Zusammenhang mit dem Aufkommen des Mikroprozessors und der dezentralen, mobilen Computer in den Vordergrund getreten ist. In Abb. 1.1 wird der Versuch gemacht, die Analogien in der Funktion biologischer und technischer Systeme anschaulich zu machen.

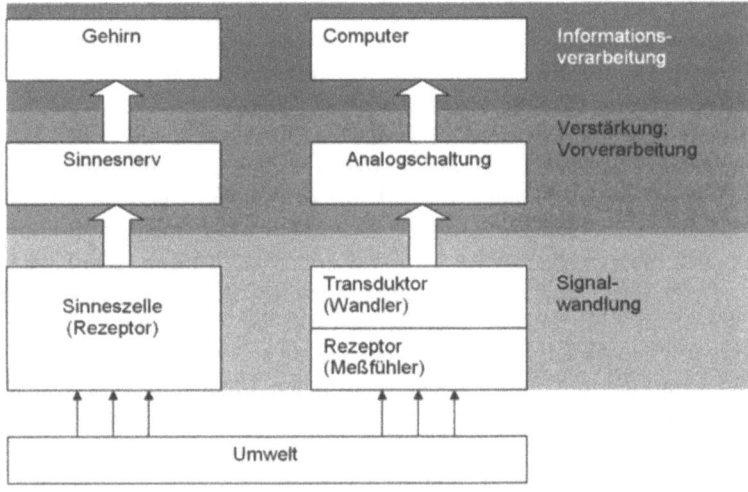

Abb. 1.1 Analogien zwischen der Signalverarbeitung in lebenden Organismen und in intelligenten Maschinen

Im lebenden Organismus stehen die *Sinneszellen (Rezeptoren)* mit der Umwelt in direktem Kontakt. Die Umweltreize werden in elektrische Signale umgeformt und von den anschließenden *Nervenzellen (Neuronen)* in Form von Potentialimpulsen weitergeleitet. Starke Reize führen zu einer hohen Frequenz der Impulse, wir haben es also im wesentlichen mit einer Frequenzmodulation zu tun. Wichtig ist, daß Nervenzellen außer der Weiterleitung noch weitere Funktionen erfüllen.

Insbesondere findet eine Signalverstärkung und eine Vorverarbeitung (u.a. eine Signalreduktion) statt. Im Gehirn werden die Informationen verarbeitet und schließlich in Aktionen umgesetzt.

Die Informationsaufnahme und -verarbeitung mit modernen Sensoren weist sehr weitgehende Analogien zu den Vorgängen im lebenden Organismus auf. Im direkten Kontakt mit der Umwelt steht wieder ein Rezeptor, der auf Umweltparameter anspricht. Im anschließenden Transduktor (Wandler) werden die primären Informationen in elektrische Signale umgewandelt. Moderne Sensoren enthalten oft noch eine weitere Einheit zur Verstärkung bzw. Vorverarbeitung. Am Ende der Kette steht ein Mikrocomputer, der ähnliche Funktionen erfüllt wie das Zentralnervensystem im Organismus.

Erst aus der oben angestellten, allerdings extrem vereinfachten Systembetrachtung wird deutlich, daß Signal- und Informationsverarbeitung mit elektrischen Verstärkern bzw. Digitalcomputern für die Arbeit mit Sensoren ebenso unentbehrlich sind wie Nervenzellen und Gehirn für die physiologischen Vorgänge im lebenden Organismus. Dies sollte uns nicht zuletzt zur Anerkennung der Tatsache führen, daß der Begriff Sensor nicht einfach ein neuer Name für altbekannte technische Elemente wie das Mikrophon oder die ionenselektive Elektrode ist. Tatsächlich bekommt die Verwendung dieser Objekte im beginnenden Sensor-Zeitalter einen neuen Inhalt.

1.1.2 Der Begriff *Sensor*

Sensoren sind mehr als nur technische Sinnesorgane, nicht zuletzt deshalb, weil ihr Einsatzgebiet weit über die Verwendung in intelligenten Maschinen hinausreicht. Eine moderne Definition muß sehr umfassend sein. Das ist möglicherweise einer der Gründe dafür, daß es bis heute keine allgemein anerkannte, verbindliche Definition des Begriffes gibt, obwohl andererseits kaum Unklarheiten darüber bestehen, was unter einem Sensor zu verstehen ist. Als Sensor wird in manchen Definitionsversuchen die komplette Einheit aus Rezeptor und Transduktor aufgefaßt, manchmal aber auch das Rezeptor-Element allein.

Bei aller Verschiedenheit der Definitionen gibt es weitgehende Einigkeit über die Merkmale, mit denen Sensoren beschrieben werden können. Danach gilt:
- Sensoren sollen in direktem Kontakt mit dem zu untersuchenden Objekt stehen
- Sensoren wandeln nichtelektrische Informationen in elektrische Signale um
- Sensoren sollen schnell ansprechen
- Sensoren sollen kontinuierlich oder wenigstens in vielfach wiederholbaren Cyclen operieren
- Sensoren sollen klein sein
- Sensoren sollen preisgünstig sein

Verblüffend erscheint die Forderung nach Preisgünstigkeit. Hierin kommt einerseits die nicht ausgesprochene, als selbstverständlich angenommene Forderung zum Ausdruck, daß Sensoren massenweise verfügbar sein sollten. Andererseits ist Preisgünstigkeit die Konsequenz aus der geforderten schnellen Ansprechzeit und der erwünschten kontinuierlichen Betriebsweise. Es wäre nicht preisgünstig, permanent mit Anordnungen zu arbeiten, bei denen die Kosten pro Einzelmessung hoch sind.

1.2 Chemische Sensoren

1.2.1 Was sind chemische Sensoren?

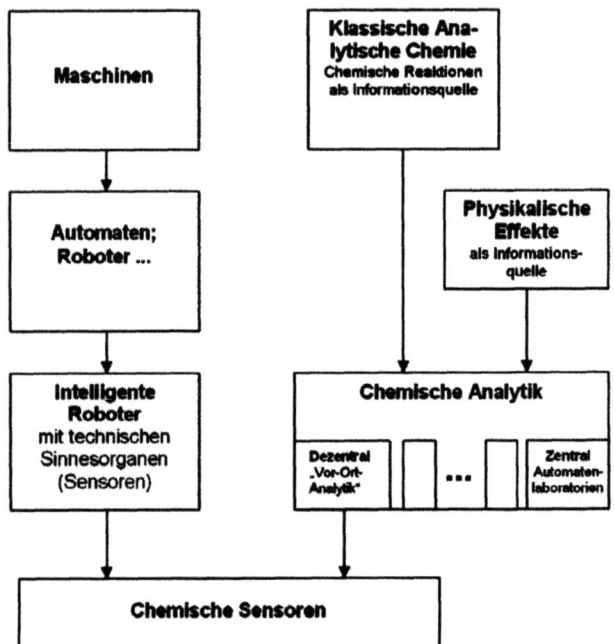

Abb. 1.2 Zwei Quellen der Entwicklung chemischer Sensoren

Es wäre nur die halbe Wahrheit, die Entstehung des Terminus´ „chemischer Sensor" nur aus dem Bedarf der Ingenieure an künstlichen Sinnesorganen herzuleiten. Um brauchbare chemische Sensoren zu entwickeln, bedurfte es der Chemie, und zwar eines ihrer wichtigsten Teilgebiete, der Analytischen Chemie bzw. der daraus hervorgegangenen Chemischen Analytik. Nach anfänglichem Zögern haben sich die Chemiker mit wachsender Begeisterung der Entwicklung von Sensoren angenommen. Dies führte schließlich dazu, daß das Gebiet der chemischen Sensoren von der Chemie vereinnahmt wurde, so, als wäre es ganz selbständig daraus hervorgegangen. Auch dies ist nicht die ganze Wahrheit. Tatsächlich spielen die chemischen Sensoren selbst in den besten und modernsten Lehrbüchern der analytischen Chemie, zumindest den in deutscher Sprache, bis in die Gegenwart eine eher untergeordnete Rolle (Otto 1995; Schwedt 1995). Sie erscheinen als Fremdkörper. In den Vorlesungen zum Thema analytische Chemie an deutschen Universitäten sucht man die Sensoren oft vergebens. Trotzdem gibt es keinen Zweifel daran, daß die chemischen Sensoren ein Zweig der Chemischen Analytik sind, denn dieses Wissenschaftsgebiet widmet sich ausdrücklich der *„Gewinnung von Informationen über stoffliche Systeme, insbesondere über Art und Menge ihrer Bestandteile einschließlich deren räumlicher Anordnung und Verteilung sowie zeitlicher Änderung und der dazu erforderlichen Methodik"* (Danzer et al. 1976).

Es gibt also offenbar zwei Quellen für die Entstehung eines eigenen Wissensgebietes „chemische Sensoren". Eine dieser Quellen war die erwähnte Entwicklung von Mikrotechnologien, die zu einem Bedarf an technischen Sinnesorganen führte. Die zweite Quelle liegt in der Geschichte der Chemischen Analytik, die ihrerseits einen Bedarf an dezentralen chemischen Analysen und der dazu erforderlichen Technik hervorbrachte. In Abb. 1.2 wird versucht, die Entwicklung des Gebietes der chemischen Sensoren zu illustrieren.

Die Analytische Chemie ist so alt wie die Chemie selbst, denn naturgemäß brauchte die Chemie, um sich zur Wissenschaft entwickeln zu können, Informationen über die Zusammensetzung der untersuchten stofflichen Systeme. Darüber hinaus bestand und besteht in jeder menschlichen Gesellschaft ein Interesse daran, Kenntnisse über die Zusammensetzung der uns umgebenden stofflichen Vielfalt zu erhalten. Eine systematische Entwicklung begann mit Robert Boyle im 17. Jahrhundert. Seit dieser Zeit versteht man unter einer chemischen Analyse nicht mehr unbedingt die Zerlegung von Stoffgemischen, sondern vielmehr oft die Ausführung bestimmter chemischer Reaktionen mit dem Ziel, etwas über die Zusammensetzung dieser Gemische zu erfahren. So weiß man z.B. seit alters her, daß ein weißer Niederschlag beim Zusatz von Silbernitratlösung zu einer Probe die Anwesenheit des Elementes Chlor anzeigt. Diese von Boyle begründete „chemische Analyse auf nassem Wege" hat sich zu hoher Perfektion entwickelt. Erst viel später, im 19. Jahrhundert, wurde der Vorrat an Analysenmethoden durch die Messung physikalischer Effekte ergänzt. Damit begann die Entwicklung der instrumentellen Analysenmethoden. Mittlerweile sind die klassische analytische Chemie und die Instrumentalanalyse zu einem interdisziplinären Gebiet, der *Chemischen Analytik* oder einfach *Analytik* zusammengewachsen. Dieses Gebiet läßt sich in viele Zweige unterteilen, von denen hier beispielhaft nur die *Spektroskopie* und die *Chromatographie* genannt werden sollen.

Seit den letzten Jahrzehnten des 20. Jahrhunderts zeigte sich eine starke Tendenz zur Automatisierung, die zu großen zentralen Analysenlaboratorien führte. Die Zentralisierung war wegen der hohen Investitionskosten unumgänglich. Es zeigte sich, daß auf diesem Wege nicht alle Probleme gelöst werden konnten. Oftmals war es schwierig oder gar unmöglich, das Probematerial über große Strecken zu einem zentralen Laboratorium zu transportieren. Dies war besonders ein Problem der immer wichtiger werdenden Umweltanalytik. In vielen Fällen erwies es sich als günstiger, nicht mit der Probe zum Labor, sondern mit dem Labor zur Probe zu gehen. Der Bedarf an mobiler Analytik stieg an. Das Interesse konzentrierte sich auf kleine, leichte, transportable Sonden, die man im günstigsten Falle einfach in das Probemedium stecken konnte, um einen Analysenwert zu erhalten. Solche Sonden waren z.B. die schon länger bekannten ionenselektiven Elektroden, darunter die Glaselektrode zur Messung des pH-Wertes. Nachdem in der Technik die Sensoren populär wurden, stellte sich heraus, daß man in der analytischen Chemie eigentlich schon über eine gewisse Auswahl chemischer Sensoren verfügte. Es ist kein Zufall, daß etwa seit den siebziger Jahren des vorigen Jahrhunderts der Begriff Sensor mehr und mehr auch für bekannte Objekte in Gebrauch kam.

Im Gegensatz zum Begriff *Sensor* im allgemeinen gibt es eine sozusagen offizielle Definition für den *chemischen Sensor* (IUPAC 1991). Sie lautet in der Übersetzung:

> Ein chemischer Sensor ist eine Anordnung, die chemische Informationen (diese reichen von der Konzentration eines einzelnen Probenbestandteils bis zur Gesamtanalyse der Zusammensetzung) in ein analytisch nutzbares Signal umwandelt. Die erwähnten chemischen Informationen können von einer chemischen Reaktion der Probe oder von einer physikalischen Eigenschaft des untersuchten Systems herrühren.

Neben dieser Definition sind auch viele pragmatische Beschreibungen gebräuchlich, wie z.B. (frei übersetzt nach Wolfbeis 1990):

> Chemische Sensoren sind kleine Anordnungen, die ein Erkennungselement, einen Transduktor und einen Signalprozessor enthalten. Sie sind geeignet, kontinuierlich und reversibel eine chemische Konzentration anzuzeigen.

Die in dieser Beschreibung geforderte *Reversibilität* wird auch von anderen Autoren als wichtig erachtet. Damit ist gemeint, daß ein Sensorsignal nicht nach seiner Bildung „steckenbleibt", sondern sich dynamisch auf den jeweils neuen Wert der Probekonzentration einstellt. Insgesamt herrscht weitgehend Einigkeit, daß für chemische Sensoren die folgenden Merkmale zutreffen:
- Chemische Sensoren sollen chemische Informationen in elektrische Signale umwandeln
- Chemische Sensoren sollen schnell ansprechen
- Chemische Sensoren sollen lange Zeit einsatzbereit sein
- Chemische Sensoren sollen klein bzw. miniaturisierbar sein
- Chemische Sensoren sollen preisgünstig sein
- Chemische Sensoren sollen *spezifisch* sein, d.h. auf einen einzigen Analyten ansprechen oder sie sollen *selektiv* auf eine Gruppe von Analyten reagieren

Dieser Katalog kann noch erweitert werden z.B. um die Forderung nach hoher *Nachweisstärke* bzw. hoher *Empfindlichkeit*, um auch kleine Konzentrationmen nachweisen zu können.

Recht unterschiedlich wird die Einteilung bzw. Klassifizierung des Gebietes der chemischen Sensoren betrieben. Am weitesten verbreitet ist eine Unterteilung

nach dem Prinzip der *Transduktion*. Es ergeben sich dann (nach IUPAC 1991) die folgenden Gruppen:
- *Optische* Sensoren, folgend den Phänomenen Lichtabsorption, Reflexion, Lumineszenz, Fluoreszenz, Brechungsindex, optothermischer Effekt und Lichtstreuung
- *Elektrochemische* Sensoren, darunter voltammetrische, potentiometrische, chemisch sensitive Feldeffekttransistoren und potentiometrische Hochtemperatur-Gassensoren
- *Elektrische* Sensoren, darunter solche mit oxidischen oder organischen Halbleitern sowie elektrolytische Leitfähigkeitssensoren
- *Massenempfindliche* Sensoren, d.h. piezoelektrische Anordnungen und solche mit akustischen Oberflächenwellen
- *Magnetische* Sensoren, womit im wesentlichen Sauerstoffsensoren gemeint sind, die auf die paramagnetische Eigenschaft dieses Gases ansprechen
- *Thermometrische* Sensoren, die auf der Messung einer spezifischen Reaktionswärme oder Wärmeabsorption beruhen
- Andere. Dies sind hauptsächlich Sensoren, die die Absorption oder Emission bestimmter Strahlungsarten nutzen

Andere Klassifizierungsschemata orientieren sich nicht an der Transduktion, sondern z.B. an den *Anwendungsgebieten* der Sensoren oder den benutzten Rezeptorschichten. Auf diese Weise wird die große und wichtige Gruppe der *Biosensoren* definiert.

Die Biosensoren werden in den meisten Fällen als selbständige Gruppe behandelt. Im Gegensatz zu diesem allgemeinen Brauch werden hier Biosensoren lediglich als Spezialfall der chemischen Sensoren betrachtet und in die einzelnen Kapitel des Buches eingeordnet. Diese Betrachtungsweise entspricht auch der Auffassung der zuständigen Kommission der IUPAC (International Union of Pure and Applied Chemistry). In einem offiziellen Dokument (IUPAC 1999) heißt es ergänzend zur allgemeinen Definition des chemischen Sensors: *„Biosensoren sind chemische Sensoren, in denen das Erkennungssystem einen biochemischen Mechanismus nutzt"* (Übersetzung aus dem Englischen vom Verfasser).

Alle Klassifizierungsvarianten haben Vor- und Nachteile. Im vorliegenden Buch wurde versucht, einen Kompromiß zu finden.

1.2.2 Elemente chemischer Sensoren

Wie bereits im Abschn. 1.1.1 angedeutet wurde, lassen sich die Funktionen, die ein chemischer Sensor auszuführen hat, als Aufgaben mehrerer Einheiten darstellen. Hierzu wird meist folgendes ausgesagt: *„Chemische Sensoren enthalten gewöhnlich zwei Basiskomponenten in Serienanordnung: Ein chemisches (molekulares) Erkennungssystem (Rezeptor) und einen physikochemischen Transduktor"* (IUPAC 1999). In anderen Dokumenten werden weitere Elemente für notwendig gehalten, insbesondere Einheiten zur Signalverstärkung und -vorverarbeitung. Eine typische Anordnung ist schematisch in Abb. 1.3 dargestellt.

Bei chemischen Sensoren tritt der Rezeptor in den meisten Fällen mit den Probemolekülen in Wechselwirkung und ändert infolgedessen seine physikalischen Eigenschaften so, daß im Transduktor ein elektrisches Signal gewonnen werden kann. In manchen Fällen sind Rezeptor und Transduktor nicht unterscheidbar, so z.B. bei oxidkeramischen Halbleitersensoren (Kap. 5, Abschn. 5.2), die im Kontakt mit bestimmten Gasen ihre elektrische Leitfähigkeit ändern. Eine Leitfähigkeits- bzw. Widerstandsänderung stellt bereits ein meßbares elektrisches Signal

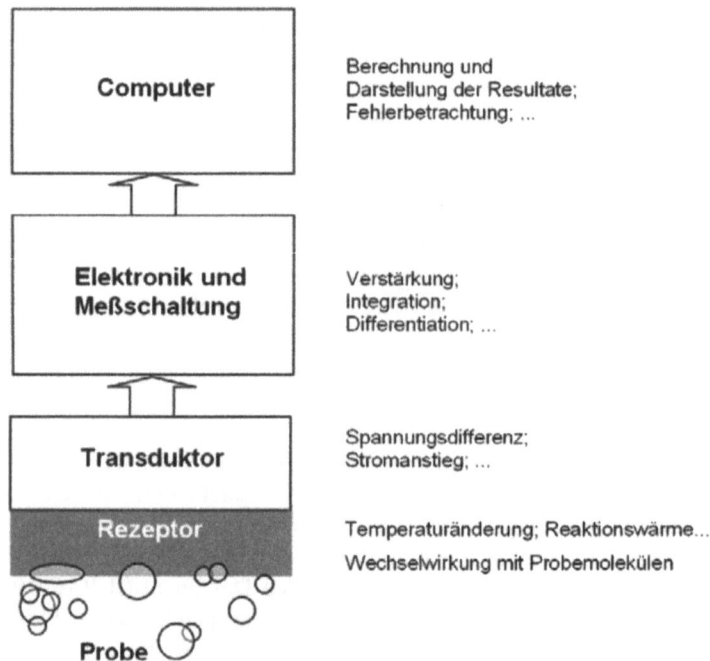

Abb. 1.3 Grundsätzlicher Aufbau eines typischen chemischen Sensorsystems

dar. Sensoren, bei denen beide Einheiten unterscheidbar sind, sind die massenempfindlichen Sensoren. Bei ihnen fungiert ein piezoelektrischer Schwingquarz (Kap. 4) als Transduktor. Er trägt als Rezeptor eine sensitive Schicht, die Gasmoleküle absorbieren kann. Die resultierende Masseänderung wird in Form einer veränderten Wechselspannungsfrequenz in einem elektrischen Schwingkreis meßbar.

Rezeptor

Die Funktion des Rezeptors wird sehr oft von dünnen Schichten übernommen, die in Wechselwirkung mit Probemolekülen treten, eine Reaktion selektiv katalysieren oder in einem chemischen Gleichgewicht mit Bestandteilen der Probe stehen. Rezeptorschichten können selektiv auf einzelne Substanzen oder Substanzgruppen ansprechen. Für dieses Verhalten ist der Ausdruck *molekulare Erkennung* in Gebrauch gekommen, besonders dann, wenn Moleküle an ihrer Form und Größe erkannt werden (*sterische Erkennung*), was typisch für Biosensoren ist.

Die für chemische Sensoren wichtigsten Wechselwirkungsphänomene sind *Adsorption*, *Ionenaustausch* und *Extraktion*. Diese Phänomene wirken im wesentlichen an der Grenzfläche zwischen Probe und Sensor-(Rezeptor-)oberfläche. An dieser Stelle kann sich ein Gleichgewicht oder ein gleichgewichtsähnlicher Zustand zwischen Sensor und Probe ausbilden.

Statt einer Wechselwirkung kann auch eine chemische Reaktion zur Quelle des Signals werden. Dies ist z.B. der Fall, wenn im Rezeptor ein Katalysator wirkt, der eine Reaktion der Probesubstanz so beschleunigt, daß die dabei entstehende Reaktionswärme zu einer Temperaturänderung der Rezeptoroberfläche führt, die in ein elektrisches Signal umgesetzt werden kann.

Die chemische Reaktion wird auch dann zur Quelle der Information, wenn die Probe in ein echtes chemisches Gleichgewicht mit dem Sensor tritt, wenn also z.B. bestimmte Probemoleküle Teil eines Redoxsystems sind, dessen zweiter Teil der Rezeptor ist. Die Unterschiede zwischen einem Reaktionsgleichgewicht und einem Wechselwirkungsgleichgewicht sind gering. Die Grundlagen der chemischen Gesetzmäßigkeiten bei der Entstehung des Signals im Rezeptor werden im Kap. 2, Abschn. 2.2, behandelt.

Transduktor

In der Gegenwart werden Signale und Informationen ausschließlich auf elektrischem Wege verarbeitet. Sensoren müssen also zwingend eine Transduktor- bzw. Wandler-Funktion enthalten, die die nichtelektrische Größe *Konzentration* in eine meßbare elektrische Größe, also *Spannung*, *Strom* oder *Widerstand* umwandelt.

Transduktoren können in vielfältiger Weise klassifiziert werden, z.B. nach der Größe, die am Ausgang erscheint, in Stromwandler, Spannungswandler usw. Hier gibt es in der Sensor-Literatur bisher kaum Versuche zu einer systematischen Darstellung. In diesem Abschnitt wird eine Klassifizierung gewählt, die mit wenigen Transduktor-Prinzipien auskommt und eine Einsicht in die innere Wirkungsweise der Wandler ermöglicht. Sie geht auf einen Systematisierungsversuch zurück, der von Elektronikern entwickelt wurde, aber bisher noch nicht auf Sensoren angewandt worden ist (Malmstadt et al. 1981). Unter den im folgenden erwähnten Beispilen sind solche, die erst im Zusammenwirken mit einer zusätzlichen Rezeptorschicht zu chemischen Sensorelementen werden. Bei anderen ist die Rezeptorfunktion bereits im Transduktor enthalten.

Transduktorprinzip Energieumwandlung. Transduktoren, die auf dem Prinzip der Energieumwandlung beruhen, erzeugen elektrische Energie. Sie brauchern also im allgemeinen keine Hilfs- oder Betriebsspannungen. Zwei Beispiele werden in Abb. 1.4 zusammen mit ihrer Meßschaltung gezeigt.

Das als Beispiel angeführte Photoelement wandelt Lichtenergie in elektrische Energie um. Als Maß für die untersuchte Größe, den Lichtstrom Φ, entsteht eine Spannung U, die in vielen Fällen ohne jeden Verstärker gemessen werden kann. Weitgehend analog sind die Verhältnisse bei der galvanischen Zelle (unten in Abb. 1.4), die die Basis der potentiometrischen Sensoren darstellt. Dort wird als Maß für die zu bestimmende Konzentration einer Ionensorte ebenfalls eine Spannung ausgebildet. Die in den Bildern gezeigten Verstärkerschaltungen sind nicht zwingend notwendig. Sie sollen nur darstellen, daß zweckmäßigerweise die vom Sensor erzeugten Spannungen *belastungsfrei*, also *hochohmig*, gemessen werden sollten. Typisch für Transduktoren nach dem Prinzip Energieumwandlung ist der logarithmische Zusammenhang zwischen der zu bestimmenden Größe und der gebildeten Spannung.

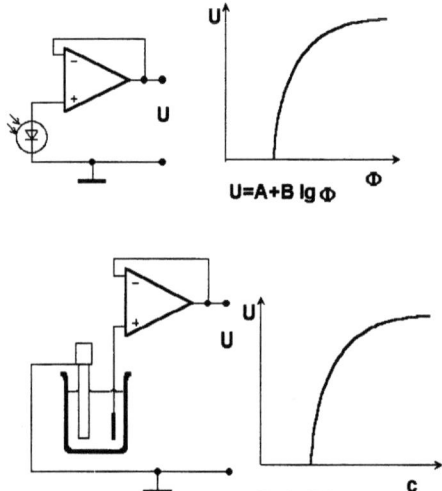

Abb. 1.4 Transduktoren nach dem Energieumwandlungsprinzip. Oben: Photoelement, unten: Galvanische Zelle

Andere Beispiele für Transduktoren mit Energieumwandlung sind das Thermopaar (Wandlung Wärmeenergie in elektrische) und der Tachometergenerator, der mechanische in elektrische Energie wandelt.

Transduktorprinzip Strombegrenzung. Viele Spannungsquellen, darunter auch Transduktoren nach dem Prinzip Energieumwandlung, können in die Sättigung gehen, wenn man sie kurzschließt. Es fließt dann ein Maximalstrom, der auch durch Anlegen einer Hilfsspannung nicht mehr vergrößert werden kann. Wenn das im vorigen Abschnitt als Beispiel genannte Photoelement kurzgeschlossen wird (Abb. 1.5 oben), fließt ein Sättigungsstrom, der von der Anzahl der pro Zeiteinheit auf die lichtempfindliche Fläche fallenden Photonen, also von der Beleuchtungsstärke, bestimmt wird. Ähnlich ist es (Abb. 1.5 unten) mit der im Kurzschluß betriebenen galvanischen Zelle (sie heißt dann *Elektrolysezelle*). Die Elektrolysezelle kann nur einen Strom abgeben, der maximal der Anzahl der pro Zeiteinheit an der Elektrodenoberfläche anlangenden umsetybaren (reduzierbaren bzw. oxydierbaren) Teilchen entspricht. Eine wichtige Eigenschaft von Strombegrenzungs-Transduktoren ist der über viele Dekaden zu beobachtende lineare Zusammenhang zwischen der Meßgröße Strom und der zu bestimmenden Größe (in den Beispielen also Beleuchtungsstärke bzw. Lösungskonzentration. Ein nach diesem Prinzip arbeitender chemischer Sensor ist die Clark-Sonde zur Bestimmung von in Wasser gelöstem Sauerstoff (Kap. 7).

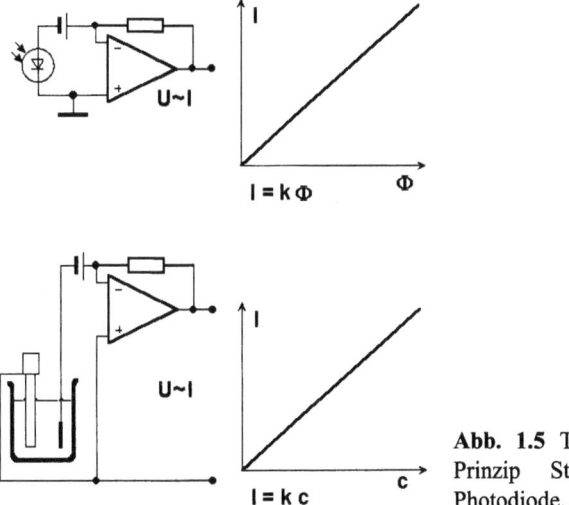

Abb. 1.5 Transduktoren nach dem Prinzip Strombegrenzung. Oben: Photodiode, unten: Elektrolysezelle

Weitere Beispiele für Transduktoren nach dem Prinzip Strombegrenzung sind die Vakuumphotozelle und der daraus entstandene Sekundärelektronenvervielfacher (SEV).

Transduktorprinzip Widerstandswandlung. Viele elektrisch leitfähige Materialien ändern bei Einwirkung von Umgebungsgrößen ihre Leitfähigkeit bzw., was gleichbedeutend ist, ihren Widerstand. Metalle vergrößern ihren spezifischen Widerstand mit ansteigender Temperatur, bei Halbleitern wird der Widerstand mit wachsender Temperatur geringer. In beiden Fällen läßt sich die Widerstandsmessung zur Temperaturbestimmung nutzen. Bekannt sind die Halbleiter-Thermistoren, die sehr empfindlich auf Temperaturänderungen reagieren. Chemische Sensoren entstehen sekundär aus Thermistoren, wenn diese mit einer Katalysatorschicht überzogen werden, die eine wärmeerzeugende chemische Reaktion katalysiert. Die lokale Temperaturerhöhung an der Thermistor-Oberfläche wird zum Maß für die Konzentration eines der Reaktionspartner, z.B. für den Gehalt von Wasserstoffgas in Luft.

1.2.3 Charakterisierung chemischer Sensoren

Die Leistungsfähigkeit chemischer Sensoren muß sich durch Zahlenwerte ausdrücken lassen, um Vergleichbarkeit einzelner Gruppen ebenso wie individueller Exemplare untereinander zu gewährleisten. Dafür stehen die üblichen Bewertungskriterien chemischer Analysen zur Verfügung. Diese sind jedoch für die Bewertung eines Meßergebnisses bzw. Analysenergebnisses definiert, nicht primär zur Charakterisierung von Gegenständen. Man muß also unterscheiden, ob ein Vorgang (die Analyse) oder ein Körper (der Sensor) bewertet werden soll.

Einige der traditionellen analytischen Kriterien, wie z.B. der Begriff der Empfindlichkeit, lassen sich auf Verfahren ebenso wie auf Geräte anwenden. Andere, wie die Richtigkeit, sind eindeutig für die Bewertung von Meßergebnissen vorgesehen. Man kann sehr wohl sagen, daß ein Meßwert richtig oder falsch ist, ein Sensor selbst kann aber weder richtig noch falsch sein.

Bewertung von Analysenergebnissen

Die wichtigsten Größen für die Bewertung der Genauigkeit von Analysenergebnissen sind die folgenden
- *Richtigkeit*
  Die Richtigkeit gibt die Übereinstimmung eines Meßwertes (üblicherweise des Mittelwertes aus mehreren Messungen) mit dem *wahren Wert* an. Damit wird sie zu einem Ausdruck für den *systematischen Fehler* (die prozentuale Abweichung des Ergebnisses vom wahren Wert)
- *Präzision*
  Die Präzision ist ein Ausdruck für den Zufallsfehler, d.h. für die Streuung von Einzelergebnissen um den Mittelwert. Der allgemein übliche Ausdruck für die Präzision ist die *Standardabweichung*, d.h. die Breite der für eine große Zahl von Meßwerten angenommenen Normalverteilung, dargestellt als Gaßsche Glockenkurve. Die zugehörige Zahl σ (Abstand des Wendepunkts der Glockenkurve zum Maximum) läßt sich durch den Schätzwert s annähern, der zum Unterschied von σ aus einer begrenzten Zahl von Einzelmessungen ermittelt werden kann. Für diesen Schätzwert gilt $s = \sqrt{\dfrac{\sum (x - \bar{x})^2}{n-1}}$. Das Symbol x bezeichnet individuelle Meßwerte, $\bar{x}$ den Mittelwert und n die Anzahl der Meßwerte.

Kenngrößen von chemischen Sensoren

Die folgende Liste enthält sowohl statische (z.B. Selektivität, Empfindlichkeit) als auch dynamische (z.B. Ansprechzeit) Kenngrößen, mit denen die Leistungsfähigkeit von Sensoren beschrieben werden kann.

- *Empfindlichkeit.* Die Änderung des Meßwertes pro Konzentrationseinheit (in mol/l) des Analyten. Dies enspricht dem Anstieg einer Kalibrierkurve
- *Nachweisgrenze.* Die niedrigste mit dem betreffenden Sensor (unter definierten Bedingungen) noch erkennbare Konzentration, ungeachtet dessen, ob eine Quantifizierung möglich ist. Geeignete Verfahren für die Ermittlung der Nachweisgrenze hängen von der Art des Sensors ab
- *Arbeitsbereich (dynamic range).* Der Konzentrationsbereich zwischen Nachweisgrenze und oberer Grenzkonzentration, die noch signifikante werte liefert
- *Selektivität.* Ein Ausdruck für die Frage, ob ein Sensor selektiv auf eine Gruppe von Analyten oder gar spezifisch für einen einzelnen Analyten anspricht. Zur zahlenmäßigen Beschreibung dieses Verhaltens stehen bei einzelnen Sensorgruppen unterschiedliche Verfahren zur Verfügung, beispielsweise bei potentiometrischen Sensoren (Kap. 7, Abschn. 7.1) der Selektivitätskoeffizient.
- *Linearität.* Die prozentuale Abweichung der experimentell ermittelten Kalibrierkurve von einer idealen Geraden. Diese Größe wird meist auf einen bestimmten Konzentrationsbereich bezogen
- *Auflösung.* Die kleinste Konzentrationsdifferenz, die bei kontinuierlicher Änderung der Zusammensetzung unterschieden werden kann. Diese Größe ist besonders wichtig, wenn Sensoren als Detektoren in fließenden Strömen wirken
- *Ansprechzeit.* Zur Kennzeichnung des dynamischen Verhaltens wird die Zeit angegeben, die vergeht, bis nach einem schlagartigen Konzentrationswechsel ein bestimmter Prozentsatz des Endwertes erreicht wird, z.B. t_{99} für die Zeit bis 99% des Endwertes. Die Zeit bis zum Erreichen von 63% des Endsignals heißt auch *Zeitkonstante*
- *Hysterese.* Die maximale Abweichung der Meßwerte, die einmal bei ansteigendem und einmal bei abfallendem zeitlichem Verlauf des untersuchten Konzentrationsbereichs erzielt werden
- *Stabilität.* Die Fähigkeit des Sensors, seine Leistungsfähigkeit für ein bestimmtes Zeitintervall beizubehalten. Als Maß für die Stabilität werden oft Driftwerte benutzt, z.B. die zeitliche Wanderung der Signale für den Nullwert der Konzentration
- *Lebensdauer.* Die Zeit, über die der Sensor funktionstüchtig bleibt. Dabei wird die Aufbewahrungszeit (*shelf life*) von der maximalen Operationszeit (*operating life*) unterschieden. Letztere kann auf kontinuierliche Operation oder auf zyklischen Betrieb mit eingebauten Ruhepausen bezogen werden

1.3 Literatur

Danzer K, Than E, Molch D (1976) Analytik – systematischer Überblick. Akademische Verlagsgesellschaft Geest & Portig K.-G. Leipzig
IUPAC (1991) Pure Appl Chem 63:1247–1250
IUPAC (1999) Pure Appl Chem 71:2333–2348
Malmstadt HV, Enke CG, Crouch SR (1981) Electronics and Instrumentation for Scientists. The Benjamin/Cummings Publishing Comp., Menlo Park
Otto M (1995) Analytische Chemie. VCH, Weinheim New York
Schwedt G (1995) Analytische Chemie. Georg Thieme-Verlag Stuttgart
Wolfbeis OS (1990) Fresenius J Anal Chem 337:522

2 Grundlagen

2.1 Sensor-Physik

2.1.1 Festkörper

Viele Vorgänge, die für Sensoren wichtig sind, beruhen auf Phänomenen, die in Festkörpern oder an deren Oberflächen ablaufen. Charakteristisch für Festkörper ist, daß ihre Bausteine, also Atome oder Moleküle, durch Bindungen in bestimmten Lagen festgehalten werden, daß also zumindest Teilbereiche mit regelmäßiger Gitteranordnung vorhanden sind. Amorphe Stoffe wie Gläser oder viele Polymere zählen nicht zu den Festkörpern, auch wenn sie als „feste Körper" empfunden werden.

Die Arten der Festkörper werden im wesentlichen durch den in ihnen vorherrschenden chemischen Bindungstyp gekennzeichnet. Im *metallischen Festkörper* sind die Elektronen delokalisiert zwischen einem Gerüst aus regelmäßig angeordneten Kationen. Die metallische Bindung führt zu einer starren, aber verformbaren Struktur. Die Kristallstruktur von Metallen wird im wesentlichen bestimmt durch das Problem, sphärische Atome zu einer möglichst dichten Packung zusammenzufügen. In einem *ionischen Festkörper* werden die entgegengesetzt geladenen Ionen durch Coulombsche Anziehungskräfte zusammengehalten. Da die Ionen ganz verschiedene Radien haben können und nicht immer kugelförmig sind, besteht das Problem beim Gitterbau im Bestreben, eine elektrisch neutrale Struktur mit möglichst gleichmäßiger Anordnung zu bilden, d.h. jedes Ion umgibt sich möglichst gleichmäßig mit Gegenionen. In Festkörpern mit einem *Atomgitter* (kovalente Festkörper) sind die Atome durch kovalente Bindungen zu einem regelmäßigen Netzwerk verbunden, das sich über den gesamten Kristall erstreckt. An die Stelle des geometrischen Ordnungsproblems des Metallgitters treten hier die Bedingungen der Atombindung, bei der es um die Überlappung von Orbitalen geht. Ein typisches Beispiel für einen Kristall mit Atomgitter ist der Diamant, bei dem jedes Kohlenstoffatom tetraedrisch mit 4 Nachbarn verbunden ist. Jedes Atom liegt in sp^3-Hybridisierung vor und bildet vier σ-Bindungen aus. Kristalle mit Atomgitter sind oft sehr hart und wenig reaktiv. Kristalle mit *Molekülgittern* bestehen aus individuellen Molekülen, die untereinander durch intermolekulare Wechselwirkungen verbunden sind. Diese Bindungskräfte sind schwach im Vergleich mit den Kräften der chemischen Bindung. Molekülkristalle, die die große Mehrheit der organischen Festkörper bilden, sind gewöhnlich weich und haben niedrige Schmelzpunkte.

Festkörper mit beweglichen Elektronen heißen *elektronische Leiter* und lassen sich phänomenologisch nach der Art der Temperaturabhängigkeit ihrer Leitfähigkeit unterteilen. Bei *metallischen Leitern* sinkt die Leitfähigkeit mit wachsender Temperatur. Bei *Halbleitern* steigt die Leitfähigkeit mit der Temperatur, und zwar stärker als die der Metalle sinkt. Typische Halbleiter können Elemente wie Silizium oder Verbindungen wie Galliumarsenid sein. Stoffe mit sehr geringer elektrischer Leitfähigkeit, die *Isolatoren*, zu denen z.B. der Diamant gehört, verhalten sich sehr ähnlich wie die Halbleiter.

Das Bändermodell des Festkörpers

Nach der *MO-Theorie* (MO = Molekül-Orbital; siehe Lehrbücher der Allgemeinen Chemie) entstehen bei der Überlappung von zwei Atomorbitalen (wenn jedes Atom ein Elektron beisteuert) im Falle einer chemischen Bindung zwei Molekülorbitale mit unterschiedlichem Energieniveau. Für drei Atome sind es drei Molekülorbitale und so fort, bis schließlich bei einer sehr großen Atomanzahl N zwei Bänder mit N sehr nahe beieinanderliegenden Energieniveaus entstehen. Sofern es in einem dieser Bänder unbesetzte Niveaus gibt, bedarf es nur eines infinitesimal geringen Energiequantums, um ein Elektron in dieses Niveau zu heben. Elektronen sind dann beweglich, d.h. sobald ein elektrisches Feld am betreffenden Festkörper anliegt, setzen sich Elektronen in Bewegung, der elektrische Strom wird geleitet. Entscheidend für das Zustandekommen der Leitfähigkeit ist also das Vorhandensein unvollständig gefüllter Bänder. Die *Fermi-Energie* E_F (Fermi-Niveau) bezeichnet das durchschnittliche Energieniveau eines Elektrons im Material. Bei einem halbgefüllten Band liegt E_F demnach in der Mitte des Bandes, am höchsten besetzten Orbital.

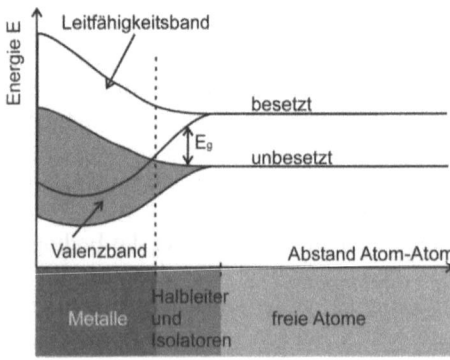

Abb. 2.1 Entstehung der Energiebänder bei Festkörpern durch Vereinigung der Atomorbitale

Das energetisch höher liegende Band heißt *Leitfähigkeitsband*, das niedriger liegende *Valenzband*.

Nach dem Bändermodell lassen sich metallische Leiter, Halbleiter oder Isolatoren dadurch unterscheiden, ob Leitfähigkeits- und Valenzband durch eine Lücke (das Bandgap) getrennt sind, oder ob sich die Bänder überlappen (Abb. 2.1). Die Bandlücke entspricht dem Energiebetrag, der notwendig ist um ein Elektron vom Valenzband in das Leitfähigkeitsband übergehen zu lassen. Dieser Betrag ergibt sich aus der Differenz zwischen Unterkante des Leitfähigkeitsbandes und Oberkante des Valenzbandes: $E_g = E_C - E_V$. Bei Isolatoren ist E_g groß (über ca. 5 eV), daher befinden sich unter normalen Bedingungen nur sehr wenige Elektronen im Leitfähigkeitsband. Daß sich dort überhaupt Elektronen aufhalten, liegt daran, daß entsprechend der Temperaturverteilung auch bei Stoffen mit *Eigenleitfähigkeit* (bei Halbleitern die *intrinsischen Halbleiter*) einige Ladungsträger genügend energiereich sind, um das Kristallgitter zu verlassen. Sie hinterlassen im Festkörper ein *positives Loch*. Isolatoren und Halbleiter unterscheiden sich diesbezüglich nicht grundsätzlich, sondern nur graduell entsprechend der Größe ihrer Bandlücke. Bei Stoffen mit *Eigenleitfähigkeit* muß die Anzahl der Löcher p gleich der Anzahl der beweglichen Elektronen n sein. Abb. 2.2 (links) zeigt schematisch den Vorgang.

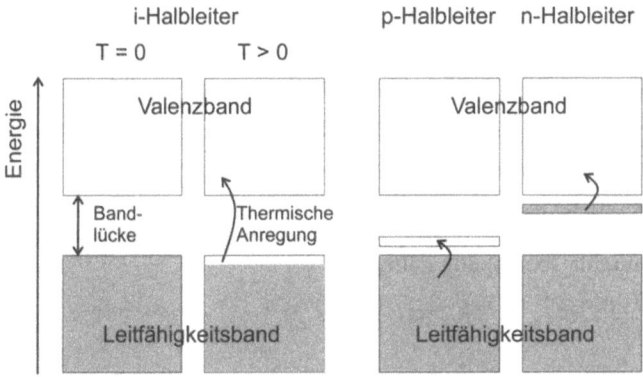

Abb. 2.2 Leitfähigkeit in Halbleitern. Links: Eigenleitfähigkeit (i-Halbleiter). Rechts: p- bzw. n-Halbleiterfunktion bei Dotierung

Die Leitfähigkeit der Halbleiter läßt sich sehr stark durch *Dotierung* beeinflussen. Dazu werden in das vorher extrem hoch gereinigte Material Spuren fremder Elemente gezielt eingebaut. Das gezielt als „Verunreinigung" zugesetzte Element kann entweder als Elektronenfänger wirken oder es kann selbst zusätzliche Elektronen ins Gitter einschleusen. Im zuerst genannten Fall, wie z.B. bei der Dotierung von Silicium mit Indium oder Gallium, nimmt das Dotand-Atom jeweils ein Elektron aus dem gefüllten Valenzband auf, so daß ein *„positives Loch"* entsteht. Es resultiert ein sogenannter *p-Halbleiter*. Die Leitfähigkeit kommt in diesem Falle zustande, weil sich Elektronen über die Löcher bewegen können. Ebenso gut kann man sich vorstellen, daß die Löcher beweglich seien. Setzt man stattdessen als Dotand z.B. Arsen zu, dann wird ein Elektron mitgebracht (das Arsen-Atom hat 5 Außenelektronen in Gegensatz zu den 4 Außenelektronen des Siliciums). Das zusätzliche Elektron geht in das zuvor unbesetzte Leitfähigkeitsband über.

Ein *n-Halbleiter* entsteht. Schematisch wird dieser Vorgang in Abb. 2.2 (rechts) dargestellt. Die Darstellung deutet auch an, daß die Dotierungselemente eigene schmale Energiebänder ausbilden. Der Übergang der Ladungsträger von oder zu diesen Bändern ist leicht, da die Abstände zu den in Wechselwirkung tretenden Bändern gering sind. Die Lage des Fermi-Niveaus wird von dem Vorhandensein einer Dotierung beeinflußt. Es liegt für n-Halbleiter nahe am Leitfähigkeitsband und und für p-Halbleiter nahe am Valenzband.

Alternativ zu den oben gegebenen Erklärungen kann man sich die Verstärkung der Halbleiter-Leitfähigkeit auch durch eine Analogie aus der Chemie verständlich machen. Nach dieser Vorstellung entspricht die Eigenleitfähigkeit eines Halbleiters der Eigendissoziation eines Lösungsmittels, z.B. des Wassers. Dabei entstehen die Ionen H_3O^+ und OH^-, allerdings in so geringer Konzentration, daß die Eigenleitfähigkeit reinen Wassers sehr gering bleibt. Aus einem universellen Naturgesetz, dem *Massenwirkungsgesetz*, folgt, daß das Produkt der Konzentrationen (Größen in eckigen Klammern) der beiden Ionenarten konstant sein muß:

$$K_W = \left[OH^-\right] \cdot \left[H_3O^+\right] \tag{2.1}$$

Ferner gilt die Elektroneutralitätsbedingung. Setzt man eine Säure oder eine Base zu, dann verstärkt man entweder die Konzentration von H_3O^+ oder die von OH^-. Als Konsequenz steigt die ionische Leitfähigkeit stark an. Analog hierzu verstärkt der Dotand im Festkörper entweder die Konzentration der Löcher $h^\bullet$ oder die Konzentration der beweglichen Elektronen e'. Das Produkt dieser beiden Konzentrationen ist wiederum eine Konstante, wie Gl. (2.2) angibt. Ebenso ist auch die Elektroneutralitätsbedingung gültig.

$$K_{el} = \left[e'\right] \cdot \left[h^\bullet\right] \tag{2.2}$$

Gitterdefekte, Ionenleitung, Hopping

Eine andere Betrachtungsweise der Leitungsvorgänge in Festkörpern geht von der Tatsache aus, daß Leitfähigkeit nur möglich wird, wenn das Gitter nicht ideal ist, sondern Baufehler bzw. Störungen, die sogenannten *Defekte* aufweist. Die, wie im vorangegangenen Abschnitt skizziert, als Dotanden eingebauten Fremdatome sind selbst eine Gitterstörung, jedoch nicht die einzig mögliche.

Defekte sind auch für andere Transportvorgänge in Festkörpern eine zwingende Voraussetzung. Zu diesen Vorgängen gehören die *Diffusion* von Bestandteilen im Material und die *Ionenleitfähigkeit*. Diese für chemische Sensoren sehr wichtige Erscheinung kommt häufig in Ionenkristallen vor, zum Beispiel in vielen Metalloxiden.

Für alle Temperaturen, die oberhalb des absoluten Nullpunktes $T_0=0$ K liegen, existiert in allen Festkörpern eine endliche Defektkonzentration. Dies folgt aus einem fundamentalen Naturgesetz, dem sog. Entropiesatz oder 3. Hauptsatz der Thermodynamik.

Defekte können zustande kommen durch

- unbesetzte Gitterplätze (Vakanzen)
- Ionen auf Zwischengitterplätzen
- Fremde Ionen (als Verunreinigung oder Dotierung)
- Ionen mit Ladungen, die nicht der stöchiometrischen Zusammensetzung des Stoffes entsprechen (*Nichtstöchiometrie*)

Wenn keine äußeren Felder auf den Festkörper wirken und auch keine Konzentrationsgradienten vorhanden sind, dann herrscht Elektroneutralität, d.h. durch den Defekt erzeugte Ladungen müssen durch Ladungen entgegengesetzten Vorzeichens neutralisiert werden. Das bedeutet, daß durchaus lokale Ladungen vorhanden sein können, deren Gegenladungen sich in einiger Entfernung befinden.

In ionischen Festkörpern, die für die chemischen Sensoren von besonderer Bedeutung sind, sind besonders die im folgenden kurz beschriebenen Gitterstörungen bedeutungsvoll.

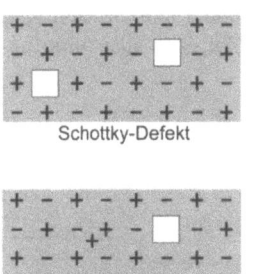

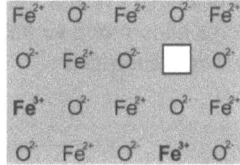

Abb. 2.3 Schottky- und Frenkel-Defekt

Abb. 2.4 Eisenoxid als Beispiel für eine Verbindung mit Metall-Unterschuß

Beim Schottky-Defekt (Abb. 2.3 oben) sind jeweils die gleiche Anzahl kationischer und anionischer Vakanzen vorhanden. Beim Frenkel-Defekt (Abb. 2.3 unten) gibt es bei den Vakanzen nur eine Ladungssorte, also entweder die positive oder die negative. Eine der Ladungen fehlt im Gitter. Als kompensierende Gegenladung wirkt ein Ion auf einem Zwischengitterplatz.

Nichtstöchiometrische Verbindungen kommen dadurch zustande, daß eines der Elemente, die die Verbindung bilden, gegenüber der stöchiometrischen Zusammensetzung im Unterschuß vorhanden ist. Da die Anzahl der positiven und negativen Gitterplätze gleich bleibt, unabhängig davon ob Nichtstöchiometrie existiert, muß der Mangel an Ladungen durch entgegengesetzt gerichtete „elektronische Defekte" kompensiert werden. Ein typisches Beispiel ist das Eisen(II)oxid FeO, das stets die Zusammensetzung $Fe_{1-x}O$ hat, wobei gilt x>0,03. Wie Abb. 2.4 zeigt, wird die Elektroneutralität dadurch erreicht, daß für jedes fehlende Ion Fe^{2+} ein Fe^{3+} in das Gitter eingebaut wird.

Wenn Elektronen bzw. Löcher im Gitter lokalisiert sind, wie beim $Fe_{1-x}O$, dann handelt es sich eine besondere Halbleiter-Eigenschaft, das sogenannte *Hopping*.

Man kann sich vorstellen, daß z.B. Elektronen von Loch zu Loch „hüpfen" („*Electron Hopping*").

Sperrschichten

Halbleitermaterialien werden selten als homogene Körper verwendet. Ihre besonderen Möglichkeiten werden meist erst nutzbar, wenn Zonen unterschiedlichen Leitfähigkeitstyps miteinander in Kontakt kommen.

Die Berührung von Zonen mit unterschiedlicher Beweglichkeit der Ladungsträger führt zur Ausbildung von *Berührungsspannungen* und sehr oft zur Bildung von *Sperrschichten*. Sperrschichten verhalten sich elektrisch asymmetrisch, d.h. von außen angelegte Spannungen vermögen nur bei Polung in einer bestimmten Richtung, der *Durchlaßrichtung,* einen merklichen Strom hervorzubringen, in der *Sperrichtung* hingegen wird der Stromdurchgang gesperrt, der Widerstand des Körpers wird sehr hoch. Typisch ist ferner für solche Schichten, daß sie sich wie ein elektrischer Kondensator verhalten. Der Sperrschicht läßt sich also eine bestimmte *Kapazität C* zuordnen.

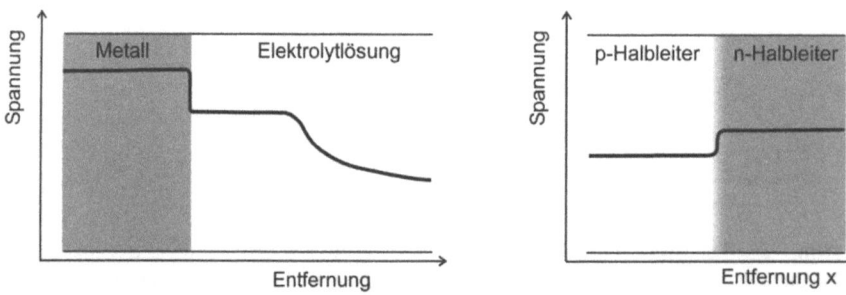

Abb. 2.5 Ausbildung von Doppelschichten und Kontaktspannungen an der Grenzfläche zwischen verschiedenartigen elektrischen Leitern

Die Ausbildung von Kontaktspannungen und Sperrschichten ist keineswegs an halbleitende Festkörper gebunden. Sie treten auch auf bei der Berührung von Metallen mit Elektrolytlösungen, von Metallen mit Halbleitern und von verschiedenartigen Elektrolytlösungen untereinander. Entsprechend der historischen Entwicklung der Naturwissenschaft gelten für derartige Schichten ganz unterschiedliche theoretische Modelle, so daß der Eindruck entsteht, daß es sich um vollkommen andersartige Phänomene handelt. In allen Fällen läßt sich die Erscheinung nach der gleichen einfachen Vorstellung plausibel machen. Man braucht sich nur vorzustellen, daß in allen miteinander im Kontakt stehenden materiellen Bereichen stets Elektroneutralität herrschen muß. Sobald eine Ladungsträgersorte in einer der Phasen wesentlich beweglicher ist als in der anderen (z.B. die Elektronen im Metall), dann wird eine Tendenz entstehen, die zum „Abdriften" der Ladungsträgersorte in die betreffende Richtung resultieren. Vorausgesetzt sei, daß die Gegenladungen (z.B. die Kationen in der angrenzenden Elektrolytlösung) den Durchtritt durch die Phasengrenze nicht oder nur begrenzt mitmachen können. Es wird also an der Phasengrenze zu einer *Ladungstrennung* kommen. Diese kommt sehr bald zum Stillstand, weil die entstehende Coulombsche Anziehungskraft das Abdriften der Gegenladungen kompensiert. Es kommt zu einem stationären Zustand an der Berührungsfläche. Dies ist gleichbedeutend mit der Ausbildung einer *Doppelschicht* aus gegensätzlich geladenen Ladungsträgern sowie einer zugehörigen *Berührungsspannung* (auch „*Kontaktpotential*"; „*Galvanispannung*" u.a.). Abb. 2.5 zeigt die Schichtstrukturen bei Berührung verschiedenartiger Leiter. An einer Elektrode, d.h. bei Berührung eines Metalls mit einer Elektrolytlösung, ist die Struktur komplizierter und erstreckt sich über einen weit größeren räumlichen Bereich als bei Halbleiterkontakten.

Für Halbleiter ist der wichtigste Fall der sogenannte pn-Übergang, d.h. die Berührung eines n-dotierten mit einem p-dotierten Bereich des gleichen Materials. Ein solcher Übergang kann abrupt sein, wenn z.B. je eine Scheibe n- bzw. p-dotiertes Silicium zusammengepreßt werden. Technisch wichtiger ist jedoch ein diffuser Übergang. Ein solcher entsteht, wenn in einen Chip aus n-dotiertem Silicium durch Diffusion aus der Gasphase ein p-Dotand eindringt, so daß inmitten des p-Siliciums eine Zone aus n-Silicium entstehen kann.

Beim Anlegen einer äußeren Spannung können zwei verschiedene Situationen entstehen. Bei Polung in *Durchlaßrichtung* (positiver Pol am p-Material) kann mehr oder weniger ungehindert ein Strom fließen. Mit entgegengesetzter Polung

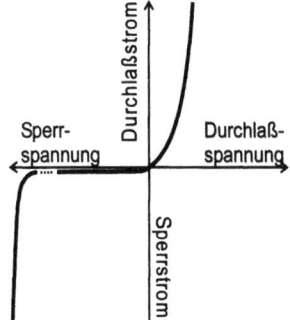

Abb. 2.6 Strom-Spannungs-Kurve (Kennlinie) einer Diode

(Pluspol am n-Material) befindet sich der Übergang in *Sperrichtung*, da, vereinfacht ausgedrückt, die positiven Ladungsträger (die positiven Löcher) nicht übertreten können. Es kommt zu einer Verarmung von Ladungsträgern, d.h. zur Ausbildung einer sogenannten *Verarmungsschicht*. In diesem Zustand können nur sehr wenige Ladungsträger transportiert werden, es fließt lediglich ein sehr kleiner *Sperrstrom*. Die Breite dieser Verarmungszone hängt von den Materialeigenschaften und der Konzentration des Dotanden ab. Insgesamt entsteht an einem pn-Übergang das Verhalten eines elektrischen Ventils, einer *Diode*. Dioden folgen nicht dem Ohmschen Gesetz. Der Strom steigt exponentiell mit der Spannung an (Abb. 2.6).

Es ist leicht einzusehen, daß Sperrschichten empfindlich auf äußere Einflüsse reagieren und deshalb von besonderer Bedeutung für Sensoren sind. Der Sperrstrom hängt sehr stark von der Temperatur und der Einwirkung elektromagnetischer Strahlung ab. Dies entspricht der Zuführung von Energie, die die Bildung von Ladungsträgern in der Verarmungsschicht zur Folge hat. Um dies zu verstehen, ist es günstig, die Energiebänder am pn-Übergang zu betrachten (Abb. 2.7).

Wenn der pn-Übergang im thermischen Gleichgewicht ist und keine Spannung anliegt, muß in allen Regionen das Fermi-Niveau gleich sein. Da die Abstände der Bandkanten zum Fermi-Niveau nur von der Temperatur abhängen, muß es in der

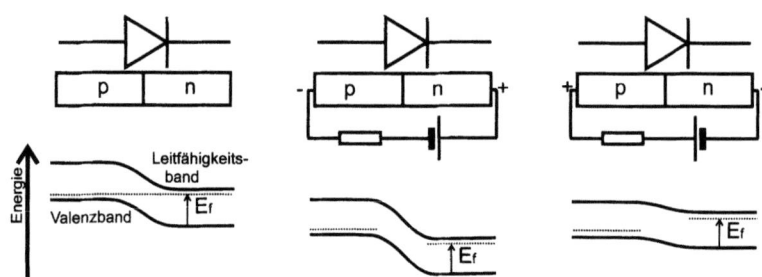

Abb. 2.7 Energiebänder am pn-Übergang. Links: Ohne angelegte Spannung. Mitte: Polung in Sperrichtung. Rechts: Polung in Durchlaßrichtung. E_f Energie des Fermi-Niveaus

Nähe des Überganges zu einer *Bandverbiegung* kommen (Abb. 2.7 links). Wenn eine Spannung in *Sperrichtung* angelegt wird (Abb. 2.7 mitte), entsteht eine Differenz zwischen den Fermi-Niveaus des p- und des n-Materials. Der Übergang von Elektronen wird gegenüber dem unpolarisierten Zustand weiter erschwert, da eine zusätzliche Energiebarriere aufgebaut wird. Der umgekehrte Fall tritt bei Polung in *Durchlaßrichtung* ein (Abb. 2.7 rechts).

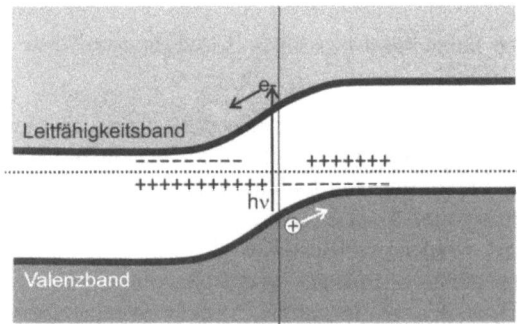

Abb. 2.8 pn-Übergang bei Lichteinwirkung

Das Bändermodell liefert eine Erklärung für die Strahlungsempfindlichkeit des pn-Überganges. Wenn sich, wie in Abb. 2.7 links, der Übergang im thermischen

Gleichgewicht befindet und wenn er mit Photonen bestrahlt wird, deren Energie größer als der Betrag der Bandlücke ist, dann können Elektronen-Loch-Paare in der bestrahlten Region gebildet werden (Abb. 2.8). Infolge der Bandverbiegung wandern Elektronen in das Innere des n-Halbleiters und Löcher in das Innere des p-Halbleiters. Der n-dotierte Bereich nimmt ein positives Potential gegenüber dem p-dotierten Bereich an. Diese Spannung ist meßbar und hängt vom Logarithmus der einfallenden Lichtintensität ab. Verbindet man die n- und die p-Region über einen externen Widerstand, dann fließt ein Strom, dessen Amplitude proportional der einfallenden Lichtintensität ist. Wir haben es also hier mit dem Wandlerprinzip „Energieumwandlung" zu tun. Tatsächlich besteht kein prinzipieller Unterschied zwischen der Funktion einer Photodiode für Meßzwecke und einer photovoltaischen Zelle zur Gewinnung von Elektroenergie aus dem Sonnenlicht.

Es gibt auch den umgekehrten Fall. Bei der Leuchtdiode (LED = Light Emitting Diode) injiziert eine über dem pn-Übergang liegende Spannung zusätzliche Löcher und Elektronen in die Kontaktregion. Wenn sich jeweils ein Elektron und ein Loch gegenseitig aufheben (annihilieren), wird die Energie der Bandlücke E_g als Photon abgestrahlt. Rote Leuchtdioden auf der Basis des Halbleiters Galliumarsenid (GaAs) sind millionenfach verbreitet. Die Farbe der Leuchtdioden hängt in erster Linie von der Größe der Bandlücke ab. Erst spät und nach großen Anstrengungen ist es gelungen, blaue Leuchtdioden (auf der Basis von Galliumnitrid) zu realisieren.

Strukturen

Um funktionieren zu können, müssen Halbleiter strukturiert werden. Die Zonen

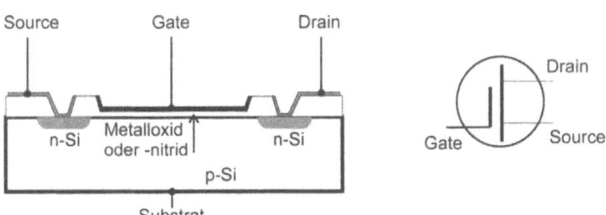

Abb. 2.9 Prinzip des MISFET (MOSFET). Links: Schichtaufbau, rechts: Schaltzeichen

unterschiedlicher Leitfähigkeit müssen kontaktiert werden, einzelne Bereiche müssen durch Isolierschichten abgedeckt werden, Fenster für die Einwirkung von Strahlung müssen geschaffen werden und vieles andere mehr. Die Technologien der Strukturierung von Halbleiterbauelementen haben einen hohen Entwicklungsstand erreicht, der in den erstaunlich komplexen Strukturen der Mikroelektronik zum Ausdruck kommt. Millionen von Transistoren finden auf einem einzigen Quadratzentimeter Platz. Die modernen Strukturierungstechniken führen zu dreidimensionalen Anordnungen. Typisch ist deren schichtweise Aufbau. Durch Abdecken mit Masken, Diffusionsprozesse, Aufdampfen dünner Metallschichten usw. werden zahlreiche „Etagen" übereinander aufgebaut, die zu äußerst leistungsfähigen elektronischen Schaltungen führen.

Als Beispiel einer für Sensoren besonders wichtigen Struktur soll hier die sogenannte MIS-Schichtenfolge vereinfacht erläutert werden. Es handelt sich um drei aufeinanderliegende Schichten aus Metall (M), Isolator (I) und Halbleiter (S). Üblicherweise beginnt der Schichtaufbau mit einem Substrat aus Halbleitermaterial, z.B. p-leitendem Silicium. Dieses wird durch Oxidation in sauerstoffhaltiger Atmosphäre mit einer dünnen Schicht aus dem Isolator Siliciumdioxid SiO_2 überzogen. Darauf wird eine dünne Metallschicht aufgedampft. Wegen der Tatsache, daß der Isolator zumeist eine Oxidschicht ist, wird sehr häufig die Abkürzung MOS (Metall – Oxid – Halbleiter) verwendet, oft in sprachlich verkürzter Form. Ein Feldeffekt-Transistor (FET) in MOS-Ausführung wird so zum „MOSFET".

In Abb. 2.9 ist der Aufbau eines MOSFETs skizziert. Es wird angenommen, daß das Bauelement auf einem Substrat aus p-dotiertem Silicium aufgebaut ist. In dieses Substrat sind durch Diffusion zwei n-leitende Zonen eingebaut worden. Dies ist nicht zwingend. Der Aufbau kann auch komplementär erfolgen, also n-leitendes Substrat mit p-leitenden Zonen. Über dem Substrat befindet sich die Isolierschicht *I* (normalerweise SiO_2). Ganz oben liegt eine dünne Metallschicht *M* (z.B. aufgedampftes Gold).

Der MOSFET hat drei Elektroden, S (Source), D (Drain) und G (Gate). Eigentlich sind die beiden n-leitenden Zonen gleichwertig, die besondere Funktion der Source-Elektrode ensteht erst durch Verbindung einer dieser Zonen mit dem Substrat. Die Gate-Elektrode hat keine galvanische Verbindung zu einer der übrigen Elektroden. Das Schaltzeichen gibt die Verhältnisse deutlich wieder.

Beim Anlegen einer Spannung zwischen Metallschicht und Halbleiter-Substrat können drei verschiedene Situationen entstehen (Abb. 2.10).

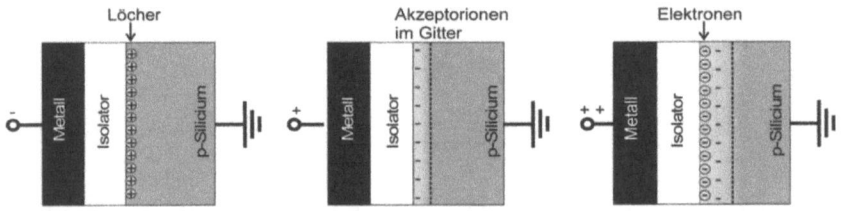

Abb. 2.10 Situationen beim Anlegen einer Spannung zwischen Metallschicht und Halbleitersubstrat beim MOSFET

Wenn die Spannung am Metall negativ ist (Abb. 2.10 links), dann reichern sich positive Löcher an der Halbleiter-Oberfläche an. Bei umgekehrter Polarität (Abb. 2.10 mitte) werden die positiven Löcher vom Halbleiter weggeschoben, es kommt zur Ausbildung einer *Verarmungsschicht*. Sobald aber die positive Spannung genügend hoch wird, beginnen sich Elektronen an der Halbleiteroberfläche anzureichern, es entsteht eine sogenannte *Inversionsschicht*. Die Dicke der Verarmungsschicht bleibt konstant. Zwischen Metall und Halbleiter baut sich ein elektrisches

Feld auf, dessen Feldstärke fast zu 100 Prozent über der Isolatorschicht abfällt. Im Zustand der Inversion entsteht ein leitender Kanal zwischen den n-leitenden Zonen wegen der dort vorhandenen Elektronen. Dies ist die Grundlage der Verstärkungsfunktion des MOSFETs. Die Variation der Spannung am Gate bedeutet eine Modulation der Feldstärke über der Isolatorschicht. Dies führt zur Modulation des Kanalwiderstandes und damit zu einer „Verstärkung" der Gatespannung. Tatsächlich sind MOSFETs echte Spannungsverstärker, da sie praktisch leistungslos arbeiten. MOSFETs bilden die Basis bestimmter Sensoren, die in den Kapiteln 3 und 7 behandelt werden.

Auch auf MOS-Bauelemente läßt sich die Vorstellung von einer Bandverbiegung an der Grenze zwischen Halbleiter und Isolator anwenden.

Für das Beispiel p-dotierten Halbleitermaterials lassen sich die in Abb. 2.10 skizzierten drei Fälle (a) Anreicherung von Löchern; (b) Verarmung von Löchern und (c) Inversion (Anreicherung von Elektronen) danach unterscheiden, ob die Oberflächenladung ψ an der Grenzfläche Halbleiter-Isolator größer oder kleiner ist als das Potential φ im Inneren des Halbleiters. Es gilt:

$\psi < 0$ Anreicherung von Löchern
$\varphi > \psi > 0$ Verarmung
$\psi > \varphi$ Inversion

2.1.2 Optik und Spektroskopie

Wechselwirkung Strahlung und Materie

Wenn durch optische Messungen eine analytisch-chemische Information entstehen soll, muß es eine Wechselwirkung zwischen Strahlung und Materie geben. Die für Sensoren bei weitem wichtigste Strahlung sind die elektromagnetischen Wellen.

Tabelle 2.1 Farben im sichtbaren Spektrum

Wellenlänge nm	Farbe	Frequenz Fresnel	Wellenzahl (cm^{-1})
750,00	Rot	400,00	13,34
620,00	Orange	484,00	16,14
600,00	Gelb	500,00	16,67
580,00	Grün	517,00	17,24
500,00	Blau	600,00	20,00
440,00	Violett	682,00	22,75
400,00	Nahes UV	750,00	25,00
230,00	Fernes UV	1305,00	43,50

Strahlung kann grundsätzlich in zweierlei Weise mit Materie in Wechselwirkung treten, nämlich entweder ohne Energieverlust (*elastische Wechselwirkung*)

2 Grundlagen

oder indem ein Verlust an Energie eintritt *(nichtelastische Wechselwirkung)*. Die elastischen Wechselwirkungen wie *Reflexion* und *Refraktion (Brechung)* liefern Informationen über die optischen Eigenschaften von Proben. Da diese von der Zusammensetzung abhängen, lassen sich in einigen Fällen solche Wechselwirkungen in chemischen Sensoren nutzen. Sehr viel umfangreicher sind Nutzungsmöglichkeiten der nichtelastischen Wechselwirkungen, wie in der Übersicht in Abb. 2.11 angedeutet wird. In der Abbildung steht die energiereichste Strahlung unten. Man

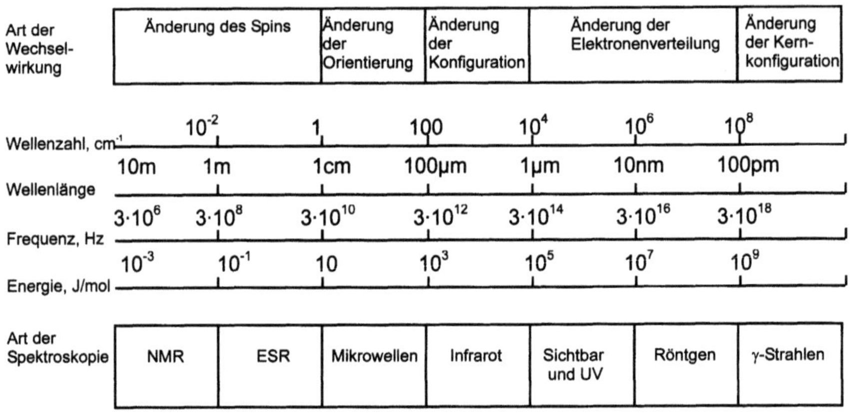

Art der Wechselwirkung	Änderung des Spins	Änderung der Orientierung	Änderung der Konfiguration	Änderung der Elektronenverteilung	Änderung der Kernkonfiguration
Wellenzahl, cm^{-1}	10^{-2}	1	100	10^4	10^6	10^8
Wellenlänge	10m	1m	1cm	100µm	1µm	10nm	100pm
Frequenz, Hz	$3\cdot10^6$	$3\cdot10^8$	$3\cdot10^{10}$	$3\cdot10^{12}$	$3\cdot10^{14}$	$3\cdot10^{16}$	$3\cdot10^{18}$
Energie, J/mol	10^{-3}	10^{-1}	10	10^3	10^5	10^7	10^9
Art der Spektroskopie	NMR	ESR	Mikrowellen	Infrarot	Sichtbar und UV	Röntgen	γ-Strahlen

Abb. 2.11 Das elektromagnetische Spektrum und seine analytisch nutzbaren Bereiche

kann für die Ordinate verschiedene äquivalente Skalen wählen. Ein wachsender Energiegehalt der zugehörigen Strahlungsquanten entspricht zunehmender Frequenz der Strahlung bzw. sinkendem Wert der Wellenlänge. Das vom menschlichen Auge wahrgenommene *sichtbare Licht* ist nur ein kleiner Ausschnitt aus dem elektromagnetischen Spektrum (Tabelle 2.1). Die Wellenlängen des sichtbaren Lichts liegen zwischen 380 nm und 780 nm.

Nichtelastische Wechselwirkung entspricht der Absorption von Photonen durch das untersuchte Medium. Der von den Photonen in das Molekül eingebrachte Energiebetrag kann vielfältige Vorgänge im untersuchten Medium anregen. Die energieärmste Strahlung bringt nur Änderungen der Rotation von Molekülen hervor, es folgt die Anregung von Schwingungen, danach die Änderung von Energieniveaus in den Elektronenhüllen von freien Atomen oder von gelösten Molekülen bzw. Ionen. Ganz am Ende der Skala stehen sehr energiereiche Strahlen, die auch Vorgänge im Atomkern anzuregen vermögen. Allen genannten Wechselwirkungen entsprechen bestimmte instrumentelle Analysentechniken. Für die chemischen Sensoren sind die wesentlichsten Impulse von der Spektroskopie im ultravioletten und sichtbaren Bereich (UV-Vis-Spektroskopie) sowie im infraroten Bereich (IR-Spektroskopie) ausgegangen. Es gibt aber auch Ansätze, andere Techniken nutzbar zu machen. In einigen Fällen ist dies nicht sinnvoll. Da man bei Sensoren voraussetzen muß, daß sie direkt mit der Umgebung in Kontakt kommen sollen, ohne daß Proben genommen und aufwendig behandelt werden müssen, scheiden z.B.

die Methoden der Atomspektroskopie aus. Bis auf wenige Ausnahmen liegen Proben nicht im atomaren Zustand vor. Sie müßten, um mit den Methoden der Atomspektroskopie untersucht werden zu können, durch Zufuhr thermischer Energie in ein Atomplasma umgewandelt werden. Das kann man sich bei einem Sensor nicht gut vorstellen.

Die Aufnahme oder Abgabe von Photonen ist mit energetischen Änderungen im Molekül verbunden. Man geht von der Vorstellung aus, daß das Molekül einen *Grundzustand* besitzt. Jeder aufgenommene Energiebetrag führt zu angeregten Zuständen, die sich symbolisch als Niveaus in einem Energieniveauschema darstellen lassen. Bei der Rückkehr der Elektronen in den Grundzustand werden Photonen emittiert (Abb. 2.12).

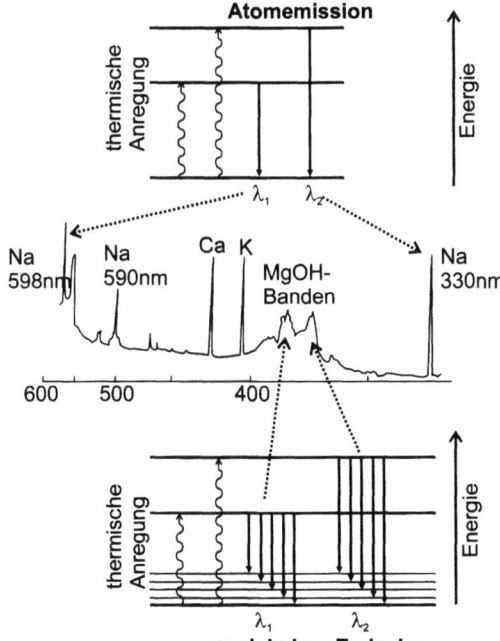

Abb. 2.12 Energieniveauschemata von Atomen und Molekülen und zugehörige Emissionsspektren

Optische Spektren (die zweidimensionale Darstellung einer Intensitätsgröße wie Lichtabsorption oder –emission gegen eine Energieskala wie Wellenlänge oder Frequenz) können sehr unterschiedlich aussehen. Linienspektren entstehen nur wenn freie Atome beteiligt sind. Hier befinden sich wenige diskrete angeregte Energieniveaus in weitem Abstand voneinander. Entsprechend können nur Lichtquanten mit sehr schmaler Bandbreite absorbiert oder emittiert werden. Diese erscheinen in einem klassischen Spektroskop als *Spektrallinien*. Alle übrigen Spektren sind *Bandenspektren* mit mehr oder weniger breiten Absorptions- oder Emissionsmaxima, den *spektralen Banden*. Die Breite dieser Banden und ihre Feinstruktur hängt davon ab, wie eng die Unterniveaus der angeregten Zustände im Molekül beieinanderliegen. Je geringer die Abstände, desto größer wird die Zahl der möglichen Zustände und als Konsequenz daraus die Breite der Banden. Spektren isolierten Moleküle sind demzufolge schmalbandiger als Spektren gelöster Moleküle, bei denen weitere Wechselwirkungen, z.B. mit dem Lösungsmittel, hinzukommen.

Tabelle 2.2 Wichtige spektrale Bereiche für optische Sensoren

Bereich	λ / nm	$\bar{v}$ / cm^{-1}	$h\cdot v$ / eV
Ultraviolett (UV)	200–380	50000–26000	6,2–3,3
Visuell (Vis)	380–780	26000–13000	3,3–1,6
Nahes Infrarot (NIR)	780–3000	13000–3100	1,6–0,4
Infrarot (IR)	3000–50000	3300–200	0,4–0,025

Da nicht alle Arten der Spektroskopie sinnvoll in chemischen Sensoren nachvollzogen werden können, sind auch nicht alle Wellenlängenbereiche der Spektroskopie für Sensoren wichtig. Bedeutungsvoll für Sensoren sind die in Tabelle 2.2 genannten Bereiche. Die Bedeutung der Symbole ist: λ Wellenlänge; $\bar{v} = \lambda^{-1}$ Wellenzahl; v Frequenz. Das Produkt $h\,v$ entspricht der Energie der zugehörigen Photonen.

Vom praktischen Standpunkt aus lassen sich folgende Möglichkeiten für die Wechselwirkung von Strahlung mit Materie, d.h. mit einer analytischen Probe unterscheiden (Abb. 2.13):
- Reflexion (diffus oder gerichtet, je nach Beschaffenheit der Grenzflächen
- Brechung (Refraktion)
- Absorption
- Streuung einschließlich der Fluoreszenz und Phosphoreszenz

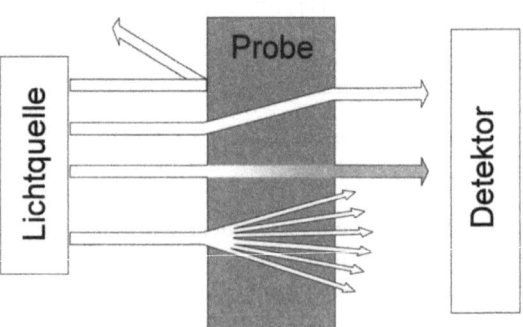

Abb. 2.13 Möglichkeiten der Einwirkung von Strahlung auf eine Probe: Reflexion, Brechung, Absorption und Streuung

Alle diese Möglichkeiten werden auch in optischen Sensoren genutzt.

Bevor auf einzelne Erscheinungen eingegangen wird, ist es zweckmäßig, einige strahlungstechnische Größen zu definieren.

Strahlungsleistung und Intensität. Die *Strahlungsleistung* bzw. der *Strahlungsfluß* (meist mit dem Symbol Φ bezeichnet) ist die Energiemenge, die pro Zeiteinheit abgestrahlt wird, gemessen in Watt. Diese Größe wird von Strahlungsdetektoren gemessen. In der Optik ist es üblich, die auf ein Flächenelement dA fallende bzw. von einem Flächenelement dA ausgesandte Strahlungsleistung $d\Phi/dA$ als *Intensität* I zu bezeichen. Hier besteht Verwechslungsgefahr mit der auf den Raumwinkel Ω bezogenen Strahlungsleistung $d\Phi/d\Omega$, der *Strahlstärke*, für die auch das Symbol I gebräuchlich ist.

Durchlässigkeit (Transparenz). Die Durchlässigkeit ist definiert als Quotient aus den Strahlungsleistungen in einem Strahl nach Verlassen eines durchstrahlten Körpers (P) und vor Eintritt in diesen Körper (P_0): Traditionell wird, besonders in der analytischen Chemie und der Sensorik, der Quotient der entsprechenden *Intensitäten I und I_0* zur Definition der Transparenz benutzt, wie in Gl. (2.3). Dies führt nicht zu Fehlern, sofern man, wie üblich, mit engen Strahlenbündeln arbeitet.

$$T = \frac{I}{I_0} \tag{2.3}$$

Extinktion (Absorbanz). Die *Extinktion* oder *Absorbanz* ist definiert als der dekadische Logarithmus aus dem Reziprokwert der Durchlässigkeit:

$$E = \log\frac{I_0}{I} = \log\frac{1}{T} \tag{2.4}$$

Reflexion und Brechung

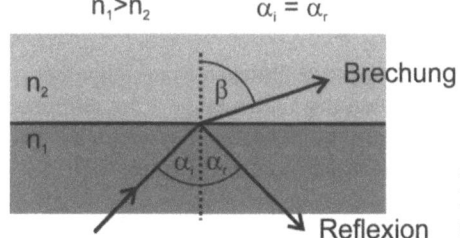

Abb. 2.14 Brechung und Reflexion eines Lichtstrahls an der Grenze zweier Medien mit unterschiedlichen Brechungsindizes

Ein Lichtstrahl, der auf die Grenze zwischen einem optisch dichteren und einem optisch dünneren Medium trifft, ändert seine Richtung. Je nach dem *Einfallswinkel* des Strahls α_i führt das entweder zur Brechung oder zur Totalreflexion (Abb. 2.14).

Der Lichtstrahl wird entsprechend dem Snelliusschen Gesetz (2.5) gebrochen. Dort bedeuten n_1 den Brechungsindex des optisch dünneren Mediums, n_2 den des optisch dichteren, α_i den Einfallswinkel und β den Ausfallswinkel.

$$n_1 \cdot \sin \alpha_i = n_2 \cdot \sin \beta \tag{2.5}$$

Wenn der Einfallswinkel α_i auf einen bestimmten Wert steigt, nämlich den sogenannten kritischen Winkel α_c, dann wird das gesamte einfallende Licht parallel zur Grenzfläche reflektiert. Für die Grenzfläche Wasser-Luft hat α_c den Wert 43,75°. Für die Bedingung $\alpha_i > \alpha_c$ wird das einfallende Licht zum dichteren Medium hin reflektiert. Dies ist der Fall der *Totalreflexion*.

Die Erscheinungen von Reflexion und Brechung sind von Bedeutung für zwei Gesichtspunkte bei chemischen Sensoren. Der Brechungsindex von Flüssigkeiten hängt von ihrer Zusammensetzung ab. Mit Mikrorefraktometern aus lichtleitenden Fasern kann diese gemessen werden. Ein anderer Aspekt sind die Lichtleitfasern selbst. Wie weiter unten beschrieben wird in diesen optischen Leitern durch Kombination eines Kerns aus optisch dichterem mit einem Mantel aus optisch dünnerem Material erreicht, daß einfallendes Licht durch interne Totalreflexion in diesen Fasern eingeschlossen bleibt und auf diese Weise an beliebige Stellen „geleitet" werden kann. Lichtleiter sind von außerordentlicher Bedeutung für den Bau von optischen chemischen Sensoren.

An der Grenzschicht zwischen Medien unterschiedlicher Lichtbrechung tritt außer den erwähnten Erscheinungen noch die sogenannte *Evaneszenz* auf. Wichtig ist folgender Fall: Der vom dichteren Medium kommende Strahl wird an der Grenzfäche nach innen gebrochen. Eigentlich sollte dies verlustfrei geschehen, was zur Voraussetzung hätte, daß keinerlei Strahlungsenergie in das dünnere Medium eindringt. Tatsächlich ist es aber so, daß sich an der Berührungsstelle der Medien eine stehende Welle aus dem reflektierten und dem einfallenden Strahl ausbildet. Das zugehörige elektrische Feld heißt *Evaneszenzfeld*. Es dringt eine gewisse Distanz in das optisch dünnere Medium ein und kann mit ihm in Wechselwirkung treten. Die Eindringtiefe kann aus (2.6) berechnet werden.

$$d_p = \frac{\lambda}{2\pi\sqrt{n_1^2 \sin^2 \alpha_i - n_2^2}} \tag{2.6}$$

Die Eindringtiefe liegt für sichtbares Licht mit den üblichen Materialien bei etwa 100 bis 200 nm. Sie hängt in erster Linie von der Wellenlänge λ des einfallenden Lichts ab. Das ist bedeutungsvoll für chemische Sensoren, bei denen die evaneszenten Wellen zur Gewinnung analytischer Signale genutzt werden.

Absorption, Photolumineszenz und Chemilumineszenz

Ein genauerer Blick auf die weiter oben erwähnten Energieniveaudiagramme offenbart, daß zahlreiche Prozesse beteiligt sind, wenn elektromagnetische Wellen mit Molekülen in Wechselwirkung treten (Abb. 2.15).

Im Grundzustand liegen die Elektronen des Moleküls spingepaart als Singulett vor. Je nach der Orientierung der Elektronenspins können die angeregten Zustände von Molekülen Singulett- oder Triplett-Zustände sein (Abb. 2.16). Zum angeregten Zustand des Moleküls gehört eine Vielzahl von Unterniveaus, die Schwingungszuständen entsprechen (links in Abb. 2.15). Benachbarte angeregte Zustände können sich überlappen, wie im Beispiel für die Niveaus S_1 und S_2 angedeutet. Die Anregung vom Grundzustand zu einem dieser Niveaus durch Energieaufnahme ist gewöhnlich ein sehr schneller Vorgang und läuft in 10^{-15} Sekunden ab.

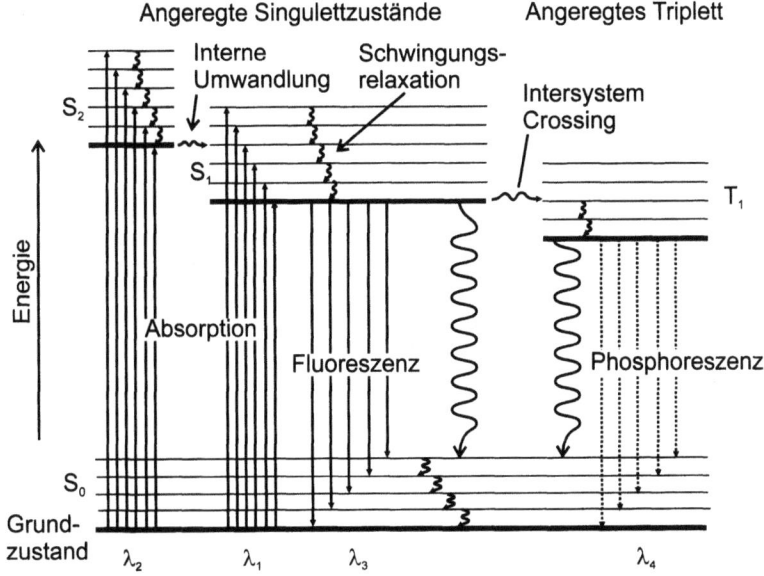

Abb. 2.15 Prozesse bei der Einwirkung elektromagnetischer Wellen auf Moleküle

Die angeregten Zustände verlieren gewöhnlich sehr schnell Energie durch *strahlungslose Relaxation*. Eine *interne Umwandlung* (wie in Abb. 2.15) beim Übergang von S_2 nach S_1) findet statt, wenn sich zwei Elektronenniveaus so überlappen, daß Schwingungszustände des unteren Niveaus angeregt werden können.
Fluoreszenz findet statt, wenn ein Molekül vom untersten Niveau des angeregten Zustandes in einen der Schwingungszustände des Grundzustandes zurückkehrt und dabei Licht abstrahlt, dessen Wellenlänge höher ist als die der anregenden Strahlung. Auch dieser Vorgang ist schnell und ereignet sich 10^{-8} bis 10^{-6} Sekunden nach der Anregung.
Durch den Zusammenstoß angeregter Teilchen mit Gasmolekülen kann es zur *Fluoreszenzlöschung* kommen. Sie wird verursacht durch strahlungslose Energieübertragung vom angeregten Teilchen zum kollidierenden Gasmolekül (*externe*

Übertragung). Sehr wichtig ist dieser Vorgang bei Sensoren für Sauerstoff. Die Fluoreszenzlöschung führt zu einer Intensitätsminderung des abgestrahlten Lichts und hängt von der Sauerstoffkonzentration ab.

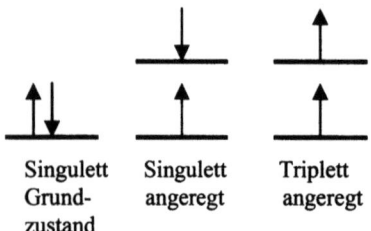

Singulett Grundzustand   Singulett angeregt   Triplett angeregt

Abb. 2.16 Singulett- und Triplett-Zustände in Molekülen

Die Spin-Orientierung der Moleküle wird durch die geschilderten Vorgänge nicht verändert. In einigen Fällen können aber auch Triplettzustände von einem Singulettzustand aus besetzt werden, wie beim Übergang von S_1 nach T_1 in Abb. 2.15. Moleküle im Triplettzustand verlieren ihre Energie strahlungslos, oder in einigen Fällen durch *Phosphoreszenz*. Dies ist ein langsamer Prozeß, der bis zu 10 Sekunden dauern kann. Phosphoreszierende Proben leuchten also auch noch, wenn die Anregungslichtquelle erloschen ist. Aus dieser Verzögerung läßt sich eine Methode entwickeln, um Phosphoreszenz von Fluoreszenzerscheinungen zu unterscheiden. Der Oberbegriff für beide Phänomene ist *Photolumineszenz*.

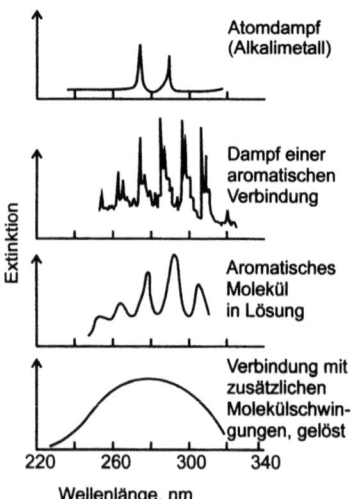

Abb. 2.17 Absorptionsspektren von Atomen, Molekülen im Gasraum und gelösten Molekülen

Absorption. Sehr wichtig für chemische Sensoren ist die *Absorption* elektromagnetischer Strahlung, insbesondere des sichtbaren Lichts. Entsprechend der Vielzahl eng beieinanderliegender Schwingungsniveaus absorbieren Moleküle breitbandig. Beispiele typischer Absorptionsspektren zeigt Abb. 2.17. Zum Vergleich ist auch das Linienspektrum eines Atomdampfs mit angeführt.

Beim Vergleich der Absorptionsspektren von Gasmolekülen mit denen in Lösung wird deutlich, daß wegen der größeren Anzahl von Wechselwirkungsmöglichkeiten im gelösten Zustand eine weitere Verbreiterung der Banden eintritt. Eine noch weitergehende Verbreiterung ergibt sich beim Übergang zu Molekülen mit leicht beweglichen π-Elektronen, wie das am Unterschied zwischen Benzol und Biphenyl (Kurve ganz unten) sichtbar wird.

Der quantitative Zusammenhang der Lichtabsorption mit der Konzantration gelöster, farbiger Spezies ist lange bekannt. Von Lambert wurde zuerst beschrieben, daß monochromatisches Licht, das durch einen lichtabsorbierenden Körper fällt, in seiner Intensität abnimmt, und zwar logarithmisch, wenn die Weglänge des durchstrahlten Körpers linear zunimmt. Beer stellte fest, daß die Durchlässigkeit einer farbigen, lichtabsorbierenden Lösung eine exponentielle Funktion der Konzentration des gelösten, absorbierenden Stoffes ist. Beide Gesetzmäßigkeiten lassen sich zusammenfassen. Die resultierende Gleichung ist unter dem Namen *Lambert-Beersches Gesetz* bekannt (2.7).

$$E = \varepsilon \cdot d \cdot c \tag{2.7}$$

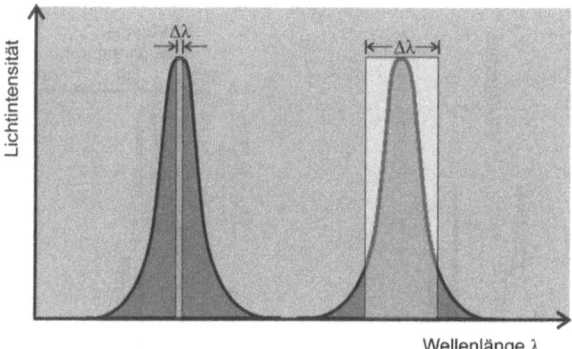

Abb. 2.18 Zustandekommen der Abweichung vom Lambert-Beerschen Gesetz durch Verwendung nicht monochromatischer Strahlung. Breitbandiges Licht wird prozentual weit weniger geschwächt als schmalbandiges.

Die Größe ε ist der *molare Extinktionskoeffizient (molare Absorptivität)*, gemessen in $l \cdot mol^{-1} \cdot cm^{-1}$. Unter d versteht man die Schichtdicke der Probe (in cm), und c ist die Konzentration der gelösten absorbierenden Substanz in $mol \cdot l^{-1}$. Das Lambert-Beersche Gesetz ist die Grundlage vieler photometrischer Analysenmethoden. Das Gesetz gilt unabhängig davon, in welcher Phase sich der Analyt befindet, ob er aus gelösten Molekülen oder Ionen besteht oder ob es sich um freie

Atome in einem Gasplasma handelt. Ausschlaggebend ist, daß elektromagnetische Strahlung absorbiert wird. Extinktionskoeffizienten nehmen oft hohe Werte an. Speziell synthetisierte Liganden, die stark farbige Komplexe mit Metallionen bilden, können zu Werten um 60000 $cm^2 \cdot mol^{-1}$ führen. Daraus folgt, daß mit photometrischen Messungen extreme Spurenbestimmungen möglich sind.

Abweichungen vom Lambert-Beerschen Gesetz äußern sich in mangelnder Linearität, wenn die Extinktion als Funktion der Konzentration aufgetragen wird. Das kann chemische Ursachen haben, wenn sich z.b. mit Änderung der Konzentration die Lage eines chemischen Gleichgewichtes ändert. Die weitaus häufigste Ursache für mangelnde Linearität ist jedoch die Verwendung polychromatischen Lichts anstatt der notwendigen monochromatischen Strahlung. Dies kann auch bei chemischen Sensoren ein Problem sein. Bei Sensoren, die dezentralisiert, vor Ort und in Umweltmessungen eingesetzt werden sollen, kann man oft nicht den instrumentellen Aufwand treiben, der in spezialisierten photometrischen Laboratorien möglich ist. Statt aufwendiger und teurer Gittermonochromatoren muß man oft mit Halbleiter-Lichtquellen auskommen. Man muß sich bewußt sein, daß man damit Abweichungen vom Lambert-Beerschen Gesetz in Kauf nimmt. Zur Erklärung dieses Phänomens soll schematisch die Absorptionsbande eines gelösten Moleküls betrachtet werden (Abb. 2.18). Als Ausdruck dafür, ob die Strahlung monochromatisch genannt werden darf oder nicht, dient die *spektrale Auflösung* des Monochromators $\Delta\lambda$.

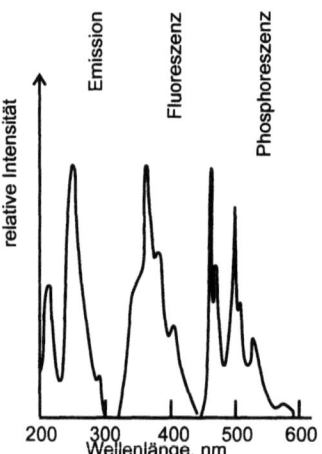 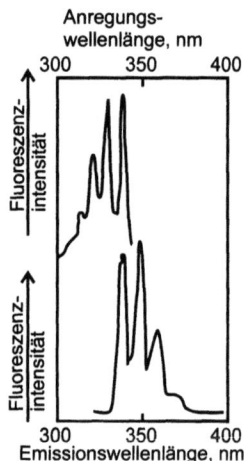

Abb. 2.19 Links: Molekülspektren des Phenanthrens. Rechts: Fluoreszenzspektren von 1 ppm Anthracen in Ethanol. Rechts oben Anregungsspektrum; rechts unten Emissionsspektrum

Wenn, wie im Bild Abb. 2.18 gezeigt, die Breite des Absorptionspeaks der farbigen Substanz, gemessen bei halber Peakhöhe ($b_{1/2}$) vergleichbar mit $\Delta\lambda$ ist, dann wird das Messergebnis der *Lichtintensität I* zu klein. Weniger gravierend wird dieser Einfluß bei breiten Absorptionspeaks.

Photolumineszenz. Die am Anfang dieses Abschnittes eingeführten *Lumineszenzphänomene* sind die Grundlage äußerst empfindlicher chemischer Sensoren. Gemessen wird die Intensität der Strahlung, die von Molekülen emittiert wird, wenn sie aus dem angeregten in den Grundzustand zurückkehren. Im Gegensatz zu Absorptionsmessungen kann man bei Lumineszenzuntersuchungen die Intensitätsmessung um 90° verdreht gegenüber der Richtung des Anregungs-Strahles vornehmen, da die emittierte Strahlung normalerweise nicht gerichtet in alle Raumrichtungen ausgesandt wird. Durch diese Art der Messung blickt das Instrument gegen einen dunklen Hintergrund, was zu einem sehr günstigen Signal-Rausch-Verhältnis führt. Nachweisgrenzen im ppb-Bereich sind ohne weiteres erreichbar. Die Signale sind über weite Strecken konzentrationsproportional. Für die Fluoreszenzintensität I_f gilt der Zusammenhang in Gl. (2.8).

$$I_f = 2{,}303 \cdot \varphi_f \cdot I_0 \cdot \varepsilon \cdot d \cdot c \qquad (2.8)$$

In (2.8) bedeuten φ_f den Bruchteil der Photonen die Fluoreszenz hervorrufen, I_0 die Intensität der Anregungsstrahlung, ε den Extinktionskoeffizienten und d die Weglänge der Strahlung durch das Medium.

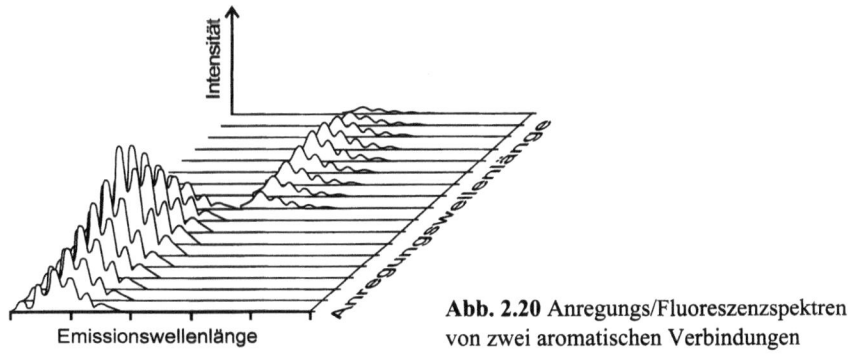

Abb. 2.20 Anregungs/Fluoreszenzspektren von zwei aromatischen Verbindungen

Fluoreszenz tritt besonders bei Aromaten mit π-π^*-Übergängen (*konjugierte Chromophore*) auf. Die Wellenlänge verschiebt sich mit zunehmendem Kondensationsgrad der Aromaten zu niedrigeren Wellenlängen. Dies zeigt sich, wenn man in der homologen Reihe vom Benzol über Naphthalin zum Anthracen geht. Typische Fluoreszenzspektren zeigt Abb. 2.19. Das Bild zeigt, daß sich Anregungs/Absorptionsspektren häufig ähnlich wie das Spiegelbild der Emissionsspektren verhalten. Eine dreidimensionale Auftragung mit der Emissionswellenlänge als x-Achse und der Anregungswellenlänge als y-Achse (Abb. 2.20) erleichtert die Identifizierung bestimmter Verbindungen, die sich im Bild gut als Muster erkennen lassen.

Phosphoreszenz gibt es bei einigen Pestiziden, Enzymen und aromatischen Kohlenwasserstoffen. Die Messung muß normalerweise bei sehr niedrigen Temperaturen erfolgen, um strahlungslose Abklingprozesse zu unterdrücken. Für chemische Sensoren sind daher eher einige bei Raumtemperatur beobachtbare Phosphoreszenzerscheinungen interessant. Sie kommen vor bei Substanzen, die an eine Festkörperoberfläche adsorbiert sind. Die adsorptive Bindung kann zur Stabilisierung des Triplettzustandes führen.

Die *Chemilumineszenz* ist im Gegensatz zu den bisher behandelten Phänomenen keine rein physikalische Erscheinung. Sie tritt auf, wenn die bei einer chemischen Reaktion entstehende Energie in Form von Strahlung abgegeben wird. Das Reaktionsgefäß wird selbst zur Lichtquelle, so daß zur Beobachtung lediglich ein Monochromator und ein Lichtempfänger notwendig sind.

Ein praktisch wichtiges System ist die Reaktion von Stickoxid mit Ozon gemäß

$NO + O_3 \rightarrow NO_2^* + O_2$ Mit dem Zeichen * gekennzeichnete

$NO_2^* \rightarrow NO_2 + h\nu$ Moleküle befinden sich im angeregten Zustand

Diese Reaktion ist wichtig für die Bestimmung von NO-Spuren in der Atmosphäre.

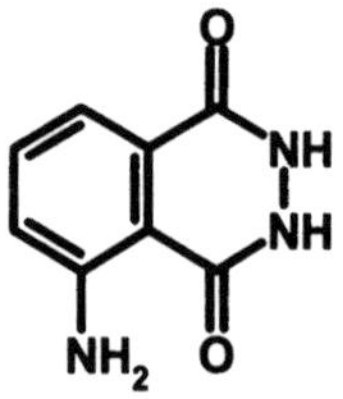

Abb. 2.21 Luminol

Ozon kann durch die Chemilumineszenz seiner Reaktion mit dem an Silikagel adsorbierten Farbstoff Rhodamin B bestimmt werden. Wichtig ist die Chemilumineszenz von Sauerstoff und Wasserstoffperoxid mit Luminol (Abb. 2.21). Durch Kopplung mit enzymatischen Reaktionen können hochsensitive und äußerst spezifische Sensoren realisiert werden. Beispiele hierfür werden im Kap. 8 gegeben.

In Biosensoren wurde die Chemilumineszenz von Oxidase-katalysierten Reaktionen genutzt, z.B. die Oxidation von Glucose unter Mitwirkung von Glucoseoxidase (GOx):

$\beta\text{-D-Glucose} + O_2 \xrightarrow{GOx} \beta\text{-Glucons\"aure} + H_2O_2$

$2 H_2O_2 + \text{Luminol} \xrightarrow{\text{Peroxidase}} 3\text{-Aminophthalat} + N_2 + 3 H_2O + h\nu$

2.1.3 Piezoelektrizität und Pyroelektrizität

Der *piezoelektrische Effekt* wurde schon im 19. Jahrhundert von den Brüdern Curie entdeckt. Wenn bestimmte Kristalle, wie etwa der α-Quarz, zusammengedrückt werden, dann bildet sich zwischen gegenüberliegenden Flächen eine abklingende Spannung aus. Wenn der Druck aufhört, entsteht wieder eine Spannung, diesmal mit umgekehrtem Vorzeichen. Umgekehrt führen von außen angelegte elektrische Spannungen zu Deformationen des Kristalls. Bringt man Kristalle dieser Art in einen Rückkopplungskreis, dann können sie permanent zu Schwingungen angeregt werden. Die Frequenz dieser Schwingungen ist sehr stabil. Sie hängt fast ausschließlich von der Masse des Kristalls ab und ist nur wenig temperaturempfindlich. Quarzkristalle finden daher als Schwingungsnormale Verwendung, z.B. in den weit verbreiteten Quarzuhren. In chemischen Sensoren wird eine Frequenzmessung genutzt, um feinste Masseänderungen des Schwingquarzes zu bestimmen. In die Masse gehen auch dünne Schichten aus fremden Materialien ein. Damit kommt man zur sogenannten Quarz-Mikrowaage als Grundlage der massensensitiven chemischen Sensoren. Einzelheiten dazu werden im Kap. 4 behandelt.

Für Quarzkristalle, die in der am häufigsten verwendeten Richtung (AT-Schnitt) geschnitten sind und mechanisch in der günstigsten Schwingungsrichtung betrieben werden, gilt die Sauerbrey-Gleichung (2.9), aus der hervorgeht, wie sich die Frequenz f mit der Masse m eines dünnen Films auf dem Kristall ändert.

$$\Delta f = \frac{1}{\rho_m \cdot k_f} f_0^2 \frac{\Delta m}{A} \qquad (2.9)$$

In dieser Gleichung bedeuten Δm die Massenänderung des dünnen Films, f_0 die Resonanzfrequenz, ρ die Dichte und A die Querschnittsfläche des Kristalls. k_f ist die sog. Frequenzkonstante, die unter den oben genannten Bedingungen 168 kHz/cm beträgt.

Gl. (2.9) zeigt, daß sehr große Werte der Frequenzänderung Δf für relativ kleine Masseänderungen Δm erwartet werden können. Setzt man Δf in Hertz, f_0 in Megahertz, Δm in Gramm und A in cm^2 ein, dann nimmt die Gleichung die folgende Form an:

$$\Delta f = -2,3 \cdot 10^6 f_0^2 \frac{\Delta m}{A} \qquad (2.10)$$

Eine Massenänderung von 10 ng/cm^2 bringt an einem mit der Grundfrequenz f_0=10 MHz schwingenden Kristall also eine Frequenzänderung von 2,3 Hz hervor. Eine solche Änderung ist problemlos mit hoher Präzision meßbar.

Der *pyroelektrische Effekt* ist mit dem piezoelektrischen Effekt verwandt. Verformungen führen auch hier zur Ausbildung von elektrischen Spannungen. Solche Spannungen werden an Pyroelektrika aber auch durch Temperaturänderungen hervorgerufen.

Pyroelektrika sind bestimmte ferroelektrische Materialien, also solche mit einem permanenten Dipolmoment. Körper aus diesen Materialien haben zwei elektrisch unterschiedliche Seiten, eine positivere und eine negativere. Die damit verbundene Oberflächenladung ist normalerweise nicht meßbar. Eine Temperaturänderung führt zu einer Änderung der Gitterabstände und damit des Dipolmoments. Es entsteht eine Überschußladung, die als Strom meßbar ist. Dieser Strom gehorcht unter bestimmten Bedingungen der Gleichung

$$I = p \cdot A \cdot \frac{dT}{dt} \qquad (2.11)$$

wobei A die Fläche des Sensors und p der Temperaturkoeffizient des internen Dipols, der sog. *pyroelektrische Koeffizient* sind. Dieser ist bei manchen Materialien selbst eine Funktion der Temperatur, so daß die Messung von der herrschenden Umgebungstemperatur abhängig wird. Bei dem überwiegend verwendeten Lithiumtantalat ist die Temperaturabhängigkeit des Koeffizienten vernachlässigbar. Für dieses Material liegt p bei Werten von etwa $6 \cdot 10^{-9}$ As cm^{-2} K^{-1}.

2.2 Sensor-Chemie

2.2.1 Chemisches Gleichgewicht

Die wichtigste theoretische Grundlage der analytischen Chemie ist die Lehre vom chemischen Gleichgewicht. Seit etwa 350 Jahren versuchen Chemiker etwas über die Zusammensetzung von Stoffgemischen zu erfahren, indem sie chemische Reaktionen ausführen. Dabei kommt es im wesentlichen darauf an, chemische Gleichgewichte geschickt auszunutzen.

Das chemische Gleichgewicht ist ein dynamisches Gleichgewicht. Auch wenn ein Stoffsystem *im Gleichgewicht* ist, d.h. nach außen hin Ruhe herrscht, hört die Bewegung keineswegs auf. Moleküle vereinigen sich, werden wieder gespalten, insgesamt entsteht aus den Ausgangsstoffen eine ebenso große Menge an Produkten wie Ausgangsstoffe aus den Produkten gebildet werden.

Zur theoretischen Beschreibung des chemischen Gleichgewichts und zur Formulierung seiner Gesetze gibt es zwei grundsätzlich verschiedene Modellvorstellungen: die *kinetische* und die *thermodynamische*. Beide führen zum gleichen Ergebnis.

Zur Kennzeichnung der quantitativen Zusammensetzung von Stoffgemischen sind die folgenen Größen wichtig:

n die Stoffmenge, gemessen in mol. Ein Mol ist eine *Zählgröße*. Es bezeichnet eine sehr große Anzahl von Teilchen, nämlich $6{,}022 \cdot 10^{23}$ Stück. Diese Anzahl von Molekülen ist z.B. in 12 g Kohlenstoff oder in 197 g Gold oder in 2 g Wasserstoffgas enthalten. Die Bemessung von Substanzmengen nach Mol und nicht nach der Masse hat einen großen Vorteil. Man hat es dann immer mit der gleichen Anzahl Teilchen zu tun, unabhängig von deren Masse

c die Stoffmengen-Konzentration (meist einfach „Konzentration"), gemessen in mol·l^{-1}

Ein manchmal bevorzugtes alternatives Konzentrationsmaß ist

$x = \dfrac{n_B}{n_A + n_B}$ der *Stoffmengenanteil* („*Molenbruch*"), z.B. für einen gelösten Stoff B im Lösungsmittel A. Dieses Konzentrationsmaß ist im Gegensatz zu c dimensionslos

Sehr wichtig ist

$a = f \cdot c$ die *Aktivität*, eine „korrigierte Konzentration" mit dem Faktor f, dem *Aktivitätskoeffizienten*. Aktivitäten werden in den gleichen Einheiten angegeben wie Konzentrationen. Für kleine Konzentrationwerte gilt annähernd $f \approx 1$ und damit $a \approx c$.

Aktivitäten hängen in Elektrolytlösungen sehr stark von den Konzentrationen aller vorhandenen Ionen und von deren Ladungszahl ab. Sie können in einigen Fällen berechnet werden, wenn die *Ionenstärke I* bekannt ist.

Die Geschwindigkeit chemischer Reaktionen $v = \dfrac{dn}{dt}$ / $mol \cdot s^{-1}$ ist stets von den gerade vorhandenen Konzentrationen der Ausgangsstoffe und der Endprodukte abhängig. Für eine einfache Reaktion im Gasraum wie etwa die Reaktion von Joddampf mit Wasserstoffgas zu Jodwasserstoff

$H_2 + I_2 \rightarrow 2 HI$ gilt $\vec{v} = \vec{k} \cdot c(H_2) \cdot c(I_2)$,

während man für die umgekehrte Reaktion

$2 HI \rightarrow H_2 + I_2$ schreiben kann $\overleftarrow{v} = \overleftarrow{k} \cdot c^2(HI)$.

Die hochgestellten Symbole $\rightarrow$ und $\leftarrow$ bezeichnen die Reaktionsrichtung, also eine Vorwärts- und Rückwärtsreaktion.

$\vec{k}$ und $\overleftarrow{k}$, die *Geschwindigkeitskonstanten* der Reaktion, hängen nur von der Temperatur ab.

Es hat also Sinn, in der Reaktionsgleichung statt eines Pfeiles den Doppelpfeil $\rightleftarrows$ oder $\rightleftharpoons$ zu verwenden:

$H_2 + I_2 \rightleftarrows 2 HI$

Im Gleichgewicht sind die Geschwindigkeiten der Vorwärts- und der Rückwärtsreaktion gleich:

$\vec{v} = \overleftarrow{v}$

$\vec{k} \cdot c(H_2) \cdot c(I_2) = \overleftarrow{k} \cdot c^2(HI)$.

Daraus folgt:

$\dfrac{\vec{k}}{\overleftarrow{k}} = K$ und schließlich

$$K = \dfrac{c^2(HI)}{c(I_2) \cdot c(H_2)} \qquad (2.12)$$

Gl. (2.12) ist unter dem historischen Namen *Massenwirkungsgesetz (MWG)* bekannt. Es besagt, daß der Quotient aus den Produkten der Konzentrationen der Endprodukte und dem Produkt der Konzentrationen der Ausgangsstoffe (unter Berücksichtigung der *stöchiometrischen Faktoren*, also der Zahlen vor den chemischen Formelzeichen in der Reaktionsgleichung) im Gleichgewicht eine Konstante ist.

Die bis hierhin gegebene Begründung dieses wichtigen Naturgesetzes ist keine Herleitung im strengen Sinne. Auch können Geschwindigkeitsgesetze andere Formen annehmen als für das Beispiel Jod-Wasserstoff-Reaktion. Das ändert nichts an der Richtigkeit der Überlegungen.

Wenn wir von einem gegebenen Molekülvorrat an Ausgangsstoffen ausgehen, dann muß die Reaktionsgeschwindigkeit der Vorwärts-Reaktion am Anfang groß

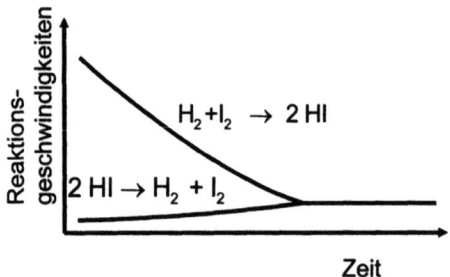

Abb. 2.22 Verlauf der Reaktionsgeschwindigkeiten für einen Satz von Ausgangskonzentrationen

sein und dann immer weiter abnehmen. Genau umgekehrt muß es sich mit der Rückwärts-Reaktion verhalten (Abb. 2.22).

Das Massenwirkungsgesetz läßt sich auch aus der Vorstellung entwickeln, daß zu einem bestimmten Ausgangszustand, also zu einem Satz von Ausgangskonzentrationen, eine *Triebkraft* für die betreffende Reaktion formuliert werden kann. So wie in der Elektrotechnik ein Strom die Folge der „Triebkraft" Spannung ist, wird in der Chemie die Reaktionsgeschwindigkeit die Folge einer „chemischen Triebkraft". Da diese gesuchte Größe offensichtlich von den Konzentrationen der reagierenden Stoffe abhängt, muß sie am Anfang groß sein, dann abnehmen und im Gleichgewicht schließlich Null werden.

Die Triebkraft heißt *Freie Reaktionsenthalpie* $\Delta_R G$ und ist eine Funktion der Konzentrationen der reagierenden Stoffe. Es gilt

$$\Delta_R G = \Delta_R G^\theta + R \cdot T \ln \prod f \cdot c_i^{\nu_i} \qquad (2.13)$$

In dieser Gleichung sind $\Delta_R G^\theta$ und R Konstanten. Die stöchiometrischen Koeffizienten ν_i erscheinen mit positivem Vorzeichen für entstehende (Endprodukte) und mit negativem für verschwindende Stoffe (Ausgangsstoffe). Der Operator $\prod_i$ bedeutet: Bilde das Produkt aller Werte... In die Sprache unseres Beispiels übersetzt bedeutet dies, daß der folgende Ausdruck entsteht:

$$\Delta_R G_{Jod-Wasserstoff-Rk.} = \Delta_R G^{\theta}_{Jod-Wasserstoff-Rk.} + R \cdot T \ln \frac{f_{HI}^2 \cdot c^2(\text{HI})}{f_{I_2} \cdot f_{H_2} \cdot c(\text{I}_2) \cdot c(\text{H}_2)} \quad (2.14)$$

Im Gleichgewicht ist die „Triebkraft" $\Delta_R G$ der Reaktion Null. Wenn auch die Temperatur als konstant angenommen wird, und zur Vereinfachung gesetzt wird $a = c$, dann muß auch der im Logarithmus stehende Ausdruck eine Konstante sein, und wir erhalten wieder die auf kinetischem Wege begründete Gleichung für das Massenwirkungsgesetz, nämlich Gl. (2.12).

2.2.2 Kinetik und Katalyse

Im vorangegangenen Abschnitt wurde der Begriff der *Reaktionsgeschwindigkeit* $v = \frac{dn}{dt}$ verwendet. Es ist leicht vorstellbar, daß Reaktionsgeschwindigkeiten von den Konzentrationen der reagierenden Stoffe abhängen, denn die Wahrscheinlichkeit, daß Moleküle zusammenstoßen und dadurch die Möglichkeit zur Reaktion bekommen, hat etwas mit der Menge der vorhandenen Moleküle zu tun. Die *Chemische Kinetik* beschäftigt sich als Teilgebiet der Physikalischen Chemie mit den Gesetzmäßigkeiten, nach denen chemische Reaktionen ablaufen.

Das *Zeitgesetz* einer Reaktion sagt etwas darüber aus, in welcher Weise Reaktionsgeschwindigkeiten von den Konzentrationen der reagierenden Stoffe abhängen. Für die folgende Reaktion
A + B → AB
könnte auf experimentellem Wege z.B. folgende Abhängigkeit gefunden worden sein:

$$v_1 = \frac{dn(A)}{dt} = k \cdot c(A) \quad (2.15)$$

oder

$$v_2 = \frac{dn(A)}{dt} = k' \cdot c^2(A) \cdot c(B) \quad (2.16)$$

Im Falle der Gl. (2.15) würde es sich, da die Konzentration in der ersten Potenz steht, um eine *Reaktion erster Ordnung* handeln. Die Reaktion in Gl. (2.16) hingegen ist eine *Reaktion erster Ordnung bezüglich B* und eine *Reaktion zweiter Ordnung bezüglich A*.

Die Triebkraft einer chemischen Reaktion entscheidet nicht allein über die Geschwindigkeit, mit der Stoffe reagieren. Eben so wichtig sind die *Reaktionshemmungen*. Stoffe, die solche Hemmungen aufheben, ohne selbst durch die Reaktion verändert zu werden, sind *Katalysatoren*. Bereits kleinste Mengen dieser Substanzen können eine Reaktion sehr stark beschleunigen. Reaktionshemmungen können als *Energiebarriere* betrachtet werden. Damit eine Reaktion in Gang kommen kann, muß zunächst diese Barriere überwunden werden. Wenn erst diese Energie, die sog. *Aktivierungsenergie*, aufgebracht wurde, läuft die Reaktion spontan weiter. Katalysatoren senken den Wert der Aktivierungsenergie.

Für die Anwendungen in chemischen Sensoren sind zwei Gesichtspunkte aus dem Gebiet der Kinetik wichtig. Erstens: Wenn Reaktionsgeschwindigkeiten von Konzentrationen abhängen, dann muß man aus der Messung von Reaktionsgeschwindigkeiten Konzentrationen bestimmen können. Zweitens: Wenn die Menge eines Katalysators die Geschwindigkeit einer Reaktion verändert, dann sollte es zumindest in manchen Fällen möglich sein, aus der Messung von Reaktionsgeschwindigkeiten die Konzentration eines evtl. anwesenden Katalysators zu bestimmen.

Sensoren, deren Basis die Messung von Reaktionsgeschwindigkeiten ist, sind besonders unter den *Biosensoren* anzutreffen. Dort spielen *Enzyme* eine sehr wichtige Rolle. Enzyme sind *Biokatalysatoren*. Einige Ausführungen zur Kinetik enzymatischer Reaktionen werden im Abschn. 2.2.8 gegeben.

2.2.3 Elektrolytlösungen

Elektrolyte leiten den elektrischen Strom, im Unterschied zu anderen elektrischen Leitern zersetzen sie sich dabei. Der Ladungstransport wird von den Ionen getragen, die sich im elektrischen Feld bewegen können. Es gibt *Elektrolytlösungen* und *Festelektrolyte*. Viele Probelösungen, die mit Sensoren untersucht werden sollen, sind Elektrolytlösungen. In ihnen kann die Ionenkonzentration so groß sein, daß sich die Ionen gegenseitig behindern (*Interionische Wechselwirkung*). Daraus resultiert ein stark von 1 abweichender Wert des Aktivitätskoeffizienten f.

In einem gewissen Bereich läßt sich der Wert von f aus den Konzentrationen aller in der Lösung vorhandenen Ionen berechnen. Die Wirkung dieser Ionen wird in der *Ionenstärke I* zusammengefaßt (Gl. (2.17)). Mit ci ist die Konzentration, mit zi die Ladungszahl eines individuellen Ions gemeint.

$$I = \frac{1}{2}\sum c_i \cdot z_i^2 \qquad (2.17)$$

Für f gilt in einem begrenzten Bereich Gl. (2.18), eine Gleichung, die empirisch von Lewis gefunden wurde und später von Debye und Hückel bestätigt wurde. Für sehr stark verdünnte Lösungen, die sog. ideal verdünnten Lösungen, wird $f \approx 1$, so daß $a = c$ gesetzt werden kann. A ist eine Konstante, die für Raumtemperatur etwa den Wert 0,5 hat.

$$\log f_i = -A \cdot z_i^2 \cdot \sqrt{I} \qquad (2.18)$$

Die Leitfähigkeit für den elektrischen Strom in Elektrolytlösungen wird von den Ionen getragen. Die Ionen wandern, jedes mit einer individuellen Geschwindigkeit v_+ bzw. v_-, sobald ein elektrisches Feld E angelegt wird. Der Quotient aus Wanderungsgeschwindigkeit v und Feldstärke E wird als *Beweglichkeit* u_+ bzw. u_- der Ionen definiert: $u_+ = \frac{v_+}{E}$ und $u_- = \frac{v_-}{E}$. Beide Ionensorten tragen entsprechend ihren Beweglichkeiten zur *Leitfähigkeit* eines Elektrolyten bei. Die Leitfähigkeit ist meßbar. Üblich ist die Bestimmung der *spezifischen Leitfähigkeit* κ, die aus der meßbaren Größe *Widerstand R* entsteht, indem dieser auf die Abmessungen des

elektrolytischen Leiters (*l* Länge und *A* Querschnitt) bezogen wird: $\kappa = \frac{1}{R} \cdot \frac{l}{A}$.
Diese Größe hängt mit den Beweglichkeiten der Ionen folgendermaßen zusammen:

$$\kappa = \sum c_i \cdot F \cdot (u_+ + u_-) \qquad (2.19)$$

c_i sind die Konzentrationen der in der Lösung vorhandenen Elektrolyten in mol·cm^{-3}. *F* ist die *molare Ladung* (*Faraday-Konstante*) in $As \cdot mol^{-1}$.
Der in Gl. (2.19) gegebene Zusammenhang erlaubt die analytische Bestimmung von Konzentrationen durch Messung elektrolytischer Leitfähigkeiten. Da die individuellen Stoffkonstanten u+ und u- nicht von vornherein bei Ausführung der Messung bekannt sind, erlauben Leitfähigkeitssensoren nur eine Schätzung von Elektrolytkonzentrationen.

2.2.4 Säuren und Basen, Fällungen und Komplexe

Säuren und Basen

Die Begriffe Säure und Base haben sich im Verlauf der Entwicklung gewandelt. Bis heute werden sie nicht einheitlich verwendet. Für die hier beabsichtigte Behandlung von Phänomenen in Lösungen, insbesondere in wäßriger Lösung, hat sich das Konzept von *Brönsted und Lowry* durchgesetzt. Es wird hier zugrunde gelegt. Danach sind Säuren durch ihre Funktion gekennzeichnet, ein Proton abgeben zu können, Basen durch die Funktion, ein Proton aufnehmen zu können. Eine chemische Reaktion kann immer nur zwischen einer Säure und einer Base stattfinden, d.h. wenn eine Säure als Säure wirken soll, muß eine Base vorhanden sein, die das Proton aufnehmen kann.
Säure-Base-Reaktion:

$S_1 + B_2 \rightleftarrows B_1 + S_2$ z.B.

$HCl + NH_3 \rightleftarrows Cl^- + NH_4^+$

Da aus einer Säure immer eine Base entstehen muß, existieren stets *Korrespondierende Säure-Base-Paare* S_1/B_1 und S_2/B_2, wie z.B. NH_3/NH_4^+.
Das Lösungsmittel Wasser kann selbst als Säure *oder* Base auftreten, es ist ein *Ampholyt*:

$HCl + H_2O \rightleftarrows Cl^- + H_3O^+$ oder

$NH_3 + H_2O \rightleftarrows NH_4^+ + OH^-$

Infolgedessen kann das Lösungsmittel „mit sich selbst" reagieren, es zeigt die Erscheinung der *Autoprotolyse*:

$H_2O + H_2O \rightleftarrows H_3O^+ + OH^-$

Zu diesem Autoprotolysegleichgewicht gehört eine besondere Form des Massenwirkungsgesetzes. Setzt man die Konzentrationen der reagierenden Stoffe gemäß den Regeln in die Formel ein, dann geht das flüssige Wasser mit seiner nahezu unveränderlichen, hohen Konzentration ein. Man sieht es daher vereinfacht als *reinen Stoff* an und wendet, wie in solchen Fällen üblich, die alternative Konzentrationsgröße *x* (den *Molenbruch*) an, die für reine Stoffe den Wert 1 hat. Aus dem Massenwirkungsgesetz wird dann

$$K_W = c\left(H_3O^+\right) \cdot c\left(OH^-\right) = 10^{-14} \tag{2.20}$$

Die Konstante K_W, das *Ionenprodukt des Wassers*, hat große Bedeutung für die Chemie wäßriger Lösungen. Um etwas über den Gehalt von Wasser an Säure oder Base auszusagen, genügt es, eine der Konzentrationen (entweder $c(H_3O^+)$ oder $c(OH^-)$) anzugeben. Für diese Aufgabe hat sich der *pH-Wert* als sehr geeignet erwiesen. Er ist definiert als *negativer dekadischer Logarithmus der Aktivität der H_3O^+-Ionen (Hydronium-Ionen)*. Sehr oft gilt vereinfacht

$$pH \approx -\log c\left(H_3O^+\right) \tag{2.21}$$

Die Tatsache, daß Wasser sowohl Säure- als auch Basefunktion hat, gibt die Möglichkeit, beliebige Säuren oder Basen mit Wasser als *Einheitspartner* reagieren zu lassen. Auf diesem Wege kann man die *Stärken* von Säuren und Basen miteinander vergleichen. Es ergibt sich dann immer das gleiche Reaktionsschema

$S_1 + H_2O \rightleftarrows B_1 + H_3O^+$

mit der Gleichgewichtskonstante K_S, die in diesem Falle *Säurekonstante* heißt. Die besondere Form des Massenwirkungsgesetzes ist in Gl. (2.22) gegeben. Oft wird der negative dekadische Logarithmus der Säurekonstante angegeben, der *pK_S-Wert*.

$$K_S = \frac{c(B_1) \cdot c(H_3O^+)}{c(S_1)} \tag{2.22}$$

Man muß nur die Säurekonstante kennen, um Säuren und Basen nach ihrer relativen Stärke einordnen zu können. Es ergibt sich eine abgestufte Reihe wie in Tabelle 2.3.

Alternativ könnte man auch Basen mit der „Einheits-Säure" Wasser reagieren lassen, wobei sich das folgende Reaktionsschema ergibt

$B_1 + H_2O \rightleftarrows S_1 + OH^-$

Die Gleichgewichtskonstante dieser Reaktion wird nach Gl. (2.23) berechnet und heißt *Basekonstante*

$$K_B = \frac{c(S_1) \cdot c(OH^-)}{c(B_1)} \tag{2.23}$$

Säure- und Basekonstante eines korrespondierenden Säure-Base-Paars lassen sich leicht ineinander umrechnen, denn ihr Produkt ist gleich dem Ionenprodukt des Wassers, wie Gl. (2.24) zeigt.

$$K_S \cdot K_B = K_W = 10^{-14} \tag{2.24}$$

Der pH-Wert ist für zahlreiche chemische und biologische Vorgänge wichtig. Oft wird die Forderung gestellt, daß er, unabhängig von den ablaufenden Prozessen, konstant gehalten werden muß. Dazu sind *Pufferlösungen* geeignet. Solche Lösungen enthalten beide Partner eines korrespondierenden Säure-Base-Paars in vergleichbarer Menge. Als Beispiel betrachten wir eine Lösung, die gleiche Konzentrationen der Säure CH_3COOH (Essigsäure) und ihrer korrespondierenden Base CH_3COO^- (z.B. in Form des Salzes Natriumacetat) enthält. Nach Gl. (2.22) gilt

$$K_S(\text{Essigsre.}) = \frac{c(CH_3COO^-) \cdot c(H_3O^+)}{c(CH_3COOH)} = 10^{-4,7} \quad (2.25)$$

Wenn die Konzentrationen der Base und der Säure groß gegenüber den sonstigen Konzentrationen gewählt werden, hängt der pH-Wert dieser Mischung nahezu ausschließlich vom Verhältnis von Säure und Base ab. Man kann also den pH-Wert willkürlich einstellen (in gewissen Grenzen). Deutlich zeigt dies die logarithmierte Form der Gln. (2.22) und (2.25), die sogenannte *Henderson-Hasselbalch-Gleichung*

$$pH = pK_S + \log\frac{c(B)}{c(S)} \quad (2.26)$$

Wenn also, dem oben gegebenen Beispiel folgend, gleiche Konzentrationen von Essigsäure und Acetat in der Lösung sind, dann wird $pH = pK_S = 4{,}7$ und wir erhalten eine Pufferlösung mit dem stabilen pH-Wert 4,7.

Tabelle 2.3 Säurestärken in Wasser

pK_S	Säure S_1		Base B_1
-1,74	Hydronium	H_3O^+	H_2O
-1,32	Salpetersäure	HNO_3	NO_3^-
1,96	Phosphorsäure	H_3PO_4	PO_4^-
3,7	Ameisensäure	$HCOOH$	$HCOO^-$
4,75	Essigsäure	CH_3COOH	CH_3COO^-
6,52	Kohlensäure	$CO_2 \cdot H_2O$	HCO_3^-
7,12	Dihydrogenphosphat	$H_2PO_4^-$	HPO_4^{2-}
9,25	Ammonium	NH_4^+	NH_3
10,4	Hydrogencarbonat	HCO_3^-	CO_3^{2-}
12,32	Hydrogenphosphat	HPO_4^{2-}	PO_4^{3-}
15,74	Wasser	H_2O	OH^-

Pufferung heißt, äußere Einflüsse abzufangen, „abzupuffern". Kleine Mengen zugesetzter fremder Säuren oder Basen werden unschädlich gemacht. Das kann natürlich immer nur in begrenztem Maße geschehen. Ein quantitatives Maß für den Umfang der Pufferwirkung ist die *Pufferkapazität* $\beta = dc(OH^-)/dpH$. Mit $dc(OH)$ ist ein willkürlicher Zusatz einer kleinen Menge starker Base gemeint. Die Pufferkapazität ist, bei gegebener Totalkonzentration der Puffersubstanzen, maximal wenn beide Partner des korrespondierenden Säure-Base-Paars die gleiche Konzentration haben (wie beim Beispiel des Acetatpuffers vom pH 4,7). Die Abhängigkeit vom pH-Wert zeigt Abb. 2.23. Bei Vergrößerung der Totalkonzentration c_{tot} der Pufferbestandteile (Essigsäure und Acetat) vergrößert sich ebenfalls die Pufferkapazität.

Für die Untersuchung von Säure-Base-Systemen wird seit alters her von *Farbindikatoren* Gebrauch gemacht. Das sind korrespondierende Säure-Base-Paare, bei denen die Säure eine andere Farbe hat als die Base. Ein bekanntes Beispiel ist die Substanz Methylorange. Die Säure dieses Systems liegt bei sehr niedrigen pH-Werten allein vor und ist von roter Farbe. Bei hohen pH-Werten kann ausschließlich die Base existieren, die rein gelb gefärbt ist. Der pK_S-Wert dieses Indikators ist gleich 3,4. Wenn man Gl. (2.26) auf diesen Fall anwendet, muß sich je nach pH-Wert eine kontinuierliche Farbänderung über den pH-Bereich von 1 bis 14 er-

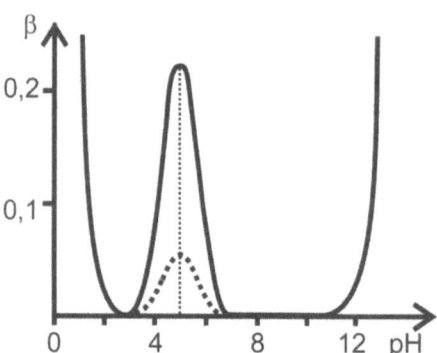

Abb. 2.23 Pufferkapazität β von Acetatpuffern in Abhängigkeit vom pH-Wert und von der Totalkonzentration der Puffersubstanzen. Durchgezogene Kurve: $c_{tot} = c(\text{Säure}) + c(\text{Base}) = 0{,}4$ mol/l; gestrichelte Kurve. $C_{tot} = 0{,}1$ mol/l

geben. Daraus läßt sich eine photometrische Methode der pH-Messung entwickeln. Bestimmte optische Sensoren, die pH-Optoden, benutzen zumeist immobilisierte Schichten aus Indikatorsubstanzen. Bei Berührung mit der Lösung ändert sich die Farbe. Diese Änderung kann mit Hilfe von Lichtleitkabeln photometrisch gemessen werden.

Fällungs- und Komplexbildungsreaktionen

Ein für Sensoren wichtiges chemisches Gleichgewicht ist das zwischen einem schwerlöslichen Stoff und seiner mit ihm in Kontakt befindlichen gesättigten Lösung. Da mit Hilfe derartiger Reaktionen Bestandteile aus der Lösung entfernt, weil *ausgefällt* werden können, spricht man von *Fällungsgleichgewichten*. Es geht um eine Reaktion wie im folgenden Beispiel.

$$Ag^+ + Cl^- \rightleftarrows AgCl\downarrow$$

Hier steht eine Lösung mit den Ionen Cl⁻ und Ag^+ im Gleichgewicht mit dem schwerlöslichen *Bodenkörper* AgCl. Bei der Formulierung des Massenwirkungsgesetzes dürfen wir den Bodenkörper, da er ein reiner Feststoff ist, im Molenbruch-Konzentrationsmaß messen und gleich eins setzen, wodurch der folgende einfache Ausdruck entsteht.

$$K_L = c(Ag^+) \cdot c(Cl^-) \tag{2.27}$$

Die Gleichgewichtskonstante K_L trägt hier den Namen *Löslichkeitsprodukt*. Die Gleichung sagt, was man tun muß, um einen Stoff möglichst vollständig aus einer Lösung zu entfernen. Sollen z.B. Silberionen Ag^+ entfernt werden, dann wird das Chlorid Cl⁻ zum *Fällungsmittel*, das man im Überschuß zusetzen muß, um eine möglichst vollständige Fällung zu erreichen. Je größer die zugesetzte Überschußkonzentration c(Cl⁻), desto kleiner muß die in der Lösung verbleibende Restkonzentration c(Ag^+) werden, damit K_L konstant bleiben kann.

Fällungen sind wichtig für die Vorbereitung analytischer Proben für die eigentliche Messung. Bei Sensoren werden Fällungsreaktionen zur Fixierung (Immobilisierung) bestimmter Substanzen an Oberflächen genutzt.

Ein ebenfalls wichtiges chemisches Gleichgewicht ist die *Komplexbildung*. Hier entstehen durch Vereinigung eines *Zentralteilchens* (meist eines *Zentralions*) mit den sogenannten *Liganden* Moleküle oder wiederum Ionen, die schwer löslich oder leicht löslich sein können. Entscheidend dafür, ob ein Teilchen als Komplex angesehen werden kann, ist die darin vorherrschende Art der chemischen Bindung. Im Gegensatz zu Salzen (die ebenfalls in leicht- und schwerlöslicher Form auftreten können) herrscht die sogenannte *koordinative Bindung* in Komplexen vor. Diese ist typisch für Verbindungen, die sich aus einem *Zentralteilchen* mit einer *Elektronenpaar-Lücke* und aus *Liganden* mit einem *freien Elektronenpaar* bilden. Die Reaktion verläuft nach dem symbolischen Schema (mit M als Zentralteilchen und L für einen Liganden):

M + L $\rightleftarrows$ ML

ML + L $\rightleftarrows$ ML_2

ML_2 + L $\rightleftarrows$ ML_3

usf. bis

ML_{n-1} + L $\rightleftarrows$ ML_n

Die für diese Gleichgewichte gültigen Konstanten bringen die Stabilität der Komplexe zum Ausdruck, es sind *Stabilitätskonstanten*, die wie in Tabelle 2.4 gezeigt entweder als individuelle Stabilitätskonstanten oder als Brutto-Stabilitätskonstanten formuliert werden. Beide lassen sich ineinander umrechnen.

Die Liganden, die hier nur symbolisch mit dem Buchstaben L bezeichnet werden, können sehr vielfältig in Struktur und Eigenschaften sein. Sie können spezifisch an bestimmte Metallkationen binden, je nachdem ob diese *hart* oder *weich* sind. Diese beiden in der Komplexchemie sehr beliebten Begriffe bezeichnen anschaulich das Verhalten kleiner, hochgeladener (*harter*) oder großer, leicht deformierbarer (*weicher*) Ionen. Harte Zentralionen kombinieren bevorzugt mit harten Liganden und umgekehrt. Aber auch andere Faktoren tragen dazu bei, ob es eine spezifische Bindung zwischen Liganden und bestimmten Zentralionen gibt. Liganden können in manchen Fällen „maßgeschneidert", also für ganz bestimmte Ionen synthetisiert werden.

Tabelle 2.4 Komplexbildungsgleichgewichte und Stabilitätskonstanten

Betrachtete Reaktion	Individuelle Stabilitätskonstante	Betrachtete Reaktion	Bruttostabilitätskonstante
$M+L \rightleftarrows ML$	$K_1 = \dfrac{c(ML)}{c(M) \cdot c(L)}$	$M+L \rightleftarrows ML$	$\beta_1 = K_1 = \dfrac{c(ML)}{c(M) \cdot c(L)}$
$ML+L \rightleftarrows ML_2$	$K_2 = \dfrac{c(ML_2)}{c(ML) \cdot c(L)}$	$M+2L \rightleftarrows ML_2$	$\beta_2 = \dfrac{c(ML_2)}{c(M) \cdot c^2(L)}$
usf. bis $ML_{n-1}+L \rightleftarrows ML_n$	$K_n = \dfrac{c(ML_n)}{c(ML_{n-1}) \cdot c(L)}$	usf. bis $M+nL \rightleftarrows ML_n$	$\beta_n = \dfrac{c(ML_n)}{c(M) \cdot c^n(L)}$

Manche Liganden lassen sich an Oberflächen immobilisieren und werden dann zu „Fallen" für bestimmte Analyten. Ein besonderer Fall sind Liganden mit molekularen Hohlräumen, in die bestimmte Kationen genau hineinpassen. Damit wird es möglich, Kationen scheinbar verschwinden zu lassen. Ihre Eigenschaften werden so verändert, daß sie nach der Komplexbildung nicht mehr erkennbar sind. Ein Beispiel ist der natürlich vorkommende Ligand Valinomycin (Abb. 2.24), der in seinem molekularen Hohlraum Kaliumionen einkapseln kann.

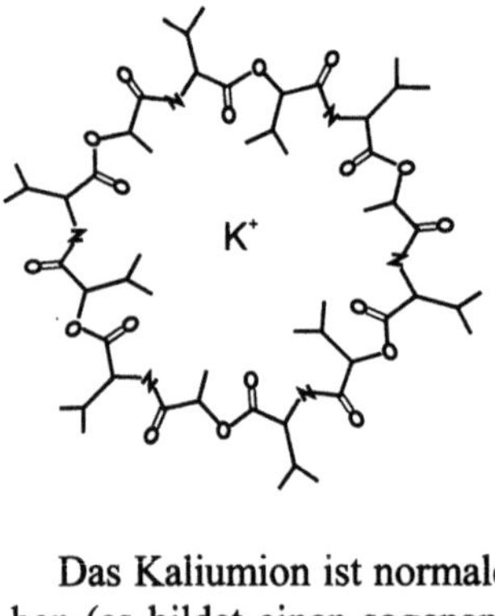

Abb. 2.24 Valinomycin

Das Kaliumion ist normalerweise von einer Hülle aus Wassermolekülen umgeben (es bildet einen sogenannten *Aquokomplex*) und bevorzugt die wäßrige Umgebung. Von einer hydrophoben, „fettigen" Umgebung wird es abgestoßen. Bildet es jedoch einen Komplex mit Valinomycin, dann erscheint der gebildete Komplex wie ein großes organisches Molekül, das sich gut in nichtwässerigen Lösungsmitteln und nur schlecht in Wasser löst. Auf diese Weise lassen sich Kaliumionen in bestimmte lipophile Phasen „locken". Die Natur nutzt diesen Trick, um das lebenswichtige Kaliumion durch bestimmte biologische Membranen zu schleusen.

Bei den chemischen Sensoren erreicht man eine selektive Wechselwirkung, die zur Erkennung des Kaliums und zu dessen quantitativer Bestimmung dient.

2.2.5 Redoxgleichgewichte

Mit diesem Teilgebiet erreichen wir die Berührungsstelle zwischen Chemie und Elektrotechnik. In diesen Gleichgewichten treten Elektronen als Reaktionspartner auf. Freie Elektronen sind in einer normalen Lösung ebensowenig existenzfähig wie freie Protonen. Sie können sich darin nur „auf dem Rücken" von Ionen bewegen, ganz ähnlich wie bei Säure-Base-Reaktionen immer eine Base da sein muß, die das von der Säure abgegebene Proton auffängt. Im Gegensatz zu den Protonen existieren aber tatsächlich frei bewegliche Elektronen in den von uns betrachteten Körpern, z.B. als „Elektronengas" in metallischen Leitern. Die Einzigartigkeit der hier behandelten Reaktionen besteht darin, daß jetzt Produkte einer chemischen Reaktion über Phasengrenzen hinweg in einen Festkörper eintreten können. Das ist einer der Gründe dafür, daß sich in diesem Falle andere Gepflogenheiten für die theoretische Beschreibung herausgebildet haben als bei den übrigen chemischen Gleichgewichten.

Zunächst einmal kann man Redoxgleichgewichte ganz ohne Phasengrenze, analog etwa zu den Säure-Base-Gleichgewichten, formulieren. Das Elektron e^- ist hier ein ähnlicher Reaktionspartner wie das Proton bei den Säuren und den Basen. Ein *Oxidationsmittel* ist definiert als ein Stoff, der in der Lage ist, Elektronen aufzunehmen, während ein *Reduktionsmittel* Elektronen abgeben kann. Es geht also nur um die Funktion der Stoffe, wenn man von Oxidation oder Reduktion spricht, nicht etwa um wirkliche chemische Reaktionen. Eine Reaktion kann nur stattfinden, wenn sowohl ein elektronenabgebendes Reduktionsmittel als auch ein elektronenaufnehmendes Oxidationsmittel anwesend sind. Die resultierende Reaktion heißt Redoxreaktion.

$Red_1 + Ox_2 \rightleftarrows Ox_1 + Red_2$ z.B.

$Fe^{2+} + Ce(IV) \rightleftarrows Fe^{3+} + Ce^{3+}$

Wie man sieht, gibt es hier wieder Paare, diesmal *Korrespondierende Redoxpaare*, z.B. Fe^{2+}/Fe^{3+}.

Als nächster Schritt kommt auch hier wieder die Formulierung des Massenwirkungsgesetzes. Um Vergleichbarkeit herzustellen, definieren wir wie gewohnt einen „Einheits-Reaktionspartner". Das gelingt hier am besten mit einem kompletten korrespondierenden Paar. Gewählt wird das Paar Wasserstoffion/Wasserstoffgas, also H_3O^+/H_2. Um die *Stärke* der oxidierenden oder reduzierenden Wirkung von Redoxpaaren zu messen, müßten wir sie nur mit unserem Einheitspartner ins Gleichgewicht bringen und die zugehörige Gleichgewichtskonstante formulieren. Erstaunlicherweise läuft es diesmal aber anders.

Die Stärke der oxidierenden oder reduzierenden Wirkung von Redoxpaaren wird zwar wie üblich durch Reaktion mit dem Einheitspartner H_3O^+/H_2 meßbar gemacht, aber die Vergleichsgröße ist keine Gleichgewichtskonstante. Stattdessen benutzt man eine elektrische Spannung als Vergleichswert. Dies hat gute Gründe, nicht zuletzt meßtechnische. Selbstverständlich muß die gewählte Größe die gleiche Bedeutung haben wie die übliche Gleichgewichtskonstante.

Jedes beliebige Redoxpaar läßt sich in ein Reaktionsschema mit dem Paar H_3O^+/H_2 bringen wie in den folgenden Beispielen

$$2Ce(IV) + H_2 + 2H_2O \rightleftarrows 2Ce^{3+} + 2H_3O^+$$

$$Zn^{2+} + H_2 + 2H_2O \rightleftarrows Zn + 2H_3O^+$$

$$I_2 + H_2 + 2H_2O \rightleftarrows 2I^- + 2H_3O^+$$

Für jede der Beispielreaktionen kann man eine Triebkraft, die *Freie Reaktionsenthalpie* $\Delta_R G$ formulieren, z.B.

$$\Delta_R G = \Delta_R G^\theta + RT \ln \frac{c^2\left(Ce^{3+}\right) \cdot c^2\left(H_3O^+\right)}{c^2\left(Ce^{IV}\right) \cdot p\left(H_2\right)} \tag{2.28}$$

Für das „Einheits-Redoxpaar" müssen noch Konzentrationen vorgegeben werden, für H_3O^+ in den üblichen Einheiten, für das Gas H_2 als *Partialdruck $p(H_2)$* Wir setzen die Standardwerte ein, die nach verschiedenen Übereinkünften, die hier nicht näher erläutert werden sollen, erst dimensionslos gemacht und dann gleich eins gesetzt werden. Damit vereinfacht sich Gl. (2.28) zu

$$\Delta_R G = \Delta_R G^\theta + RT \ln \frac{c^2\left(Ce^{3+}\right)}{c^2\left(Ce^{IV}\right)} \tag{2.29}$$

Die Besonderheit aller Redoxreaktionen besteht darin, daß mit jedem Formelumsatz eine bestimmte Ladungsmenge (gemessen in Amperesekunden As) von einem Teilchen auf ein anderes übergeht. Diese Ladungsmenge kann man aus der Zahl z (der Anzahl der pro Formelumsatz übertragenen Elektronen) ermitteln, indem man sie mit der *molaren Ladung*, auch *Faraday-Konstante* $F=96500$ As·mol^{-1} multipliziert:

$$q_{FU} = z \cdot F \tag{2.30}$$

Die nach Gl. (2.29) berechnete „Triebkraft", geteilt durch die Ladungsmenge q_{FU}, würde so etwas wie eine „Triebkraft des vom Redoxpaar übertragenen Elektrons" ergeben. Da die *Freie Reaktionsenthalpie* $\Delta_R G$ die Dimension einer Energie, gemessen in Joule, hat, entsteht bei der Division von Gl. (2.29) durch q_{FU} eine Spannung, die wir mit E bezeichnen (von dem alten Begriff *Elektromotorische Kraft*) und der wir das umgekehrte Vorzeichen wie $\Delta_R G$ geben. Für das Beispiel ist $z=2$.

$$-\frac{\Delta_R G}{2 \cdot F} = -\frac{\Delta_R G^\theta}{2 \cdot F} + \frac{RT}{F} \ln \frac{c\left(Ce^{IV}\right)}{c\left(Ce^{3+}\right)} \tag{2.31}$$

Wir dürfen nun den Formelumsatz auf unser betrachtetes Redoxpaar allein beziehen und erhalten

$$E_{Ce^{IV}/Ce^{3+}} = E^\theta_{Ce^{IV}/Ce^{3+}} + \frac{RT}{F}\ln\frac{c\left(Ce^{IV}\right)}{c\left(Ce^{3+}\right)} \qquad (2.32)$$

Gehen wir noch einen Schritt weiter und fordern, wegen der Vergleichbarkeit, daß auch das betrachtete Redoxpaar in der Standardkonzentration vorliegt, dann wird $E=E^\theta$. Das sogenannte *Standard-Redoxpotential* E^θ wird zum Maß für die oxidierende oder reduzierende Wirkung eines gegebenen Redoxpaares. Nun sind wir in der Lage, Redoxpaare in eine Reihe der Form von Tabelle 2.5 zu bringen. Solche Tabellen heißen *Spannungsreihen*.

Tabelle 2.5. Spannungsreihe

	Redoxpaar	Standard-Redoxpotential E^θ / V
1	$Ce(IV) + e^- \rightleftharpoons Ce^{3+}$	1,713
2	$PbO_2 + SO_4^{2-} + 4H^+ + 2e^- \rightleftharpoons PbSO_4 + 2H_2O$	1,685
3	$MnO_4^- + 8H^+ + 5e^- \rightleftharpoons Mn^{2+} + 4H_2O$	1,51
4	$Cl_2 + 2e^- \rightleftharpoons 2Cl^-$	1,36
5	$MnO_2 + 4H^+ + 2e^- \rightleftharpoons Mn^{2+} + 2H_2O$	1,23
6	$Fe^{3+} + e^- \rightleftharpoons Fe^{2+}$	0,7704
7	$CrO_4^{2-} + 4H_2O + 3e^- \rightleftharpoons Cr^{3+} + 8OH^-$	0,72
8	$O_2 + 2H^+ + 2e^- \rightleftharpoons H_2O_2$	0,682
9	$H_3AsO_4 + 2H^+ + 2e^- \rightleftharpoons H_3AsO_3 + H_2O$	0,58
10	$I_3^- + 2e^- \rightleftharpoons 3I^-$	0,536
11	$\left[Fe(CN)_6\right]^{3-} + e^- \rightleftharpoons \left[Fe(CN)_6\right]^{4-}$	0,36
12	$Cu^{2+} + 2e^- \rightleftharpoons Cu$	0,346
13	$Cu^{2+} + e^- \rightleftharpoons Cu^+$	0,170
14	$2H^+ + 2e^- \rightleftharpoons H_2$	0,0000
15	$Zn^{2+} + 2e^- \rightleftharpoons Zn$	-0,7628

In der Spannungsreihe Tabelle 2.5 kommen sowohl *homogene* (alle Partner liegen in einer einzigen Phase vor) als auch *heterogene* (mehrphasige) Redoxpaare vor. Der Übergang von Elektronen kann also auch mit dem Übertritt über eine Phasengrenze verbunden sein. Daraus ergeben sich die einzigartigen Möglichkeiten der *Elektrochemie*.

2.2.6 Elektrochemie

Elektroden im Gleichgewicht

Elektroden und Zellen. Einzelne Redoxpaare, wie das Paar Zn/Zn^{2+} (Nr. 15 in Tabelle 2.5), bestehen von vornherein aus zwei Phasen, weil die Partner des korrespondierenden Redoxpaares in unterschiedlichen Aggregatzuständen vorliegen. Allgemein gilt:

> Elektroden sind Mehrphasensysteme, bestehend mindestens aus einer elektronenleitenden und einer ionenleitenden Phase.

Die Existenz einer Phasengrenze Metall/Elektrolytlösung ermöglicht die direkte Messung der Spannungen, die bisher nur als abstrakte Größen *Redoxpotential* bzw. *Standard-Redoxpotential* eingeführt wurden. Um diese direkte Messung zu ermöglichen, kommt es darauf an, alle denkbaren Redoxpaare als Elektrodensysteme darzustellen. Die erwähnte Zink/Zinkionen-Elektrode stellt eine Elektrodenart dar, die *Metall/Metallionen-Elektrode (Elektrode 1. Art)*. Andere Typen sind die *Gaselektroden*, die sich aus Redoxpaaren wie Nr. 4, 8 und 14 in Tabelle 2.5 entwickeln lassen, indem man einen Körper aus einem nicht angreifbaren Metall mit dem betrachteten Redoxsystem in Kontakt bringt. Ähnlich verfährt man mit Redoxpaaren, die nur gelöste Bestandteile enthalten. Aus ihnen entstehen *Redoxelektroden*. Elektroden können symbolisch wie die Beispiele in Tabelle 2.6 geschrieben werden. Phasengrenzen werden als Schrägstrich dargestellt.

Tabelle 2.6 Beispiele für Elektrodenarten

Metall-Metallionen-Elektrode	Ag/Ag^+
Redoxelektrode	$Pt/Fe^{3+}, Fe^{2+}$
Gaselektroden	Pt/Cl_2, HCl(aq, 0,1 mol·l^{-1})
	Pt/H_2, H_3O^+(aq, 1 mol·l^{-1})

Eine besonders wichtige Gaselektrode ist die *Wasserstoffelektrode*. Folgen wir konsequent den oben gegebenen Überlegungen, dann entsteht aus dieser Elektrode und einer weiteren eine Kombination (die *elektrochemische Zelle*), die es gestattet, durch eine Spannungsmessung die Werte der Redoxpotentiale direkt zu messen. Geben wir der Wasserstoffelektrode die Standardwerte für die Konzentrationen (genauer: Aktivitäten mit dem Wert 1, Partialdrücke von Gasen mit dem Standarddruck 101,3 kPa), dann muß sich aus der mit einer solchen *Standard-Wasserstoffelektrode* gebildeten Zelle das jeweilige *Standard-Redoxpotential (Standard-Elektrodenpotential)* messen lassen. Voraussetzung ist, daß wir den Stromkreis zwischen beiden Elektroden durch eine leitende Elektrolytverbindung, z.B. einen sog. *Stromschlüssel*, verbinden. So aufgebaute Zellen kann man wie das folgende Beispiel schreiben:

$Zn/ZnSO_4$(aq)//HCl(aq), H_2(g, p=101,3 kPa)/Pt

Flüssig-flüssig-Verbindungen oder auch poröse Diaphragmen werden meist durch den doppelten Schrägstrich dargestellt.

Die Möglichkeit, „Triebkräfte" von Reaktionen bzw. die „Stärke der oxidierenden oder reduzierenden Wirkung" nicht nur zu berechnen, sondern direkt zu messen, ist ein bedeutender Vorteil. Noch größer ist aber der Vorteil, der sich für das Gebiet der chemischen Sensoren ergibt. Wenn Elektrodenpotentiale gemessen werden können, dann können auch Konzentrationen gemessen werden. Ausgangspunkt ist die Gl. (2.32). Da man sie für jedes beliebige Redoxpaar anwenden kann, kann sie in allgemeiner Form geschrieben werden.

$$E = E^\theta + \frac{RT}{zF} \ln \prod a_i^{v_i} \qquad (2.33)$$

Diese fundamentale Gleichung ist unter dem Namen *Nernstsche Gleichung* bekannt. Im konzentrationsabhängigen Glied stehen also Aktivitäten, nicht Konzentrationen, wie bisher vereinfachend angenommen worden war. Übrigens ergibt sich daraus eine Möglichkeit, Aktivitäten experimentell zu bestimmen, nicht nur zu berechnen. Für eine einfache Metall/Metallionen-Elektrode wie etwa die Silber-Silberionen-Elektrode nimmt die Nernstsche Gleichung die folgende Form an.

$$E = E^\theta + \frac{RT}{F} \ln a(\text{Ag}^+) \qquad (2.34)$$

Potentiometrie. Da in vielen Fällen gilt $a \approx c$, haben wir mit der Auswertung der Nernstschen Gleichung eine einfache Methode gewonnen, durch Spannungsmessung Konzentrationen zu bestimmen. Die Methode heißt *Potentiometrie*. Eine bisher unausgesprochene Voraussetzung für die Anwendung dieser Methode ist, daß *stromlos* gemessen wird. Anderenfalls wäre die Bedingung nicht zu erfüllen, daß an der Elektrode *Gleichgewicht* herrscht. Man kann sich den Zwang zur Stromlosigkeit aber auch so erklären, daß man sich die Folgen eines Stromflusses vorstellt. Durch Elektrolyse würden dann Stoffe entstehen oder verschwinden, mit dem Ergebnis, daß man nicht mehr die zu untersuchende Probenzusammensetzung in der Umgebung der Elektrode vorfinden würde.

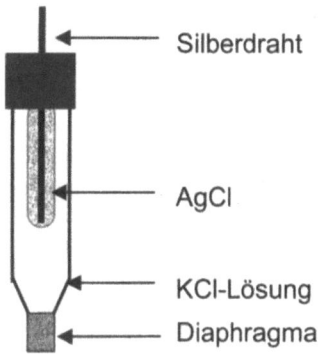

Abb. 2.25 Silber-Silberchlorid-Referenzelektrode

Ein ernstes technisches Problem der Potentiometrie ist die Konstruktion der Standard-Wasserstoffelektrode. Man muß sie aufbauen aus einem (aktivierten) Platinkörper, einer Lösung einer Säure, deren Aktivität genau 1 sein soll und einem Vorrat aus Wasserstoffgas, der den Atmosphärendruck hat. Letzteres ist realisierbar, wenn man das Gas aus einer Druckflasche strömen läßt, so daß es den Platinkörper umspült. Insgesamt ist die Konstruktion aber sehr unhandlich. Man kann die Wasserstoffelektrode durch handlichere Elektroden ersetzen, die nur die Voraussetzung erfüllen müssen, daß bei ihnen eine konstante Spannung zwischen Anschlußdraht und Lösungskontakt besteht, die sich auch durch Lagerung und gelegentlich Fehlbehandlung nicht ändert. Elektroden, die diese Bedingung erfüllen, heißen *Referenzelektroden* oder *Bezugselektroden*. Sie sind handelsüblich. Natürlich ist ihr Standard-Elektrodenpotential nicht Null, wie bei der Standard-Wasserstoffelektrode (*SHE*). Sie haben aber eine genau bekannte Spannungsdifferenz zu dieser Elektrode, so daß man die mit ihrer Hilfe gemessenen Potentialwerte durch eine einfache Subtraktion auf Werte gegen *SHE* umrechnen kann. Eine bekannte Referenzelektrode ist eine Kombination aus einem Silberdraht, einem Vorrat aus Silberchlorid und einer gesättigten Kaliumchloridlösung. Das Symbol dieser Elektrode, der *gesättigten Silber-Silberchlorid-Elektrode*, schreibt man so: Ag/AgCl(s), KCl(sat). Die Potentialdifferenz zur SHE beträgt +0,198 V. Handelsübliche Silber-Silberchloridelektroden sind etwa wie in Abb. 2.25 aufgebaut.

Die Potentiometrie ist eine der wichtigsten Meßmethoden für chemische Sensoren. Eine nähere Betrachtung der beteiligten Vorgänge zeigt, daß Potentialdifferenzen an jeder vorkommenden Berührungsstelle zweier verschiedener Phasen entstehen können. Alle tragen zum meßbaren Elektrodenpotential bei. Man könnte dieses als Summe aller Berührungsspannungen (der sog. *Galvanispannungen*) zwischen den Anschlußdrähten einer elektrochemischen Zelle interpretieren. Einzelne Galvanispannungen sind prinzipiell unmeßbar. Die thermodynamische Behandlung, wie sie in diesem Abschnitt durchgeführt wurde, sagt nichts über die Feinstruktur des Elektrodenpotentials. Dessen ungeachtet kann man sagen, daß die für den potentiometrischen Sensor entscheidende Spannungsdifferenz an der Grenzfläche zwischen Sensor und Probelösung entstehen muß, schon deshalb, weil man danach trachtet, alle übrigen Beiträge konstant zu halten. Durch diese Grenzfläche müssen Ladungen treten, unabhängig davon, welcher Art die Wechselwirkung zwischen den Ionen der Lösung und der mit ihr in Kontakt tretenden Phase ist. Es kann sich um *Ionenaustausch*, ein *Extraktionsgleichgewicht*, ein *Elektrodengleichgewicht* oder ein *Löslichkeitsgleichgewicht* handeln. Sofern Ionen beteiligt sind, besteht in jedem dieser Fälle ein logarithmischer Zusammenhang zwischen der meßbaren Spannungsdifferenz und den Änderungen der Ionenkonzentration der Probe, und in jedem Falle gehorcht dieser Zusammenhang der Nernstschen Gleichung.

Die Kunst der Entwicklung potentiometrisch brauchbarer Elektroden besteht darin, die Grenzfläche zur Probelösung so zu gestalten, daß eine selektive Wechselwirkung mit bestimmten Probebestandteilen entsteht. Das Ergebnis solcher Bemühungen ist das gut entwickelte Gebiet der *ionenselektiven Elektroden (ISE)*. Diese sind nicht unbedingt schon chemische Sensoren (meist fehlen ihnen die

Merkmale der Kleinheit und der preiswerten Verfügbarkeit), aber sie bilden eine wesentliche Vorstufe von Sensoren.

Elektrolyseprozesse

Das Gleichgewicht einer Elektrodengrenzfläche, das die Grundlage der Potentiometrie bildet, ist nicht gleichbedeutend mit dem Gleichgewicht in einer elektrochemischen Zelle. Eine elektrochemische Zelle erzeugt elektrische Energie aus chemischer. Daher arbeiten potiometrische Sensoren nach dem *Wandlerprinzip* der *Energieumwandlung*. Dies ist möglich, weil in einer kompletten Zelle eine vollständige chemische Umsetzung stattfinden kann. Wenn man z.B. eine Kupfermit einer Zinkelektrode kombiniert, dann entsteht eine Zelle, die in früheren Zeiten als Stromquelle für Kleingeräte diente, das Daniell-Element:

$Zn/Zn^{2+}//Cu^{2+}/Cu$

Verbindet man die beiden Metallkörper über einen Widerstand miteinander, dann fließt Strom, der durch den Ablauf der Reaktion

$Zn + Cu^{2+} \rightarrow Zn^{2+} + Cu$

zustande kommt. An einer der beiden Elektroden, der *Anode*, findet eine Oxidation statt, indem Zinkmetall zu Zn^{2+} oxidiert wird. Im gleichen Umfange werden an der zweiten Elektrode, der *Kathode*, Kupferionen zum metallischen Kupfer reduziert. Die Elektronen, die bei der Oxidation des Zinks frei werden, fließen durch den Draht zur Kupferelektrode, in die Lösung hinein und führen dort zur Entladung eines Kupferions. Vor Beginn der Elektrolyse messen wir zwischen den Elektroden eine Spannung, die ein Maß für die in diesem Zustand verfügbare Triebkraft $\Delta_R G$ ist. Gleichgewicht der Zelle herrscht erst dann, wenn $\Delta_R G=0$ ist. Wir müßten also so lange Strom über den Verbraucherwiderstand fließen lassen, bis die Spannung Null geworden ist. Das entspricht dem Zustand einer entladenen Batterie.

Aus diesen Überlegungen folgt, daß der durch eine elektrochemische Zelle fließende Strom als *Reaktionsgeschwindigkeit* der Redoxreaktion in der Zelle betrachtet werden kann. Die Amplitude dieses Stromes hat zweifellos etwas mit den zu den Elektroden wandernden Teilchen und ihrer Konzentration zu tun. Es ist also anzunehmen, daß sich chemische Sensoren entwickeln lassen, wenn man die Stromstärke des Elektrolysestroms näher betrachtet. Dies kann, bei Wahl geeigneter Bedingungen, gleichbedeutend mit dem Übergang vom Wandlerprinzip der Energieumwandlung zum *Wandlerprinzip der Strombegrenzung* sein.

Vorgänge an Elektroden. Damit ein Strom durch eine Elektrodengrenzfläche fließen kann, muß eine ganze Serie von Vorgängen ablaufen. Die wichtigsten davon sind:
- Antransport der Reaktanden zur Elektrode durch *Diffusion* oder *Migration* (Ionenwanderung im elektrischen Feld)
- Durchtritt von Ladungsträgern durch die Phasengrenze
- Abtransport der gebildeten Produkte

Dies ist noch nicht alles. Weitere wichtige Vorgänge, die beteiligt sein können, sind die *Adsorption* von Reaktanden oder Produkten und die *Nukleation* (Keimbildung), wenn eine neue Phase entsteht, also z.B. Feststoffe abgeschieden werden oder Gasblasen entstehen. Die oben angeführten drei Grundprozesse werden in den Vordergrund gerückt, weil sie in jedem Falle beteiligt sind. Ohne sie kommt kein Elektrolysestrom zustande.

Jeder drei erwähnten Prozesse kann bestimmend für die Geschwindigkeit der Gesamtreaktion und damit für die meßbare Stromstärke werden. Bestimmend ist immer der langsamste Vorgang. Wenn der Durchtritt der Ladungsträger so langsam ist, daß er zum geschwindigkeitsbestimmenden Vorgang wird, dann ist die sog. *Durchtrittsreaktion kinetisch gehemmt*. Man nennt dies nicht ganz exakt eine *irreversible Elektrodenreaktion*. Solche Reaktionen sind wenig geeignet für analytische Zwecke, also auch für chemische Sensoren. Es läßt sich dann kein eindeutiger Zusammenhang zwischen Konzentration und Elektrolysestrom finden. Man versucht stets, kinetische Hemmungen so gering wie möglich zu halten, meistens durch Verwendung katalytisch wirkender Elektrodenoberflächen oder durch homogene Katalyse, z.B. mit Hilfe von Enzymen.

Bei Abwesenheit kinetischer Hemmungen (bei *reversiblen Elektrodenreaktionen*) werden die Transportprozesse zum langsamsten und damit zum bestimmenden Schritt. Sie begrenzen den Strom und können so zur Informationsquelle bei Sensoren werden, die nach dem Prinzip der Strombegrenzungswandlung arbeiten. Das gelingt aber nur, wenn man sich auf einen der beteiligten Transportvorgänge, Diffusion oder Migration, beschränkt. Im Normalfalle wird die Migration unterdrückt, so daß nur die Diffusion übrigbleibt. Dies gelingt, wenn die Leitfähigkeit der Probelösung so weit angehoben wird, daß kein merklicher Feldstärkegradient in der Lösung entstehen kann. Dazu wird der Lösung ein großer Überschuß eines Elektrolyten zugesetzt, der sich selbst an den Elektroden nicht umsetzen läßt. Die Ionen des Elektrolyten, der auch *Grundelektrolyt* oder *Leitsalz* genannt wird, transportieren zwar die Ladung über das Lösungsinnere, sind aber zu schwer oxidierbar oder reduzierbar, um eine Elektrodenreaktion einzugehen.

Da die Ionen nach Unterdrückung der Migration nicht durch ein elektrisches Feld bewegt werden, kommt nur die Diffusion als Transportvorgang in Frage. Zwischen Ionen und ungeladenen Teilchen besteht kein Unterschied mehr. Einzige Triebkraft für die Diffusion ist das Vorhandensein eines Konzentrationsgefälles. Sobald also, z.B. durch Verbrauch von Teilchen infolge ihrer Reduktion an der Elektrodenoberfläche, lokale Mangelerscheinungen entstehen, bewegen sich Teilchen aus anderen Regionen in diese Richtung, um den Mangel auszugleichen.

Die Gesetzmäßigkeiten der Diffusion sind gut bekannt. Unter den Diffusionsgesetzen ist hier am wichtigsten das *Erste Ficksche Gesetz*, das Gl. (2.35) angibt.

$$\frac{dn}{dt} \cdot \frac{1}{A} = -D \cdot \frac{dc}{dx} \qquad (2.35)$$

Das Gesetz besagt, daß der Teilchenstrom *dn/dt* durch die Fläche *A* proportional dem Konzentrationsgefälle *dc/dx* ist. Als Proportionalitätsfaktor fungiert *D*, der *Diffusionskoeffizient*.

Zwischen dem Teilchenstrom dn/dt und dem Elektrolysestrom besteht eine einfache Beziehung, die aus dem Faradayschen Gesetz, Gl. (2.36), folgt. Dieses sagt, daß zu jeder elektrochemisch umgesetzten Ladungsmenge q eindeutig eine bestimmte Stoffmenge n gehört, wenn z die Anzahl der pro Formelumsatz übertragenen Elektronen ist.

$$q = z \cdot F \cdot n \qquad (2.36)$$

Elektrolysestrom und Teilchenstrom sind also durch die folgende Beziehung miteinander verknüpft (wegen $I = dq/dt$):

$$I = z \cdot F \cdot \frac{dn}{dt} \qquad (2.37)$$

Ein an der Elektrode entstehendes Konzentrationsgefälle ist also Ursache und Voraussetzung für einen permanenten Elektrolysestrom, bildet aber zugleich den strombegrenzenden Faktor. Diese Tatsache wiederum kann nach dem Prinzip der Strombegrenzungswandlung die Grundlage eines chemischen Sensors bilden.

Strom-Spannungs-Kurven an Makroelektroden. Unter der Annahme, daß keine der an der Elektrolyse beteiligten chemischen Reaktionen kinetisch gehemmt ist, wird die Geschwindigkeit der Reaktion durch die Diffusion bestimmt, die Elektrolysereaktion ist *diffusionskontrolliert*. Die Diffusion bestimmt dann das Aussehen der Funktion $I=f(E)$, der *Strom-Spannungs-Kurven*. Es ist zu erwarten, daß in diesen Kurven die analytisch nutzbaren Informationen über die Zusammensetzung der elektrolysierten Probelösung zu finden sind.

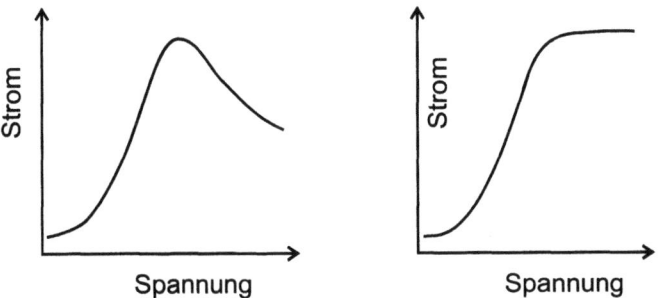

Abb. 2.26 Strom-Spannungs-Kurven an ruhenden Elektroden (links) und an Elektroden mit Konvektion bzw. an Mikroelektroden (rechts)

Um die erwähnten Kurven experimentell zu ermitteln, geht man gewöhnlich so vor, daß man die Spannung vorgibt, Punkt für Punkt oder auch kontinuierlich variiert, und den zugehörigen Stromverlauf registriert. Der umgekehrte Fall, Vorgabe des Stroms und Registrierung der Spannung, ist kaum üblich. Je, nachdem, wie schnell die Spannung an der Elektrode (man sagt „ihr Potential") variiert wird und je nachdem, ob die Lösung unbewegt ist oder ob sie gerührt wird, entstehen zwei ganz verschieden aussehende Kurvenformen (Abb. 2.26).

Die rechte Kurve in Abb. 2.26 ist eine *sigmoide Kurve*. Mit Ausnahme der später behandelten *Mikroelektroden* lassen sich sigmoide Kurven nur an Elektroden gewinnen, bei denen eine gleichmäßige Konvektion herrscht, d.h. wenn sich die Elektrode gegenüber der Lösung oder die Lösung gegenüber der Elektrode bewegt. Eine wichtige Gruppe solcher Elektroden sind die *hydrodynamischen Elektroden*. Diesen ist gemeinsam, daß eine laminare, gleichmäßige Strömung der Lösung gegenüber der Elektrodenoberfläche auf mechanischem Wege erzeugt wird.

Die Abb. 2.27 gibt einige Beispiele für klassische, d.h. makroskopische Elektroden, die bedeutungsvoll für die Voltammetrie waren oder sind. Darunter ist auch die berühmte Quecksilbertropfelektrode, deren außerordentlicher Erfolg eine ganze Richtung der analytischen Chemie begründet hat. Bei dieser und den anderen Beispielen führt eine mehr oder weniger gleichmäßige Relativbewegung zwischen Elektrode und Lösung zu einer laminaren Strömung, die nur eine dünne adhärierende (hydrodynamische) Schicht unmittelbar an der Grenzfläche unbeeinträchtigt läßt. Innerhalb dieser Schicht befindet sich eine noch dünnere, völlig ruhende Schicht, die von den Molekülen oder Ionen des Analyten nur durch Diffusion durchquert werden kann. Diese Schicht ist als *Nernstsche Diffusionsschicht* bekannt.

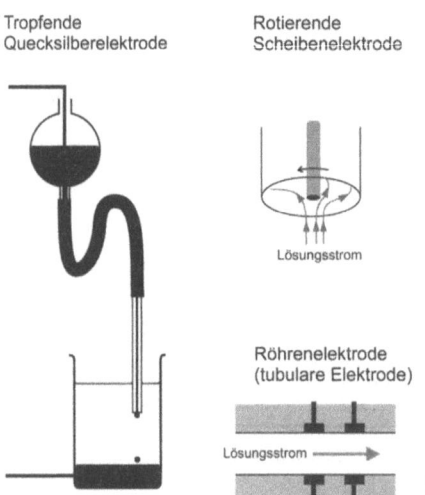

Abb. 2.27 Klassische hydrodynamische Elektroden

Die Entstehung der Kurvenformen bei voltammetrischen Untersuchungen läßt sich qualitativ aus der Betrachtung der Diffusion an einer stromdurchflossenen Elektrode erklären.

Als Beispiel betrachten wir die Reduktion von Kupferionen an einer Kupferelektrode in gleichmäßig gerührter Lösung. Im konzentrationsabhängigen Glied der Nernstschen Gleichung für diesen Fall, Gl. (2.38), steht nur die Konzentration von Kupfer(II)ionen.

$$E = E^\theta + \frac{RT}{2F} \ln c\left(Cu^{2+}\right) \tag{2.38}$$

Das Potential E ist in diesem Falle keine Meßgröße, sondern es wird vorgegeben, es wird der Elektrode von außen „aufgezwungen". Um die Gültigkeit der Nernstschen Gleichung zu erhalten, muß die Elektrode den zum gegebenen Potentialwert passenden Konzentrationswert von Cu^{2+} liefern. Das tut sie, indem sie gerade soviel Kupferionen durch Reduktion zum Metall verschwinden läßt, daß, zumindest unmittelbar an der Elektrodenoberfläche, der richtige Konzentrationswert vorliegt, der im folgenden $c(Cu^{2+})_{Oberfl}$ heißen soll. Das vorgegebene Potential diktiert also den Momentanwert der Oberflächenkonzentration. Infolge des Verbrauchs an Ionen entsteht an der Oberfläche ein Konzentrationsgradient. Dieser ist maßgebend für den Diffusionstransport entsprechend Gl. (2.35) und damit für den Elektrolysestrom. Es bildet sich in der Nähe der Elektrodenoberfläche eine Verarmungsschicht aus, die mit der erwähnten *Nernstschen Diffusionsschicht* identisch ist. Die angenommene gleichmäßige Konvektion sorgt dafür, daß die Dicke dieser Schicht konstant gehalten wird. Man kann sich vorstellen, daß außerhalb der hydrodynamischen Schicht alle Konzentrationsänderungen durch die Rührbewegung verwischt und auf den ursprünglich in der Lösung vorhandenen Wert gebracht werden. Wird das angelegte Potential immer mehr zu negativeren Werten hin verändert, dann bewegt sich der Punkt c_{Oberfl} (im genannten Beispiel $c(Cu^{2+})_{Oberfl}$) auf der Ordinate in Abb. 2.28 nach unten, es entsteht ein immer

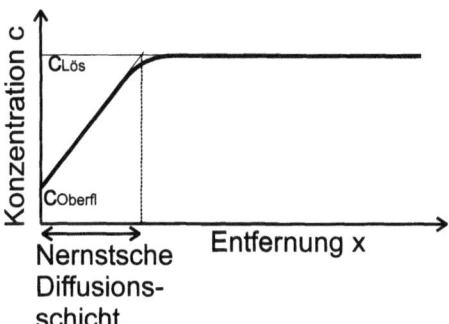

Abb. 2.28 Konzentrationsgradienten an einer Elektrode mit Konvektion

steilerer Konzentrationsgradient und daher ein immer größerer Elektrolysestrom. Ganz unten angekommen heißt: Die Oberflächenkonzentration ist nahezu auf Null abgesunken, der maximal mögliche Strom ist erreicht. Dieser Maximalstrom heißt *Diffusionsgrenzstrom* I_D und ist in der sigmoiden Stromspannungskurve (Abb. 2.26) als nahezu konstant und unabhängig von einer weiteren Potentialänderung zu erkennen.

Wenn man die geschilderten gegenseitigen Abhängigkeiten berücksichtigt, läßt sich für die gesamte diffusionskontrollierte Strom-Spannungs-Kurve die Gl. (2.39) herleiten.

$$E = E^{\theta} + \frac{R \cdot T}{z \cdot F} \ln \frac{I_D - I}{I} \qquad (2.39)$$

Wichtigste Eigenschaft des Diffusionsgrenzstroms ist seine Konzentrationsproportionalität. Im sog. *Grenzstrombereich*, d.h. für Spannungen an der Elektrode, die so negativ sind, daß jedes durch Diffusion antransportierte Ion unbedingt reduziert wird, gilt $c(Cu^{2+})_{Oberfl} = 0$. Hier bestimmt ausschließlich die homogene Lösungskonzentration $c(Cu^{2+})$ den Konzentrationsgradienten und damit den Grenzstrom. Aus Gln. (2.35) und (2.37) entsteht der in Gl (2.40) gegebene Zusammenhang, wobei für den Konzentrationsgradienten dc/dx der Differenzenquotient $\Delta c/\Delta x$ wird, in den $\Delta c = c_{Lös} - c_{Oberfl}$ eingesetzt wird. Für den Grenzstrom gilt $\Delta c = c_{Lös}$. Statt Δx kann die Dicke der stationären Diffusionsschicht δ eingesetzt werden. Es besteht eine gesetzmäßige Konzentrationsproportionalität, die nicht auf das gewählte Beispiel beschränkt ist. Wir haben es also mit einem echten Fall von Strombegrenzungswandlung zu tun.

$$\frac{I_D}{A} = -\frac{z \cdot F \cdot D}{\delta} c_{Lös} \qquad (2.40)$$

oder

$$I_D = k \cdot c_{Lös} \qquad (2.41)$$

Die Form der Strom-Spannungs-Kurve hängt auch davon ab, wie schnell der Potentialbereich durchlaufen wird, d.h. wie groß die *Spannungsänderungsgeschwindigkeit* (die *Scanrate*) ist. Je langsamer der Durchlauf, desto weiter breitet sich innerhalb des Zeitbereiches die Diffusionsschicht in die Lösung hinein aus. Wenn die Schicht während der Spannungsvariation noch im Wachsen begriffen ist, dann entstehen peakförmige Kurven wie in Abb. 2.26 links. Erst dann, wenn während des gesamten Durchlaufs die Dicke der Diffusionsschicht konstant bleibt, entsteht ein sigmoider Verlauf. Aus den nicht sigmoiden Strom-Spannungs-Kurven lassen sich die analytischen Informationen nicht so leicht extrahieren. Andererseits lassen sich aber sehr wirksame diagnostische Meßmethoden mit solchen Formen aufbauen.

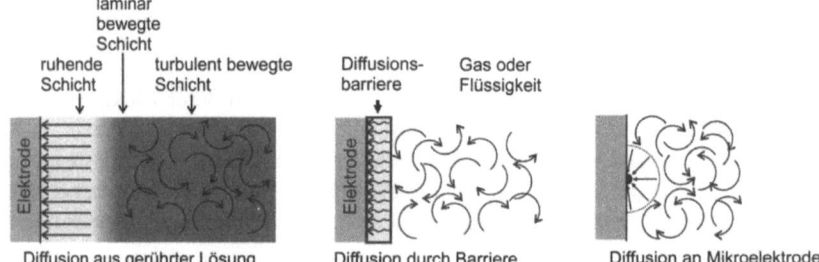

Abb. 2.29 Stationäre Diffusion bei planaren und gekrümmten Diffusionsschichten. Links: Diffusionsschicht konstanter Dicke bei gerührter Lösung; rechts: Diffusionsbarriere konstanter Dicke; unten: Diffusionshof mit annähernd konstanter Ausbreitung

Eine gleichbleibend dicke Diffusionsschicht erreicht man auch durch Vorschalten einer *Diffusionsbarriere* (Abb. 2.29). Die Dicke dieser Barriere ist identisch mit der Diffusionsschichtdicke. Ein eindrucksvolles Beispiel sind elektrochemische Sensoren für reaktive Gase wie z.B. der Clark-Sensor für gelösten Sauerstoff (siehe Kap. 7, Abschn. 7.2.2). Bei ihnen wird eine nur für Gase durchlässige Membran über die Elektrodenoberfläche gelegt.

Gut ausgebildete sigmoide Kurven entstehen auch an den bisher weniger bekannten *geheizten Elektroden*. Die schon länger bekannte Tatsache, daß so erzeugte Temperaturgradienten eine *thermische Konvektion* bewirken, hat erst in den letzten Jahren praktische Bedeutung erlangt, nachdem es gelang, einen elektrischen Heizstromkreis direkt und störungsfrei mit dem Meßstromkreis zu koppeln (Gründler u. Kirbs 1999). Die Oberflächentemperatur solcher Elektroden kann präzise vorgegeben werden, sofern sie oberhalb der Lösungstemperatur liegt. Es entsteht eine Art *Mikro-Thermostat*. Wenn mit kurzen Impulsen geheizt wird, tritt die Konvektion zurück, und es kann mit überhitzten Lösungsschichten (bis 250°C) gearbeitet werden (*Temperatur-Puls-Voltammetrie=TPV*, s. Gründler et al. 1996).

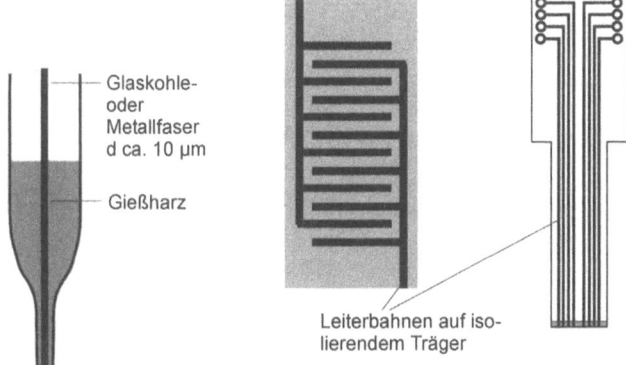

Abb. 2.30 Formen von Mikroelektroden. Links: Nadel mit Mikroscheibe, mitte: Interdigitierte Elektrode, rechts: Array in Stilettform

Strom-Spannungs-Kurven an Mikroelektroden. Mikroelektroden müssen Abmessungen im Mikrometerbereich haben. Bei ihnen bildet sich eine gekrümmte Diffusionsschicht aus, die zu einem stärkeren Materialtransport führt als bei *planaren* Diffusionsschichten, die sich an Makroelektroden ausbilden. Dieser verstärkte Transport kommt durch einen „Randeffekt" zustande (Abb. 2.29). Auch bei Makroelektroden gibt es an den Rändern der Elektrodenoberfläche einen zusätzlichen Diffusionsanteil. Wird dieser dadurch verstärkt, daß man die Elektrodenoberfläche in lauter kleine Mikroflächen unterteilt, dann überwiegen die „Randeffekte" und es kommt zu einem stärkeren Elektrolysestrom. In der Folge entsteht ein *Diffusionshof*, der sich sphärisch, halbkugelförmig oder zylindrisch (je nach Form der Elektrode) in die Lösung ausbreitet und nach einiger Zeit nahezu stationär wird. Für ein und dieselbe Konzentration erhält man also an einer Mikroelektrode eine wesentlich höhere Stromdichte (Stromstärke geteilt durch Elektrodenoberfläche $j = I/A$) als an einer Makroelektrode.

Mikroelektroden (Abb. 2.30) reagieren wesentlich schneller auf Potentialänderungen und auf Konzentrationsänderungen als Makroelektroden. Sie sind unempfindlich gegen Konvektion von außen, d.h. gegen unerwünschte Rühreffekte. Sie benötigen weniger Leitsalz in der Lösung, in vielen Fällen kann man darauf ganz verzichten. Auf Grund dieser günstigen Eigenschaften sind sie geradezu prädestiniert für die Verwendung als chemische Sensoren. Ein Problem sind die sehr kleinen Elektrolyseströme, die im Bereich von Femtoampere bis Nanoampere liegen und sich nur mit speziellen Verstärkern messen lassen. Ein Ausweg wird gesucht, indem zahlreiche Mikroelektroden zu einem regelmäßigen *Array* zusammengefaßt werden, so daß insgesamt wieder ein größerer Summenstrom zustande kommt. Dies gilt nur unter der Voraussetzung, daß der Abstand zwischen den einzelnen Elektroden so groß ist, daß die Diffusionshöfe benachbarter Elektroden nicht zusammenwachsen. Dies bedeutet für eine scheibenförmige Mikroelektrode mit 1 µm Durchmesser, daß etwa 50 µm Abstand eingehalten werden müssen.

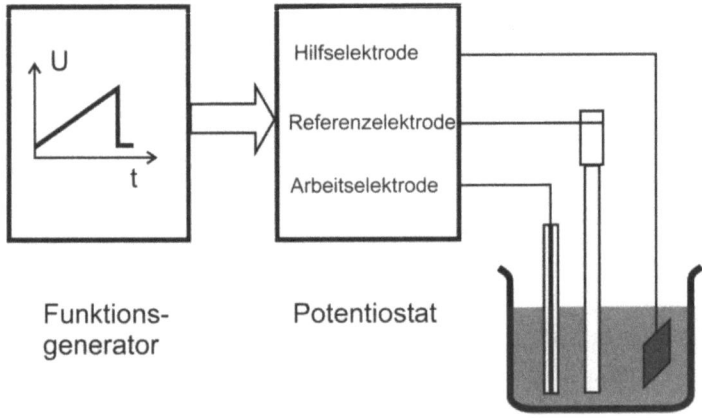

Abb. 2.31 Meßaufbau der Voltammetrie. Der Potentiostat hält die Spannung zwischen Arbeits- und Referenzelektrode auf dem vom Funktionsgenerator vorgegebenen Wert

Voltammetrie. Der Sammelbegriff *Voltammetrie* faßt alle Meßmethoden zusammen, die auf der Ausnutzung von Strom-Spannungs-Kurven beruhen. Um die Kurve aufzuzeichnen, muß der Elektrode das gewünschte Potential „aufgezwungen" werden. Dazu ist eine Drei-Elektroden-Schaltung mit Potentiostat (siehe Abschn. 2.4.1) notwendig. (Abb. 2.31). Der Potentiostat erhält seine Sollspannung von einem Funktionsgenerator, der ein zeitlich linear ansteigendes Signal (eine Spannungsrampe) vorgibt. Der durch die Arbeitselektrode fließende Strom wird mit geeigneten Einrichtungen gemessen und als Funktion der aktuellen Spannung registriert. Bei Mikroelektroden kann die Regelschaltung entfallen. Es genügt dann eine Zweielektrodenschaltung aus Arbeits- und Referenzelektrode.

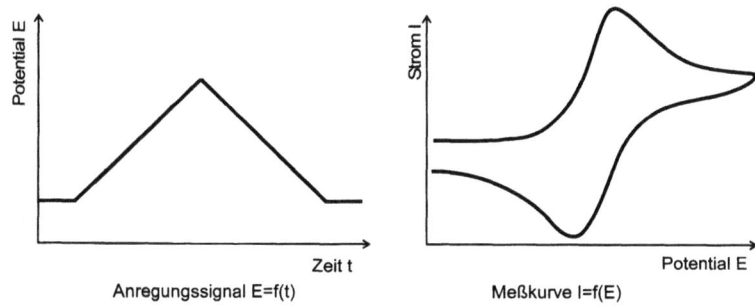

Abb. 2.32 Cyclovoltammogramm einer reversibel umsetzbaren Substanz

Voltammetrie an ruhenden Elektroden ergibt peakförmige Kurven wie in Abb. 2.26 angedeutet. Ruhende Elektroden sind, wenn es um analytische Informationen geht, nur als Mikroelektroden sinnvoll. Ruhende Makroelektroden sind jedoch sehr bedeutungsvoll für eine diagnostische Methode, die eine schnelle Information über das betrachtete Elektrodensystem erlaubt. Es ist die *Cyclovoltammetrie (cyclische Voltammetrie; CV)*. Der Meßaufbau entspricht dem in Abb. 2.31 skizzierten, jedoch wird anstatt einer Rampe ein symmetrisches Spannungsdreieck aufgeprägt. Bei der Aufzeichnung der Ströme, die die „Antwort" des Systems darstellen, wird nicht die Funktion $I = f(t)$, sondern die Funktion $I = f(E)$ registriert. Dadurch entsteht eine gefaltete Darstellung, die im typischen Fall zwei gegenüberliegende Strompeaks zeigt (Abb. 2.32). Diese kommen zustande, weil im Spannungsdurchlauf bis zur Spitze des Dreiecks (dem „Vorwärts-Scan") Produkte entstehen, die im „Rückwärts-Scan" elektrochemisch wieder zum Ausgangsstoff umgesetzt werden können. Man kann also Stoffe untersuchen, die man erst mit der Methode selbst erzeugt hat.

Cyclovoltammogramme enthalten sehr viele wichtige Informationen in übersichtlicher Form (Abb. 2.33). Aus dem Abstand der Peakpotentiale ΔE_P läßt sich erkennen, ob die Substanz *reversibel* reagiert. Gemeint ist, ob eine mehr oder weniger große kinetische Hemmung des Elektrodenübergangs vorliegt. Für eine ideal reversible Reaktion wird die Diffusion allein zum geschwindigkeitsbestimmenden Schritt. Für eine untersuchte Elektrodenreaktion liegt dieser Fall vor, wenn das Cyclovoltammogramm die folgenden Kriterien erfüllt:

- $\Delta E_p = E_{p\,anod} - E_{p\,kathod} = 57{,}0$ mV/z
- $I_{p\,anod} / I_{p\,kathod} = 1$

Die Differenz der Peakpotentiale $E_{p\,anod}$ und $E_{p\,kathod}$ muß also im reversiblen Fall gleich 57 Millivolt geteilt durch die pro Formelumsatz übertragene Elektronenzahl sein. Das Verhältnis der Peakströme $I_{p\,anod}$ und $I_{p\,kathod}$ soll annähernd gleich Eins sein.

Aus Cyclovoltammogrammen läßt sich auch entnehmen, ob elektrochemische Reaktionen in einem einzigen oder in mehreren Schritten verlaufen. Dies ist am Auftreten von Mehrfachpeaks erkennbar.

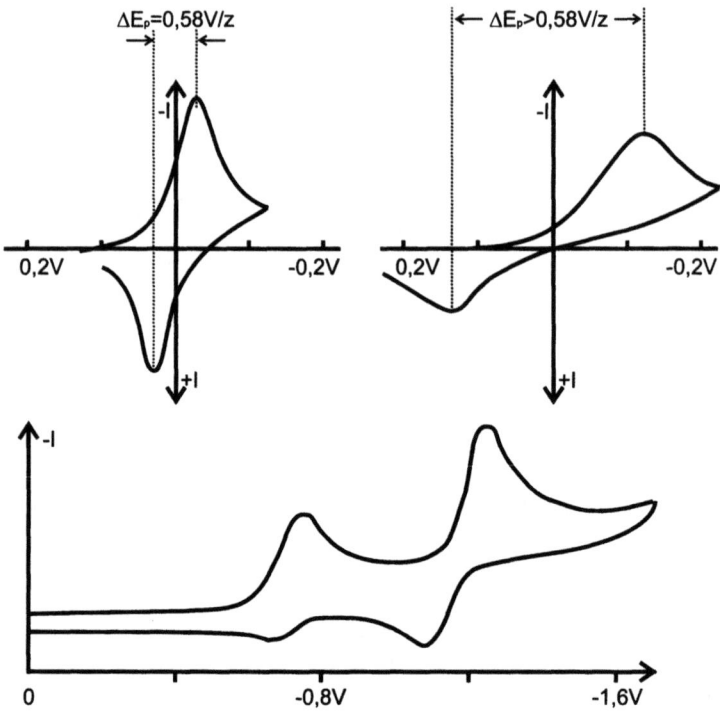

Abb. 2.33 Informationen in Cyclovoltammogrammen. Oben: ΔE_P als Kriterium für *Reversibilität*; unten: Mehrfachpeaks als Nachweis der Entstehung mehrerer Produkte

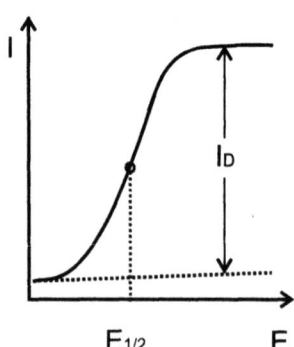

Abb. 2.34 Analytisch nutzbare Informationen in sigmoiden Strom-Spannungs-Kurven

Aus den sigmoiden Strom-Spannungs-Kurven sind die analytischen Informationen besonders leicht zu entnehmen (Abb. 2.34). Der *Diffusionsgrenzstrom* I_D ist direkt der Konzentration des Analyten proportional. Messungen dieses Stroms liefern Analysenwerte über einen Konzentrationsbereich, der sich über viele Zehnerpotenzen erstreckt. Diese gute Linearität ist ein wichtiges Merkmal aller amperometrischen Sensoren.

Eine weitere nutzbare Information steckt im *Halbstufenpotential* $E_{1/2}$, das zu einem Stromwert $I = I_D/2$ gehört. Die Bedeutung dieses Spannungswertes geht auf die besonderen Konzentrationsverhältnisse zurück, die sich in unmittelbarer Nähe der Elektrodenoberfläche einstellen, wenn der Strom gerade halb so groß ist wie der Diffusionsgrenzstrom. Wenn man $I = I_D/2$ in Gl. (2.39) einsetzt, dann gilt für das zugehörige Potential $E_{1/2} = E^\theta$. Das Halbstufenpotential ist demnach konzentrationsunabhängig und es sollte gleich dem Standardpotential sein, vorausgesetzt bei den betreffenden Experimenten wurde die Standard-Wasserstoffelektrode als Referenzelektrode benutzt. Auf jeden Fall ist der Zahlenwert von $E_{1/2}$ charakteristisch für die Art des untersuchten Stoffes, d.h. $E_{1/2}$ läßt Rückschlüsse zu, welches Element an der Elektrode umgesetzt worden ist. Eine etwas übertriebene Formulierung dieses Sachverhaltes wäre, daß in der voltammetrischen Strom-Spannungs-Kurve sowohl qualitative analytische Informationen („was ist drin?") als auch quantitative Informationen („wieviel ist drin?") enthalten sind. Ernsthaft verwertbar ist davon nur die aus I_D entnehmbare quantitative Information. $E_{1/2}$ erlaubt nur eine grobe Abschätzung, da es zusätzlich von vielen experimentellen Parametern beeinflußt wird.

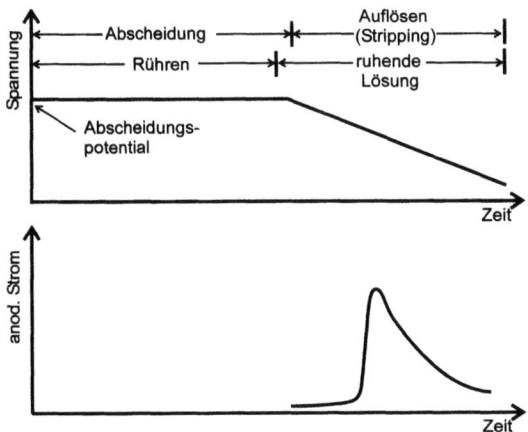

Abb. 2.35 Programm einer voltammetrischen Stripping-Bestimmung. Oben: Zeitlicher Verlauf der vorgegebenen Spannung. Unten: Resultierendes Signal

Amperometrische Sensoren erfordern nicht in jedem Falle, daß eine komplette Strom-Spannungs-Kurve aufgenommen wird. Um eine Information über die aktuelle Analytkonzentration und deren zeitliche Änderung zu erhalten, genügt es, wenn ein Potentialwert „im Grenzstrombereich" fest eingestellt wird. Der sich einstellende Diffusionsgrenzstrom folgt allen Konzentrationsänderungen. Die

Meßmethode heißt *Amperometrie* (im engeren Sinne) und ist wichtig für die Bestimmung von Äquivalenzpunkten bei Titrationen und für die Detektion von Konzentrationsänderungen in fließenden Strömen.

Die voltammetrischen Meßmethoden für klassische (makroskopische) Elektrodenformen sind stark verbessert worden durch die Einführung von *Impulsmethoden*. Der Elektrode wird dann als Anregungssignal nicht einfach nur eine Spannungsrampe aufgeprägt. Überlagert werden Impulsfolgen, deren Wirkung getrennt auf elektronischem Wege abgefragt werden kann. Damit lassen sich Signale extrahieren, die ein wesentlich besseres Signal-Rausch-Verhältnis aufweisen. Am bekanntesten sind die Differenzpuls-Voltammetrie (DPV) und die Square-Wave-Voltammetrie (SWV). Für miniaturisierte amperometrische Sensoren sind diese Techniken weniger bedeutungsvoll.

Stripping-Methoden sind voltammetrische Zweischritt-Methoden. In einem ersten Schritt wird eine Anreicherungs-Elektrolyse durchgeführt. Dabei wird für möglichst kräftigen Antransport des Analyten gesorgt. Normalerweise läßt man entweder die Elektrode rotieren oder man rührt die Lösung. Bei Mikroelektroden sorgt die gekrümmte Diffusionsschicht auch ohne Konvektion für genügende Zulieferung der Probesubstanz. Das Potential wird im Grenzstrombereich gewählt, also möglichst weit im negativen Potentialbereich, wenn es darum geht, Metallionen durch Reduktion zum Metall abzuscheiden und dadurch auf der Elektrodenoberfläche zu konzentrieren. In einem zweiten Schritt wird das angereicherte Material elektrochemisch umgesetzt. Metalle werden anodisch oxydiert. Dabei entsteht ein kräftiges analytisches Signal, das wesentlich stärker ist als man es ohne vorherige Anreicherung erhalten würde. Das zeitliche Programm einer solchen Bestimmung gibt Abb. 2.35 schematisch wieder.

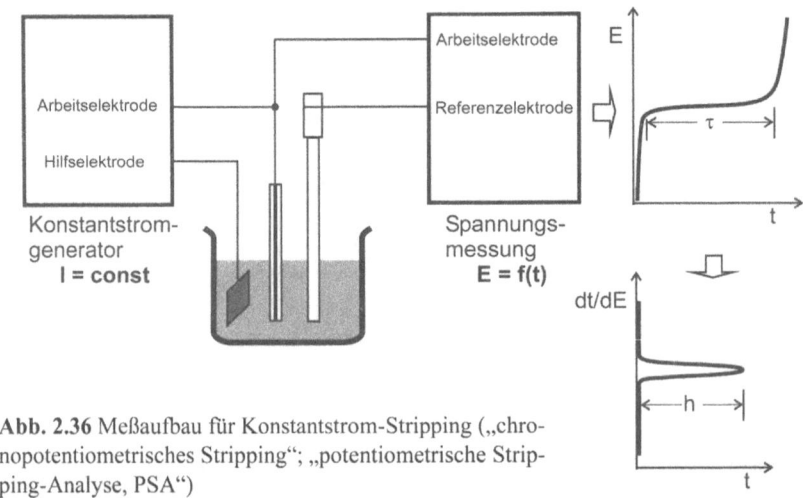

Abb. 2.36 Meßaufbau für Konstantstrom-Stripping („chronopotentiometrisches Stripping"; „potentiometrische Stripping-Analyse, PSA")

Die Anreicherung kann auch darin bestehen, daß eine schwerlösliche Verbindung an einer Festkörperoberfläche gebildet wird, z.b. wie bei der anodischen Abscheidung von Bleispuren aus wäßriger Lösung als Bleidioxid an einer Platinelektrode: $Pb^{2+} + 6\ H_2O \rightarrow PbO_2 + 4\ H_3O^+ + 2\ e^-$. Ebenso ist es möglich, die Anreicherung von Metallkationen *adsorptiv* durchzuführen. Dazu wird meist eine Lösung benutzt, die einen adsorbierbaren Ligand enthält, der mit dem zu bestimmenden Kation einen starken Komplex bildet. Man nutzt die Potentialabhängigkeit vieler Adsorptionsgleichgewichte aus. Dies folgt aus dem Gibbsschen Adsorptionssatz in seiner vollständigen Form, Gl.(2.46). Das für die Adsorption optimale Potential wird vorgegeben. Unter Rühren (wie bei der elektrolytischen Anreicherung) wird zunächst eine Schicht des Liganden auf der Elektrodenoberfläche gebildet, die ihrerseits Metallspuren adsorptiv bindet. Im zweiten Schritt wird wiederum das angereicherte Material elektrochemisch umgesetzt, wobei ein Signal entsteht. Die Bezeichnung Stripping rührt daher,. Daß der zunächst gebildete Materialfilm im zweiten Schritt wieder entfernt, also *abgestreift („gestrippt")* wird. Die Anreicherung muß immer unter genau festgelegter Zeit und präziser Einhaltung der sonstigen Bedingungen durchgeführt werden.

Für die Gewinnung des Stripping-Signals gibt es mehrere Möglichkeiten. Am weitesten verbreitet ist das *voltammetrische Stripping* (wie im Beispiel in Abb. 2.35). Dabei prägt man der Elektrode eine Spannungsrampe auf. Man läßt z.B. das Potential von dem Wert an, der für die kathodische Anreicherung notwendig war, in ein mehr positives Gebiet laufen, bis die elektrochemische Oxydation stattfindet. Es entsteht ein anodischer Strompeak, dessen Höhe annähernd linear von der Konzentration des Analyten abhängt. Alternativ dazu läßt sich das Stripping-Signal auch durch einen konstanten Elektrolysestrom gewinnen. Dieses sog. *chronopotentiometrische Stripping* (auch „Potentiometrische Stripping-Analyse, „PSA") führt zu stufenförmigen Spannungs-Zeit-Kurven, bei denen die Zeit τ (s. Abb. 2.36) ein konzentrationsproportionales Signal darstellt. Meist wird auf mathematischem Wege die Ableitung dt/dE dieser Kurven gebildet, die leicht auswertbare peakförmige Kurven liefert. Die Analytkonzentration ist annähernd proportional der Peakhöhe.

Stripping-Bestimmungen gehören zu den leistungsfähigsten Spurenbestimmungsmethoden der analytischen Chemie. Nachweisgrenzen bis hinunter zu 10^{-10} $mol \cdot l^{-1}$ sind keine Seltenheit.

Leitfähigkeits- und Impedanzmessungen

Die Messung der elektrolytischen Leitfähigkeit liefert Informationen über die Ionenkonzentrationen (siehe dazu Abschn. 2.2.3). Andere wichtige analytische Informationen sind in der *Impedanz* von Elektroden enthalten. Unter Impedanz versteht man den Wechselstromwiderstand eines Zweipols, also eines elektrischen Bauelements mit zwei Anschlüssen. Als Zweipol kann auch eine Elektrolysezelle, bestehend aus zwei Elektroden, betrachtet werden. Zur Modellierung der inneren Vorgänge bedient man sich sogenannter *Ersatzschaltbilder*, die das Verhalten des Zweipols modellieren. Für die Elektrolysezelle erhält man ein Ersatzschaltbild wie in Abb. 2.37 links. Man erkennt die Galvanspannungen g_1 und g_2 an den Grenzflächen Elektrode/Lösung sowie den ohmschen Widerstand der Elektrolytlösung zwischen den Elektroden R_L. Die Impedanzen der Elektrodengrenzflächen werden durch die *komplexen* Widerstände Z_1 und Z_2 (im Unterschied zum *realen* Widerstand R_L) symbolisiert. Die Kondensatore C_{D1} und C_{D2} beschreiben die Tatsache, daß die elektrochemische Doppelschicht an den Grenzflächen wie ein Kondensator wirkt. Das Schaltbild läßt sich vereinfachen, wenn man sich auf Wechselstrommessungen beschränkt. Dann verschwinden die beiden Spannungen g_1 und g_2. Sorgt man ferner dafür, daß nur eine der beiden Elektroden bei der Messung wirksam wird, dann erhält man ein vereinfachtes Ersatzschaltbild wie in Abb. 2.37 rechts. In der Praxis wird die Konzentration auf die Arbeitselektrode durch die Anwendung von Regelschaltungen mit einem Potentiostaten und drei Elektroden erreicht.

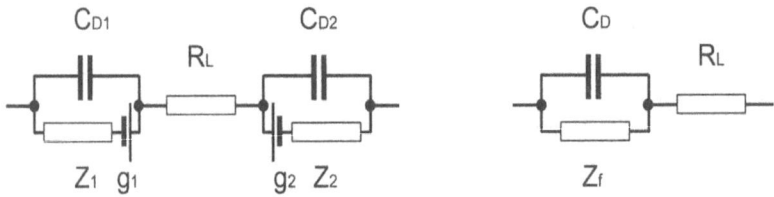

Abb. 2.37 Ersatzschaltbild der Elektrolysezelle. Links vollständig, rechts vereinfacht für Wechselstrommessungen (nur für die Arbeitselektrode)

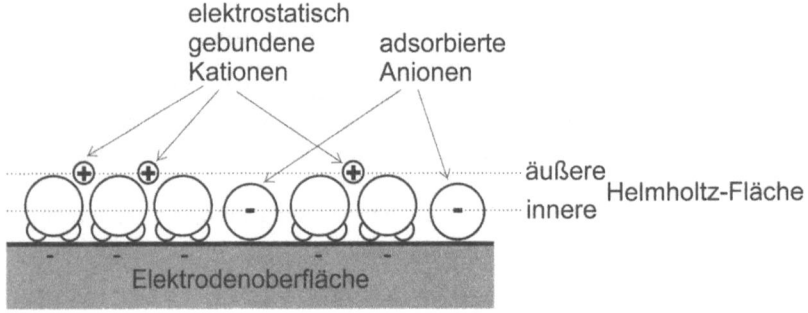

Abb. 2.38 Struktur der Doppelschicht an einer Elektrode in wäßriger Lösung

Die oben erwähnte *elektrochemische Doppelschicht* an der Grenzfläche Elektronenleiter-Ionenleiter ist ein Spezialfall unter den Phänomenen, die beim Zusammentreffen von Phasen mit unterschiedlichen Leitungsmechanismen entstehen. Wie in allen Fällen dieser Art bildet sich eine parallele Anordnung von Ladungsträgern entgegengesetzten Vorzeichens aus. Die elektrochemische Doppelschicht weist einige Besonderheiten auf. Auf der Lösungsseite wird die starre Anordnung der Ladungen ständig durch die spontane Wärmebewegung aller Teilchen gestört. Es bildet sich daher außer dem starren Teil (auch *Helmholtzsche Doppelschicht* genannt) noch ein räumlich in die Lösung hineinreichender Ladungsteil, die *diffuse Doppelschicht*, aus. Eine weitere Besonderheit ist die Solvatation, die besonders in wäßrigen Lösungen eine große Rolle spielt. Nach der gegenwärtig allgemein akzeptierten Vorstellung läßt sich innerhalb der starren Doppelschicht ein innerer Teil (die innere Helmholtz-Schicht, „IHP") unterscheiden, der im wesentlichen aus adsorbierten Wasser-Dipolen und adsorbierten Anionen besteht, wie schematisch in Abb. 2.38 angedeutet.

Die Ladungsmittelpunkte der Wasserdipole bzw. der adsorbierten Anionen bilden die Ebene der inneren Helmholtz-Schicht. Die äußere Helmholtz-Schicht wird durch die Radien der adsorbierten Teilchen begrenzt.

Durch Wechselstrommessungen kann die Kapazität des Doppelschicht-Kondensators C_D bestimmt werden. Es ist nicht verwunderlich, daß die Adsorption anderer Teilchen aus der Lösung zu starken Änderungen der Kapazität führt, wodurch analytische Aussagen gewonnen werden können. Die diffuse Doppelschicht wirkt bei Messungen störend. Sie wird stark unterdrückt, wenn ein großer Überschuß eines Leitsalzes in der Lösung vorhanden ist.

Im vereinfachten Schaltbild steht das Symbol Z_f für einen *komplexen Widerstand*, die sog. *Faradaysche Impedanz*. Diese gibt das Verhalten der Elektrodenoberfläche bei Stromfluß wieder. Der Widerstand R_L ist der Widerstand der Lösung zwischen den Elektroden. Er entspricht dem Kehrwert des Leitwertes und hat rein ohmschen Charakter, d.h. er hat ein und denselben Wert für Gleichstrom ebenso wie für Wechselstrommessungen. Hingegen ist die Impedanz Z_f frequenz- und zeitabhängig.

Analytische Informationen sind sowohl in R_L als auch in Z_f enthalten. Bei experimentellen Untersuchungen muß entweder die eine oder die andere Größe jeweils allein gemessen werden.

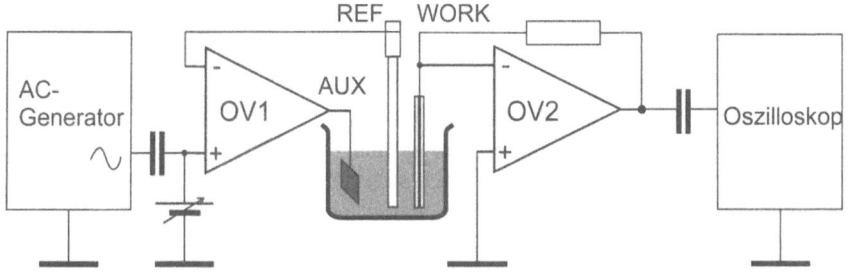

Abb. 2.39 Vereinfachte Schaltung eines Frequenzanalysators

Die *elektrolytische Leitfähigkeit* kann gemessen werden, indem entweder der Einfluß der Elektroden durch deren Gestaltung eliminiert wird oder indem man räumlich getrennt von den Elektrodengrenzflächen mißt. Im ersten Fall werden zwei große, künstlich aufgerauhte Elektrodenbleche benutzt, deren Doppelschichtkapazität C_D sehr hoch ist. Da der Wechselstromwiderstand umgekehrt proportional der Kapazität ist, wird dieser bereits für Frequenzen im Kilohertz-Bereich nahezu zu Null, und C_D wirkt als „Kurzschluß", so daß ausschließlich R_L zur Wirkung kommt. Man kann dann mit der bekannten Wheatstoneschen Meßbrücke den Widerstand zwischen den Elektroden so messen wie jeden anderen ohmschen Widerstand. Bei der *Vierpunktmethode*, die besser geeignet für kleine Sensoren ist, wird die Leitfähigkeit aus dem Spannungsabfall entlang einer Lösungsstrecke zwischen den äußeren Elektroden bestimmt. Man könnte in diesem Falle mit Gleichstrom messen. Dabei wäre nachteilig, daß die Lösung nach und nach mit Elektrolyseprodukten verunreinigt wird. Deshalb wird auch bei der Vierpunktmethode die Messung mit Wechselstrom im Niederfrequenzgebiet (1 bis 10 kHz) vorgezogen. Weitere Ausführungen zur Meßtechnik finden sich im Kap. 5.

Der Zusammenhang zwischen der totalen Ionenkonzentration und der Meßgröße ist durch die Gl. (2.19) gegeben. Ausführungsformen von Leitfähigkeitssensoren folgen im Kap. 5. Nicht in jedem Falle liegt bei Sensoren dieser Bezeichnung das Phänomen der *elektrolytischen* Leitfähigkeit zugrunde.

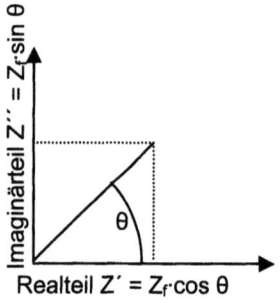

Abb. 2.40 Nyquist-Diagramm

Bei der Messung der *Faraday-Impedanz* Z_f beobachtet man konzentriert die Vorgänge an der Elektrodengrenzfläche. Der *Lösungswiderstand* R_L wird so klein wie möglich gemacht, indem man einen großen Überschuß eines *Leitsalzes* (des *Grundelektrolyten*) zugibt. Dieses beteiligt sich nicht (außer einigen Adsorptionsphänomenen) an der Elektrodenreaktion, erhöht aber die Leitfähigkeit sehr stark. Die Messungen erfolgen meist mit Hilfe eines Potentiostaten, dessen Sollspannung eines kleines Wechselspannungssignal überlagert wird. Der Potentiostat erzwingt ein bestimmtes Potential an der *Arbeitselektrode* „WORK" (d.h. eine bestimmte Spannungsdifferenz zur *Referenzelektrode* „REF"), das ständig durch das Wechselsignal gestört wird. Die Antwort auf diese Störung wird als Wechselstrom am Ausgang des Potentiostaten, getrennt von den Gleichstromsignalen, herausgefiltert und kann als Funktion der Frequenz dargestellt werden. Diese Anordnung, der sog. *Frequenzanalysator* (Abb. 2.39), sorgt gleichzeitig dafür, daß die gemessenen Größen nur von der Arbeitselektrode allein hervorgerufen worden sind. Die überlagerten Wechselsignale liegen im Millivoltbereich, sind also stets so klein, daß die Störung des Elektrodenzustands geringfügig bleibt und im zeitlichen Mittel ausgeglichen wird. Bei einer Frequenzanalyse wird die überlagerte Frequenz in einer Meßserie über einen großen Bereich variiert (meist zwischen 10^6 und 10^{-2} Hz, beginnend bei den hohen Frequenzen in etwa 50 – 100 Stufen).

Die Extraktion der in der Faraday-Impedanz Z_f enthaltenen Informationen erfolgt ganz anders als z.B. in der Voltammetrie. Ausgangspunkt ist die Aufteilung der Faraday-Impedanz in Real- und Imaginärteil: $Z_f = Z' - j \cdot Z''$ (mit der *imaginären Einheit* $j = \sqrt{-1}$. Stellt man den Imaginärteil der Impedanz Z'' als Funktion des Realteils Z' graphisch dar, ergibt sich das sog. Nyquist-Diagramm (Abb. 2.40).

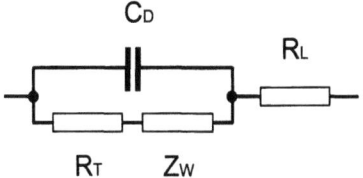

Abb. 2.41 Ersatzschaltbild einer Elektrode.
R_T Durchtrittswiderstand (real)
Z_W Warburg-Impedanz (komplex)

Im Nyquist-Diagramm würde ein rein Ohmscher Widerstand als isolierter Punkt auf der x-Achse (der Z'-Achse) erscheinen. Eine reine Kapazität C würde bei Variation der Frequenzen eine senkrechte Linie auf der y-Achse (der Z''-Achse) darstellen. Ein RC-Glied (die Parallelschaltung von R und C bzw. deren Serienschaltungs-Äquivalent) stellt sich im Nyquist-Diagramm als Halbkreis dar, wenn alle Punkte im untersuchten Frequenzbereich aufgetragen werden. Tatsächlich läßt sich das Verhalten der Elektrode als RC-Glied mit vorgeschaltetem Serienwiderstand modellieren. Um alle Informationen darstellen zu können, muß das Ersatzschaltbild erweitert werden. Günstig ist es, die Faraday-Impedanz in zwei Anteile zu unterteilen, die durch die hintereinandergeschalteten, ebenfalls komplexen, Widerstände Z_T und Z_W dargestellt werden. Z_T bringt das Verhalten des Teilprozesses *Ladungsdurchtritt* zum Ausdruck. Z_W (die sog. *Warburg-Impedanz*) modelliert das Verhalten der Transportvorgänge (normalerweise Diffusion). Z_T ist in vielen Fällen nicht frequenzabhängig, kann daher mit R_T bezeichnet werden. Das resultierende Ersatzschaltbild zeigt Abb. 2.41.

Bei hohen Frequenzen überwiegt der Einfluß der kinetischen Hemmungen, die durch R_T zum Ausdruck gebracht werden. Je niedriger die Frequenz, desto stärker wird der Einfluß der Diffusion, gegeben durch die Warburg-Impedanz Z_W. Das Verhalten von Z_W stellt sich im Nyquist-Diagramm als Gerade mit einem Anstieg von 45° dar. Für viele Elektroden ergibt sich daher das in Abb. 2.42 gezeigte Aussehen. Die Informationen über die Elektrodenprozesse sind sehr umfangreich, jedoch nicht ohne weiteres in anschauliche Vorstellungen umzusetzen.

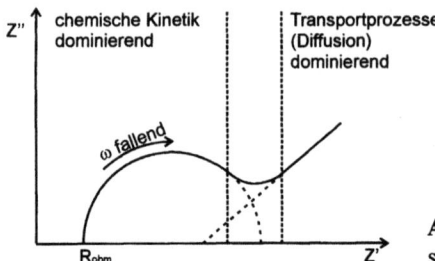

Abb. 2.42 Nyquist-Diagramm für eine typische Elektrode

Moderne Frequenzanalysatoren geben automatisch die Störspannung $\tilde{U}$ vor und bestimmen die resultierende „Antwort" $\tilde{I}$. Zu jedem Meßpunkt wird die Phasenverschiebung θ bestimmt. Aus diesen Ergebnissen berechnet der Analysator die Faraday-Impedanz Z_f. Daraus wiederum wird selbständig vom Gerät Z' und Z'' ermittelt und als Nyquist-Diagramm dargestellt. Dieser hohe Automatisierungsgrad macht die Technik auch für einfache Sensoren in zunehmendem Maße zugänglich. Oftmals sind aber sog. *impedimetrische Sensoren* nichts anderes als gewöhnliche Leitfähigkeitssensoren.

2.2.7 Chemische Wechselwirkungen: Ionenaustausch; Extraktion; Adsorption

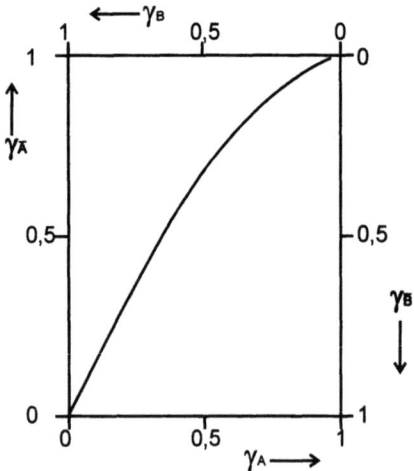

Abb. 2.43 Austauschisothermen für die Ionen A und B

Der Begriff „Chemische Wechselwirkungen" wird nicht eindeutig gebraucht. Es gibt eine fließenden Übergang zum Begriff „Chemische Reaktion". Im Selbstverständnis der meisten Chemiker sind Wechselwirkungen wie z.b. die Adsorption oder der Ionenaustausch gewissermaßen „nicht ganz vollendete chemische Reaktionen". Es fehlt der vollständige Umsatz von Reaktanden. Wechselwirkungen kommen meist durch schwache Kräfte wie die van-der-Waals-Kräfte zustande. Andererseits können alle Arten der chemischen Bindung beteiligt sein, die an Reaktionen mitwirken. Wechselwirkungen sind oft reversibel und schnell. Im Gebiet der chemischen Sensoren sind bestimmte chemische Wechselwirkungen sehr wichtig, weil sie bei der Anreicherung von Spurenkonzentrationen an Grenzflächen mitwirken oder zu Oberflächenschichten mit geordneter Feinstruktur führen können. In den folgenden Abschnitten werden die Grundlagen einiger besonders verbreiteter Wechselwirkungsgleichgewichte behandelt.

Ionenaustausch

Ionenaustausch findet an der Oberfläche von *Polyelektrolyten* statt. Das können natürlich vorkommende silikatische Mineralien, z.B. die Zeolithe sein. Meist bezieht sich der Begriff auf synthetische Polymere, die an ihrer Oberfläche mit sog. *Ankergruppen* belegt wurden. Ionenaustausch kann aber auch an ganz anderen Oberflächen stattfinden, so z.b. an oxidiertem Graphit oder an der Grenzfläche von Wasser und einem nichtwässerigen Lösungsmittel, das bestimmte amphiphile Substanzen enthält, die sich an der Grenzfläche anreichern. Wie der Name sagt, können locker fixierte Ionen gegen andere ausgetauscht werden.

Tabelle 2.7 Beispiele für Ionenaustauscher

Anorganische Ionenaustauscher: Zeolithe (Alumosilikate) und Apatite		
	Organische Kationenaustauscherharze	
Grundkörper	Ankergruppe	
Phenoplaste	-OH	schwach sauer
	-COOH	schwach sauer
	-SO_3H	stark sauer
	-$PO(OH)_2$	schwach sauer
Sulfonierte Zellulose	-SO_3H	stark sauer
	Organische Anionenaustauscherharze	
Aminoplaste	-NH_2	schwach basisch
	-NHR	schwach basisch
	-NR_2	stark basisch
Ionenaustauscher-Membranen (z.B. NAFION®) Selektive Durchlaßfähigkeit nur für Ionen eines Typs		

2 Grundlagen

Die Abb. 2.44 zeigt das Schema zweier typischer Austauscherharze. Beide Ankergruppen gehören der Gruppe der starken Elektrolyte an, d.h. die Ionen sind durch rein elektrostatische Kräfte fixiert. Man spricht von *stark basischen Anionenaustauschern* und *stark sauren Kationenaustauschern*. Der Austausch an solchen Gruppen ist *unselektiv*. Es geht nur um die Mengenverhältnisse. Wenn ein großer Überschuß fremder Ionen angeboten wird, also z.B. der Anionenaustauscher mit relativ konzentrierter Natriumchloridlösung in Kontakt kommt, dann werden die OH⁻- Ionen am Harz gegen Cl⁻ ausgetauscht. Die Lösung wird alkalisch, da aus NaCl Natronlauge NaOH entstanden ist. Ähnliche Prozesse finden am Kationenaustauscher statt. Dort können z.B. Natriumionen statt H^+ fixiert werden. Austauscherharze sind quellbar und entwickeln durch Wasseraufnahme eine sehr große *innere Oberfläche*. Dadurch ist ihre Aufnahmekapazität für Ionen groß. Dies ist Voraussetzung für ihre Verwendung zur Wasserenthärtung.

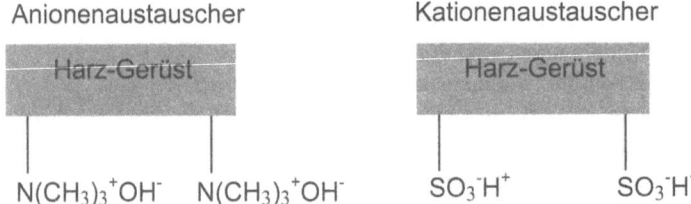

Abb. 2.44 Ionenaustauscher mit typischen Ankergruppen

Schwach saure Harze haben oft COOH-Gruppen statt der SO₃H-Gruppe als Ankergruppen, bei schwach basischen Harzen treten z.B. Ankergruppen der Form -NHR-NH₃OH auf. Bei den schwachen Polyelektrolyten ist die Wechselwirkung mit den Gegenionen nicht mehr rein elektrostatischer Natur, sondern enthält homöopolare Bindungsanteile. Dadurch wird der Ionenaustausch „selektiv".

In Tabelle 2.7 sind Beispiele für Ionenaustauscher angeführt, darunter auch Austauschermembranen, deren Besonderheit die Durchlaßfähigkeit für jeweils nur einen Typ von Ionen ist (entweder Kationen oder Anionen werden durch gelassen, der jeweils andere Typ wird zurückgehalten. Das Material der Austauscherfolien wird oft auch als Beschichtung für Elektrodenoberflächen verwendet. Es bietet reiche Modifizierungsmöglichkeiten.

Das *Ionenaustauschgleichgewicht* kann formuliert werden als

$$H^+ + \overline{Na^+} \rightleftharpoons \overline{H^+} + Na^+ \qquad \text{mit } \overline{Na^+}; \overline{H^+} \text{ (am Harz "fixierte" Ionen)}$$

Zur Beschreibung verwendet man die Gleichgewichtskonstante $K^\dagger_{Na^+, H^+}$

$$K^\dagger_{Na^+, H^+} = \frac{a(\overline{Na^+}) \cdot a(H^+)}{a(Na^+) \cdot a(\overline{H^+})} \qquad (2.42)$$

Oder den *Selektivitätskoeffizienten* K_{Na^+, H^+}

$$K_{Na^+,H^+} = \frac{c(\overline{Na^+}) \cdot c(H^+)}{c(Na^+) \cdot c(\overline{H^+})} \tag{2.43}$$

Da $c(\overline{Na^+})$ und $c(\overline{H^+})$ schlecht bestimmt werden können, werden stattdessen *Äquivalentanteile* γ definiert, die experimentell zugänglich sind:

$$\gamma_{Na^+} = \frac{c(Na^+)}{c(Na^+)+c(H^+)} \quad \text{und} \quad \gamma_{\overline{Na^+}} = \frac{c(\overline{Na^+})}{c(\overline{Na^+})+c(\overline{H^+})}$$

Wenn man den Selektivitätskoeffizienten mit Äquivalentanteilen formuliert, ergibt sich die folgende Gleichung. Bei mehrwertigen Ionen sind noch die Stöchiometriezahlen v zu berücksichtigen.

$$K_{Na^+,H^+} = \frac{\gamma(\overline{Na^+}) \cdot \gamma(H^+)}{\gamma(Na^+) \cdot \gamma(\overline{H^+})} \tag{2.44}$$

Zur Veranschaulichung des Gleichgewichtes benutzt man die *Austauschisotherme*. Ein Beispiel für das Gleichgewicht $A + \overline{B} \rightleftharpoons \overline{A} + B$ zeigt Abb. 2.43.

Extraktion

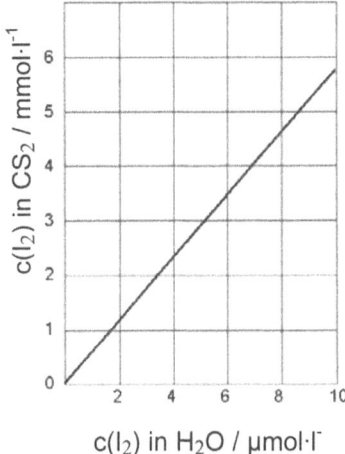

c(I_2) in H_2O / µmol·l^{-1}

Abb. 2.45 Verteilungsisotherme von Jod zwischen Wasser und Kohlenstoffdisulfid

Das *Extraktionsgleichgewicht* oder *Verteilungsgleichgewicht* stellt sich ein, wenn ein Stoff in zwei im Kontakt stehenden Phasen löslich ist. Es gilt der Nernstsche Verteilungssatz: *Ein Stoff, der in zwei nicht mischbaren Flüssigkeiten löslich ist, verteilt sich zwischen diesen so, daß das Verhältnis seiner Aktivitäten eine Konstante ergibt.* Als Gleichung geschrieben gilt

$$K_{Extr}^{\dagger} = \frac{a^{II}}{a^{I}} \qquad (2.45)$$

Die zugehörige Gleichgewichtskonstante heißt *Verteilungskoeffizient*. Die beiden miteinander in Kontakt befindlichen Phasen werden mit den hochgestellte Phasenindices I, II bezeichnet. Näherungsweise gilt Gl. (2.45) auch, wenn sie mit Konzentrationen statt Aktivitäten formuliert wird. Alternativ ist auch das *Verteilungsverhältnis* $D = \frac{c_{tot}^{II}}{c_{tot}^{I}}$ in Gebrauch, wobei mit den Totalkonzentrationen c_{tot} die Summe der Konzentrationen aller Formen eines Stoffes gemeint ist, also z.b. auch solche, die durch Assoziation oder Dissoziation entstanden sind.

Die Zusammenhänge lassen sich auch bei Extraktionsgleichgewichten in Form von Isothermen darstellen. Ein Beispiel zeigt Abb. 2.45. Geraden werden nur erhalten, wenn mit dem Phasenübergang keine Assoziations- oder Dissoziationserscheinungen verbunden sind.

Extraktionsgleichgewichte finden sich in vielfältiger Form bei chemischen Sensoren. Sensoren auf der Basis von Flüssigmembran-ISE nutzen Extraktionsgleichgewichte, indem in der Flüssigmembran bestimmte Liganden gelöst werden, die mit Ionen aus der Probelösung Verbindungen bilden. Damit gelingt es, an der Phasengrenze eine konzentrationsabhängige Galvanispannung zu erzeugen, die das Potential meßbar verändert. Bei optischen Sensoren kann man das Prinzip der *Extraktionsphotometrie* in modifizierter Form anwenden. Dieses besteht darin, daß in einem nichtwässerigen Lösungsmittel ein Ligand gelöst ist, der nicht nur feste Komplexe mit einem Probeion bildet und dieses dadurch aus der Probelösung heraus anreichert, sondern dessen Komplexe darüber hinaus auch noch stark farbig sind, so daß der Extrakt direkt photometrisch untersucht werden kann. Dieses Schema läßt sich mit Sensoren auf der Basis von Lichtleitern nachbilden.

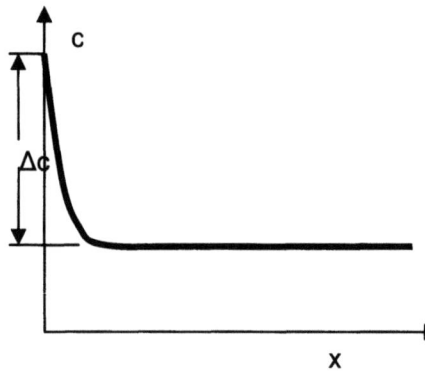

Abb. 2.46 Adsorption an einer Grenzfläche. x Entfernung von der Grenzfläche, Δc Konzentrationüberhöhung infolge Adsorption

Adsorption

Unter *Adsorption* wird meist die *Anreicherung* von Substanzen an einer Phasengrenze verstanden (allerdings schließt der Begriff auch den umgekehrten Fall, d.h. die *Abreicherung* oder *negative Adsorption*, ein).
Die Konzentrationüberhöhung Δc (Abb. 2.46) bezogen auf die Größe der Grenzfläche A ergibt eine „zweidimensionale Konzentration" Γ / mol/cm^2 („Grenzflächenkonzentration"; „Adsorptionsbedeckung") $\Gamma = \dfrac{\Delta c}{A} = f(T,c)$.
Adsorptionsgleichgewichte lassen sich in zwei Gruppen unterteilen (Tabelle 2.8). Beide sind bedeutungsvoll für die chemischen Sensoren.

Tabelle 2.8 Arten von Adsorptionsgleichgewichten

	Physisorption (Kapillarkondensation; van-der-Waals-Adsorption)	Chemisorption (spezifische Adsorption)
Adsorptionsenthalpie	8–25 kJ/mol	über 40 kJ/mol
Bindung	schwach, unselektiv	stark, selektiv
Gleichgewichtseinstellung	schnell	langsam

Für Physisorptionsgleichgewichte gilt allgemein der Gibbssche Adsorptionssatz. Dieser beschreibt in seiner vollständigen Form, wie sie Gl. (2.46) wiedergibt, die Abhängigkeit der Oberflächenspannung σ vom chemischen Potential μ (das ist die auf eine Teilchensorte bezogene Freie Enthalpie) und vom Elektrodenpotential, gegeben durch die Potentialdifferenz über die Phasengrenzfläche, d.h. die Differenz der Potentiale in der Metallphase φ_M und der Lösungsphase φ_L. Die Größe q in Gl. (2.46) bezeichnet die Flächenladung auf der Lösungsseite. Es gibt also eine Abhängigkeit der Oberflächenspannung von der Zusammensetzung und von der elektrischen Ladung auf der Oberfläche. Der erste Term, für sich allein genommen, sagt, daß Stoffe, die sich an Grenzflächen anreichern, immer die Oberflächenspannung erniedrigen. Dies ist eine bekannte Tatsache, die man im Alltagsleben von den waschaktiven Substanzen, den *Tensiden*, kennt. Der zweite Term liefert die Erklärung dafür, daß das Ausmaß der Adsorption potentialabhängig ist.

$$d\sigma = -\sum \Gamma d\mu - q\,d(\varphi_M - \varphi_L) \qquad (2.46)$$

Man kann also bestimmte Substanzen aus einer Lösung heraus durch Anlegen von Spannungen an Oberflächen binden und dadurch analytisch bestimmen. Ebenso ist es auch möglich, durch Kapazitätsmessungen der Elektrodenoberfläche die Größe Γ, also die Oberflächenkonzentration eines zuvor angereicherten Analyten, zu ermitteln. Das ist eine Aufgabe der *elektrochemischen Impedanzspektroskopie (EIS)*, die in zunehmendem Maße auf Sensoren und Sensor-Arrays angewendet wird.

Für die Praxis wichtig sind die *Adsorptionsisothermen*, die die Abhängigkeit $\Gamma=f(c)$ für bestimmte Bedingungen beschreiben. Es gibt verschiedene Typen von Adsorptionsisothermen. Die meisten der praktisch wichtigen Adsorptionsgleichgewichte werden gut durch die Langmuirsche Adsorptionsisotherme, Gl. (2.47), wiedergegeben. Abb. 2.47 zeigt die Kurvenform. Man erkennt einen linearen Anstieg von Γ für kleine Konzentrationen des adsorbierbaren Stoffes und einen Sättigungswert Γ_∞ für hohe Konzentrationen. Ein solcher Verlauf ist typisch für die Ausbildung einer monomolekularen Absorptivschicht (*Monoschicht*), die sehr häufig vorkommt. Abwandlungen der Langmuir-Isotherme berücksichtigen zusätzliche Effekte, wie z.b. Wechselwirkungen der Moleküle innerhalb der Monoschicht. Andere Isothermentypen sind für Mehrfachschichten geeignet.

$$\Gamma = \Gamma_\infty \frac{c}{k+c} \qquad (2.47)$$

Adsorptionsvorgänge spielen eine wichtige Rolle bei der Herstellung chemischer Sensoren. Oftmals ist die Ausbildung einer adsorptiven Monoschicht der erste Schritt für die Funktionalisierung einer Sensoroberfläche. Das gilt für elektrochemische und optische Sensoren gleichermaßen.

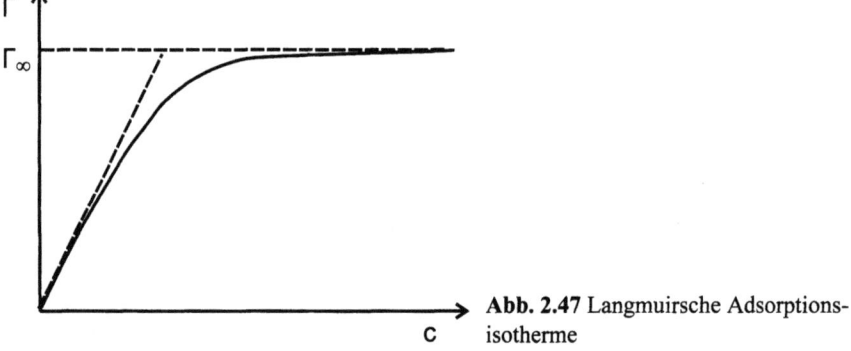

Abb. 2.47 Langmuirsche Adsorptionsisotherme

2.2.8 Besonderheiten biochemischer Reaktionen

Biochemische Reaktionen sind zwar nur ein kleiner Teil der unendlichen Vielfalt chemischer Reaktionen, sie sind aber von einigen Besonderheiten geprägt, so daß es sich lohnt, wenigstens auf einige Teilaspekte einzugehen. Anders wäre es nicht möglich, die Funktionsweise der zahlreichen modernen Biosensoren zu verstehen.

Typisch für die biochemischen Reaktionen ist, daß organische Riesenmoleküle, meist Polyelektrolyte, beteiligt sind. Dies sind fast immer Eiweißmoleküle, aber auch andere Moleküle spielen eine wichtige Rolle, wie z.B. die Nucleinsäuren. Diese natürlichen Moleküle sind keine zufällig entstandenen Anhäufungen von molekularen Bauelementen, sondern vielmehr höchst komplexe, wohlstrukturierte Körper, die in präziser Weise hochkomplizierte Funktionen ausüben. Einige dieser

Funktionen sind von besonderer Bedeutung für Biosensoren und werden in den folgenden Abschnitte kurz skizziert.

Enzymatische Reaktionen

Enzyme sind Biokatalysatoren mit außerordentlich hoher Selektivität. Sie sind Eiweißmoleküle mit Molmassen zwischen etwa 10^4 bis 10^5 Da. Enzyme wirken unter milden Bedingungen, d.h. meist bei Zimmertemperatur oder wenig darüber, und bei pH-Werten nahe dem Neutralpunkt. Biosensoren mit Enzymen enthalten normalerweise eine an der Sensoroberfläche immobilisierte Schicht der Enzymmoleküle, die die Reaktion mit einer ganz bestimmten biologisch wirksamen Substanz katalysieren und so eine biochemische Erkennung realisieren lassen.

Die wichtigste Eigenschaft der Enzymmoleküle ist ihre *spezifische dreidimensionale Konfiguration*, die innerhalb einer (nur für spezielle Moleküle passenden) Öffnung eine *aktive Stelle* enthält. An dieser Stelle findet die Umsetzung des *Substrates* zum *Produkt* statt. Das Enzymmolekül erkennt sein Substrat räumlich, also nach dem *Schloß-Schlüssel-Prinzip*. Die aktive Stelle macht nur einen räumlich sehr kleinen Teil des Moleküls aus. Sie dient im wesentlichen zur Stabilisierung des Übergangskomplexes aus Substrat und Enzym (ES). Wie bei allen Katalysatoren wird so die *Aktivierungsenergie* des Prozesses entscheidend gesenkt.

Enzymkatalysierte Reaktionen folgen dem allgemeinen Schema

$$E + S \underset{\overleftarrow{k_1}}{\overset{\overrightarrow{k_1}}{\rightleftarrows}} ES \xrightarrow{k_2} E + P$$

E bedeutet das Enzym, *S* das Substrat, *P* die Produkte und ES den Enzym-Substrat-Komplex. $\overrightarrow{k_1}$, $\overleftarrow{k_1}$ und k_2 sind die Geschwindigkeitskonstanten der betreffenden Reaktionen. Sobald alle aktiven Stellen der vorhandenen Enzymmoleküle besetzt sind, herrscht *Sättigung*. Die Reaktionsgeschwindigkeit wird dann nahezu konstant, sofern das Substrat in großer Menge vorliegt.

Wenn man die Rückreaktion von *E* mit *P* vernachlässigt, ergibt sich für die Reaktionsgeschwindigkeit der Bildung von ES:

$$v = \frac{d(ES)}{dt} = \overrightarrow{k_1} \cdot c(E) \cdot c(S) - \overleftarrow{k_1} \cdot c(ES) - k_2 \cdot c(ES) = 0 \quad (2.48)$$

Eine wichtige Kenngröße enzymatischer Reaktionen ist die *Michaelis-Konstante* K_M, die definiert ist durch Gl. (2.49):

$$K_M = \frac{\overleftarrow{k_1} + k_2}{\overrightarrow{k_1}} \quad (2.49)$$

Da die Totalkonzentration des Enzyms $c_{tot}(E)$ gleich der Summe aus den Konzentrationen des freien Enzyms $c(E)$ und des im Komplex enthaltenen $c(ES)$ ist, gilt:

$$c(ES) = \frac{c_{tot}(E) \cdot c(S)}{K_M + c(S)} \quad (2.50)$$

Die Geschwindigkeit der enzymkatalysierten Reaktion ist dann durch eine wichtige Beziehung, die *Michaelis-Menten-Gleichung*, gegeben:

$$v = -\frac{dc(S)}{dt} = k_2 \cdot c(ES) = \frac{k_2 \cdot c_{tot}(E) \cdot c(S)}{K_M + c(S)} \quad (2.51)$$

Für den oben erwähnten Grenzfall, daß alle aktiven Stellen besetzt sind, und für hohe Substratkonzentration (d.h. $c(S) \gg K_M$), ergibt sich die maximale Reaktionsgeschwindigkeit $v_{max} = k_2 \cdot c_{tot}(E)$. Für den Fall sehr kleiner Substratkonzentrationen (also $c(S) \ll K_M$) gilt hingegen

$$v = \alpha \cdot c(S) \quad (2.52)$$

mit der Konstanten $\alpha = \frac{v_{max}}{K_M}$. Die Gl. (2.52) ist die Grundlage der meisten enzymatischen Biosensoren. Die Reaktionsgeschwindigkeit, die in ein meßbares Signal umgesetzt werden kann (z.B. in einen Elektrolysestrom), ist proportional der Konzentration des Substrats, also der Probe.

Immunologische Reaktionen

Antikörper werden von lebenden Organismen zur Abwehr störender Substanzen, insbesondere fremder Eiweißstoffe *(Antigene)* gebildet. Antikörper sind selbst Eiweißstoffe. Sie gehören zu den Serum-Proteinen. Die Antigen-Antikörper-Reaktion besteht darin, daß beide Stoffe einen festen Komplex bilden, der das fremde Eiweiß unwirksam, also unschädlich, macht. Diese Bindung ist in gewissem Maße *reversibel*, d.h. der Komplex kann durch Einwirkung bestimmter Substanzen auch wieder zerlegt werden. Dies bedeutet allerdings nicht, daß es sich um ein mobiles Gleichgewicht handelt.

Die einfacheren Antikörper-Moleküle sind Y-förmig aufgebaut (Abb. 2.48). Sie bestehen im wesentlichen aus 4 Polypeptidketten, die durch kovalente Bindungen und durch intermolekulare Kräfte zusammengehalten werden.

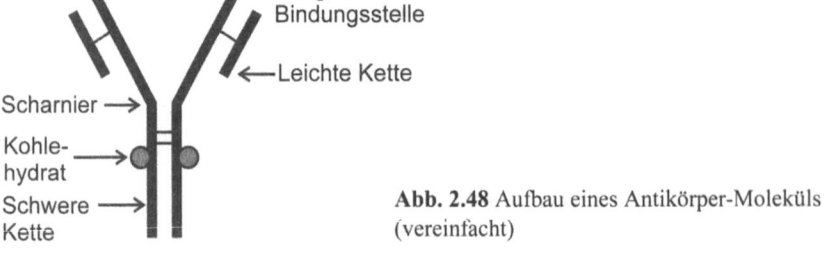

Abb. 2.48 Aufbau eines Antikörper-Moleküls (vereinfacht)

Fast alle für Biosensoren relevanten Reaktionen sind auf der Basis von Antikörpern der Klasse der *Immunoglobuline G* aufgebaut. Es sind sehr große Moleküle mit Molmassen von ca. 150000 Da. Als Antigene können auch kleinere Moleküle wirken. Kleine Moleküle, die sog. *Haptene*, wirken am stärksten antigen, wenn sie an Eiweißmoleküle adsorbiert sind. Solche *Hapten-Eiweiß-Konjugate*

2.2 Sensor-Chemie

werden oft bei Immunosensoren eingesetzt, um niedermolekulare Verbindungen erkennbar zu machen.

Die Reaktion zwischen Antikörper (Ab) und Antigen (Ag), bei der der Komplex Ab-Ag gebildet wird, läßt sich schematisch durch folgende Zeitgesetze beschreiben:

$$v_{Assoz} = k_{Assoz} \cdot c(Ab) \cdot c(Ag) \tag{2.53}$$

$$v_{Dissoz} = k_{Dissoz} \cdot c(Ab-Ag) \tag{2.54}$$

Daraus ergibt sich die Gleichgewichtskonstante

$$K_{Assoz} = \frac{k_{Assoz}}{k_{Dissoz}} = \frac{c(Ab-Ag)}{c(Ab) \cdot c(Ag)} \tag{2.55}$$

Die Assoziationsreaktion, d.h. die Bildung des Antikörper-Antigen-Komplexes, ist eine Reaktion zweiter Ordnung, die umgekehrte Reaktion, die Dissoziation des Komplexes, eine Reaktion erster Ordnung.

Immunosensoren, also Biosensoren, die die Antikörper-Antigen-Reaktion ausnutzen, bestehen sehr oft aus einem an der Sensoroberfläche immobilisierten Immunoglobulin G. Durch Kontakt mit dem passenden Antigen in einer wäßrigen Lösung entsteht der Komplex, dessen Konzentration an der Oberfläche entsprechend der Gleichgewichtskonstante von der Konzentration des freien Antigens abhängt. Durch die Bildung des Komplexes werden meßbare Eigenschaften der Oberfläche verändert, so z.B. die Doppelschichtkapazität der Oberfläche. Diese läßt sich durch elektrochemische Methoden ermitteln. Auch die Massenänderung des Sensors oder seine optischen Eigenschaften stehen in gesetzmäßiger Beziehung zur Konzentration des Antigens und können gemessen werden. Bei optischen und elektrochemischen Immunosensoren ist es oftmals notwendig, einen der an der immunchemischen Reaktion teilnehmenden Stoffe zu markieren, d.h. ihn mit einer elektrochemisch aktiven bzw. optisch wirksamen (z.B. fluoreszeierenden) Gruppe zu versehen. Die Verfahrensweise, die schließlich zu einem analytischen Resultat führt, hängt von der Meßmethode ab. Für elektrochemische Sensoren gelten andere Regeln als für optische. Grob unterscheiden lassen sich die direkte Indikation (Ag oder Ab ist elektrochemisch aktiv oder lumineziert) und die kompetitive (Verdrängungs-) Indikation. Letztere beruht darauf, daß eine Konkurrenz zwischen der (nicht aktiven) Probe und einem aktiv markierten Derivat stattfindet. So kann z.B. ein Antigen als Analyt markierte Antigenmoleküle aus einer immobilisierten Schicht freisetzen, deren Konzentration z.B. durch Fluoreszenzmessung ermittelt wird.

Lebewesen können nahezu für jeden Stoff den genau passenden Antikörper erzeugen. Dieser läßt sich isolieren, reinigen und immobilisieren. Sensoren mit außerordentlich hoher Selektivität können auf diesem Prinzip aufgebaut sein. Allerdings stören in der Praxis stets unselektive Vorgänge, wie z.B. unselektive Adsorption.

Reaktionen mit Nucleinsäuren

Nucleinsäuren sind spezielle natürliche Riesenmoleküle von enormer Bedeutung für alle Lebensvorgänge. Die Desoxyribonucleinsäure (DNS bzw. DNA) enthält alle Erbinformationen, also u.a. den kompletten Bauplan eines Lebewesens mit allen individuellen Eigenarten. Die grundsätzliche Struktur ist in Abb. 2.49 angedeutet. Das Molekül eines „Einzelstranges" besteht im wesentlichen aus einem „Rückgrat" aus Zucker- und Phosphat-Einheiten. Aus diesem Rückgrat ragen die sog. Basen heraus. Es gibt vier stickstoffhaltige Basen-Bausteine: Adenin, Guanin, Cytosin und Thymin. Zwei Einzelstränge vereinigen sich zur berühmten *Doppelhelix*, bei der jeweils zwei Basen miteinander durch Wasserstoffbrückenbindung kombinieren. Dabei kombinieren nicht beliebige Basen miteinander, sondern es gibt stets nur die Paare Adenin-Thymin und Guanin-Cytosin, Daraus folgt, daß

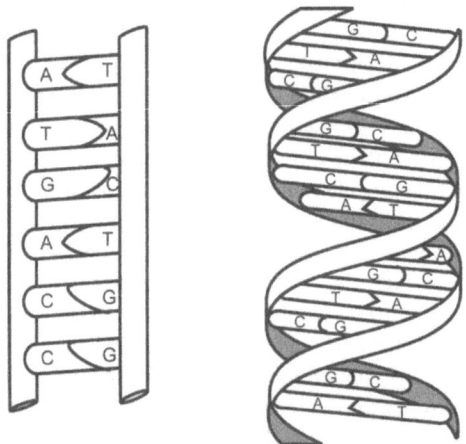

Abb. 2.49 Stark vereinfachte Struktur eines DNA-Moleküls. Ein „Rückgrat" aus Phosphat- und Zuckergruppen trägt die *Basen* A, T, G, und C. Durch Kombination der jeweils zueinander passenden Basen über *Wasserstoffbrücken* entsteht die *Doppelhelix*

sich ein Einzelstrang der DNA (ss-DNA) immer nur mit einem genau passenden *komplementären* Gegenstück zur doppelsträngigen DNA (ds-DNA) vereinigen kann. Hieraus entsteht eine außerordentlich wichtige Möglichkeit zur Erkennung individueller DNA-Moleküle mit der Konsequenz der Identifizierung eines einzelnen Lebewesens aus seinen DNA-Spuren. Eine Hälfte des Moleküls wird dann an einer Oberfläche immobilisiert und bildet eine *Sonde* für den komplementären Strang. Durch den Vorgang der *Hybridisierung* entsteht aus komplementären Einzelsträngen wieder der Doppelstrang.

Sensoren für DNA nutzen verschiedene Eigenschaften des Moleküls aus. Elektrochemische Reaktionen sind wegen der Elektroaktivität der Guanin-Base möglich. Guanin kann an vielen Elektroden oxydiert werden. DNA kann durch Adsorption angereichert und dann durch Oxydation analytisch bestimmt werden.

Hybridisierungs-Sonden zur Erkennung von individuellen Einzelsträngen benötigen zusätzliche Substanzen, um die vollzogene Hybridisierung meßbar zu machen.

2.3 Sensor-Technologien

Chemische Sensoren gehören zu sehr unterschiedlichen Gebieten von Naturwissenschaft und Technik. Dementsprechend sind auch die Technologien ihrer Herstellung sehr verschieden. Andererseits ist das Gebiet der Sensoren stark mit der stürmischen Entwicklungsphase neuester Mikro-Technologien verbunden und davon beeinflußt. Daraus sind Bauformen entstanden, die sonst kaum in der analytischen Chemie vorkommen, dafür aber für chemische Sensoren so typisch sind, daß es sich lohnt, ihnen einen Abschn. zu widmen.

In den meisten Fällen sind chemische Sensoren so aufgebaut, daß die unmittelbar der Probe ausgesetzte Oberfläche, der *Transduktor* bzw. die Oberfläche des *Sensor-Elementes*, eine Schicht bildet, die auf einem inerten *Träger* aufgebracht ist. Danach hört die Einheitlichkeit auf. Es folgen Kontaktierungs- und Signalverarbeitungseinheiten und vieles andere mehr, je nach Art des Sensors. Die Transduktorschicht, das wichtigste Element zur Erkennung der Probe, kann in verschiedener Weise erzeugt werden. Es gibt die *Dickschichttechnologie*, bei der in bewährter Weise Schichten mittels Siebdruck auf einen Träger aufgedruckt werden. Alternativ gibt es eine große Zahl von Dünnfilmtechniken, die sich infolge ihrer Kopplung an das in rasanter Entwicklung befindliche Gebiet der Mikroelektronik in starker Bewegung ist. Bei diesen Techniken werden dünne Schichten durch Aufdampfen, Sputtern oder Abscheidung aus dem Gasraum erzeugt. Beide Technologien können u.U. für ein und denselben Zweck Verwendung finden. Es gibt polykristalline Halbleiter-Gassensoren, deren sensitive Schicht aus Zinndioxid oder Titandioxid durch Sputtern aufgebracht wurde. Darunter befindet sich eine Widerstandsschicht als Heizelement, die aus Platin oder Rutheniumdioxid bestehen kann und ebenfalls durch Spauttern erzeugt worden sein kann. Ebenso verbreitet sind Gassensoren, bei denen auf ein keramisches Substrat eine Paste aus feinem Oxidpulver gedruckt und anschließend bei hoher Temperatur eingebrannt und gesintert wurde. Die Schichtfolge kann die gleiche sein wie bei den Dünnfilm-Sensoren.

Sehr wichtig in der Mikroelektronik sind die Strukturierungstechniken, die einen sehr hohen Entwicklungsstand erreicht haben. Das wird deutlich wenn man bedenkt, daß in modernen mikroelektronischen Bauteilen mittlerweile Millionen von Transistoren auf einem Siliziumchip integriert sind. Strukturierungstechniken können zwei-oder dreidimensional sein und sich hinsichtlich ihrer Auflösung stark unterscheiden. Dickschichttechniken sind nur für relativ grobe Strukturen geeignet. Mit Silizium als Basis und den verschiedenen Dünnfilmtechniken erreicht man extreme Auflösungen und kann komplexe dreidimensionale Strukturen realisieren, die für die neu entstandenen Gebiete der Mikromechanik und Mikrofluidik von größter Bedeutung sind. Integration von chemischen Sensoren in derartige

Anordnungen führt zu der Möglichkeit, komplette Laboratorien *(Laboratory-on-the Chip)* oder doch komplexe Meßinstrumente wie Flüssigchromatographen in mikrominiaturisierter Form herzustellen.

2.3.1 Dickschichttechnik

Die Dickschichttechnik ist eine ausgereifte Technologie, die sich in den letzten Jahren nur wenig weiterentwickelt hat. Sie beruht fast ausschließlich auf der Siebdrucktechnik, so daß beide Begriffe mehr oder weniger als Synonyme angesehen werden. Das Prinzip ist einfach. Das zu bedruckende Substrat befindet sich unter einem dicht aufliegenden Sieb, auf dem einzelne Bezirke abgedeckt sind, so daß die freiliegenden Regionen eine Struktur bilden. Meist werden Siebe aus Edelstahlfäden mit einer Maschenweite von 50 µm bis 200 µm verwendet. Das schichtbildende pulverige Material wird mit Bindemitteln, Lösungsmitteln u.ä. zu einer *Siebdruckpaste (Ink)* verarbeitet. Die Paste wird als Strang auf das Sieb gegeben und mit einer *Rakel* aus Gummi oder anderen flexiblen Werkstoffen durch das Sieb gestrichen. Nach Abheben des Siebes bleibt eine strukturierte Schicht auf dem Substrat stehen. Sie kann u.U. bereits nach dem Trocknen des Lösungsmittels fertig sein, oft schließt sich jedoch nach dem Trocknen noch ein Brennprozeß an, bei dem organische Bindemittel verbrannt werden und mineralische Bestandteile durch Sintern verfestigt werden. Abb. 2.50 zeigt das Prinzip.

Als Substrate werden die verschiedensten Keramikmaterialien angeboten, darunter solche auf der Basis von Aluminiumoxid, Glas und Quarz. Noch vielfältiger sind die Materialien, wenn die Schicht nicht eingebrannt werden muß. Außer verschiedenen Kunststoffolien wird auch präpariertes Papier oder Karton verwendet.

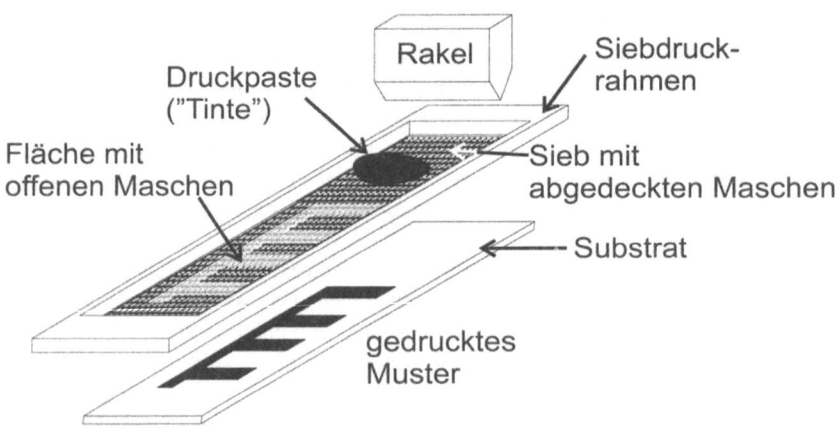

Abb. 2.50 Herstellung von Dickschichtstrukturen durch Siebdruck

Zur Erzeugung eines Musters auf dem Sieb werden meistens photolithographische Techniken angewandt. Da Sieb wird mit einem lichtempfindlichen Lack beschichtet und durch ein Negativ (oder Positiv, je nach der Art des lichtempfindlichen Lacks) belichtet. Nach Entwicklung, d.h. dem Ablösen der Stellen, die das Sieb offen lassen sollen, kann das Sieb benutzt werden.

Siebdruckpasten werden von zahlreichen Herstellern angeboten. Wenn metallisch leitende Schichten erzeugt werden sollen, sind Pasten mit Edelmetallpulvern aus Gold, Platin und Palladium am verbreitetsten. Kohlepasten enthalten Glaskohlepartikel, oftmals mit gegebenem Korngrößenspektrum und kugelförmigen Mikropartikeln. Als Pastenmaterial für Widerstände, z.B. als Heizschicht, ist Rutheniumdioxid RuO_2 im Gebrauch. Pasten zum Einbrennen auf Keramik enthalten oft Glaspulver, das als Bindemittel für die fertige Schicht wirkt.

Die Dickschichttechnik liefert Strukturen mit begrenzter Auflösung. Dreidimensionale Anordnungen sind erst in einer späteren Entwicklungsphase möglich geworden. Dazu werden dünne Folien bedruckt und vorbereitet, z.B. durch Trocknen der Pasteschicht. Danach werden mit hoher Präzision Löcher in die Folien gestanzt, die später genau übereinander zu liegen kommen müssen. Diese Löcher, die sog. *Vias*, werden nach Fertigstellung des Folienpakets mit einer leitfähigen Metallpaste gefüllt, die der Kontaktierung der einzelnen Schichtstrukturen dienen soll. Auf diese Weise werden komplexe Schaltungen mit gedruckten Bauelementen wie Widerständen, Kondensatoren und Induktivitäten möglich. Sensoren können auf diesem Wege mit einer Anpassungsschaltung, z.B. einem Vorverstärker, kombiniert werden. Eine ausgereifte Variante dieser Stapeltechnologie ist die *LTCC-Technik (Low Temperature Cofired Ceramics)*, bei der die Folien aus einer mit Bindemitteln versehenen Mineralmischung besteht, die nach dem Brennen eine dünne Keramikplatte ergibt.

Die Vorteile der Dickschichttechnik sind die hohe Variabilität hinsichtlich der Materialauswahl und die Tatsache, daß die Material-und Fertigungskosten relativ niedrig bleiben. Kleinserien können ohne großen technischen Aufwand im Labormaßstab gefertigt werden. Andererseits sind aber auch große Stückzahlen kein Problem, da handelsübliche Siebdruckautomaten eingesetzt werden können. Nachteilig ist die geringe erreichbare Auflösung, die keine echte Mikrominiaturisierung zuläßt, und die Tatsache, daß Siebdruckschichten, auch nach thermischer Behandlung, eine hohe Oberflächenrauhigkeit aufweisen. Dies ist insbesondere für elektrochemische Sensoren ein Problem.

2.3.2 Dünnfilmtechnologie und Strukturierungstechniken

Mit dem Begriff Dünnfilmtechnologie sind zunächst nur die Methoden gemeint, mit denen dünne Schichten auf ein Substrat aufgebracht werden. Da diese Technologie aber von vornherein mit der Mikroelektronik verbunden war, ist es zweckmäßig, sie in diesem Zusammenhang zu betrachten.

Das bevorzugte Material der Mikroelektronik ist noch immer das hochreine Silicium. Da dieses Material nicht nur ein universell einsetzbarer Halbleiter ist, sondern auch über sehr günstige mechanische Eigenschaften verfügt, herrscht es auch

86　2 Grundlagen

in den neuen technischen Gebieten vor, die aus der Mikroelektronik hervorgegangen sind, so etwa der Mikromechanik und der Mikrofluidik. Es lassen sich sogar poröse Schichten aus Silicium herstellen.

Halbleiterbauelemente entstehen normalerweise durch die präzise Aufeinanderfolge einiger weniger technologischer Grundoperationen. Besonders wichtig sind das Aufbringen metallischer Schichten, Anbringen von Ätzmasken durch Photolithographie, Ätzprozesse und Überziehen mit Isolierschichten, entweder analog zur Metallisierung oder durch gezielte Oxidation an sauerstoffhaltiger Atmosphäre. In dieser Technologie wird eine extrem hohe Auflösung erreicht.

Dünnfilmtechnologie im engeren Sinne bedeutet das Erzeugen dünner Filme anorganischer Materialien auf einem Substrat durch die Verfahren *Hochvakuumbedampfung*, *Sputter-Beschichtung (Kathoden-Zerstäubung)* oder chemische Verfahren wie *CVD* und *MOD*.

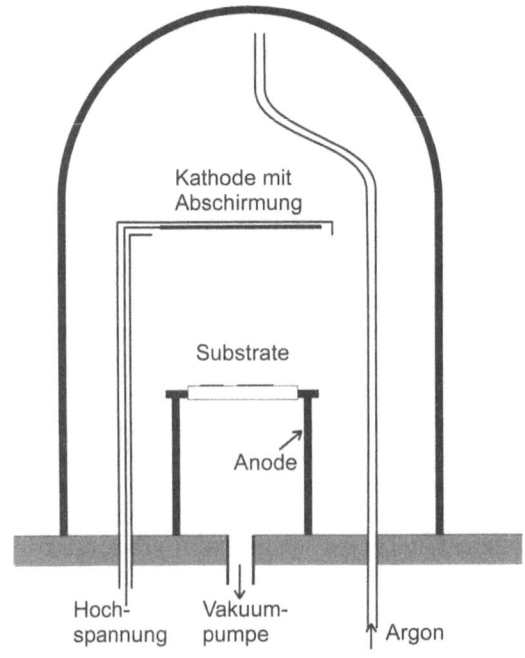

Abb. 2.51 Schema einer Sputteranlage

Vakuumbedampfung und Sputterverfahren unterscheiden sich im wesentlichen durch die Art, wie für die Abscheidung notwendige Metalldampf erzeugt wird. Die Vakuumverfahren sind thermische Verdampfungstechniken, bei denen das Ausgangsmaterial durch Widerstandsheizung oder Elektronenbeschuß aufgeheizt wird, so daß sich ein Atomdampf bilden kann. Bei den Sputterverfahren (das Schema einer typischen Anlage ist in Abb. 2.51 zu sehen) wird in verdünnter Argonatmosphäre gearbeitet. Durch Anlegen einer Hochspannung von 2 bis 5 kV zwischen der erhitzten Kathode und einer Anode entsteht eine Glimmentladung. Die positiven Argonionen werden beschleunigt und prallen auf die Kathode (das *Target*), wo sie Atome oder Moleküle herausschlagen. Diese werden in Richtung auf die Anode beschleunigt und schlagen sich auf dem benachbart angeordneten Substrat nieder.

Die Abscheidung der Filme kann durch Zugabe kleiner Mengen reaktiver Gase wie Sauerstoff, Stickstoff oder Wasserstoff zum Argon modifiziert werden (*reaktives Sputtern*). So werden z.B. Nitridschichten wie Tantalnitrid durch Sputtern des metallischen Targets in einer Stickstoff-Argon-Atmosphäre erzeugt.

Durch Sputtern kann man Schichten schwer verdampfbarer Elemente erzeugen. Auch Legierungsschichten lassen sich so herstellen, da beim Sputtern die Zusammensetzung des Targets meistens erhalten bleibt. Schichten aus isolierenden Materialien lassen sich nicht durch Gleichstrom-Sputtern erzeugen. Dies gelingt jedoch durch Anlegen eines Hochfrequenzfeldes zwischen den Polen (*HF-Sputtern*). Die Anlage nach Abb. 2.51 wird dann durch Spulen ergänzt, die ein konzentrisches Magnetfeld erzeugen. Eine weitere Verbesseung stellt das *Magnetron-Sputtering* dar. Magnetfelder mit Ausrichtung parallel zur Targetoberfläche bewirken eine starke Intensivierung er Gasentladung. Mit dieser Methode können sogar Schichten aus Siliciumdioxid erzeugt werden.

Bei der sogenannten chemischen Abscheidungsmethode *CVD (chemical vapor deposition)* werden leicht flüchtige Verbindung des abzuscheidenden Materials verdampft. Der Dampf wird thermisch (z.T. durch ein Gasplasma unterstützt) zersetzt. Die Produkte reagieren mit weiteren Bestandteilen der Gasphase an der Oberfläche des Substrates, so daß dort ein nichtflüchtiger Film entstehen kann. Der Prozeß findet bei relativ niedrigen Temperaturen statt. Es entstehen amorphe Filme, deren stöchiometrische Zusammensetzung in weiten Grenzen gesteuert werden kann.

Das MOD-Verfahren (metal-organic deposition) kommt ganz ohne Vakuum- oder Sputteranlagen aus. Es ähnelt in gewisser Weise dem Dickschichtverfahren. Man nutzt die leichte Zersetzbarkeit von metallorganischen Verbindungen aus. Diese bestehen einem Zentralatom mit koordinativ gebundenen Liganden (die Liganden besitzen ein *freies Elektronenpaar*, das sie dem Zentralatom mit seinen *Elektronenlücken* „zur Verfügung stellen"). Metallorganische Verbindungen lösen sich leicht in bestimmten nichtwässerigen Lösungsmitteln. Diese Lösungen heißen *Inks* wie bei der Dickschichttechnologie. Das Substrat wird durch Aufgießen in einer Zentrifuge (*spin coating*) oder ähnliche Techniken mit der Lösung beschichtet. Anschließend wird die Schicht thermisch zersetzt. Auf diesem Wege können sehr verschiedenartige Schichten hergestellt werden, darunter Zirkondioxid ZrO_2 für elektrochemische Sauerstoffsensoren (*Lambda-Sonde*), Bariumtitanat $BaTiO_3$ für pyroelektrische Gassensoren und Zinndioxid SnO_2 für die sogenannten *Taguchi-Gassensoren*.

Schichten müssen normalerweise strukturiert werden, um sinnvolle Gebilde herzustellen. Im einfachsten Falle braucht man parallel liegende oder kammartig ineinandergreifende sog. interdigitierte Leiterbahnen, um z.B. Leitfähigkeiten zu messen oder Elektrolyseprozesse durchzuführen. In der Mikroelektronik sind aber sehr viel komplexere Strukturen gebräuchlich, die inzwischen auch zur Herstellung hochleistungsfähiger chemischer Sensoren genutzt werden. Ein besonders kompliziertes Beispiel wird im Zusammenhang mit ionensensitiven Feldeffekttransistoren (Kap. 7, Abb. 7.15) besprochen.

Strukturen aus dünnen Filmen können entweder bereits beim Abscheidungsvorgang erzeugt werden, indem z.B. durch eine auf das Substrat gelegte *Maske* gesputtert wird, oder durch nachträgliches Abtragen der Schicht an den gewünschten Stellen. Mit Hilfe von Masken können nur grobe Strukturen erzielt werden. Die nachträgliche Strukturierung von dünnen Filmen wurde lange Zeit ausschließlich durch Ätzen vorgenommen. Dazu wurde aus photolithographischem Lack ein Abdeckmuster erzeugt, das nur die Teile freigab, die weggeätzt werden sollten. In den letzten Jahren bevorzugt man als Alternative die *Lift-off-Technik*. Das abdeckende Lackmuster wird in diesem Falle vor dem Beschichten auf dem Substrat erzeugt. Der dünne Film wird auf das Substrat samt Muster aufgebracht. Anschließend löst man das Lackmuster chemisch weg, wobei die darüber liegenden Teile des Dünnfilms ebenfalls abgelöst werden.

2.3.3 Oberflächenmodifizierung und geordnete Monoschichten

Oberflächenmodifizierung

Alle chemischen Sensoren haben eine gemeinsame Oberfläche mit der Probe, denn ihr Charakteristikum ist ja (siehe Definition im Kap. 1), daß sie mit dem zu messenden Medium *in direken Kontakt* stehen. Diese Oberfläche ist meist der Ort, an dem die entscheidende Wechselwirkung mit der Probe stattfindet. Damit sind die Vorgänge der *Erkennung* bzw. der *Signaltransduktion* verbunden.

Nur in wenigen Fällen können die Dickschichten oder Dünnfilme, nachdem sie erzeugt wurden, die Funktionen der Erkennung oder Transduktion ohne weitere Behandlung übernehmen. Ein solcher Fall liegt bei Schichten aus halbleitenden Metalloxiden wie SnO_2 vor, die mit reduzierenden Gasen in direkte Wechselwirkung treten. Typisch ist aber, daß Sensoroberflächen *funktionalisiert* werden müssen und daß metallische oder keramische Schichten nur den Träger für die eigentlich wirksame Schicht bilden. Dies ist das Gebiet der *Oberflächenmodifizierung*, die insbesondere bei elektrochemischen Sensoren zu einem umfangreichen Spezialthema geworden ist.

Reinigung von Oberflächen. Der erste Schritt in der Oberflächenmodifizierung ist die *Reinigung*, manchmal begleitet von speziellen Vorbehandlungsschritten. Oberflächen ohne Reinigung sind immer „schmutzig", d.h. sie sind zumindest von Adsorptivschichten überzogen. In manchen Fällen sind solche Schichten erwünscht oder sie erfüllen schon eine Erkennungsfunktion, wie z.B. die stets auf Platinoberflächen vorhandene Oxidschicht. In den meisten Fällen müssen sie entfernt werden, um zumindest einen definierten Ausgangszustand für weitere Modifizierungen zu erhalten.

Die Oberflächen von Sensorelementen können aus den unterschiedlichsten Materialien bestehen. Metalle, Oxidkeramiken, Kohlenstoff in seinen verschiedenen Modifikationen einschließlich Diamant, silikatische Werkstoffe und organische Polymere sind die wichtigsten Werkstoffe. Dementsprechend sind auch die Reini-

gungsoperationen äußerst vielfältig und können hier nur als kleine Auswahl dargestellt werden. Häufig angewendet werden die folgenden Reinigungsprozesse für Festkörperoberflächen:
Chemische Behandlung:
- oxidierende Lösungen für Metalloberflächen (bes. Gold). Beispiel „*Piranha-Lösung*", bestehend aus einem Gemisch von Schwefelsäure und Wasserstoffperoxid (35%ig) im Verhältnis 3:1
- stark alkalische und oberflächenaktive Lösungen für nichtmetallische anorganische Oberflächen (bes. silikatische Werkstoffe, aber auch bordotierter Diamant), Beispiel 40 %ige ethanolische Kalilauge
• Elektrochemische Vorbehandlung von Metalloberflächen. Beispiele: *Oxidation* von Kohleoberflächen durch Polarisation der Kohleelektroden auf sehr positive Potentialwerte; *elektrochemisches Cycling* von Goldoberflächen (das Potential wird, in einer meist sauren Elektrolytlösung, zwischen den Potentialen der kathodischen Wasserstoffabscheidung und der anodischen Sauerstoffabscheidung hin und her geschaltet)
• Thermische Behandlung im Vakuum oder in Schutzgasatmosphäre, z.B Ausglühen von Metalldrähten
• Einwirkung von Gasplasmen, z.B. einem Sauerstoffplasma (oxidierend) oder Argonplasma (Desorption von locker gebundenen Schichten, manchmal Abtragung einer Oberflächenschicht des Basismetalls)

Unter den Beispielen der Liste sind sehr aggressive Reinigungsmittel. Die erwähnte „*Piranha-Lösung*" zerstört bei zu lang andauernder Einwirkung das exponierte Metall. Organische Bauteile bzw. Isolier- und Verkapselungsmaterialien werden stark angegriffen. Sehr ähnlich verhält es sich mit der ethanolischen Kalilauge, die nicht nur dadurch wirkt, daß sie viele organische Substanzen wasserlöslich macht oder sogar in oberflächenaktive Verbindungen umwandelt, sondern auch dadurch, daß Glasoberflächen angelöst werden. Immerhin ist diese stark wirkende Reinigungslösung aber auch erfolgreich zur Behandlung von Oberflächen aus Bor-dotiertem Diamant (BDD) angewandt worden.

Immobilisierung funktioneller Moleküle. Sensoren sollen möglichst *selektiv* auf Molekülgruppen oder gar *spezifisch* auf einzelne Molekülsorten ansprechen. Dies kann durch selektive Wechselwirkung mit geeigneten Molekülen erreicht werden. Diese müssen an der Sensoroberfläche *immobilisiert* werden. Hierfür haben sich ganz unterschiedliche Methoden entwickelt. Manche dieser Methoden werden nicht als Oberflächenmodifizierung gesehen, weil sie aus ganz anderen Gründen entwickelt wurden. Ein Beispiel ist die in der elektrochemischen Spurenanalytik gängige Praxis des *adsorptiven Strippings*. Man fügt einer Lösung, in der sich zu analysierende Spuren von Metallkationen befinden, eine relativ hohe Konzentration bestimmter Liganden zu und setzt eine Elektrode in dieser Lösung bestimmten Potentialen aus, bei denen der Ligand in Form einer Monoschicht auf der Elektrode adsorbiert wird. Für einige Zeit liegt also eine modifizierte Oberfläche vor. Sekundär werden von dieser Schicht selektiv die gewünschten Metallkationen gebunden. Es findet eine Anreicherung statt, die durch Rühren über längere Zeit unterstützt wird. Nachdem genügend Metallionen angereichert worden sind, können diese durch elektrochemische Umsetzung (Oxidation oder Reduktion) wieder durch *Stripping* entfernt werden („stripping" = Abstreifen), wobei ein meßbares Signal entsteht. Hier erfüllt die Monoschicht der Liganden in erster Linie die Aufgabe, Metallspuren festzuhalten, damit sie chemisch bestimmt werden können.

Man strebt danach, funktionalisierte Oberflächen haltbar zu machen. Im Idealfall kann eine solche Oberfläche beliebig oft verwendet werden, ohne daß man sie für jede Messung regenerieren oder neu präparieren muß. Die immobilisierten Moleküle sollen also einerseits ihre Funktion voll erfüllen und müssen dem Analyten gut zugänglich sein. Andererseits sollen sie von der Probelösung nicht herausgelöst werden (ausbluten). Da sich die Immobilisierung spezifisch wirkender Moleküle besonders auf die Entwicklung von Biosensoren konzentriert, sind die entstandenen Immobilisierungsmethoden deutlich auf die Bindung großer organischer Moleküle orientiert.

Die bekanntesten Immobilisierungstechniken sind:
Adsorption (Physisorption)
Kovalente chemische Bindung an Oberflächen
Einschluß in Polymerschichten, Gele und leitfähige Pasten

Sehr elegant lassen sich funktionelle Moleküle über geordnete Schichten an Oberflächen binden. Solche Schichten sind ein Sonderfall der Ankopplung von Molekülen über kovalente chemische Bindungen.

Für große Eiweißmoleküle, zu denen viele *Enzyme* gehören, ergibt sich oft schon durch unselektive Adsorption eine ausreichend feste Bindung an bestimmte Oberflächen, in erster Linie an Kohlenstoffoberflächen, die von Oxidschichten überzogen sind. Die Techniken der kovalenten Bindung von Molekülen können, sofern Monoschichten entstehen, ebenfalls zur Adsorption (spezifische Adsorption) gezählt werden Es handelt sich dann um *spezifische Adsorption* bzw. *Chemisorption*.

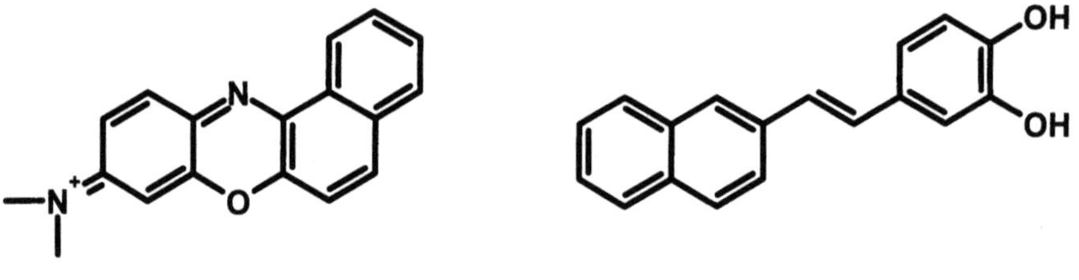

Abb. 2.52 Farbstoffe, die durch Chemisorption über π-π-Wechselwirkung an Kohleoberflächen gebunden werden können. Links: Meldolas Blau, rechts. 4-[2-(2-Naphthoyl)-vinyl]catechol

Die Fixierung von Molekülen über *kovalente chemische Bindungen* führt zu relativ robusten funktionalisierten Oberflächen. Eine Möglichkeit zur direkten Bindung von Molekülen ist die Wechselwirkung ihrer π-Elektronensysteme mit Festkörperoberflächen. Besonders ausgeprägt ist diese bei Kohlenstoffoberflächen, da am Graphit ebenfalls aromatische π-Systeme vorhanden sind. Farbstoffe, die als *Mediatoren* in der Oxidation wichtiger biologisch wirksamer Moleküle eingesetzt werden, können auf diese Weise sehr zuverlässig an Kohleoberflächen gebunden werden. Man versieht auf synthetischem Wege die Farbstoffmoleküle an einem Ende mit einem aromatischen Substituenten, der in π-π-Wechselwirkung mit den aromatischen Systemen der Graphitschichtstruktur tritt. Beispiele solcher Mediator-Farbstoffe (siehe z.B. Persson und Gorton 1990) zeigt Abb. 2.52.

Wenn, wie erwähnt, gezielt Substituenten an Molekülen angebracht werden, dann entstehen *bifunktionelle* Moleküle, die an einem Ende bindende Gruppen, am anderen Ende die für die Sensorfunktion notwendige Gruppe tragen. Die Kunst der Synthese solcher Moleküle besteht daran, außer einer festen Bindung auch die richtige Stellung der bindenden Gruppe am Molekül zustande zu bringen, damit im fixierten Zustand das Molekül die optimale Position einnimmt und die funktionellen Gruppen auch wirksam werden können. Beispiele solcher bifunktioneller Moleküle gibt Abb. 2.53. Die dort angegebenen Moleküle haben die Funktion, elektrochemische Umsetzung des wichtigen Biomoleküls Cytochrom C zu begünstigen (Allen et al. 1984).

Wenn große organische Moleküle, z.B. Proteine, immobilisiert werden sollen, kommt es darauf an, das Molekül durch synthetische Methoden mit einem molekularen *Linker* zu versehen, der eine stabile Bindung mit der Sensoroberfläche gewährleistet. Solche Linker sind z.B. die Gruppen

-NH-$(CH_2)_n$-NH-

-O-CO-$(CH_2)_n$- CH=N-

-O-$(CH_2)_n$-NH-

und andere. Man erkennt, daß immer eine Alkylkette $(CH_2)_n$ zwischen die Endgruppen gesetzt wird. Der Grund hierfür ist, daß eine gewisser Abstand zwischen dem immobilisierten Molekül und der Festkörperoberfläche eingehalten werden soll. Damit wird besonders auf voluminöse Enzymmoleküle Rücksicht genommen, die durch die Immobilisierung nicht ihren Charakter einbüßen sollen.

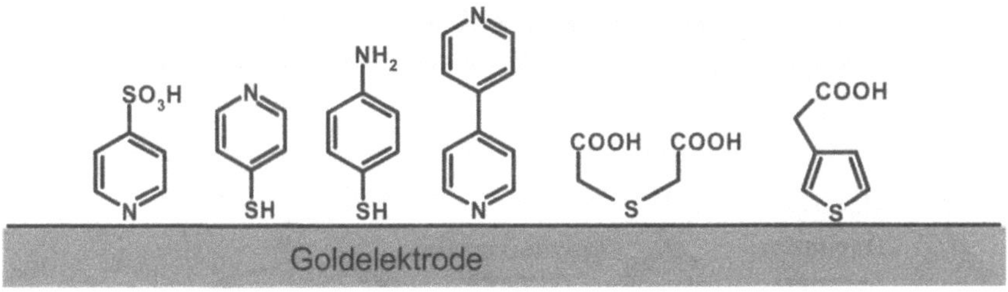

Abb. 2.53 Bifunktionelle Moleküle, die an Goldoberflächen gebunden werden

Je nachdem, an welche Art von Oberfläche das funktionelle Molekül gebunden werden soll, können auch andere Endgruppen beteiligt sein. Für Goldelektroden spezifisch sind Thiolgruppen, die Schwefelatome enthalten. Das hat zu einer besonderen Klasse modifizierter Elektroden geführt. Diese, die selbstorganisierenden Monolagen (Self Assembled Monolayers; SAM), werden im nächsten Abschnitt behandelt.

Nächst den Metallen geht es bei der Oberflächenmodifizierung um silikatische Oberflächen, z.B. um die Frontenden von Glasfaserkabeln. Glasoberflächen werden im ersten schritt *silanisiert*, d.h. man läßt die an der Glasoberfläche immer vorhandenen OH-Gruppen mit Dimethyldichlorsilan reagieren, wodurch an der Oberfläche die Gruppe $-Si(CH_3)_2Cl$ gebildet wird. Diese kann in einem zweiten Schritt mit Funktionsgruppen belegt werden, indem man z.B. Alkohole einwirken läßt. Die Oberfläche ist nach dieser Behandlung mit Alkylgruppen bedeckt, die über eine Sauerstoffbrücke an Si gebunden sind. Für Glasoberflächen wurde auch die Hochfrequenzplasma-Polymerisation vorgeschlagen. In dieser Technik führt eine Hochfrequenzentladung in einer Dampfatmosphäre zur Bildung eines reaktiven Plasmas, das die Oberfläche chemisch modifiziert. Auf diesem Wege wurden polyfluorierte Polymerschichten auf Glasfasern aufgebracht. Optische Sensoren auf der Basis solcher Schichten können flüchtige organische Substanzen aus der Gasphase aufnehmen, wodurch sich die optischen Eigenschaften der Grenzfläche erkennbar ändern.

Polymere sind Riesenmoleküle, die feste, amorphe Schichten aus ungeordneten Netzwerken bilden können. In diesen Schichten lösen sich einzelne Moleküle u.U. wie in flüssigen Lösungsmitteln. Alternativ können Polymere wie das Polyvinylchlorid (PVC) auch mit hochviskosen Flüssigkeiten gemischt werden, die ihrerseits als Lösungsmittel für bestimmte Moleküle mit Erkennungsfunktion wirken. Diese hochviskosen Flüssigkeiten werden seit alters her auch als *Weichmacher* für den technischen Kunststoff PVC verwendet. Man braucht also nur ein Weich-PVC in leichflüchtigen Lösungsmitteln wie Dioxan zu lösen, die wirksame Substanz zugeben, die Löung als dünne Schicht auf eine glatte Oberfläche gießen und das Lösungsmittel verdunsten lassen. Es entsteht ein dünnes ablösbares Häutchen. Solche Polymerschichten werden z.B. für ionenselektive Elektroden hergestellt. In ihnen sind bestimmte Liganden (Kronenether u.a. sog. Neutralträger) enthalten, die mit einzelnen Kationen selektiv einen Komplex bilden können.

Außer dem PVC haben sich Polyurethane und Polycarbonat für die Herstellung von Polymerschichten bewährt.

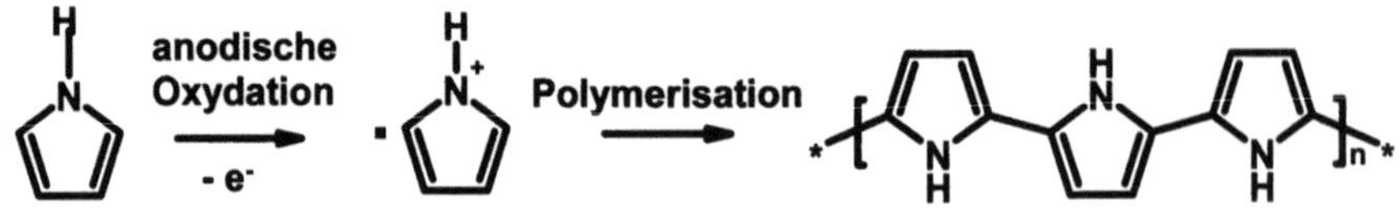

Abb. 2.54 Mechanismus der Elektropolymerisation bei der Bildung von Polypyrrol

Besonders erfolgreich sind in den letzten Jahren *leitfähige Polymere* als Träger für Moleküle mit Erkennungsfunktion geworden. Unter ihnen gibt es einige vom

Typ der metallischen Leiter. Dies sind u.a. Polypyrrol, Polyanilin und Polythiophene. Bei ihnen sind zahlreiche konjugierte Doppelbindungen im Molekül vorhanden, die die Elektronen beweglich machen. Ein anderer Leitfähigkeitstyp liegt bei den *Redoxpolymeren* vor, wo einzelne Redoxzentren in das Polymer eingebaut sind, zwischen denen Ladungsträger ausgetauscht werden.

Besonders elegant lassen sich leitfähige Polymerschichten durch *Elektropolymerisation* erzeugen, allerdings ist diese Methode naturgemäß auf elektrochemische Sensoren beschränkt. Die Elektrode befindet sich in einer Lösung des Monomers. Dieses wird an der Elektrode reduziert bzw. oxidiert, wobei reaktive Radikale entstehen, die zu Kopplungsreaktionen führen und schließlich einen dichten, fest haftenden Film auf der Elektrodenoberfläche bilden. Besonders attraktiv ist, daß die Molekülgruppen mit der gewünschten Erkennungsfunktion bereits am Monomer gebunden sein können, so daß sich sehr stabile Funktionsschichten bilden. Typisch für Elektropolymerisationsvorgänge ist die Bildung von Polypyrrolschichten. Der Ablauf der Reaktion wird vereinfacht in Abb. 2.54 gezeigt.

Schichten aus leitfähigen Polymeren erleichtern den Elektronenübergang, was insbesondere nützlich ist, wenn die entscheidende Erkennungsreaktion eine Redoxreaktion ist. Häufigstes Anwendungsgebiet hierfür sind elektrochemische Biosensoren mit Enzymen, die Redoxreaktionen katalysieren. Leitfähige Polymere haben die Vorteile organischer Polymere (Lösefähigkeit und Verträglichkeit mit organischen Substanzen) und zusätzlich die günstigen elektrischen Eigenschaften von Halbleitern bzw. Metallen. Beispiele werden in den Abschnitten über Biosensoren behandelt

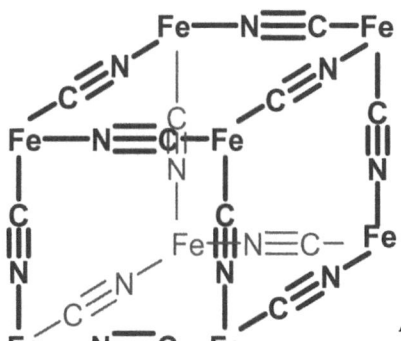

Abb. 2.55 Struktur von Schichten aus *unlöslichem Berliner Blau*

Gele sind *kolloidale Lösungen* mit dem Erscheinungsbild des festen oder halbfesten Aggregatzustandes. Besonders typisch sind *hydrophile Gele (Hydrogele)*, bei denen meistens Riesenmoleküle, z.B. Proteine, mit Wasserschichten überzogen sind. Es bildet sich ein dreidimensionales ungeordnetes Netzwerk, das sehr viel Lösungsmittel enthält. Die zu immobilisierenden wirksamen Moleküle werden hauptsächlich im eingeschlossenen Lösungsmittel gelöst und dadurch festgehalten. Gut geeignet sind synthetische organische Gele wie *Polyacrylamid*, aber auch anorganische Hydrogele wie z.B. kolloidale Kieselsäure (*Silicagel*) wurden vorgeschlagen. Gelschichten können leicht hergestellt werden. Meist genügt Eintauchen in die erwärmte und dadurch verflüssigte kolloidale Lösung. Manchmal werden stützende Gewebeschichten verwendet. Bei synthetischen Gelen wird die Lösung der Vorprodukte (die Molekülbausteine, aus denen das Polymer entstehen soll) mit den funktionellen Molekülen und ggf. weiteren Hilfsstoffen gemischt. Die Mischung wird auf die Sensoroberfläche aufgetragen und danach polymerisiert

Statt organischer Polymerer sind in einigen Fällen ihr anorganisches Gegenstück, nämlich bestimmte anorganische Gitterstrukturen, als Schichten für chemische Sensoren angewandt worden. Ein wichtiges Beispiel sind die Verbindungen vom Typ des Berliner Blaus. Dies sind Hexacyanoferrate mit zwei verschiedenen Oxidationsstufen eines Elements in ein und demselben Komplex, d.h. Verbindungen wie $Fe^{3+}[Fe^{2+}(CN)_6]$, wobei Eisen gegen andere Elemente wie Nickel ausgetauscht sein kann. Diese Verbindungen können in Form dünner Schichten auf Elektrodenoberflächen hergestellt werden und sind aus kubischen Grundelementen wie in Abb. 2.55 gezeigt, aufgebaut. Die Gegenionen, die den Ladungsausgleich bewirken, befinden sich innerhalb der Würfelelemente. Sie können aus sterischen Gründen den Würfel nicht verlassen. Daraus resultiert eine erhebliche Bewegungseinschränkung dieser Ionen innerhalb der Schicht. Bei Berührung mit einer wäßrigen Probelösung, die die erwähnten Gegenionen enthält, kommt es zu einer selektiven Spannungsbildung an der Grenzfläche. Anorganische Redoxschichten wirken ähnlich wie Redoxpolymere. Sie sind thermisch widerstandsfähig. Ihre Bedeutung ist auf elektrochemische Sensoren beschränkt.

Eine alternative Möglichkeit, funktionelle Moleküle zu immobilisieren, besteht darin, sie in Form von Pasten, zusammen mit einem Bindemittel und Festkörperpartikeln, auf Festkörperoberflächen aufzubringen. Diese Immobilisierungsart wird besonders bei elektrochemischen Sensoren angewandt. In der Paste sind dann entweder leitfähige Partikel (meist Kohle) enthalten, oder ein leitfähiges organisches Salz dient als Bindemittel. Solche Sensoren eignen sich gut für Laborzwecke zum schnellen Ausprobieren der Wirkung von Substanzen. Für kommerzielle Verwertung sind Sensoren mit Pasten wenig geeignet. Der Schritt zur kommerziellen Verwertung besteht dann oft darin, daß die Paste durch eine Siebdruckschicht ähnlicher Zusammensetzung ersetzt wird. Auch in Siebdruckschichten sind Bindemittel, leitfähige Partikel und gelöste oder anderweitig verteilte funktionelle Substanzen enthalten.

Selbstorganisierende Monolagen (Self Assembled Monolayers; SAM)

Eine Weiterentwicklung des Grundgedankens, daß bifunktionelle Moleküle eine besonders wirksame Oberflächenmodifizierung ermöglichen, stellen die sog. *Self Assembled Monolayers (SAM)* dar (Ulman 1996). Von den weiter oben erwähnten Schichten mit bifunktionellen Molekülen und mit Molekülen, die über Linker an Oberflächen gebunden sind, unterscheiden sich die SAMs nur durch eine Besonderheit. Wenn die Alkylkette zwischen den Endgruppen der Moleküle genügend lang ist, dann bilden sich zusätzliche schwache van-der-Waals-Wechselwirkungen zwischen den adsorbierten Molekülen aus. Das Resultat ist eine dicht gepackte Schicht mit steil auf der Oberfläche stehenden Molekülen. Diese bilden gewissermaßen eine „Bürste", deren „Borsten" so dicht stehen, daß kleine Moleküle nicht hindurch diffundieren können. Dies bedeutet, daß man Festkörperoberflächen in nahezu unbegrenzter Weise beeinflussen und nach Wunsch gestalten kann. Man kann sich die Oberfläche vorstellen wie in Abb. 2.56. In diesem Beispiel handelt es sich um eine Schicht von Alkylthiolmolekülen an einer Goldoberfläche. Solche Schichten sind unter den SAMs am weitesten verbreitet. Andere Beispiele (Abb. 2.57) sind Moleküle mit langen Alkylketten, die am bindenden Ende Alkyltrichlorsilangruppen (für die Bindung an Glas oder Quarz) oder Carboxylgruppen (für die Bindung an Metalloxide und – sulfide) tragen.

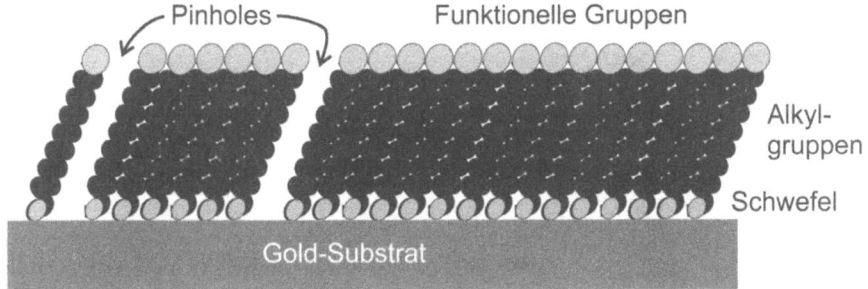

Abb. 2.56 Struktur einer selbst assemblierenden Monoschicht (SAM) aus Alkylthiolmolekülen auf einer Goldoberfläche

SAMs sollen nach Möglichkeit perfekt geordnet und „dicht" sein. Das ist nicht immer gewährleistet. Es ist bekannt, daß die Schichten „Löcher" (pinholes) mit molekularen Abmessungen aufweisen. Dies stört die Funktion, weil dann Pfade für die Diffusion kleiner Moleküle geöffnet werden, die unselektiv mit der Festkörperoberfläche wechselwirken.

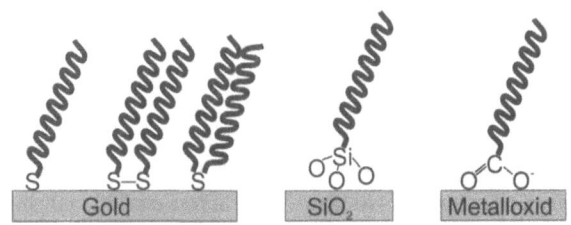

Abb. 2.57 SAMs an Gold-, Glas- und Metalloxid-Oberflächen

Mit SAMs funktionalisierte Oberflächen können als Elektronenüberträger für die direkte Oxidation von organischen Verbindungen dienen, sie können aber auch als ionenselektive Oberfläche wirken. Ein besonders eindrucksvolles Beispiel für ionenselektive SAMs ist die Bindung von Kronenethern, die selektiv mit bestimmten Metallkationen in Wechselwirkung treten. Beispiele sind die in Abb. 2.58 gezeigten Verbindungen, die über SH-Gruppen an eine Goldoberfläche gebunden wurden (Flink et al. 1998).

SAMs können strukturiert werden, so daß Muster entstehen ähnlich wie dies bei dünnen Metallschichten z.B. durch die Lift-Off-Technik erreicht wird. Im Falle der SAMs nutzt man photochemische Prozesse für die Strukturierung (Wollman et al. 1993).

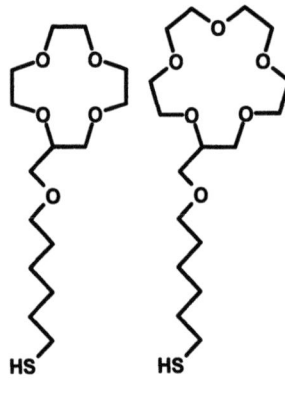

Abb. 2.58 Moleküle als Bausteine für ionenselektive SAMs, gebunden über SH-Gruppen an eine Goldoberfläche. **a** 12-Krone-4 selektiv für Na^+, **b** 15-Krone-5, selektiv für K^+

Langmuir-Blodgett-Filme (LBL)

Die Langmuir-Blodgett-Technik zur Erzeugung monomolekularer hochorientierter Filme auf Festkörper-Oberflächen geht von der Erfahrung aus, daß sich auf einer Wasseroberfläche dünne Schichten bestimmter Moleküle von selbst bilden und daß man solche Schichten u.U. durch Eintauchen von Objekten auf Festkörperoberflächen übertragen kann. Die Technik hat eine längere Geschichte. Agnes Pockels hat bereits gegen Ende des 19. Jahrhunderts beobachtet, daß sich Filme von Fettsäuren auf einer Wasseroberfläche in einem Trog mittels beweglicher Stege komprimieren lassen und daß die Eigenschaftsänderungen der Filme mechanisch meßbar sind. Lord Rayleigh und andere erkannten später, daß die Filme monomolekular sind. Von Irving Langmuir und Katherine Blodgett wurde der Umgang mit solchen Filmen perfektioniert. In den 70er Jahren des 20. Jahrhunderts fanden Langmuir-Blodgett-Techniken Eingang in die Mikroelektronik.

Voraussetzung für die Anwendung der Technik sind *amphipile Moleküle*, gekennzeichnet durch eine polare, hydrophile Kopfgruppe und einen langen hydrophilen „Schwanz". Klassisches Beispiel sind die Fettsäuren mit einer langen Alkylgruppe als „Schwanz" und der hydrophilen Carboxylgruppe –COOH als

„Kopf". Dazu gehören z.B. die Palmitinsäure H_3C-$(CH_2)_{14}$-COOH und die Stearinsäure H_3C-$(CH_2)_{16}$-COOH. Solche Moleküle ordnen sich spontan auf einer Wasseroberfläche so an, daß der Kopf in das Wasser taucht, der Schwanz aber möglichst weit davon abgewandt in die Luft ragt. Eine orientierte Schicht kann nur entstehen, wenn das hydrophile Verhalten des Kopfes nicht so stark wird, daß die Verbindung sich löst, und das hydrophobe Verhalten des Schwanzes nicht dazu führt, daß sich die Moleküle zu einem Haufen zusammenballen. Eine Auswahl von Kopfgruppen gibt Tabelle 2.9. Dort wird ihre relative Stärke für den Fall der Bindung an eine C_{16}-Alkylgruppe qualitativ angegeben (Gaines 1966).

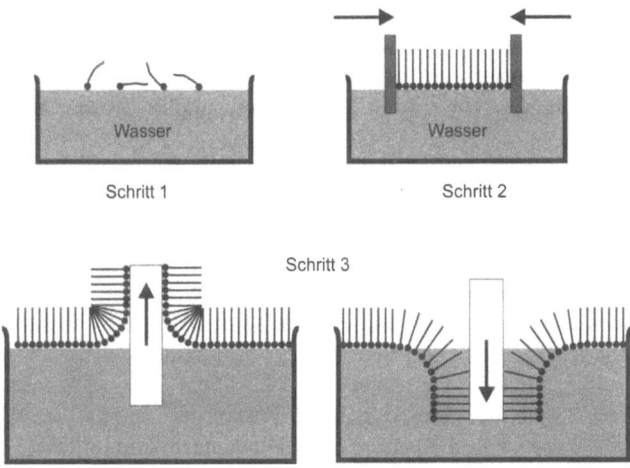

Abb. 2.59 Verfahrensschritte zur Herstellung von Langmuir-Blodgett-Filmen

Die Filme können sich auf der Flüssigkeitsoberfläche wie zweidimensionale Analoga zu den drei Aggregatzuständen gasförmig, flüssig und fest verhalten. Als „gasartig" sieht man einen verdünnten Film an, dessen Moleküle sich weit voneinander entfernt und ohne gegenseitige Wechselwirkung bewegen. Analog zum flüssigen Zustand sind *expandierte Filme*. Ihre Moleküle sind relativ leicht gegeneinander verschiebbar und sie zeigen eine gewisse Viskosität. Das Analogon zum festen Zustand sind die *kondensierten Filme*. Bei letzteren berühren die Moleküle einander. Kondensierte Filme können nicht weiter zusammengeschoben (komprimiert) werden. In welchem Zustand sich ein Film befindet, läßt sich durch Messung des Widerstandes feststellen, den die Oberfläche der Komprimierung entgegensetzt. Dazu benutzt man die *Langmuir-Waage*. Das Diagramm dieser Meßgröße gegen den Flächenbedarf eines Moleküls aufgetragen ergibt eine charakteristische Kurvenform, aus der die Information abgelesen werden kann. Eine weitere Kompression der Oberfläche über den kondensierten Zustand hinaus führt zur Zerstörung des geschlossenen Films. Die Moleküle werden dann dreidimensional übereinander geschoben.

Tabelle 2.9 Hydrophiler Charakter von Kopfgruppen an einer C_{16}-Alkylgruppe

Sehr schwach (keine Filmbildung)	Schwach (Instabiler Film)	Stark (stabiler Film)	Sehr stark (Molekül löslich)
-CH_2I	-CH_2OCH_3	-CH_2OH	-SO_3H
-CH_2Br	-$C_6H_4OCH_3$	-$COOH$	-OSO_3H
-CH_2Cl	-$COOCH_3$	-CH_2COCH_3	-$C_6H_4SO_4H$
-NO_3		-$NHCOCH_3$	-$NR_3^{\oplus}$

Fettsäuren wären zu weich und zu leicht schmelzbar, um als Beschichtung für Sensoren zu dienen. Deshalb versucht man die Filme, nachdem sie ihren endgültigen Platz gefunden haben, zu stabilisieren. Das gelingt z.B. durch Verwendung polymerisierbarer Derivate statt linearer Alkylgruppen. Diese werden nach der Filmbildung chemisch vernetzt und bilden dann stabile, temperaturbeständige Monoschichten.

Die Herstellung der Langmuir-Blodgett-Filme folgt dem in Abb. 2.59 skizzierten Verfahren. Nachdem das Material auf die Lösungsmitteloberfläche aufgebracht wurde, befinden sich die Moleküle im Gas- bzw. im expandierten Zustand (Abb. 2.59, Schritt 1). Unter ständiger Kontrolle der Oberflächenspannung wird in einem „Trog" durch bewegliche Schieber der Film soweit zusammengedrückt, daß der Zustand des kondensierten Films erreicht wird (Abb. 2.59, Schritt 2). Dann wird durch eine automatische Vorrichtung der zu beschichtende Gegenstand „getaucht", und zwar entweder von oben oder von unten (Abb. 2.59, Schritt 3), je nachdem welche Seite der Moleküle zum Festkörper zeigen soll. Dies hängt selbstverständlich von dessen Material ab, was wieder hydrophil oder hydrophob sein kann. Die Oberfläche muß vor dem Beschichten sorgfältig gereinigt werden. Der Beschichtungsvorgang ist langwierig und verläuft gewöhnlich mit Geschwindigkeiten von wenigen Millimetern bis zu einigen Zentimetern pro Minute. Mehrfachschichten werden durch mehrfach wiederholtes Tauchen erzielt. Dabei sind in der Regel die Molekülschichten entweder Kopf an Kopf oder Schwanz an Schwanz orientiert.

Langmuir-Blodgett-Schichten sind den natürlichen Zellmembranen ähnlich. Deshalb spielen sie eine wichtige Rolle bei Biosensoren. Enzyme und Antikörper wurden so an ISFET-Gates und an akustische Oberflächenwellen-Sensoren (SAW-Sensoren) gebunden.

2.3.4 Mikrosystem-Technologien

Die im Abschn. 2.3.2 beschriebenen Strukturierungstechniken für Halbleiter haben sich seit der Erfindung des Transistors kontinuierlich und mit hohem Tempo weiterentwickelt. Ein wichtiger Meilenstein war die Erfindung der *Integrierten Schaltkreise* (Integrated Circuits = IC). Diese können auf großen Silicium-Wafern in Massenproduktion hergestellt werden. Dabei wird jeder technologische Schritt gleichzeitig an hunderten bis tausenden Einzel-Bauelementen vollzogen, so daß zum Schluß komplexe Elektronikschaltungen von höchster Leistungsfähigkeit vorliegen. Die Produktion dieser *Integrierten Elektronik* erfordert hohe Investitionen und wird daher nur in großen Unternehmen betrieben. Durch die Möglichkeit der vollautomatischen Massenproduktion resultieren aber schließlich sehr günstige Preise, die zur immensen Verbreitung der integrierten Schaltungen geführt haben.

Die Entwicklung führte vom Einzeltransistor über integrierte Operationsverstärker zu den Digitalschaltkreisen, deren bisher größte Errungenschaft der Mikroprozessor mit den zugehörigen Speicherschaltkreisen ist. Nachdem man auf diesem Wege mit den Eigenschaften des bevorzugten Werkstoffs, des hochreinen Silicium-Einkristalls, hinreichend vertraut geworden war, lag es nahe, die günstigen technologischen Möglichkeiten auch zur Realisierung anderer, nicht elektronischer Aufgaben zu nutzen. Es entstanden in rascher Folge neue Gebiete wie die *Mikromechanik, Mikrofluidik* und die *Mikrooptik (Integrierte Optik)*. Dabei zeigte sich, daß hochreines Silicium auch sehr günstige mechanische Eigenschaften hat und daß man auch mechanische Vorrichtungen wie z.B. Pumpen aus diesem Werkstoff fertigen kann. Es zeigten sich aber auch die Grenzen der Integrationsfähigkeit auf dem Siliciumchip. In vielen Fällen waren die gegensätzlichen Anforderungen von Elektronik einerseits und Mechanik, Optik u.a. andererseits nicht mehr durch *monolithische Integration*, d.h. Fertigung aller Einzelteile aus einem einzigen Si-Chip) zu lösen. In solchen Fällen hilft nur die *Hybridtechnik*, d.h. der Zusammenbau des gewünschten Geräts aus komplexen Untereinheiten, die jeweils nach unterschiedlichen Technologien hergestellt worden sind.

Als Oberbegriff für die Gesamtheit der integrierten Technologien werden oft die Begriffe Mikrosystemtechnik oder Mikrosystem-Technologie gebraucht, allerdings nicht immer im einheitlichen Sinne. Für das Gebiet der chemischen Sensoren sind besonders zwei Teilgebiete wichtig, nämlich erstens die Mikroelektronik (Integrierte Elektronik) selbst und zweitens die Mikrooptik bzw. Integrierte Optik.

Integrierte Elektronik

Im wesentlichen gibt es zwei Familien bei den integrierten Schaltkreisen, nämlich die bipolare Technologie, die zu den „klassischen" Transistoren führt, und die MOS-Technologie, für die an anderer Stelle Beispiele genannt werden. Beide Technologien verwenden als Grundlage den Werkstoff Silicium und beide können zu extrem komplexen Schaltungen führen. Technologisch wird noch immer meist die Photolithographie angewendet, bei der nacheinander über Masken und lichtempfindliche Lackschichten Strukturen aus aktiven und passiven Bauelementen erzeugt werden, wobei zwischendurch auch isolierende Oxidschichten durch Luftoxidation des Basismaterials erzeugt werden und immer wieder mit aggressiven Lösungen geätzt wird. Diese Technik ist so verfeinert worden, daß extreme Pakkungsdichten mit Leiterzugbreiten im Mikrometerbereich Standard sind. Ätztechniken auf der Basis des Elektronenstrahlätzens setzen sich erst allmählich als Alternative durch.

Integrierte Elektronikschaltungen mit chemischen Sensoren auf dem gleichen Chip sind selten, weil hier gegensätzliche Anforderungen auftreten. Beispiele gibt es bei MOS-Sensoren für den Gasraum. In den meisten Fällen wird der Elektronikschaltkreis separat gefertigt und mit dem Sensor als Hybridschaltung vereinigt. Tatache ist andererseist, daß komplexe Elektronikschaltungen immer wichtiger für die chemischen Sensoren werden. Es ist äußerst vorteilhaft, verstärkende und korrigierende (z.B. elektrische Filter) Schaltungen möglichst nahe an die Signalquelle, also an den chemischen Sensor, zu bringen. Je billiger die Elektronik wird, desto mehr macht man auch von der Möglichkeit Gebrauch, Störungen mathematisch bzw. durch Anwendung Künstlicher Intelligenz zu eliminieren. Hierzu werden in wachsendem Maße Sensoren und insbesondere Sensor-Arrays mit eigenen Mikrorechnern kombiniert. Diese Entwicklung führt einerseits zu den Intelligenten Sensor-Arrays, andererseits zu miniaturisierten Totalanalysatoren. Auf diese Entwicklungen wird im Kap. 10 eingegangen.

Integrierte Optik

Der Gebrauch des Begriffes Integrierte Optik ist nicht ganz einheitlich. Im wesentlichen handelt es sich um eine lockere Analogie zur Integrierten Elektronik. Es geht darum, optische Bauelemente wie Lichtquellen, Lichtempfänger, Spiegel u.a.m. auf einem gemeinsamen Substrat zu vereinigen, so daß Funktionseinheiten wie z.B. Spektrometer entstehen. Im Unterschied zu klassischen optischen Geräten durchlaufen Lichtstrahlen bei miniaturisierten Anordnungen nicht mehr den freien Raum, sondern sie werden „geführt". Man braucht dazu Wellenleiter aus transparenten Substanzen mit hohem Brechungsindex, in denen das Licht durch multiple Totalreflexion eingeschlossen bleibt.

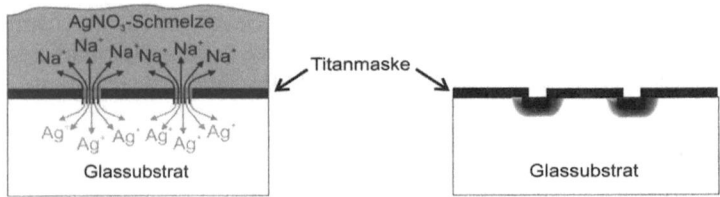

Abb. 2.60 Herstellung von Lichtwellenleitern auf einem Glassubstrat durch Ionenaustausch

Im Gegensatz zu elektronischen Schaltungen lassen sich nicht alle Anforderungen der Optik mit nur einem Material erfüllen. Silicium ist zwar als Basis für optische Bauelemente geeignet und Lichtleiter lassen sich aus dünnen Schichten von SiO_2 herstellen, jedoch werden auch Gläser, Polymere und spezielle hochbrechende Materialien eingesetzt. Vollständige monolithische Integration komplexer optischer Meßgeräte ist bisher nicht gelungen, könnte aber mit Hilfe des Werkstoffes Lithiumniobat ($LiNbO_3$) möglich werden. Das Problem ist, daß bei monolithischer Integration optischer Bauteile zu viele gegensätzlich Anforderungen an die Fertigungsschritte gestellt werden müssen. Eine typische Anordnung wie etwa ein

Spektrometer müßte auf ein und demselben Chip einen Laser, einen Monochromator und einen Lichtempfänger enthalten. Diese Forderungen sind nicht mit einem einzigen Material erfüllbar. Man kommt deshalb bisher nicht um hybride Anordnungen herum.

Relativ weit entwickelt ist die Integierte Optik auf der Basis von Glas. Hier geht es insbesondere darum, auf einem Glassubstrat sehr feine Wellenleiter zu erzeugen, die für „Single mode"- Lichtleitung. (näheres dazu siehe Kap. 8, Abschn. 8.1) zwingend notwendig sind. Dies ist möglich, indem in bestimmte Bezirke der Glasoberfläche fremde Bestandteile eingebaut werden, die den lokalen Brechungsindex verändern. Eine einfache Möglichkeit ist der thermische Ionenaustausch. Wie Abb. 2.60 zeigt, läßt man Silberionen durch eine Metallmaske hindurch mit der Glasoberfläche in Kontakt treten. Die Natriumionen des Glases werden an den Kontaktstellen durch Silberionen ersetzt. Die entstehende silikatische Silberverbindung hat einen wesentlich höheren Brechungindex als das Natriumglas. Der entstandene Wellenleiter kann in einem weiteren Austauschschritt im Glassubstrat „vergraben" werden. Als Resultat erhält man Bezirke, die annähernd wie Halbzylinder geformt sind und ähnlich verwendet werden können wie Lichtleitfasern.

Für das Gebiet der chemischen Sensoren haben die in integrierter Optik hergestellten Interferometer besondere Bedeutung erlangt. Unter diesen wiederum dominieren die Mach-Zehnder-Interferometer, die in Abschn. 2.4 behandelt werden.

2.4 Sensor-Meßtechnik

Die Meßtechnik für und mit Sensoren ist nicht prinzipiell von der der klassischen instrumentellen chemischen Analytik verschieden. Sensoren werden aber im Gegensatz zum etablierten Labor-Instrumentarium mit den Zielen der Kleinheit und Mobilität entwickelt. Dementsprechend wird auch bei der Signalverarbeitung auf Kleinheit und Mobilität Wert gelegt. Außer dieser Besonderheit existiert ein Grundbestand an primärer Meßtechnik, der unentbehrlich ist. Wer sich mit chemischen Sensoren beschäftigt, sollte mit diesem Grundbestand vertraut sein. Die traditionellen Fachgebietsgrenzen versagen beim Gebiet der chemischen Sensoren.

2.4.1 Elementare Sensor-Elektronik

Sensorelemente brauchen fast immer eine erste Signalvorverarbeitung möglichst nahe an der Stelle, wo das primäre Signal entsteht. Typisch ist, daß zu kleine Spannungen oder Ströme verstärkt werden müssen, um sie messen zu können. Ebenso kann es sein, daß eine Integration oder Differentiation nach der Variablen Zeit notwendig ist, um auswertbare Signale zu erhalten. Alle diese Funktionen könnten auch weit hinten, etwa in einer Meßkarte im Computer stattfinden. Das wäre aber allein deshalb falsch, weil auf dem Weg des Signals zum Meßgerät zwangsläufig Stör- und Rauschsignale entstehen, die mit verstärkt und gemessen würden. Es gibt also gute Gründe, Verstärkungen so nahe wie möglich an der Signalquelle vorzunehmen. Die klassische Analogverstärkertechnik ist daher bis heute unentbehrlich.

Verstärkung mit Operationsverstärkern. Operationsverstärker bestehen zwar aus zahlreichen integrierten Bauelementen, lassen sich aber selbst wie Bauelemente handhaben und ermöglichen auch Ungeübten, schnell und leicht Experimentierschaltungen aufzubauen. Das ist oftmals günstiger, als nach handelsüblichen Instrumenten zu suchen. Das Schaltbild des Operationsverstärkers und ein paar elementare Eigenschaften genügen zum Verständnis seiner Funktion.

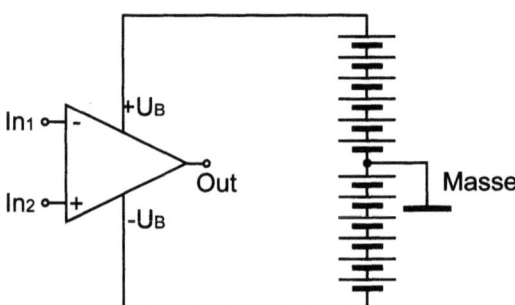

Abb. 2.61 Schaltbild des Operationsverstärkers

Wenn an die Anschlüsse „$+U_B$" und „$-U_B$" zwei Spannungsquellen (z.B. zwei 9-Volt-Batterien) wie in Abb. 2.61 gezeigt, symmetrisch angeschlossen werden, dann ist bereits eine Experimentierschaltung entstanden. Die Verbindung zwischen den Spannungsquellen dient als Masse- und Bezugspunkt. Die Schaltung kann dort geerdet werden. Wenn gesagt wird „eine Spannung von 1 Volt wird an Punkt x angelegt", dann ist gemeint „angelegt zwischen dem Massepunkt und Punkt x". Für alle weiteren Betrachtungen wird die Stromversorgung weggelassen. Ferner nehmen wir an, daß der Operationsverstärker folgende Eigenschaften hat:

- In die *Eingänge* In1 und In2 kann kein Strom fließen. Sie haben einen unendlich *großen Eingangswiderstand*
- Aus dem *Ausgang* Out können Ströme fließen, wie zum Betrieb nicht allzu anspruchsvoller Verbraucher notwendig sind (einige Milliampere). Der *Ausgangswiderstand* dieses Anschlusses ist niedrig
- Eine Spannung angelegt an den *nichtinvertierenden Eingang* In1 (mit dem Pluszeichen) erzeugt am Ausgang Out eine sehr verstärkte Spannung gleicher Polarität, die allerdings unterhalb der Versorgungsspannung bleiben muß. Z.B sollte +1mV an In1 ungefähr +10 V oder mehr an Out geben
- Eine Spannung an den *invertierenden Eingang* In2 (mit dem Minuszeichen) erzeugt am Ausgang Out eine sehr verstärkte Spannung umgekehrter Polarität, z.B. +1 mV an In2 ungefähr – 10 V an Out

- Wenn der Operationsverstärker (im folgenden OV genannt) *gegengekoppelt* wird, d.h. wenn man den Ausgang mit dem invertierenden Eingang In2 verbindet, dann wirkt dies so, daß die Spannung zwischen den Eingängen In1 und In2 zu Null wird

Tatsächlich entsprechen handelsübliche integrierte Operationsverstärker weitgehend diesen Eigenschaften. Besonders geeignet sind Typen der internationalen Serie 080, die von zahlreichen Herstellern angeboten werden und nur wenige Cents kosten. Es gibt Fassungen für die OVs, die auf einer kleinen Leiterplatte befestigt sind. Damit läßt sich bequem experimentieren.

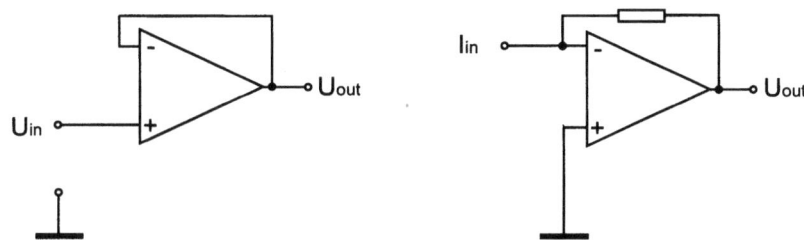

Abb. 2.62 Operationsverstärker-Schaltungen. Links Spannungsfolger, rechts Stromfolger

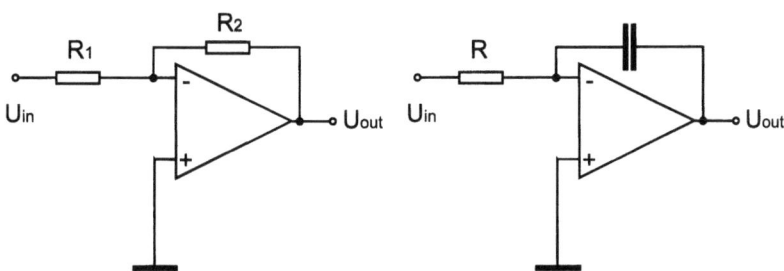

Abb. 2.63 Invertierender Spannungsverstärker (links) und Integrator (rechts)

Um sinnvoll arbeiten zu können, muß unbedingt eine Gegenkopplung eingeführt werden. Wir betrachten die beiden Schaltungen in Abb. 2.62. Beim sog. *Spannungsfolger* (links) wird lediglich eine leitende Verbindung zwischen Out und In2 hergestellt. Die Folge ist, daß an diesem Punkt die gleiche Spannung gegen Masse anliegt wie zwischen In2 und Masse. Es hat also keine Spannungsverstärkung stattgefunden, wohl aber eine Leistungsverstärkung. Verbinden wir z.B. eine Referenz-Elektrode mit Masse und die im gleichen Gefäß befindliche Glaselektrode mit In2, dann können wir die Spannung zwischen diesen Elektroden und damit den pH-Wert messen, indem wir ein beliebiges Voltmeter an Out anschließen. Ein direkter Anschluß der Glaselektrode hätte in den meisten Fällen nichts gebracht, weil ein zu niedriger Eingangswiderstand von Meßgeräten für die Glaselektrode so etwas wie einen Kurzschluß darstellt. Mit der sehr einfachen und sehr weit verbreiteten Spannungsfolger-Schaltung können wir also Spannungen *belastungsfrei (hochohmig; stromlos)* messen, so wie es die Potentiometrie fordert.

Der *Stromfolger* (Abb. 2.62 rechts)löst eine scheinbar unlösbare Aufgabe: Wir können den Strom in einem Kurzschlußstromkreis messen. Der Strom I würde ohne die Schaltung nach Masse abfließen. Wir leiten ihn jedoch über den Gegenkopplungswiderstand R nach Out um. Da In1 mit Masse verbunden ist, liegt auch In2 auf Massepotential. Für den Strom I bedeutet dies, daß er scheinbar mit Masse verbunden ist. In Wirklichkeit fließt I über den Widerstand R und erzeugt dort einen Spannungsabfall $I \cdot R$. Deshalb wird die Ausgangsspannung $U_O = -I \cdot R$. Man kann also den Strom I messen, wobei scheinbar der Kurzschluß erhalten bleibt.

Mit Operationsverstärkern können zahlreiche weitere Verstärker aufgebaut werden. Erwähnt sei hier nur der *Invertierende Spannungsverstärker* (Abb. 2.63 links), mit dem man Spannungen um den willkürlich wählbaren Faktor R_2/R_1 verstärkt werden können, allerdings nicht hochohmig. Mit einem vorgeschalteten Spannungsfolger läßt sich die Forderung nach belastungsfreier Spannungsverstärkung leicht erfüllen.

Außer der Funktion *Verstärkung* können auch andere Signalumwandlungen mit OV-Schaltungen durchgeführt werden. Wichtig ist manchmal die Integration von Signalen über eine gewisse Zeit. Dies ist Aufgabe des *Integrators* (Abb. 2.63 rechts). Hier wird ein Strom I wieder scheinbar nach Masse abgeleitet, in Wirklichkeit aber fließt ein Ladestrom über den Kondensator C, der dadurch die Spannung $U_C = q/C$ annimmt. Da q (die Ladungsmenge auf den Kondensatorplatten)

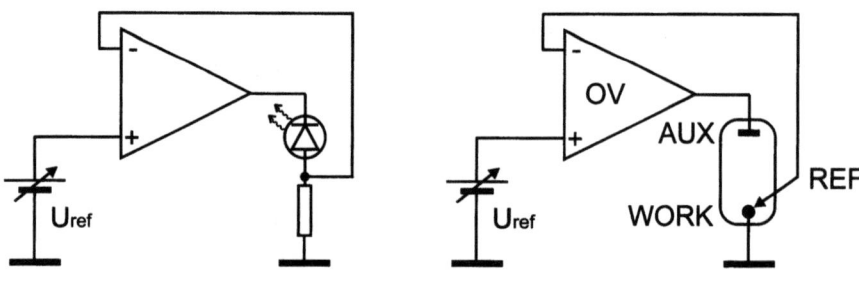

Abb. 2.64 Regelschaltungen mit Operationsverstärkern. Links: Stabilisierung eines Stromes, der einen Verbraucher (z.B. Leuchtdiode) durchfließt. Rechts: Potentiostat zur Stabilisierung einer Elektrolysespannung

gleich dem Integral des Stromes über die Zeit ist, kommt für die Ausgangsspannung heraus $U_{Out} = -\dfrac{1}{C}\int_0^t I dt$. Der Integrator kann dadurch Ladungsmengen summieren, aber auch glättend auf schwankende Signale wirken.

Ein sehr wichtiges Einsatzgebiet von Operationsverstärkern sind Regelschaltungen. Man kann mit ihrer Hilfe Größen wie Spannungen, Ströme, pH-Werte und anderes auf einem konstanten Wert halten. Abb. 2.64 (links) zeigt, wie der Strom durch eine Leuchtdiode stabilisiert werden kann, um ihre Lichtemission konstant zu halten.

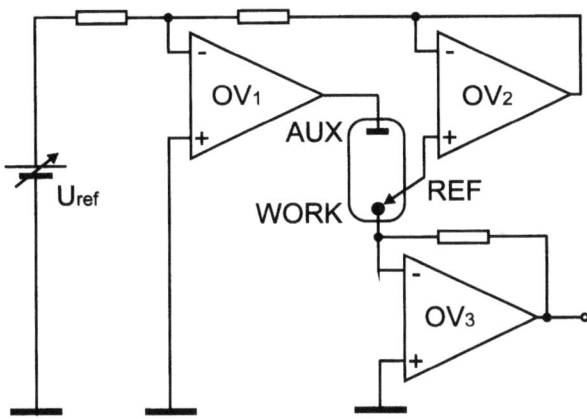

Abb. 2.65 Potentiostat vom invertierenden Typ

Der *Potentiostat* ist eine der wichtigsten Schaltungen der elektrochemischen Meßtechnik. Er hat die Entwicklung dieses Wissenschaftsgebietes über Jahre begleitet. Manche Methoden haben sich erst verbreiten können, nachdem Potentiostaten leicht aufzubauen und günstig verfügbar geworden waren. Die einfachste Schaltung eines Potentiostaten zeigt Abb. 2.64 rechts. Hier geht es darum, die Spannung zwischen zwei Punkten, nämlich zwischen einer Referenzelektrode „REF" und der Arbeitselektrode „WORK" willkürlich vorzugeben und konstant zu halten, unabhängig davon, welche Ströme fließen. Man braucht eine dritte, sogenannte *Hilfselektrode* „AUX", weil durch die Referenzelektrode möglichst kein Strom fließen soll. Die *Sollspannung* U_{ref}, die zwischen WORK und REF anliegen soll, wird am nichtinvertierenden Eingang des OV vorgegeben, z.B. aus einer Monozelle wie in der Abbildung gezeigt. Da die Eingänge des OV wieder auf gleichem Potential liegen müssen, wird die Sollspannung U_{ref} zwischen den Punkten WORK und REF durch den OV als „Ist-Spannung" gewissermaßen reproduziert. Dies wird möglich, indem der Ausgang des OV immer gerade einen so großen Strom an AUX liefert, daß die Ist-Spannung gleich der Sollspannung wird. Durch die symbolisch dargestellte Elektrolysezelle fließt nun ein Strom, der nur von den chemischen Gegebenheiten abhängt, also nicht zuletzt von den zu messenden Konzentrationen. Dieser Strom muß gemessen werden.

Eine erweiterte und verbesserte Schaltung für einen Potentiostaten zeigt Abb. 2.65. Dieser sog. *invertierende Potentiostat* ist in der Praxis weit verbreitet und funktioniert meist auf Anhieb ohne weitere Zusätze. Einer der drei Operationsverstärker, OV3, ist als Stromfolger geschaltet. Er hält die Arbeitselektrode WORK auf Massepotential und dient zur Messung des Elektrolysestroms.

OV2 sorgt dafür, daß kein Strom in die Referenzelektrode REF fließen kann. OV1 ist der eigentliche Regelverstärker, der in diesem Falle dafür sorgt, daß die Spannung zwischen REF und WORK gleich dem negativen Wert der Sollspannung U_{ref} ist.

Der hohe Entwicklungsstand der Mikroelektronik hat dafür gesorgt, daß man heute Regelschaltungen wie etwa den Potentiostaten zusammen mit dem Sensorelement als auf einem Chip integrieren kann.

Das Gegenstück des Potentiostaten, den Galvanostaten, gibt es auch. Er spielt aber in der Elektrochemie bei weitem nicht die gleiche Rolle wie der Potentiostat.

2.4.2 Elektrische Meßinstrumente

Selbstverständlich kann man zur Messung von Sensorsignalen das bekannte Instrumentarium der Elektrotechnik benutzen. Tatsächlich ist es nützlich, wenigstens ein Oszilloskop und ein digitales Multimeter zur Verfügung zu haben. Zum Gebiet der Sensoren paßt es aber irgendwie besser, wenn man diese Aufgabe dem Computer überläßt. Man erhält damit sehr weitgehende Weiterverarbeitungsmöglichkeiten für die Signale. Die graphische Darstellung wird sehr bequem, ebenso auch zahlreiche Manipulationsmöglichkeiten.

Im folgenden gehen wir von einem durchschnittlichen PC nach dem Stand der Technik aus. Der Übergang vom vorverstärkten elektrischen Signal zum PC wird durch eine Meßkarte hergestellt, die mindestens einen Eingang für Analogsignale haben muß, ferner an einem Ausgang auch Analogsignale liefern kann und schließlich ein paar Ein- und Ausgänge für standardisierte Digitalsignale hat. Solche Karten werden in einen freien Slot des PC gesteckt. Im Handel ist eine große Auswahl solcher Karten erhältlich, die manchmal einen eigenen Mikrorechner zur Entlastung des PC haben. In jedem Falle enthält eine brauchbare Karte einen *Analog-Digital-Wandler (ADC)*, der unsere Sensorsignale in Zahlen umwandelt, die vom PC verstanden werden. Ein Qualitätsmerkmal ist die *Auflösung* des ADC. Eine Auflösung von 10 bit würde bedeuten, daß der ADC insgesamt 1024 Stufen unterscheiden kann. Eine Spannung von 1 Volt würde, wenn sie gerade der Eingangsspannung des ADC entspräche, mit einer Auflösung besser als ± 1mV, also mit einem Fehler unter 0,1 % gemessen werden.

Eine digitale Meßkarte sollte auch Analogsignale ausgeben können. Dazu braucht sie einen *Digital-Analog-Wandler (DAC)*, für den ebenfalls das Qualitätsmerkmal der Auflösung gilt. Beide Wandler sollten auch hinreichend schnell sein, d.h. die Wandlung eines Analogwertes in eine Digitalzahl und umgekehrt sollte nicht länger als einige Mikrosekunden benötigen. Diese Forderung wird von neueren Karten ausnahmslos erfüllt. Mit Hilfe des DACs kann man sehr bequem Referenzspannungen bereitstellen, die z.B. zum Betrieb der oben beschriebenen Potentiostaten gebraucht werden.

Aus- und Eingänge für Digitalsignale dienen der Kooperation zwischen Sensor und Meßkarte. Oftmals muß z.B. ein Meßvorgang am externen Gerät durch ein digitales *Triggersignal* eingeleitet werden.

2.4.3 Optische Meßinstrumente

Spektrometer

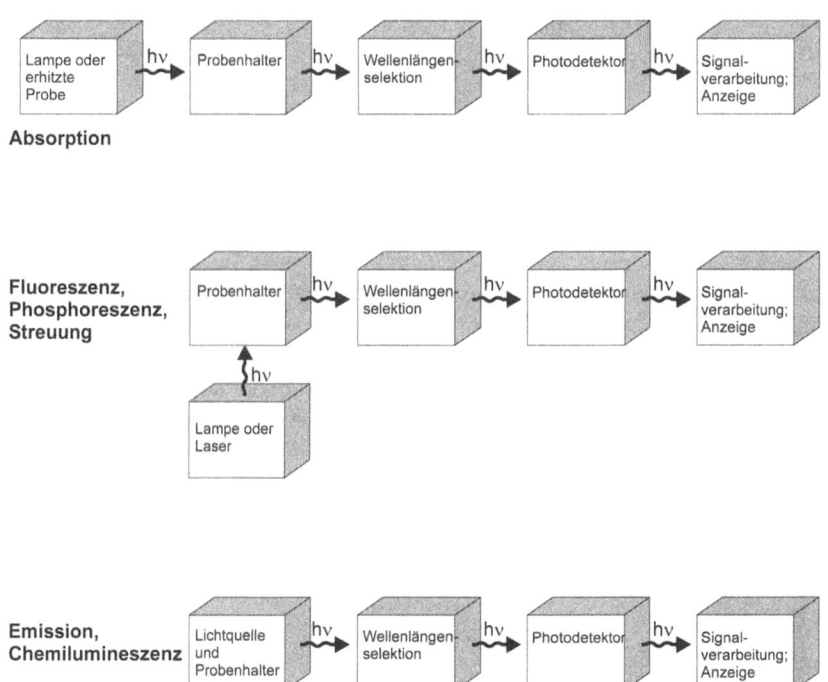

Abb. 2.66 Grundsätzlicher Aufbau von Spektrometern

Analytisch nutzbare optische Signale werden mit *Photometern* bzw. *Spektrometern* gemessen. Die Signale können entweder aus der Lichtabsorption oder der Lichtemission der Probe gewonnen werden. Die Messung muß in einem ausgewählten Wellenlängenbereich stattfinden, um Selektivität für bestimmte Analyten zu erzielen. Daraus ergibt sich der grundsätzliche Aufbau von Spektrometern. Drei Möglichkeiten existieren: (1) die Probe emittiert Licht durch thermische Anregung, (2) die Probe emittiert Licht nach Einstrahlung von Anregungsstrahlung und

(3) die Probe absorbiert Licht. Die resultierenden Möglichkeiten für die Konstruktion von Spektrometern sind in Abb. 2.66 gegeben.

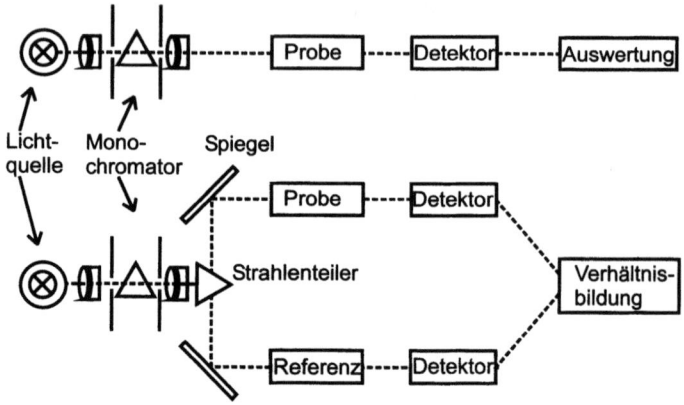

Abb. 2.67 Ein- und Zweistrahlprinzip bei Spektrometern

Spektrometer können nach dem Einstrahl- oder dem Zweistrahlprinzip gebaut sein (Abb. 2.67). In beiden Fällen wird die Wirkung der Probe mit einer *Referenz* verglichen. Beim Zweistrahlprinzip wird das Licht geteilt, ein Strahl steht mit der Probe, der zweite mit der Referenz in Wechselwirkung. Der Lichtempfänger erhält beide Strahlen parallel. Beim Einstrahlphotometer findet der Vergleich *nacheinander* statt, d.h. in zwei aufeinanderfolgenden Messungen wird der von Probe und von der Referenz verursachte Effekt gemessen. Beide Prinzipien haben Vor- und Nachteile. Zweistrahlgeräte gleichen auch Störungen aus, die durch kurzzeitige Schwankungen der Lichtquelle bzw. des Untergrundes verursacht werden. Ande-

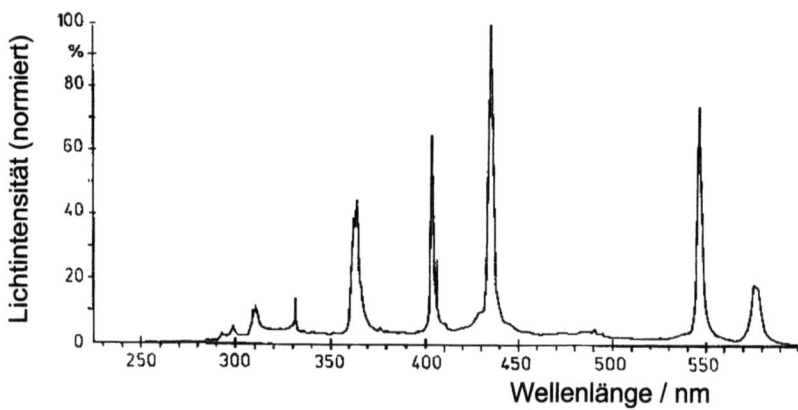

Abb. 2.68 Emissionsspektrum einer Hochdruck-Quecksilberdampflampe

rerseits ist die Lichtstärke bei Einstrahlgeräten höher, so daß meist die erreichbaren Nachweisgrenzen im Spurenbereich günstiger sind.

Lichtquellen für Spektrometer können entweder *Linienstrahler* oder *Kontinuumsstrahler* sein. Linienstrahler sind günstig, wenn die von ihnen emittierten Spektrallinien zur analytischen Aufgabe passen. In diesem Falle ist die *Wellenlängenselektion* einfach, denn der *Monochromator* muß nicht sehr leistungsfähig sein. Er muß lediglich gestatten, einen genügend engen Bereich um die gewählte Emissionsline auszufiltern. Ein typisches Beispiel für einen Linienstrahler ist die Quecksilberdampflampe (Abb. 2.68), deren Spektrum durch Variation des Gasdrucks und durch Zugabe weiterer Gase modifiziert werden kann. Zusätze erhöhen die Zahl der verfügbaren Spektrallinien.

Gas-Laser sind in der Gegenwart durch günstige Preise verfügbar geworden. Für sie gelten die gleichen Einschränkungen wie für Gasentladungslampen. Generell sind bei Lasern die Emissionslinien schmalbandiger. Durchstimmbare Farbstofflaser wären die ideale Lichtquelle, sie sind aber zu aufwendig und zu teuer, außerdem sind die Farbstoffe wegen ihrer Lichtempfindlichkeit nicht genügend haltbar.

Lichtquellen

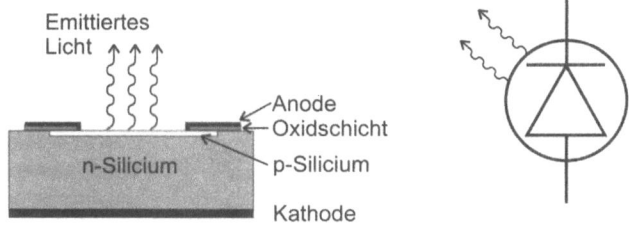

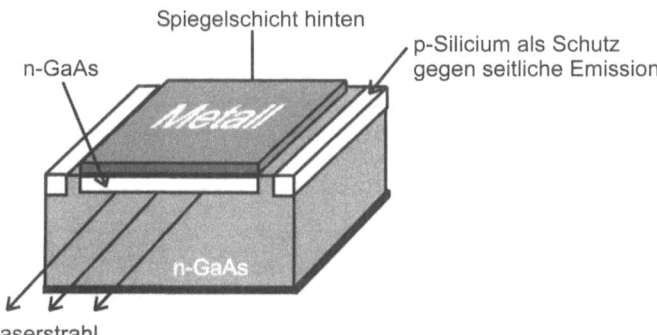

Abb. 2.69 Oben: Lichtemittierende Diode (Leuchtdiode). Links: Aufbau, rechts: Schaltbild. Unten: Aufbau einer Laserdiode

110 2 Grundlagen

Unter den diskontinuierlich strahlenden Lichtquellen sind *lichtemittierende Dioden (LED)* (Abb. 2.69 oben) besonders attraktiv für die Anwendung mit Sensoren. Ihre Abmessungen und ihr geringer Energiebedarf sowie die mit Sensoren kompatible Fertigungstechnologie sind Gründe hierfür. Das Funktionsprinzip der

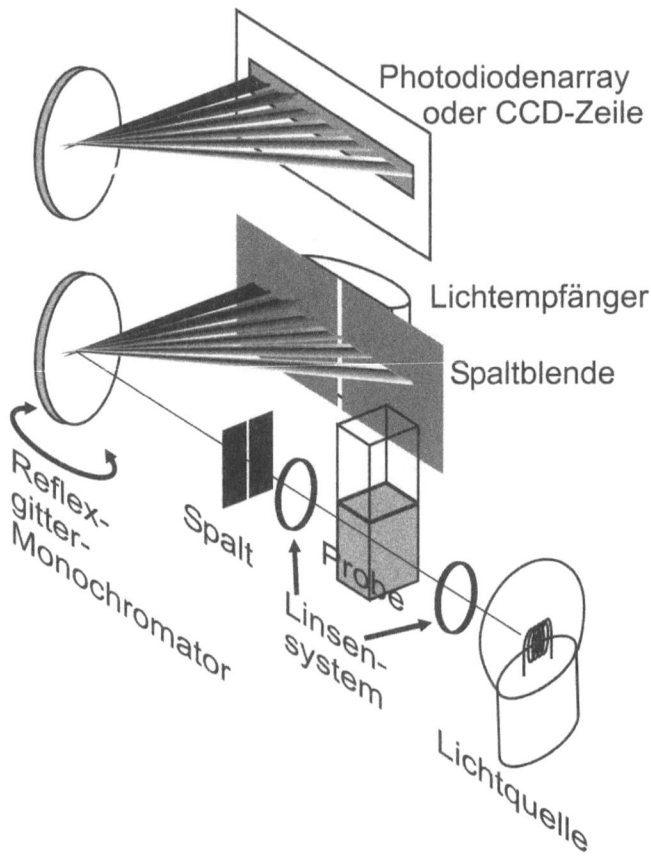

Abb. 2.70 Spektrometer mit Wellenlängen-Scanning (untere Anordnung). Wenn statt der klassischen Technik ein Photodioden-Array verwendet wird, entfällt die Notwendigkeit, Wellenlängen zu variieren. Das gesamte Spektrum wird in einem Zug auf den Lichtempfänger projiziert (obere Anordnung)

lichtemittierenden Dioden (Leuchtdioden) beruht darauf, daß die Elektronen, wenn sie zwischen Leitfähigkeits- und Valenzband wechseln, bei der Rekombination am pn-Übergang Energie in Form von Lichtstrahlung emittieren können. Der Strom, der den pn-Übergang durchfließt, liefert die Energie. LEDs für den sichtbaren Bereich bestehen fast ausschließlich aus den sog. $A^{III}B^{V}$-Halbleitern, also aus Galliumarsenid, GaAs, Galliumphosphid, GaP, oder einer Kombination von beiden. Leuchtdioden haben eine spektrale Bandbreite von ca. 40 nm. Es gibt sie inzwischen, nachdem auch Materialien für den kurzwelligen Bereich gefunden wurden, in allen Farben des sichtbaren Lichts.

Laserdioden (Abb. 2.69 unten) bestehen aus den gleichen Materialien wie LEDs, haben aber einen etwas komplizierteren Aufbau und werden anders betrieben. Niedrige Stromdichten an der Sperrschicht bewirken inkohärente Strahlung, d.h. die LED-Funktion. Von einem gewissen Schwellenwert an kann die Strahlung kohärent werden (Funktion der Diode als Laser). Laserdioden werden meist gepulst betrieben.

Alternativ zu den Linienstrahlern kann monochromatisches Licht aus dem weißen Licht von Kontinuumsstrahlern gewonnen werden. In diesem Fall müssen die Monochromatoren höheren Anforderungen genügen, also schmalbandiger sein. Kontinuumsstrahler sind normalerweise vom Typ des *Schwarzen Strahlers*, d.h. ein Festkörper wird thermisch zum Glühen angeregt und sendet ein breitbandiges Wellenlängengemisch aus. Bekanntestes Beispiel ist die Wolframlampe, die in Form der Halogenlampen eine besonders hohe Temperatur des Glühfadens erreicht und dadurch ein etwas kurzwelligeres Licht emittiert. Allgemein aber ist die Emission Schwarzer Strahler im UV-Bereich unzureichend. Günstiger ist diesbezüglich die Deuteriumlampe. Deuteriumlampen sind zwar keine echten Kontinuumsstrahler, senden aber ein weitgehend kontinuierliches Wellenlängengemisch („weißes Licht") mit hohem UV-Anteil aus. Sie ergänzen im UV-Bereich die Glühlampen.

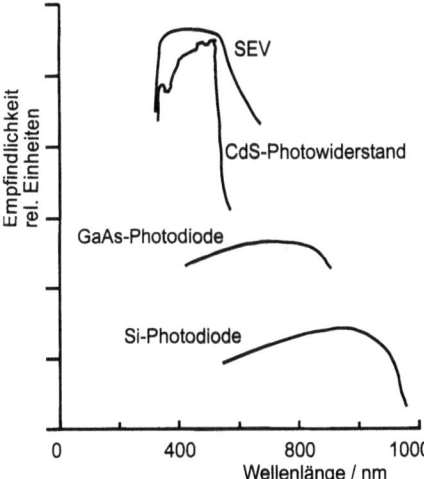

Abb. 2.71 Relative spektrale Empfindlichkeit von Lichtempfängern

Wellenlängenselektion und Lichtempfänger. Es gibt zwei klassische Wege, bestimmte Wellenlängenbereiche auszufiltern. Entweder verwendet man *optische Filter*, die nur eine schmalen Teil des Spektrums durchlassen, oder man zerlegt das Wellenlängengemisch durch einen *Prismen- oder Gittermonochromator* und projiziert das so entstandene Spektrum auf eine Ebene. Mit einer Spaltblende kann man daraus den gewünschten Bereich herausgreifen. Dazu ist es notwendig, den Strahlengang zu *scannen*, um nacheinander die Wellenlängen am Spalt vorbeizuführen. Alternativ gibt es die Möglichkeit, die gesamte spektrale Information in einem Zug aufzunehmen, wenn der Lichtempfänger in der Projektionsebene aus einem Array von Einzelempfängern zusammengestellt ist und dadurch für jede Wellenlänge ein individueller Empfänger zur Verfügung steht (Abb. 2.70). Diese *nichtscannende* Spektroskopie liefert die Information sehr schnell.

Monochromatoren arbeiten entweder mit *Prismen* oder mit *optischen Gittern*, um weißes Licht in seine Wellenlängen zu zerlegen.

Gittermonochromatoren bieten eine wellenlängenlineare Dispersion. Sie können vollständig mit reflektierenden Bauteilen aufgebaut werden und haben dann nicht das Problem, daß bei Prismen die Lichtabsorption des Materials zu Einschränkungen des spektralen Bereichs führt. Insgesamt sind daher Gittermonochromatoren der vorherrschende Typ.

Manchmal genügt eine Wellenlängenselektion durch *optische Filter*, die in den Strahlengang gebracht werden. *Interferenzfilter* haben eine spektrale Bandbreite von wenigen Nanometern.

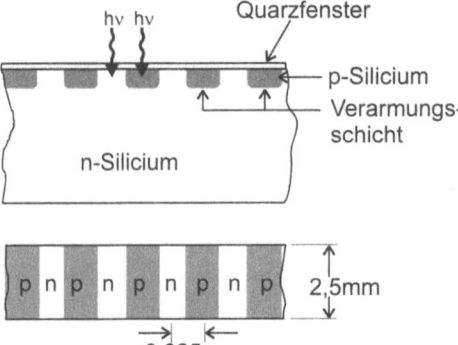

Abb. 2.72 Lineares Dioden-Array. Oben: Querschnitt durch den Chip; unten: Draufsicht

Als *Lichtempfänger* kommt man bei leistungsfähigen Spektrometern bis heute nicht um den *SEV (Sekundärelektronen-Vervielfacher)* herum. Wie die Übersicht in (Abb. 2.71) zeigt, übertrifft er alle anderen wichtigen Lichtempfänger in bezug auf die Leistungsfähigkeit. Der SEV ist eine Weiterentwicklung der Vakuumphotozelle, bei der aus einer Photokathode durch die Einwirkung der Photonen Elektronen freigesetzt werden, die durch Anlegen einer Spannung „abgesaugt" werden und als elektrischer Strom meßbar werden. Beim SEV werden diese Primärelektronen auf weitere emissionsfähige Flächen, die *Dynoden*, gelenkt, so daß der *Primärstrom* kaskadenartig verstärkt wird.

Die Entwicklung der modernen Sensortechnik hat zu einer intensiven Suche nach Alternativen für die teuren und voluminösen Sekundärelektronenvervielfacher geführt. Man muß hier noch immer Abstriche in Kauf nehmen, versucht aber durch Anwendung rechenintensiver Korrekturverfahren die Nachteile der Halbleiterbauelemente zu minimieren.

In Abb. 2.71 wird der Versuch gemacht, die von den Lichtempfängern gelieferten unterschiedlichen Signale vergleichbar zu machen. Die angegebenen „relativen Einheiten" sind Schätzungen, die vom erreichbaren praktischen Nutzen ausgehen. Wirklich wichtig sind im Zusammenhang mit den optischen Sensoren nur die empfindlichsten Lichtempfänger, an der Spitze der SEV. Dieser hat neben seiner hohen Empfindlichkeit den Vorteil der Anpaßbarkeit an den untersuchten spektralen Bereich. Halbleiter-Photowiderstände wie etwa der CdS-Photowiderstand haben zwar vergleichbare Empfindlichkeiten und einen günstigen spektralen Bereich, sind aber wegen ihrer Trägheit nicht brauchbar, von einzelnen Sonderfällen abgesehen.

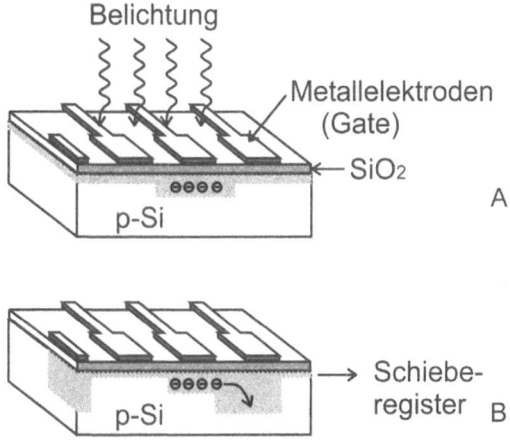

Abb. 2.73 Arbeitsweise eines CCD-Arrays. A Freie Ladungen werden durch Belichtung gebildet und durch ein anliegendes elektrisches Feld festgehalten; B synchroner Ladungstransport in ein Schieberegister zum Auslesen der Werte

Die klassischen Lichtempfänger werden zwar auch zusammen mit optischen Sensoren eingesetzt, aber hier gibt es eine Diskrepanz zum Anliegen, chemische Sensoren klein, billig und mobil zu machen. Viel besser zu diesem Anliegen passen die Photodioden. Die Silicium-Photodiode ist weit verbreitet, leidet aber unter dem Mangel, daß ihre Empfindlichkeit im infraroten Spektralbereich sehr hoch ist. Das führt zu einer unerwünschten Temperaturempfindlichkeit. Photodioden auf der Basis von GaAs, GaP und InP haben bessere spektrale Eigenschaften. Photodioden arbeiten auf der Basis des *Inneren photoelektrischen Effekts*. Wenn ein pn-Übergang in Sperrichtung gepolt wird, dann entsteht eine *Verarmungszone*. Von dieser Zone werden Photonen absorbiert, was zur Freisetzung von Ladungsträgern führt. Die gebildeten Elektronen-Loch-Paare werden schnell durch das anliegende elektrische Feld abgeführt. Der Photostrom ist proportional der Anzahl der pro Zeiteinheit einfallenden Photonen. Photodioden haben eine sehr kurze Ansprechzeit, aber relativ hohes Rauschen.

Sofern es nicht ausreicht, Sensoren, z.B. mit Lichtleitkabel, mit einer Leuchtdiode als Lichtquelle und einer Photodiode als Lichtempfänger zu betreiben, dann sind *Photodioden-Arrays (Optische Mehrkanal-Analysatoren)* eine elegantere Lösung als die klassische Dispersionsanordnung mit SEV am Ende. Photodioden-Arrays wurden zuerst als lineare Anordnung einer großen Anzahl in den gleichen Chip integrierter Photodioden gebaut (lineare Photodioden-Arrays, Abb. 2.72).

Das Problem bei solchen Anordnungen ist, daß jede Diodeneinheit separat kontaktiert und mit einer individuellen Ansteuerung versehen sein muß. Dieses Problem ist bei den Arrays nach dem CCD-Prinzip (Charge Coupled Devices, Abb. 2.73) weniger kritisch. Dort sind nur noch einfache Metallstreifen über der Struktur notwendig. Die bei Belichtung gebildeten Ladungen werden taktartig „hinausgeschoben" und in ein Schieberegister transportiert. Dort können sie als digitale Information ausgelesen werden. Es ist üblich geworden, alle miniaturisierten Photodiodenarrays als „CCD-Arrays" zu bezeichnen. Die massenweise Verwendung dieser Schaltkreise in Digitalkameras hat zu günstigen Preisen geführt.

Bei optischen Sensoren wird fast ausschließlich von faseroptischen Bauelementen Gebrauch gemacht. Diese werden in den einschlägigen Kapiteln näher betrachtet.

Interferometer und Fourier-Transform-Spektrometer

Eine Alternative zur Gewinnung der spektralen Information mit klassischen

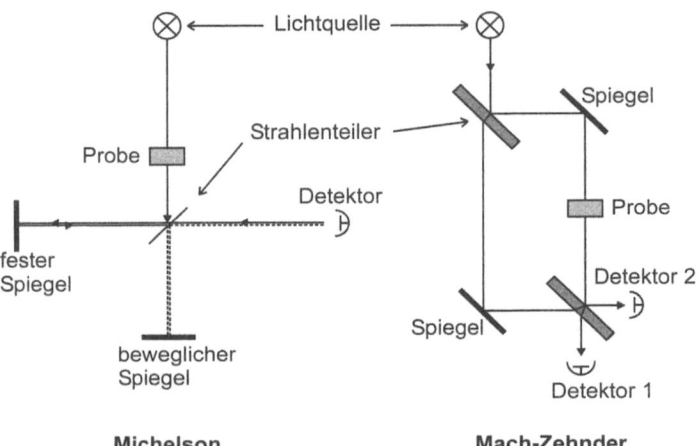

Abb. 2.74 Funktionsprinzip der Interferometer nach Michelson (links) und Mach-Zehnder (rechts)

Spektrometern, wie sie schematisch in Abb. 2.67 dargestellt sind, bieten die *nichtdispersiven Verfahren*. Diese besonders für Messungen im infraroten Bereich wichtigen Verfahren basieren im allgemeinen auf der *Interferometrie*. Die Probe wird von *polychromatischem Licht* durchstrahlt. Es entsteht ein *Interferenzmuster*, das alle Informationen enthält, die auch ein mit dispersiven Spektrometern gewonnenes Spektrum liefern würde. Einige Typen von Interferometern lassen sich als integrierte optische Bauelemente mit geringen Abmessungen herstellen und sind daher besonders für die Anwendung in der Sensorik geeignet.

Am Beispiel des in Abb. 2.74 (links) schematisch dargestellten Michelson-Interferometers läßt sich das Prinzip der Methode am besten erklären. Das polychromatische Licht wird an an einem halbdurchlässigen Spiegel in zwei Strahlen geteilt, die am Detektor wieder vereinigt werden, nachdem jeder der Strahlen auf die Oberfläche je eines weiteren Spiegels gefallen ist. Wären beide Strahlen von exakt gleicher Länge, dann wäre zwischen dem Licht am Eintritt und am Austritt des Interferometers kein Unterschied zu erkennen. Einer der beiden Spiegel ist jedoch beweglich und schwingt mit der Amplitude Δx. Infolgedessen kommt es periodisch zu Interferenzerscheinungen. Wenn die Auslenkung gerade einem Vielfachen einer bestimmten Wellenlänge entspricht, d.h. Wellenberg auf Wellenberg trifft, wird die Intensität verstärkt. Das Gegenteil, d.h. die Auslöschung der Lichtintensität geschieht für ungerade Vielfache der halben Wellenlänge (Wellenberg trifft auf Wellental). Stellt man für ein gegebenes polychromatisches Licht die Intensität als Funktion der momentanen Spiegelposition x dar, dann erhält man ein charakteristisches Bild. Da die Spiegelposition mit den Interferenzwellenlängen in Beziehung steht, läßt sich die Intensität relativ leicht als Funktion der Frequenz oder der Wellenzahl darstellen. Man erhält also ein *Spektrum*. Zum gleichen Ergebnis führt die Fourier-Transformation jeder zeitabhängigen Intensitätsfunktion, wie sie häufig als Ergebnis einer physikalischen Messung vorliegt. Es geht darum, die Funktion $I = f(t)$ in eine Funktion $I = f(\bar{v})$ zu transformieren. Das aus der Intensitätsverteilung ermittelte Spektrum enthält alle Informationen, die man durch eine spektrale Messung mit monochromatischem Licht variabler Wellenlänge gewonnen hätte.

Besonders wichtig für die Sensorik sind *integrierte* optische Anordnungen, die als *Mach-Zehnder-Interferometer* bekannt sind (Abb. 2.74 rechts). In diesen Interferometern wird der polychromatische Lichtstrahl wiederum in zwei Pfade aufgeteilt. Zur Erklärung der Wirkungsweise kann man annehmen, daß zunächst beide Pfade vollständig von gleicher Länge sind. Alle Wellenlängen sind dann ebenso *in Phase* wie vor dem Eintritt in das Interferometer. Es gibt keine Interferenzerscheinungen. Sobald in einem der beiden Pfade die Weglänge des Lichts verändert wird, z.B. indem ein Probemedium eingebracht wird, kommt es zu Interferenzerscheinungen. Im betreffenden Interferenzbild sind die optischen informationen über das Probematerial enthalten. Zur Anwendung als Sensor werden Mach-Zehnder-Interferometer oft mit Lichtleitkabeln realisiert. Einer der resultierenden Zweige wird der Probe ausgesetzt, wodurch sich infolge Veränderung des Winkels der Totalreflexion eine Weglängendifferenz ergibt, die nach Auswertung die Zusammensetzung der Probe widerspiegelt.

Mit miniaturisierten Mach-Zehnder-Interferometern in der Technologie der *integrierten Optik* wurden Sensoren für gasförmige und gelöste Bestandteile aufgebaut. Die Technologie erlaubt es, komplette Geräte mit einem Flächenbedarf in der Größenordnung von Quadratzentimetern herzustellen. Lichtleitende Pfade werden oft durch gezieltes Eindiffundieren fremder Ionen in Glassubstrate entlang einer Linie erzeugt, wodurch ein dünner Kanal mit verändertem Brechungsindex entsteht. Ein Beispiel wurde im Abschn. 2.3.4 gegeben.

2.5 Literatur

Allen PM, Hill HAO, Walton NJ (1984), J Electroanal Chem 178:69
Flink S, Boukamp BA, van den Berg A, van Veggel FCJM, Reinhoudt DN (1998), J Am Chem Soc 120:4654–4657
Gaines Jr GL (1966), Insoluble monolayers at liquid-gas interfaces, New York: John Wiley
Gründler P, Kirbs A (1999) The technology of hot-wire electrochemistry, Electroanalysis 11:223–228
Gründler P, Kirbs A, Tadesse Zerihun (1996) Hot-wire electrodes: Voltammetry above the boiling point, Analyst 121:1805–1810
Persson B, Gorton L (1990), J Electroanal Chem 292:115
Ulman A, Chem Rev 1996, 96:1533–1554
Wollman EW, Frisbie CD, Wrighton MS (1993), Langmuir 9:1517

3 Strukturierte Halbleiter als chemische Sensoren

Strukturierte Halbleiter, also Dioden, Transistoren, Gatter u.v.a.m. sind die Grundlage des außerordentlichen Erfolgs der mikroelektronischen Technologie. Entwickelt wurden sie in den meisten Fällen, um kleine elektrische Signale zu verstärken. Umwelteinflüsse, wie Umgebungstemperatur oder Lichteinwirkungen, wurden zuerst eher als Störgrößen wahrgenommen. Es lag also nahe, aus der Not eine Tugend zu machen und die hohe Empfindlichkeit der Bauelemente gegen Störgrößen zur Messung eben dieser "Störgrößen" einzusetzen. Halbleiterstrukturen sind von vornherein Sensoren für Temperatur und elektromagnetische Wellen. Als Basis für chemische Sensoren eignen sie sich, weil chemische Wechselwirkungen sehr oft in kleine elektrische Signale umgewandelt werden können, die vom Halbleiter-Bauelement immer dann besonders unverfälscht gemessen werden können, wenn das verstärkende Element unmittelbar mit dem chemischen Rezeptor gekoppelt ist.

Eine besonders wichtige Rolle für die chemischen Sensoren spielen MOS-Strukturen, die millionenfach in den Speicherchips und den Prozessoren unserer Mikrocomputer verbreitet sind. Das wichtigste Grundelement ist der MOS-Feldeffekt-Transistor (MOSFET), dessen Schaltzeichen und grundsätzlicher Aufbau im Kap. 2, Abschn. 2.1 erläutert wurden. Normalerweise dient dieses Bauelement zur Verstärkung kleiner Spannungen, da bereits eine kleine Spannung zwischen den Anschlüssen G und S wegen der sehr dünnen Isolierschicht auf dem Gate eine hohe Feldstärke hervorbringt, die als Steuerspannung für den Drainstrom dient.

Die Funktion „Spannungsverstärkung" des MOSFETs ist zur Basis wichtiger chemischer Sensoren geworden. Die Entwicklung hat aber mit einer eher nebensächlichen Eigenschaft des Bauelements begonnen. Dabei ist ein gassensitiver MOSFET gewissermaßen als Nebenprodukt der Mikroelektronik entwickelt worden (Lundström 1975). Praktische Bedeutung haben Wasserstoff-Sensoren auf dieser Basis. Um chemische Sensitivität zu erzeugen, müssen Konzentrationsänderungen eine variable Steuerspannung am Gate hervorbringen. Im Falle des Wasserstoffsensors wird dies dadurch erreicht, daß als Gate-Elektrode eine Palladiumschicht verwendet wird. Palladium hat ein besonders hohes Lösungsvermögen für elementaren Wasserstoff. Bei einer Betriebstemperatur von etwa 150 °C dissoziieren die Wasserstoffmoleküle in freie Atome. Diese diffundieren durch die Metallschicht und werden an der Grenzfläche zum Siliciumdioxid adsorbiert (siehe schematische Darstellung in Abb. 3.1). Dort werden sie polarisiert, d.h. sie bilden eine Dipolschicht. Dies entspricht einer partiellen Ladungstrennung und damit einer Spannung an der Grenzfläche. Diese Spannung wird in eine meßbare Stromänderung im Ausgangskreis (Source – Drain) umgesetzt. Der Zusammenhang zwischen Meßgröße und Konzentration ist logarithmisch, was sich durch die Annahme erklären läßt, daß die Phasengrenze Metall – Isolator als galvanische Halbzelle betrachtet werden kann. Das Verhalten solcher Systeme kann mit der Nernstschen Gleichung (Gl. 2.33) beschrieben werden.

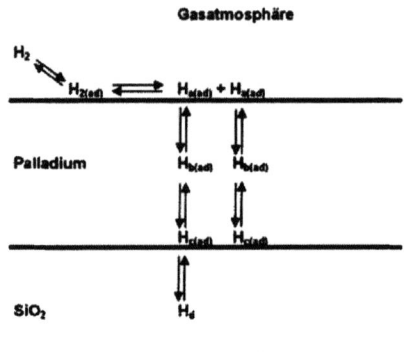

Abb. 3.1 Entstehung einer Spannung an der Grenze zwischen der Gate-Schicht und der isolierenden SiO_2-Schicht. $H_{a(ad)}$ und $H_{b(ad)}$ adsorbierte Wasserstoffatome; H_d Wasserstoffatome, die in SiO_2 beweglich sind

Außer dem wasserstoffsensitiven MOSFET gibt es solche für Ammoniak und einige weitere wasserstoffhaltige Gase wie Arsin und Schwefelwasserstoff. Auch über Gassensoren, die sensitiv gegen Fluor, Fluorwasserstoff und Sauerstoff sind, wurde berichtet. Sie enthalten eine dünne gesputterte Platinschicht über einer Lanthanfluoridschicht auf dem Gate. Die Wirkungsweise dieser Sensoren ist nicht vollständig klar. Sicher ist, daß Austauschvorgänge in der Lanthanfluoridschicht eine Rolle spielen.

Ein entscheidender Vorteil der gassensitiven MOS-Sensoren ist die ausgereifte Technologie, die eine Fertigung in großen Stückzahlen und damit zu günstigen Preisen zuläßt. Anwendungsbeispiele sind sehr zahlreich und reichen von der Erkennung von Lecks in korrodierten Erdölleitungen bis zur Untersuchung der molekularen Vorgänge bei der Reaktion von Wasserstoff- mit Sauerstoffspuren im Hochvakuum.

In den geschilderten Gassensoren wird der MOSFET nicht als Triode, sondern als Diode geschaltet. Dies ist ein Spezialfall, der nur im Gasraum, nicht aber in Flüssigkeiten anwendbar ist. In Flüssigkeiten kann man, wegen der andersartigen Leitfähigkeiten, die Triodenfunktion des MOSFETs ausnutzen. Es entsteht dann eine erfolgreiche Klasse chemischer Sensoren, für die oft Begriffe wie CHEMFET oder ISFET angewandt werden. Darüber hinaus gibt es eine Vielfalt von Abkürzungen, die einer Erläuterung bedürfen. Tabelle 3.1 gibt eine Zusammenstellung.

Bei den MOS-Sensoren für Flüssigkeiten, die als ISFET, ENFET oder IMFET bekannt sind, handelt es sich im wesentlichen um die enge Kopplung einer chemischen Rezeptorschicht mit dem MOSFET als Spannungsverstärker. Diese Kombinationen gehören zu den elektrochemischen Sensoren. Sie werden im Kap. 7 behandelt.

Tabelle 3.1 Begriffe im Zusammenhang mit Sensoren auf der Basis von Feldeffekttransistoren

Abkürzung	Bedeutung
FET	**F**ield **E**ffect **T**ransistor. Verstärkendes Halbleiter-Bauelement mit den Anschlüssen Gate, Source und Drain. Hochohmiger Eingang am Gate. Spannungsverstärkung
MOSFET	**M**etal **O**xide **S**emiconductor-FET. Schichtfolge eines MOSFETs, bei dem Ein- und Ausgangskreis durch eine isolierende Oxidschicht getrennt sind
IGFET	**I**nsulated **G**ate-FET. Oberbegriff für FETs, bei denen das Gate durch eine isolierende Schicht vom übrigen Halbleiterkörper getrennt ist
OSFET	**O**xide **S**ilicon-FET. Spezialfall von ISFET und IGFET mit SiO_2 als Isolierschicht
OGFET	**O**pen **G**ate-FET. Betrieb des FET mit offen gelassenem Gate-Anschluß (in Diodenschaltung)
GASFET	**Gas**sitiver FET, z.B. mit Palladium als H_2-sensitive Schicht
CHEMFET	**CHEM**ically sensitive FET
ISFET	**I**on **S**ensitive FET, Ionensensitiver FET
IMFET	**Im**munologischer FET. Die immunologische Reaktion (Komplexbildung aus Antigen und Antikörper9 wird ausgenutzt
pH-FET	**pH**-sensitiver FET
ENFET	**En**zym-FET

3.1 Literatur

Lundström I, Shivaraman, S, Svensson C, Lundkvist L (1975), Appl. Phys. Lett. 26:55–57
Moseley PT (1991) New trends and future prospects of thick- and thin-film gas sensors Sensors Actuators B 3:167-74

4 Massenempfindliche Sensoren

Massenempfindliche Sensoren sind im Prinzip Waagen, die auf kleinste Massenänderungen mit einem meßbaren elektrischen Signal reagieren. Die bekanntesten Sensoren dieser Art beruhen auf dem *piezoelektrischen Effekt* (Kap. 2, Abschn. 2.1.3). Ein chemischer Sensor entsteht dann, wenn man Schichten auf einen Piezokristall aufbringt, die selektiv bestimmte Substanzen aufnehmen. Die resultierende Massenänderung ist elektrisch als Frequenzänderung meßbar.

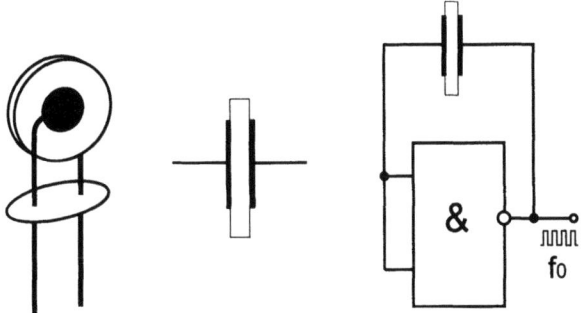

Abb. 4.1 Schwingquarz (links) mit Schaltzeichen (mitte) und Anordnung in einem Schwingkreis (rechts)

Bevorzugtes Material für Piezokristalle sind Einkristalle aus Quarz, die entlang bestimmter Vorzugsflächen geschnitten wurden. Bringt man Metallschichten auf und kontaktiert diese, dann entsteht ein Schwingquarz. Solche Schwingquarze können durch elektronische Rückkopplungsschaltungen zu Schwingungen angeregt werden, z.B. durch Kopplung mit einem *Negator-Schaltkreis* (Abb. 4.1). Der entstehende *Schwingkreis* (rechts in Abb. 4.1) liefert dann an seinem Ausgang eine Wechselspannung äußerst stabiler Frequenz, der *Resonanzfrequenz f_0*. Die Abhängigkeit von der Temperatur und anderen äußeren Einflüssen ist sehr gering. Die Schaltung in Abb. 4.1 kann also einerseits als präzises Frequenznormal dienen, andererseits läßt sich ihre Frequenz aber auch mit sehr großer Präzision messen. Dies geschieht durch einfaches Zählen der Perioden. Auf diese Weise funktioniert die Zeitanzeige in allen modernen Quarzuhren. Daß dies hochpräzise Instrumente sind, wird deutlich, wenn man sich überlegt, welcher Fehler durch eine Minute Abweichung pro Woche (dies entspricht einer sehr einfachen digitalen Armbanduhr) entsteht: Ein Fehler von nur 0,01 Prozent!

Die Schwingung eines Piezokristalls ist mit der Ausbreitung von Schallwellen verbunden. Diese können sich entweder durch das Innere des Kristalls bewegen, oder an seiner Oberfläche. Den Unterschied zwischen diesen beiden akustischen Erscheinungen kann man sich ungefähr verdeutlichen, wenn man sich vorstellt, was geschieht, wenn ein Sprengkörper unter Wasser explodiert, oder wenn die Oberfläche eines Teiches durch einen Steinwurf zur Wellenbildung angeregt wird.

Beide Ausbreitungsarten lassen sich zum Aufbau massenempfindlicher chemischer Sensoren nutzen. Wellenausbreitung im Inneren des Kristalls ist die Grundlage der sogenannten BAW- Bauelemente (bulk acoustic waves). Oberflächenausbreitung wird in den SAW-Sensoren (surface acoustic waves) genutzt.

4.1 BAW-Sensoren

BAW-Sensoren sind im wesentlichen klassische Schwingquarze mit metallisierten Flächen zur Kontaktierung und mit selektiv wirkenden Akzeptorschichten für den Analyten. Der Analyt wird an diese Schichten gebunden und ruft dort eine Masseänderung hervor. Diese führt zu einer meßbaren Frequenzänderung. Die Sauerbrey-Gleichung (Kap. 2, Abschn. 2.1.3) ist die Grundlage der quantitativen Auswertung.

Tabelle 4.1 Durch massenempfindliche Sensoren bestimmbare Komponenten und dazugehörige Adsorptivschichten

Analyt	Adsorptivschicht
Wasserstoff	Palladium; Platin
Quecksilber	Gold
Wasserdampf	Gelatine; Lithiumchlorid; Polyethylenglykol
Kohlendioxid	Dioctadecylamin
Ammoniak	Pyridoxinhydrochlorid; Ascorbinsäure + Silbernitrat
Schwefeldioxid	Organische Amine
Schwefelwasserstoff	Schwelrückstand von Chlorbenzoesäure, (acetonischer Extrakt); Silberacetat
Kohlenwasserstoffe	Unpolare gaschromatographische Säulenmaterialien, z.B. Carbowax 550

Eine der ersten Anwendungen für BAW-Sensoren war die Bestimmung von Wasserstoff in Gasgemischen. Hierzu werden die Kristallflächen mit Palladium metallisiert, das wie schon erwähnt ein hohes Lösevermögen für Wasserstoff hat. Die Wasserstoffaufnahme ist reversibel, d.h. bei nachlassendem Gehalt des Gases verringert sich die Masse der Palladiumschicht wieder. Ein Sensor für Quecksilberdampf entsteht, wenn Gold als Metallisierung verwendet wird. Quecksilber legiert sich sehr leicht mit Gold. Quecksilberspuren werden begierig aus der Gasatmosphäre aufgenommen, aber nicht ohne weiteres wieder abgegeben. Der Sensor muß nach der Messung wieder gebrauchsfähig gemacht werden, indem man die Goldschicht auf ca. 150°C erhitzt. Es lassen sich noch zahlreiche weitere Sensoren aus dem schwingenden Quarzkristall ableiten. Mit Ausnahme der Sensoren für Wasserstoff und Quecksilberdampf erfordern alle eine zusätzliche Akzeptorschicht, die die zu bestimmende Komponente aus dem Gasraum aufnehmen kann, so daß eine Masseänderung entsteht. Die Kunst besteht nunmehr darin, die richtige Beschichtung zu finden. Diese soll möglichst selektiv mit mit der zu bestimmenden Komponente in Wechselwirkung treten, jedoch so wenig wie möglich durch andere Parameter verändert werden. Die hohe Präzision der Frequenzmessung würde wenig nützen, wenn Schichten z.B. flüchtige Komponenten enthalten. Tabelle 4.1 gibt eine Übersicht bekannter Sensoren. Nicht enthalten sind solche, bei denen eine Reaktion vorgeschaltet werden muß. Ein Beispiel dafür ist ein Sensor für Kohlenmonoxid, bei dem der Analyt zunächst bei 210°C mit Quecksilber(II)oxid umgesetzt wird. Das freigesetzte Quecksilber wird mit dem piezoelektrischen Quecksilbersensor bestimmt.

Einige der Adsorptivschichten reagieren irreversibel mit dem Analyten, so z.B. Ammoniak mit Ascorbinsäure und Silbernitrat oder Schwefelwasserstoff mit Silberacetat. Die Selektivitäten sind sehr unterschiedlich. Während z.B. Palladium eine ausgeprägte Selektivität für Wasserstoff hat, sind organische Amine wenig selektiv für Schwefeldioxid, ebenso wie auch Carbowaxe (als stationäre chromatographische Phase bekannt) außer mit Kohlenwasserstoffen auch mit zahlreichen weiteren unpolaren Gasen in Wechselwirkung treten. Die Ansprechzeiten sind ebenfalls sehr unterschiedlich. In manchen Fällen ist der Mechanismus der Wechselwirkung mit dem Analyten unbekannt, so z.B. bei der Adsorptivschicht, die aus dem acetonischen Extrakt des Schwelrückstands von Chlorbenzoesäure gewonnen wird. Diese Schicht ist hochselektiv für Schwefelwasserstoff und erlaubt es, Spuren dieses Gases bis zu 1 ppm in Luft zu bestimmen.

Die Anwendung piezoelektrischer Sensoren in Lösungen ist wesentlich schwieriger als die in Gasen, da die umgebende Flüssigkeit stark dämpfend auf den schwingenden Kristall wirkt. Zwar sind die Probleme technisch gelöst, analytische Anwendungen sind aber bis heute selten geblieben. Am besten untersucht ist die Anwendung in Immunoassays, bei denen ein Antikörper auf dem Kristall immobilisiert wurde. Die spezifische Wechselwirkung mit dem in der Lösung enthaltenen Antigen führt zu einer meßbaren Masseänderung. Piezoelektrische Sensoren in der Flüssigphase gehorchen nicht der Sauerbrey-Gleichung.

In der Elektrochemie ist der piezoelektrische BAW-Sensor als „Elektrochemische Quarz-Mikrowaage" (EQCM) zu einem sehr wichtigen Forschungsinstrument geworden. Metallabscheidungen, Korrosionsvorgänge und die Bildung von Passivschichten lassen sich damit auf elegante Weise untersuchen.

4.2 SAW-Sensoren

Piezoelektrische Sensoren, bei denen die Oberflächenwelle ausgenutzt wird, sind in den letzten Jahren stark in den Vordergrund getreten. Das Prinzip wird in Abb. 4.2 veranschaulicht.

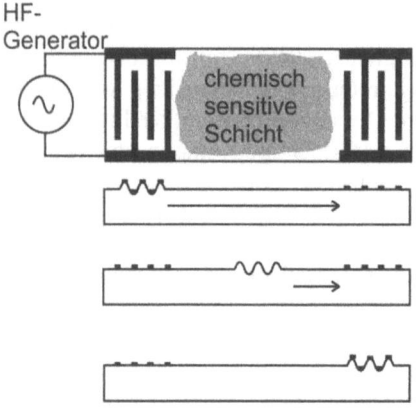

Abb. 4.2 SAW-Anordnung (oben) mit vereinfachter Darstellung der Oberflächenwelle

Eine weit verbreitete Anordnung besteht aus zwei interdigitierten Strukturen aus dünnen Metallschichten, die in einiger Entfernung voneinander auf einer piezoelektrischen Basisplatte aufgebracht sind. Eine dieser Strukturen dient als *Sender*, die andere als *Empfänger* der akustischen Oberflächenwelle. Zwischen beiden befindet sich eine *Verzögerungsschicht*, die mit einer chemisch sensitiven Beschichtung imprägniert ist. Wenn zwischen den Elektroden des *Senders* eine Wechselspannung angelegt wird, ensteht infolge des Piezoeffekts eine mechanische Oberflächenschwingung, die sich entlang der Verzögerungsstrecke ausbreitet. Am *Empfänger* ruft die mechanische Schwingung eine Wechselspannung hervor, deren Frequenz gemessen werden kann. Die Frequenz der erzeugten Schwingung hängt vom Abstand der Metallelektroden ab, die Resonanzfrequenz des gesamten Körpers wird hierdurch, aber auch von der Geschwindigkeit der vom *Sender* zum *Empfänger* laufenden Welle bestimmt. Das Sensorsignal entsteht durch die Wechselwirkung der sensitiven Schicht mit der Oberflächenwelle entlang der *Verzögerungsstrecke*. Kleinste Massenänderungen dieser Schicht beeinflussen die Laufzeit der Welle und werden als Frequenzänderung meßbar. Unter den üblicherweise anzutreffenden Bedingungen gehorcht die Frequenzänderung folgender vereinfachter Gleichung:

$$\Delta f = (k_1 + k_2) f_0^2 \cdot h \cdot \rho' \qquad (4.1)$$

In Gleichung (4.1) bedeuten k_1 und k_2 Materialkonstanten des piezoelektrischen Substrates, h die Dicke des Überzuges und ρ' dessen Dichte. Da k_1 und k_2 für die normalerweise verwendeten Quarzmaterialien die Werte $-8{,}7 \cdot 10^{-8}$ bzw. $-3{,}9 \cdot 10^{-8}$

4.2 SAW-Sensoren

m^2s/kg haben und da Frequenzen im Gigahertzbereich anwendbar sind, entsteht eine sehr hohe Empfindlichkeit gegen für Masseänderungen als Folge der Wechselwirkung mit dem Analyten. Mengen im Picogramm-Bereich sind meßbar.

Als chemisch sensitive Schichten werden alle in Tabelle 4.1 genannten Materialien mit Ausnahme der metallisch leitenden Überzüge verwendet.

Einer der wichtigsten Vorteile von SAW-Anordnungen ist, daß sie sehr leicht miniaturisiert werden können. Dadurch sind die Technologien der Mikroelektronik anwendbar, was die Fertigung großer Stückzahlen zu günstigen Preisen möglich macht.

Auf einem einzigen piezoelektrischen Substrat können mehrere SAW-Sensoren aufgebracht und unabhängig voneinander betrieben werden. Die entstehenden Arrays sind wichtig für die Entwicklung von sog. „elektronischen Nasen" und anderer Multikomponenten-Analysatoren (siehe Kap. 10).

# 5 Leitfähigkeits- und Kapazitätssensoren

Mit Hilfe von Widerstandsmessungen (ebenso gut kann man von Leitfähigkeitsmessungen sprechen) lassen sich sehr oft Informationen über die Zusammensetzung von Medien gewinnen. Im einfachsten Falle ist der Widerstand des Mediums selbst ein Maß für die Konzentration seiner Bestandteile. Man muß dann nur mit einer einfachen Sonde diesen Widerstand messen. In anderen Fällen wird das Prinzip der *Widerstandswandlung* genutzt, d.h. im Sensor führt die Wechselwirkung mit der Probe zur Widerstandsänderung einer Rezeptorschicht, die dann gemessen werden kann.

Widerstände von Sensorschichten werden, wie weiter unten begründet, fast immer durch Wechselstrommessungen ermittelt. Dabei wird der Wechselstromwiderstand, die *Impedanz*, gemessen. Von der Meßmethode, der *Impedimetrie*, wird die Bezeichnung *impedimetrischer Sensor* abgeleitet. Sie wird mittlerweile in sehr großzügiger Weise für die zahlreichen Widerstandssensoren für Flüssigkeiten verwendet. Hier ist Vorsicht geboten, denn ursprünglich war die Impedimetrie (auch *Elektrochemische Impedanzspektroskopie, EIS*) eine Methode, mit der sich Aussagen über die Elektrolysevorgänge an stromdurchflossenen Elektroden gewinnen ließen (siehe auch Kap. 2, Abschn. 2.2.6). Nach Meinung vieler Elektrochemiker sollte von Impedimetrie nur gesprochen werden, wenn Elektrolysevorgänge (elektrochemische Vorgänge im engeren Sinne) beteiligt sind.

Der komplexe Wechselstromwiderstand setzt sich aus realen (ohmschen) und imaginären Anteilen zusammen. Besonders wichtig ist der *kapazitive Widerstandsanteil*. Wenn dieser bei der Messung überwiegt, handelt es sich um einen kapazitiven Sensor. Der Übergang zwischen resistiven und kapazitiven Sensoren ist fließend.

Für die chemische Sensorik sind die folgenden Fälle besonders wichtig:
- Der Widerstand einer Elektrolytlösung ist von den Konzentrationen der beteiligten Ionen abhängig und enthält daher von vornherein eine analytische Information. Der „Sensor" ist in diesem Falle nur eine einfache Sonde aus zwei Metallkörpern (Elektroden), zwischen denen sich das Probemedium befindet. Die analytische Information wird durch Leitfähigkeitsmessung (*Konduktometrie*) bestimmt
- Als Rezeptor dient eine Schicht aus halbleitenden Festkörpern, Polymeren oder Gelen, deren Widerstand bzw. deren Dielektrizitätskonstante sich infolge Wechselwirkung mit der Probe so verändert, daß aus Widerstandsmessungen Rückschlüsse auf die Zusammensetzung der Probe gezogen werden können

5.1 Konduktometrische Sensoren

Wie schon im Kap. 2, Abschn. 2.2.6 ausgeführt wurde, hängt der Wechselstromwiderstand (die *Impedanz*) in komplizierter Weise von den Vorgängen an der Elektrodenoberfläche, aber auch vom Widerstand der Lösung im Inneren der Lösung ab. Man kann daher, wenn man will, konduktometrische Messungen zu den elektrochemischen Untersuchungsmethoden zählen. In den folgenden Ausführungen wird jedoch davon ausgegangen, daß es sich bei den Eigenschaften im Inneren einer homogenen Lösung, weit entfernt vom Ort chemischer Umsetzungen, nicht um Elektrochemie handelt. Zwar ist die Konduktometrie mit Wechselspannungen ein Sonderfall der Impedanzmessung. Konduktometrische Sensoren werden aber in den folgenden Ausführungen als reine Widerstandssensoren betrachtet.

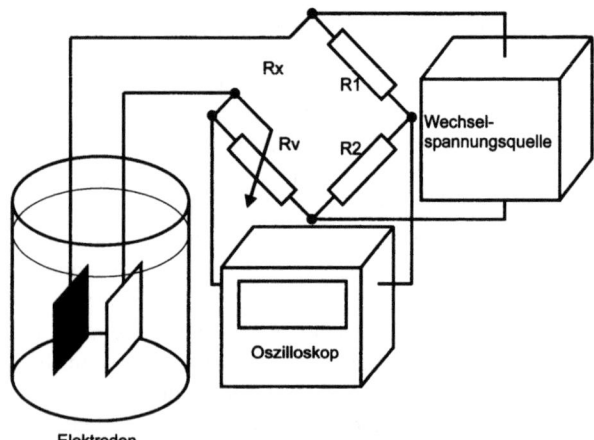

Abb. 5.1 Prinzip der Leitfähigkeitsmessung von Elektrolytlösungen mit der Wheatstoneschen Brückenschaltung

Die Messung der elektrolytischen Leitfähigkeit von Lösungen gehört zu den ältesten instrumentellen Methoden der Konzentrationsbestimmung. Die Meßanordnung ist sehr einfach. Es genügt, den Wechselstromwiderstand zwischen zwei inerten Elektroden zu messen. Wie bei jeder anderen Widerstandsmessung ist hierfür die bekannte Wheatstonesche Brückenschaltung geeignet (Abb. 5.1). Die Brücke wird auf Null abgeglichen, d.h. der regelbare Widerstand R_v wird so eingestellt, daß das Nullinstrument (es muß zur Anzeige von Wechselströmen oder -spannungen geeignet sein, oft wird ein Oszilloskop verwendet) auf Null steht. Dann gilt die Bedingung

$$R_x = R_v \frac{R_1}{R_2} \tag{5.1}$$

Genau genommen enthält das Resultat der Brückenmessung außer dem ohmschen Anteil, der durch die Ionenkonzentration bestimmt wird, einen unerwünschten kapazitiven Anteil. Bei einfachen Leitfähigkeitssonden, die unter die Sensoren gezählt werden dürfen, wird dieser Anteil durch die Gestaltung der Sonde vernachlässigbar gehalten. Wechselstrom muß verwendet werden, um die elektrolytische Zersetzung der Lösung und damit die Entstehung von Produkten an den Elektrodenoberflächen klein zu halten. Meßbrücken können als selbstabgleichende Geräte ausgeführt werden. Sie sind wenig gebräuchlich, wenn Leitfähigkeitssonden als Sensoren dienen sollen. Stattdessen wird häufig die Spannung zwischen zwei weiteren Kontakten, die innerhalb der Strecke zwischen den äußeren Elektroden stehen, gemessen (Abb. 5.2). Diese sog. Vierpunktmethode läßt sich gut mit Miniatur-Leitfähigkeitssonden ausführen.

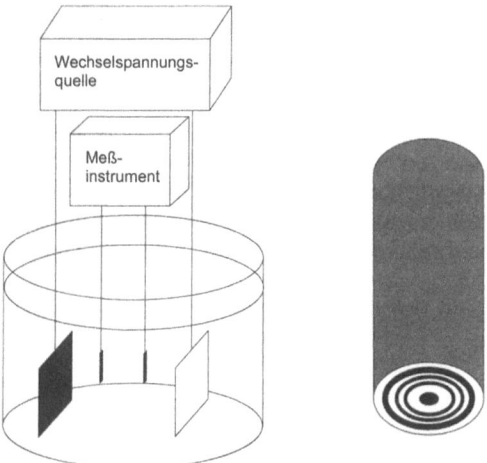

Abb. 5.2 Leitfähigkeitsmessung nach der Vierpunktmethode. Links: Prinzip; rechts: Zylindrische Sonde mit 4 Elektroden

Mit Leitfähigkeitssonden in Elektrolytlösungen können nur Ionenkonzentrationen gemessen werden. Grundlage ist das Kohlrauschsche Gesetz von der unabhängigen Ionenwanderung, das streng genommen nur für unendliche Verdünnung gilt. Jede Ionensorte hat eine charakteristische *Ionenbeweglichkeit u*. Diese Größe und die Ionenkonzentration bestimmen den Beitrag zur Gesamtleitfähigkeit. Aus dem gemessenen Elektrolytwiderstand R wird mit Hilfe der Zellkonstante c' (eine Konstante, die vom Abstand und der Fläche der Meßelektroden abhängt und durch Kalibrierung für eine individuelle Elektrode festgestellt werden muß) der *spezifische Widerstand* κ bestimmt. Es gilt $\kappa = c'/R$. Für die Gesamtleitfähigkeit einer Elektrolytlösung gilt:

$$\kappa = F \cdot \sum_i u_i \cdot \alpha_i \cdot f_{\lambda(i)} \cdot c_i \qquad (5.2)$$

In dieser Gleichung sind c_i die individuellen Ionenkonzentrationen, die multipliziert mit den individuellen Konstanten u_i, α_i und f_λ (Ionenbeweglichkeit, Dissoziationsgrad und Leitfähigkeitskoeffizient) eingehen. Der Dissoziationsgrad α_i ist das Verhältnis aus dissoziiertem (in Ionen zerfallenen) und undissoziiertem Anteil eines Elektrolyten. Die Leitfähigkeitskoeffizient f_λ ist ein Korrekturfaktor, der bei Leitfähigkeitsmessungen die gleiche Rolle spielt wie der Aktivitätskoeffizient f in allen anderen Fällen. F ist die universelle Faraday-Konstante, die der elektrischen Ladung eines Mols einwertiger Ladungsträger entspricht. Die Größe κ läßt sich demnach als Summe aller Ionenkonzentrationen, jeweils multipliziert mit einer individuellen Konstante, darstellen:

$$\kappa = F \cdot \sum_i k'_i \cdot c_i \qquad (5.3)$$

Leitfähigkeitsmessungen sind also offensichtlich unspezifisch. Immerhin unterscheiden sich aber die individuellen Konstanten k'_i nicht wesentlich voneinander, wenn man von den beiden Ausnahme-Ionen H_3O^+ und OH^- in wäßriger Lösung absieht. Das erlaubt es, aus Messungen in neutraler Lösungen die *Gesamtionenkonzentration* bzw. bei Messungen im Meerwasser die *Gesamt-Salinität* abzuschätzen. Leitfähigkeitssensoren befinden sich daher an allen Meerwassersonden, wie sie in der Ozeanologie üblich sind. In diesem Falle wird wegen des großen Überschusses des Natriumchlorids gegenüber allen übrigen Komponenten k'_i praktisch konstant.

Leitfähigkeitssensoren sind beliebte Detektoren für bestimmte flüssigchromatographische Prozesse.

5.2 Resistive und kapazitive Sensoren für Gase

5.2.1 Gassensoren mit polykristallinen Halbleitern

Einer der ältesten und am weitesten verbreiteten chemischen Widerstandssensoren, für die auch gelegentlich die Bezeichnungen *Chemoresistoren* bzw. *Chemokondensatoren* gebraucht werden, ist der sog. Taguchi-Sensor (Taguchi 1962, Seiyama et al. 1962). Taguchi-Sensoren sind keramische Körper, die durch Pressen und Sintern aus polykristallinen Materialien hergestellt werden, meist aus halbleitenden Metalloxiden wie SnO_2 oder ZnO (Abb. 5.3). Es handelt sich stets um n-leitende Oxide. Millionen von Sensoren dieser Art werden zur Anzeige von Spuren *reduzierender Gase* in Luft verwendet, so z.B. zur Signalisierung von Benzindämpfen, zur Erkennung von Lecks in Gasleitungen, und nicht zuletzt zur Messung von Alkoholdämpfen in der Atemluft. Erst in letzter Zeit wird der Taguchi-Sensor aus diesen Geräten durch zuverlässigere elektrochemische Sensoren verdrängt.

Die Funktion der polykristallinen Gassensoren ist nicht vollständig geklärt, doch gibt es plausible Erklärungen (Moseley 1991). Die Sensoren werden bei erhöhter Temperatur (200 bis 600 °C) betrieben. An den einzelnen Körnern der Sinterpille ist Sauerstoff adsorbiert. Dieser entzieht dem Inneren des Festkörpers Elektronen, so daß Sauerstoffionen an der Oberfläche der Körner entstehen (Abb. 5.4). Infolgedessen sinkt die Ladungsträgerkonzentration im Inneren der Körner, und an den Korngrenzen entsteht eine Potentialbarriere. Insgesamt wird so die Leitfähigkeit des Materials durch das Ausmaß der Sauerstoffadsorption begrenzt. Die Moleküle des reduzierenden Gases treten ihrerseits mit dem adsorbierten Sauerstoff in Wechselwirkung, erniedrigen die Potentialbarriere und erhöhen die Leitfähigkeit des Sensors. Diese Leitfähigkeitsänderung ist bei der Arbeitstemperatur des Sensors reversibel und läßt sich mit einer sehr einfachen Anordnung messen). Die Sensoren sind robust und billig, jedoch ändert sich ihre Charakteristik mit der Zeit. Dadurch sind sie relativ unzuverlässig. Die Meßwerte von Alkoholtestgeräten mit Taguchi-Sensoren werden vor Gericht nicht als Beweis anerkannt.

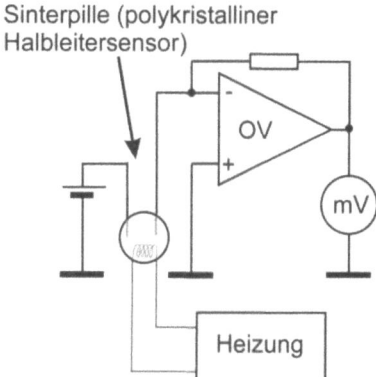

Abb. 5.3 Polykristalliner Gassensor mit Meßschaltung

Außer SnO_2 wurden zahlreiche weitere Metalloxide erprobt, darunter Fe_2O_3, TiO_2 und Mischoxide wie z.B. das Bismut-Ferrit $BiFeO_3$. Zahlreiche reduzierende Gase wie Wasserstoff, Methan, Kohlenmonoxid, Ethanol oder Schwefelwasserstoff wurden in Luftatmosphäre bestimmt.

Die Konzentrationsabhängigkeit des Leitwertes G der Sensoren ist nichtlinear und gehorcht annähernd der folgenden Formel:

$$\frac{1}{R} = G = k \cdot c_i^{n_i} \quad (5.4)$$

In Gleichung (5.4) sind k und n_i Konstanten, die individuell durch Kalibrierung ermittelt werden müssen.

Das Wirkprinzip der Taguchi-Sensoren läßt sich auch auf oxidierende Gase anwenden, wenn man p-dotierte statt n-dotierter Oxide einsetzt. Oxidierende Gase (bzw. ein ansteigender Sauerstoff-Partialdruck) erniedrigen dann die Leitfähigkeit, während reduzierende Gase sie erhöhen. Sensoren dieser Art spielen in der Praxis allerdings kaum eine Rolle.

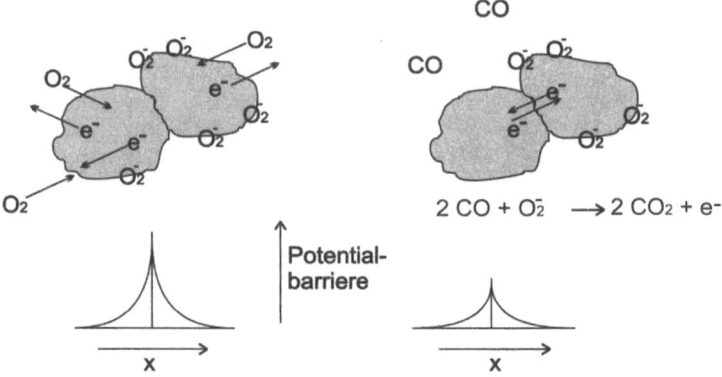

Abb. 5.4 Links: Ladungsaustausch nach Adsorption von Sauerstoff an der Oberfläche von n-leitenden oxidischen Halbleitern und die resultierende Potentialverteilung über eine Korngrenze. Rechts: Einfluß reduzierender Gase auf die Ladungsverteilung und die Potentialbarriere

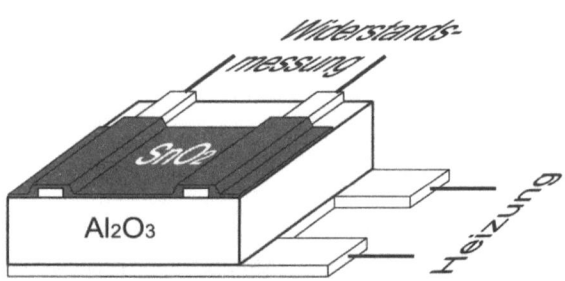

Abb. 5.5 Gassensor aus dünnen Metalloxidschichten

Sinterpillen bzw. Pellets wirken angesichts der großen Möglichkeiten der modernen Halbleitertechnologie altmodisch. Außerdem kann man vermuten, daß die Ansprechzeit lang ist wegen der langen Wege, die die Gasmoleküle bis zur Erreichung eines Gleichgewichts zurücklegen müssen. Zunehmend werden daher planare Strukturen hergestellt, die etwa dem Aufbauprinzip von Abb. 5.5 folgen. Auf einer relativ dicken Platte aus Aluminiumoxid-Keramik befinden sich photolithographisch hergestellte Metallstreifen, meist aus Edelmetallen. Über diese wurde das halbleitende Oxid in Form einer dünnen Schicht aufgezogen. An der Unterseite der Keramikplatte sitzt eine Heizschicht aus einem inerten Metall. Zur Herstellung der dünnen Oxidschicht können bekannte Techniken wie Sputtern, Vakuumverdampfung oder CVD (Chemical Vapor Deposition) dienen. Im Falle des SnO_2 gibt es noch eine andere Möglichkeit. Schichten aus diesem Material gibt es noch eine andere Möglichkeit. Schichten aus diesem Material lassen sich sehr leicht dadurch herstellen, daß eine salzsaure Lösung von Zinn(II)chlorid auf ein heißes Substrat gesprüht wird. Schichten dieser Art sind so robust, daß sie sogar als Heizschichten dienen können. Wie nicht anders zu erwarten, zeigen homogene Halbleitersensoren in planarer Technik eine deutlich geringere Ansprechzeit im Vergleich zu Sinterkörpern. Die modernen Techniken der Schichtherstellung erlauben eine präzisere Dotierung des Materials.

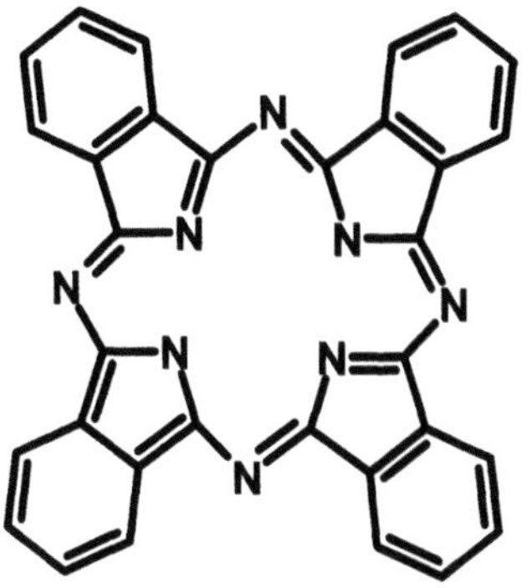

Abb. 5.6 Struktur eines metallfreien Phthalocyanins

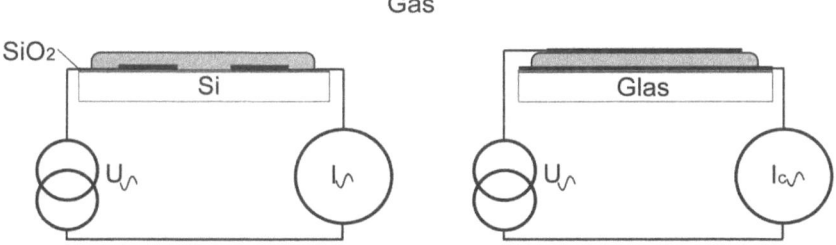

Abb. 5.7 Grundaufbau eines chemoresistiven (links) und eines kapazitiven Gassensors (rechts)

Alternativ zu Oxidkeramiken sind auch organische Halbleiterschichten als Chemoresistoren vorgeschlagen worden. Phthalocyanine (Abb. 5.6) verhalten sich ähnlich wie oxidische Halbleiter. Die Wasserstoffatome im Inneren des Moleküls können durch Metallionen ersetzt werden. Blei-Phthalocyanin wurde intensiv untersucht und zeigt hohe Sensitivität gegen Gase, die als Elektronendonator wirken, wie z.B. NO_2 (Bott u. Jones, 1984). Phthalocyanine lassen sich durch Siebdruck, durch Aufdampfen und als Langmuir-Blodgett-Filme aufbringen.

5.2.2 Gassensoren mit Polymeren und Gelen

Einfache Sensoren entstehen, wenn man eine sensitive Widerstandsschicht zwischen zwei metallisch leitenden Elektroden anbringt (Abb. 5.7). Über die Frage, ob ein resistiver oder ein kapazitiver Sensor vorliegt, entscheidet zunächst die Geometrie. Bei kapazitiven Sensoren ist das Verhältnis der Elektrodenfläche zum Volumen der Rezeptorschicht größer als bei den resistiven Sensoren. Kapazitive Rezeptorschichten können im Prinzip unendlich große Widerstände aufweisen. Ihre Dielektrizitätskonstante muß sich infolge Wechselwirkung mit Probebestandteilen verändern.

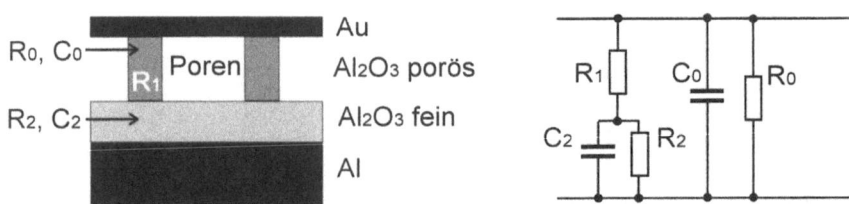

Abb. 5.8 Kapazitive Feuchtesensoren mit Dielektrika aus porösem β-Aluminiumoxid und zugehörige Ersatzschaltung

Chemoresistoren und -kondensatoren für Gase können aus leitfähigen Polymeren bestehen. Eine Schicht aus Polyphenylacetylen tritt z.B. in Wechselwirkung mit Gasen wie CO, CO_2, N_2 und CH_4, wodurch sich eine deutliche Änderung des Wechselstromwiderstandes ergibt.

Resistive Feuchtigkeitssensoren beruhen häufig auf der Tatsache, daß Ionen aus Festkörpern erst gebildet werden, wenn die Bausteine des Gitters solvatisiert (hydratisiert) und dadurch beweglich werden. Wenn Salze feucht werden, steigt demzufolge ihre elektrolytische Leitfähigkeit. Bei Feuchtigkeitssensoren wird eine dünne hygroskopische Schicht zwischen zwei Elektroden eingebracht. Als Material ist z.B. Phosphorpentoxid geeignet.

Kapazitive Feuchtesensoren enthalten häufig als Dielektrikum Schichten aus hydrophilen anorganischen Oxiden. Die Dielektrizitätskonstante dieser Materialien ändert sich stark durch Aufnahme der sehr polaren Wassermoleküle. Der Effekt verstärkt sich, wenn eine große innere Oberfläche vorhanden ist, an der sich relativ große Wassermengen anlagern können. Dies ist z.B. bei Dielektrika aus porösem β-Aluminiumoxid der Fall. Auch kolloidales Eisen(III)oxid, Halbleiter, Perowskite und bestimmte Polymere wurden als Dielektrika verwendet. Das β-Aluminiumoxid ist ionenleitend. Infolgedessen ergibt sich ein komplexer Widerstand mit kapazitiven und ohmschen Anteilen. Das Verhalten eines solchen Körpers lässt sich am besten durch ein Modell beschreiben, das diese Anteile einzelnen Regionen in der dielektrischen Schicht zuordnet. Elektrisch läßt sich das Gebilde durch ein Ersatzschaltbild wiedergeben (Abb. 5.8).

5.3 Resistive und kapazitive Sensoren für Flüssigkeiten

Der Aufbau von Chemoresistoren für flüssige Phasen (auch als *Impedimetrische Sensoren* bekannt) entspricht weitgehend dem der Gassensoren (Abb. 5.7). Im Kontakt mit Elektrolytlösungen entsteht eine spezielle elektrochemische Zelle. Bei der Anwendung der Impedanzmessung in der klassischen Elektrochemie erreichte man durch Wahl der Bedingungen, daß alle meßbaren Effekte ausschließlich auf eine Elektrode, die Arbeitselektrode, zurückgeführt werden konnte, wodurch sich das Ersatzschaltbild beträchtlich vereinfachen ließ (siehe Kap. 2, Abschn. 2.2.6). Bei Chemoresistoren müssen selbstverständlich beide Elektroden berücksichtigt werden. Wenn die sensitive Schicht selbst eine gewisse Leitfähigkeit aufweist, dann können die Verhältnisse, zumindest für niedrige Werte der Meßfrequenz, annähernd Abb. 5.9 durch wiedergegeben werden. C_i und R_i stehen für die Kapazität

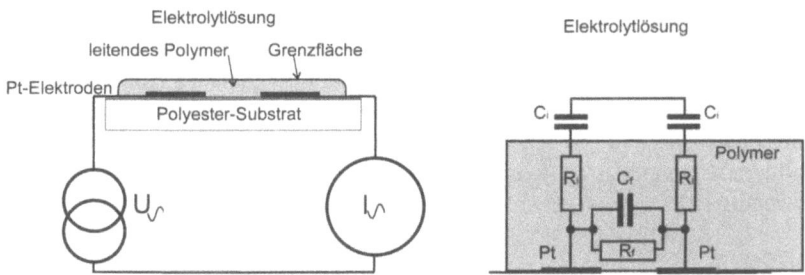

Abb. 5.9 Modell für resistive und kapazitive Sensoren mit Polymer- oder Gelschichten. Links: Schematischer Aufbau, rechts: Vereinfachtes Ersatzschaltbild für niedrige Frequenzen. C_i, R_i: Kapazität bzw. Widerstand der Grenzfläche Polymer – Elektrolytlösung; C_f, R_f: Größen des Polymerfilms.

bzw. den Widerstand der Grenzfläche des Sensors, C_f und R_f für die entsprechenden Größen des Films.

Als Meßmethode ist die Impedanzspektroskopie auch für resistive und kapazitive Sensoren sehr nützlich. Probenbestandteile können in unterschiedlicher Weise auf die einzelnen Elemente im Ersatzschaltbild einwirken. Durch Impedanzspektroskopie, d.h. phasenselektive Ermittlung der komplexen Größen, läßt sich das Maximum an Sensitivität und Selektivität aus der Messung herausholen. Dabei geht es weniger um Ergründung der fundamentalen Zusammenhänge. Das Wichtigste ist der analytische Nutzen, also eine möglichst umfangreiche lineare Abhängigkeit des Signals von der Probekonzentration.

Ein Beispiel für einen Chemoresistor zur Anwendung in flüssiger Phase ist eine Hydrogelschicht über einer interdigitierten Leiterstruktur. Mit Variation des pH-Wertes ändert sich der Quellungszustand des Gels, was eine meßbare Widerstandsänderung zur Folge hat. Baut man in diese Schicht Enzyme ein, die eine biochemische Reaktion mit pH-Änderung katalysieren, dann erhält man Biosensoren, z.B. für Harnstoff (Sheppard et al. 1995).

Durch die Anwendung für Biosensoren hat die Technik der Chemoresistoren großen Aufschwung erfahren. Es gibt viele Enzyme, die Reaktionen katalysieren, bei denen Ionen entstehen. Diese Enzyme lassen sich gut in dünnen Hydrogelschichten fixieren, mit denen man interdigitierte Elektrodenstrukturen überzieht. Die Erhöhung der Ionenkonzentration als Folge der enzymatischen Reaktion läßt die Leitfähigkeit erheblich ansteigen. Diese Leitfähigkeitsänderung kann sehr bequem gemessen werden. Günstig ist eine Differenzschaltung, bei der die Leitfähigkeitsdifferenz zwischen einem Chemoresistor mit Enzym und einem ohne Enzym verfolgt wird (Abb. 5.10).

Chemoresistive Biosensoren sind weit verbreitet. Besonders klar ist das Prinzip bei den Harnstoff-Sensoren zu erkennen. Unter der katalytischen Wirkung des Enzyms Urease findet folgende Reaktion statt:

$$CO(NH_2)_2 + H_2O \xrightarrow{Urease} CO_3^{2-} + 2NH_4^+$$

Aus dem ungeladenen Substrat Harnstoff entstehen die Ionen Carbonat und Ammonium. Dies hat eine deutliche Leitfähigkeitserhöhung zur Folge, die sich besonders gut mit Chemoresistoren in Differenzschaltung messen läßt (Hendji et al. 1994). Harnstoffsensoren lassen sich auch, mit der gleichen enzymatischen Reaktion, auf der Basis einer pH-sensitiven potentiometrischen Elektrode aufbauen. Eine solche Elektrode ist aber wesentlich komplizierter aufgebaut als der hier geschilderte Chemoresistor. Besonders vorteilhaft ist, daß keine Referenzelektrode notwendig ist.

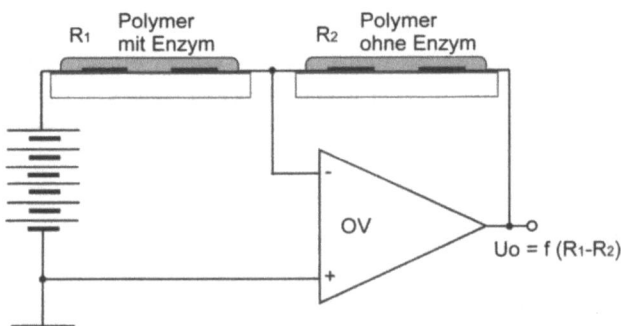

Abb. 5.10 Differenzschaltung zweier resistiver Biosensoren. Die Widerstandsdifferenz zwischen dem Resistor mit Enzym (R_1) und ohne Enzym (R_2) wird gemessen

Es gibt viele weitere enzymatische Reaktionen, die Leitfähigkeitsänderungen hervorrufen. Amidasen zum Beispiel erzeugen ionische Gruppen. Phosphatasen und Sulfatasen ändern die Größe der Ladungsträger-Gruppen. Alle diese Reaktionen, und noch einige weitere dazu, können in chemoresistiven Biosensoren nutzbar gemacht werden.

5.4 Literatur

Bott B, Jones TA (1984) Sens Actuators 5:43–53
Fare TL, Silvia JC, Schwartz JL, Cabelli MD, Dahlin CDT, Dallas SM, Kichula CL, Narayanswamy V, Thompson PH, Van Houten LJ (1996) Electrochemical sensors: capacitance. In: Taylor RF, Schultz JS (eds.) Handbook of chemical and biological sensors. Inst of Physics Publishing, Bristol, Philadelphia, pp 459–480
Hendji AMN, Jaffresic-Renault N, Martelet C, Shul'ga AA, Dzydevich SV, Sodatkin AP, Al'skaya AV (1994) Sens. Actuators B21:123–129
Seiyama T, Kato A, Fujiishi K, Nagatani M (1962) Anal Chem 34:102
Sheppard Jr. NF, Lesho MJ, McNally P, Francomacaro S (1995) Sens Actuators B28:95–102
Taguchi N (1962) Japan. Patent 45-3820

6 Thermometrische und kalorimetrische Sensoren

6.1 Sensoren mit Thermistoren und Pellistoren

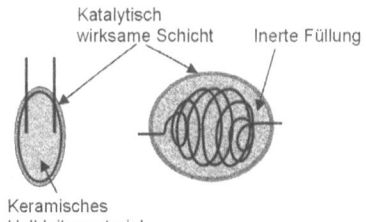

Abb. 6.1 Thermistor (links) und Platin-Widerstandsthermometer („Pellistor", rechts) als thermische (kalorimetrische) Sensoren

Ein einfacher thermischer Sensor entsteht, wenn ein Thermometer mit einer katalytisch wirkenden Schicht überzogen wird, so daß eine kinetisch gehemmte Reaktion lokalisiert an dieser Stelle ablaufen und dort Reaktionswärme entwickeln kann. Gut geeignet für diesen Zweck sind *Thermistoren*, d.h. Halbleiterwiderstände, deren Leitfähigkeit von der Temperatur abhängt. Ein thermischer Sensor für Wasserstoffspuren in Luft läßt sich aus einem Thermistor aufbauen, der mit einer Schicht aus Platinmohr versehen ist (Abb. 6.1 links). Die stille Verbrennung des Wasserstoffs führt zu einem stationären Zustand aus wärmeproduzierenden und wärmeabführenden Prozessen, der durch eine meßbare Temperaturerhöhung gekennzeichnet ist. Aus dieser Temperaturdifferenz läßt sich der Wasserstoffgehalt ermitteln. Dieses einfache Prinzip läßt sich auf andere gasförmige Komponenten wie z.B. Schwefelwasserstoff oder Kohlenmonoxid erweitern. Es kommt ausschließlich darauf an, den richtigen, möglichst selektiv wirkenden Katalysator zu finden.

Thermistoren sind in zahlreichen Größen und Formen erhältlich, so etwa in Form von Kügelchen mit einem Durchmesser bis hinab zu 0,1 mm oder auch als dünne Filme auf einem Substrat. Die Temperaturempfindlichkeit ihres Widerstandes ist sehr hoch. In einem engen Arbeitstemperaturbereich gehorcht sie der folgenden Gleichung.

$$R_T = R_{T_0} e^{\beta\left(\frac{1}{T}-\frac{1}{T_0}\right)} \tag{6.1}$$

R_T und R_{T0} sind die Widerstandswerte bei den T bzw. T_0, β ist eine Materialkonstante mit Werten um 5000 K für die meisten verwendeten Materialien. Daraus ergibt sich eine Temperaturempfindlichkeit von 3 bis 5 % pro Kelvin.

Noch häufiger als Thermistoren wird das Platin-Widerstandsthermometer als thermischer Sensor verwendet (Abb. 6.1 rechts). In der unter der Bezeichnung *Pellistor* bekannten Anordnung steckt eine sehr dünne Platinwendel in einem indifferenten Keramikkörper. Der spezifische Widerstand von Platin hängt nicht sehr stark von der Temperatur ab, so daß die Pellistoren weniger empfindlich auf Konzentrationsänderungen reagieren als die Thermistoren. Dafür aber darf die Temperatur mit diesen Körpern wesentlich höher werden als mit Thermistoren aus halbleitenden Oxiden. Die Temperaturabhängigkeit des spezifischen Widerstands ρ_t von Platin gehorcht der folgenden Gleichung.

$$\rho_t = \rho_0(1+0,0039)t \tag{6.2}$$

Hier bedeuten ρ_0 den Widerstand von Platin bei 0°C und t die Temperatur in Grad Celsius. Der Widerstand des Platinsensors ändert sich also um ca. 0,4 % pro Kelvin und liegt damit weit unter der von Thermistoren. Der Grund, warum dennoch Pellistoren mit Metallwiderständen weit verbreitet sind, ist ihre günstigere Langzeitstabilität. Halbleiter-Thermistoren „altern", d.h. ihr Widerstandswert ändert sich mit zunehmendem Alter allmählich. Gegen diese Erscheinung hilft auch künstliches Altern (lang andauernde Erwärmung) nicht vollständig.

Zur Messung des von der Reaktionswärme verursachten Temperatureffekts genügt es meistens, die Verstimmung einer Wheatstoneschen Brücke zu registrieren, ohne daß die Brücke zur Messung abgeglichen werden muß. In einer anderen Betriebsart wird eine Regelschaltung verwendet, die dafür sorgt, daß der Widerstand, und damit die Temperatur des Sensors konstant gehalten wird. Die Reaktionswärme führt dann dazu, daß zum Erreichen der vorgegebenen Temperatur eine um die Differenz ΔP geringere elektrische Heizleistung zugeführt werden muß. Die gemessene Differenz ΔP steht in engerer Beziehung zur Reaktionswärme als dies bei der Messung von ΔT der Fall war. Die Bezeichnung „kalorimetrischer Sensor" ist in diesem Falle gerechtfertigter. Der Betrieb bei konstanter Temperatur hat einige Vorteile. Insbesondere geht die Kennlinienkrümmung des Temperaturfühlers nicht in das Meßergebnis ein. Die Strömungsverhältnisse sind konstant, d.h. es tritt keine Erhöhung der Konvektion mit wachsender Temperatur ein. Insgesamt ergibt sich eine bessere Linearität und höhere Präzision im Vergleich zur Verfolgung von Temperaturänderungen.

Thermische oder kalorimetrische Sensoren wurden hier nur als Gassensoren beschrieben. In Flüssigkeiten sind die Bedingungen wesentlich ungünstiger, weil die Wärmeleitfähigkeit dieser Medien um Größenordnungen höher ist. Kalorimetrie kann dann sinnvoll nur in geschlossenen, thermisch isolierten Gefäßen, also in Mikrokalorimetern, oder bestenfalls im fließenden Strom, durchgeführt werden. Anwendungen als Detektoren in der Fließinjektionsanalyse sind bekannt.

6.2 Pyroelektrische Sensoren

Auf der Suche nach Möglichkeiten, die Temperaturempfindlichkeit gegenüber den Pellistoren zu steigern, kam man auf die *Pyroelektrika*. Die Erscheinung der *Pyroelektrizität* ist in gewisser Weise mit dem Piezoelektrischen Effekt verwandt, wie im Kap. 2, Abschn. 2.1.3 ausgeführt. Oft zeigt ein und dasselbe Material beide Effekte. Sehr stark vereinfacht könnte man sich vorstellen, daß eine Temperaturerhöhung an einem Piezokristall, wenn sie zur Volumenvergrößerung führt, ähnliche Wirkungen hervorbringen sollte wie eine mechanische Volumenänderung durch Stauchen oder Dehnen. Ein chemischer Sensor kann selbstverständlich erst entstehen, wenn durch Umsetzungen des Analyten eine Temperaturänderung am Sensor herbeigeführt werden kann. Daraus ergibt sich, daß alle im vorangegangenen Abschnitt erwähnten katalytischen Beschichtungen auch für pyroelektrische Sensoren brauchbar sein sollten. Pyroelektrische Sensoren werden ausschließlich zur Untersuchung gasförmiger Proben eingesetzt.

Die Temperaturänderung am Sensor ist auch abhängig von Umgebungsparametern wie Konvektion und Wärmeleitfähigkeit des Mediums. Eine höhere Zuverlässigkeit erreicht man durch Anwendung einer Differenzschaltung, wie in Abb. 6.2 schematisch dargestellt.

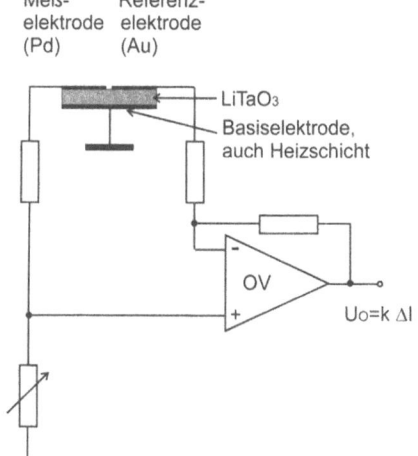

Abb. 6.2 Pyroelektrischer Gassensor für Wasserstoff mit einer Schaltung zur Messung der Stromdifferenz

Für den in der Abb. 6.2 gezeigten Wasserstoffsensor entsteht ein Temperatureffekt infolge der Wärmetönung des Adsorptionsprozesses von Wasserstoff an der wirksamen Palladiumschicht.

Das häufig verwendete Lithiumtantalat $LiTaO_3$ wird zum Gebrauch in Sensoren mit Lanthan dotiert. Ein interessantes Material ist das pyroelektrische Polymer PVDF (Polyvinylidendifluorid). Es besteht aus linearen Kettenmolekülen, in denen die Fluoratome regelmäßig mit CH_2-Gruppen abwechseln, wodurch eine

Zickzack-Anordnung entsteht. Folien aus diesem Material können so hergestellt werden, daß die Moleküle parallel liegen. Mit einem starken elektrischen Feld lassen sie sich anschließend so orientieren, daß ihr „negatives Rückgrat", d.h. die nach oben zeigenden Fluoratome, nach einer Seite der Folie hin orientiert ist. Eine solche Folie hat sowohl pyroelektrische als auch piezoelektrische Eigenschaften und bildet daher das Verhalten der menschlichen Haut (Temperatur- und Druckempfindlichkeit) nach. Sensoren mit diesem Material wurden vereinzelt vorgeschlagen.

6.3 Sensoren auf der Basis anderer thermischer Effekte

Außer der Temperaturabhängigkeit des elektrischen Widerstandes und der Pyroelektrizität wurden auch andere temperaturabhängige Eigenschaften zum Bau von chemischen Sensoren herangezogen. Erwähnenswert sind die Thermoelemente, bei denen der Temperaturkoeffizient der Berührungsspannung zwischen zwei elektrischen Leitern ausgenutzt wird. Die bekannten Thermoelemente aus Kombinationen von Platin mit Platin-Rhodium und anderen Legierungen haben einen viel zu geringen Temperatureffekt. Sehr interessant sind hingegen Kombinationen von Halbleitermaterialien. Die Temperaturabhängigkeit ihrer Berührungsspannung ist als *Seebeck-Effekt* bekannt. Kombinationen von Platin mit halbleitenden Oxiden wie SnO_2 wurden z.B. für die Detektion von Wasserstoffspuren eingesetzt (McAleer et al. 1985). Nach anfänglich großen Erwartungen hat man aber in den letzten Jahren wenig über diese Sensoren zu lesen bekommen.

6.4 Literatur

McAleer JF, Moseley PT, Bourke P, Norris JOW, Stephen R (1985), Sens. Actuators 8:251–257

7 Elektrochemische Sensoren

Elektrochemische Sensoren haben den Vorteil, daß sie unmittelbar zu elektrischen Signalen führen. Die gesamte chemische Sensorik ist daher eng mit der Entwicklung der Elektrochemie und ihrer Meßtechnik verbunden. Dabei hat fördernd gewirkt, daß Elektrochemiker stets Kenntnisse der Elektrotechnik haben mußten, um ihre Geräte selbst zu bauen oder wenigstens zu verstehen.

Die Vorstellungen darüber, was unter einem elektrochemischen Sensor verstanden werden darf, gehen auseinander. Nicht wenige Fachleute wollen Sensoren auf der Basis der Messung der elektrochemischen Leitfähigkeit aus dem Gebiet ausschließen. Das ist verständlich, denn bei den klassischen Leitfähigkeitsmessungen geht es nicht um chemische Prozesse, sondern um physikalische Eigenschaften von Ionen, die sich weit entfernt vom Ort der elektrochemischen Vorgänge durch das Innere einer Lösung bewegen. Dieser Streit wird gegenstandslos, wenn man die Elektrodengrenzfläche mit in die Betrachtung einbezieht. Die Vorgänge an diesem Ort können durch Widerstände modelliert werden. Widerstandsmessung und Leitfähigkeitsmessung sind identisch. Faßt man alle Teilwiderstände einer elektrochemischen Zelle zu einem komplexen Widerstand, der *Impedanz*, zusammen, dann läßt sich auch die Bestimmung des Elektrolytwiderstandes einer Lösung als besondere Form einer universell anwendbaren elektrochemischen Meßtechnik, der *Impedanzmessung,* auffassen. Tatsächlich werden mittlerweile die Begriffe „Leitfähigkeitssensor" und „impedimetrischer Sensor" oft synonym gebraucht. Entsprechend dieser Auffassung können elektrochemische Sensoren nach den in Tabelle 7.1 genannten Prinzipien arbeiten.

Tabelle 7.1 Wandler-Prinzipien und Meßmethoden bei elektrochemischen Sensoren

Sensor	Wandler-Prinzip	Meßmethode
Potentiometrisch	Energieumwandlung	Spannungsmessung (hochohmig)
Amperometrisch und „coulometrisch"	Strombegrenzung	Strommessung (niederohmig)
Konduktometrisch bzw. impedimetrisch	Widerstandswandlung	Widerstandsmessung (=Leitfähigkeitsmessung)

In der Tabelle 7.1 sind nicht die sogenannten „kapazitiven elektrochemischen Sensoren" enthalten. Bei ihnen geht es um die Messung des *kapazitiven Widerstandes* einer selektiven Schicht. Sie unterscheiden sich von den übrigen Sensoren der Gruppe nur dadurch, daß alle anderen beteiligten Teilwiderstände gegenüber dem kapazitiven Widerstand vernachlässigbar sind.

Etwas irreführend ist der Ausdruck „coulometrischer Sensor". Coulometrie bedeutet eigentlich, daß eine Ladungsmenge, also das Produkt aus Strom und Zeit, gemessen und auf eine Stoffmenge zurückgeführt wird. Da dies einen vollständigen Umsatz eines elektrochemisch aktiven Reaktanden voraussetzt, sind mit „coulometrischen" Sensoren oft amperometrische gemeint, die im Verlaufe der Strommessung zum nahezu vollständigen Verbrauch des Analyten führen.

7.1 Potentiometrische Sensoren

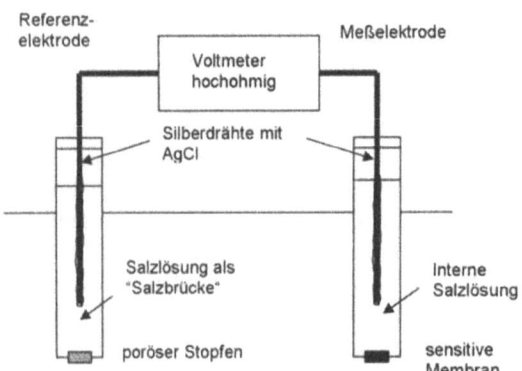

Abb. 7.1 Meßaufbau der Potentiometrie

Die Potentiometrie gehört seit vielen Jahren zum Bestand der instrumentellen Analytik. Der Meßaufbau ist einfach (Abb. 7.1). Als Referenzelektroden sind die *Elektroden 2. Art* geeignet, die aus einer Kombination einer Metall-Metallion-Elektrode und einem Vorrat eines schwerlöslichen Salzes des beteiligten Metallions bestehen. Ein Beispiel war die bereits im Kap. 2, Abschn. 2.2.6 erwähnte Silber-Silberchlorid-Elektrode mit einer Salzbrücke aus Kaliumchloridlösung. Das Meßgerät muß, wie erwähnt, hochohmig sein. Geeignet sind alle sogenannten pH-Meter, die gewöhnlich Eingangswiderstände im Gigaohm-Bereich aufweisen. Die in der klassischen Meßanordnung verwendeten Elektroden waren relativ groß und teuer, weil sie meist in kleinen Stückzahlen in kleinen Betrieben hergestellt wurden, die eher wie Manufakturen arbeiteten. Erst mit Beginn des Sensor-Zeitalters setzten Bemühungen zur Miniaturisierung und Massenfertigung ein. Gleichzeitig wurde es üblich, die lange bekannten Meßelektroden als Sensoren zu bezeichnen. Richtiger ist es, zu den Sensoren nur solche Anordnungen zu zählen, die die Merkmale der Kleinheit und massenweisen Verfügbarkeit aufweisen. Trotzdem ist es sinnvoll, bei der Behandlung der potentiometrischen Sensoren mit den klassischen Formen zu beginnen. Sie sind gut geeignet zur Erklärung der Wirkungsweise und bilden die Basis aller späteren Entwicklungen.

7.1 Potentiometrische Sensoren

Grundlage aller potentiometrischen Messungen ist die Nernstsche Gleichung, die für die praktische Potentiometrie meist in der vereinfachten Form wie in Gl. (7.1) geschrieben wird. Sie gilt für die Temperatur von 25°C.

$$E = E^{\theta'} \pm \frac{0,059}{z_i} \log a_i \qquad (7.1)$$

Wie zu erwarten, steht die Aktivität und nicht die Konzentration im „chemischen Teil" der Gleichung. Prinzipiell führt die Potentiometrie zur Messung von Aktivitätswerten. Die Zahl z_i ist hier mit der Ladung des untersuchten Ions identisch. Das Vorzeichen vor dem Bruch ist positiv für Kationen und negativ für Anionen. Aus der Gleichung folgt, daß Konzentrationsänderungen um eine Zehnerpotenz bei einwertigen Kationen die Spannung E um ca. 60 mV, bei zweiwertigen Kationen aber nur um ca. 30 mV ändern. Damit ist von vornherein klar, daß Konzentrationen einwertiger Ionen mit größerer Genauigkeit meßbar sind als die höher geladener.

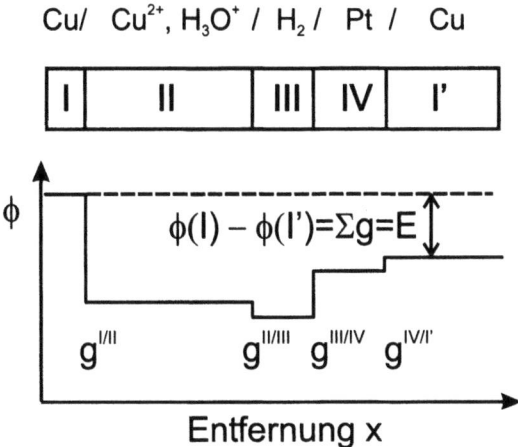

Abb. 7.2 Gemessene Spannung zwischen Meß- und Referenzelektrode als Summe von Galvanispannungen und als Potentialdifferenz

$E^{\theta'}$ ist nicht mit dem Standardpotential E^{θ} identisch, sondern stellt eine konstante Größe dar, die für den jeweiligen Anwendungsfall empirisch ermittelt wird.

Die thermodynamische Herleitung der Nernstschen Gleichung im Kap. 2 verschweigt die Tatsache, daß der zwischen Meß- und Bezugselektrode meßbare Spannungswert aus zahlreichen mehr oder weniger großen Grenzflächenspannungen, den *Galvanispannungen* g_i zusammengesetzt ist. In Abb. 7.2 ist schematisch für das Beispiel einer Zelle aus einer Kupfer/Kupferion-Elektrode und einer Wasserstoffelektrode angedeutet, wie eine meßbare Spannungsdifferenz zustande kommen könnte. Selbstverständlich sind die eingezeichneten Werte für g hypothetisch, denn sie sind prinzipiell unmeßbar. Alternativ kann die gemessene Spannung als Differenz zweier *innerer elektrischer Potentiale* φ der Phasen *I* (metallisches Kupfer) und I' (wiederum Kupfer als Leitung zum Meßinstrument) aufgefaßt werden. Man kann jeder Phase einen solchen absoluten Potentialwert zuordnen, der wiederum hypothetischen Charakter hat.

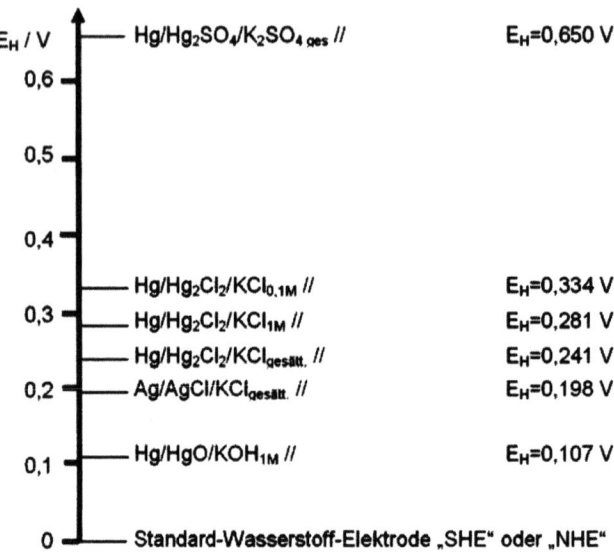

Abb. 7.3 Standardpotentiale gebräuchlicher Referenzelektroden

Für die Konzentrationsbestimmung kommt es auf eine einzige dieser Galvanispannungen an, nämlich die an der Grenzfläche zur Probelösung. Es ist nicht problematisch, das Meßergebnis auf diese eine Spannungsdifferenz zurückzuführen, wenn man dafür sorgt, daß alle übrigen Beträge konstant bleiben. Voraussetzung hierfür ist, daß jede einzelne Galvanispannung für sich genommen der Nernstschen Gleichung gehorcht. Daß dies so ist, folgt zwar aus logischen Überlegungen, streng genommen muß es aber mit der Einführung einer speziellen thermodynamischen Größe, des *elektrochemischen Potentials*, begründet werden. Auf diese Begründung wird hier verzichtet.

Ein schwieriges Problem bei der Konstruktion miniaturisierter potentiometrischer Sensoren stellt die Referenzelektrode dar. Alle bewährten Typen (siehe Abb. 7.3) brauchen *Salzbrücken*, d.h. ionenleitende Flüssig-flüssig-Verbindungen zwischen der Elektrode 2. Art und der Probelösung. Bei den klassischen makroskopischen Elektroden führt diese Verbindung bereits zu Problemen. Zur Stabilisierung werden poröse Stopfen aus Keramik und vielen anderen Materialien vorgeschlagen, auch Labyrinthkanäle, Gelpfropfen oder die dünne Lösungsschicht im Spalt einer Schliffverbindung sind üblich. Wenn solche *Diaphragmen* austrocknen, gelingt es nur schwer, die Referenzelektrode wieder zu reaktivieren. Ungleich schwerer wird es, wenn die Elektroden miniaturisiert werden sollen. Abgesehen von einigen Ausnahmen bevorzugt man oft *Pseudo-Referenzelektroden*. Diese entstehen, wenn eine Elektrode 2. Art, also z.B. eine durch Dickschichttechnik auf eine Silberfläche aufgebrachte Schicht aus Silberchlorid, mit in der Probelösung enthaltenen Chloridionen ein stabiles Potential bildet. Die Lösung dieser Ionen muß stabil und möglichst als bekannt vorgegeben sein.

7.1.1 Selektivität potentiometrischer Sensoren

Einer der wichtigsten Vorteile potentiometrischer Sensoren ist ihre *Selektivität*. Im Idealfall sprechen sie nur auf ein einiges Ion an. In diesem Fall hätte man einen *spezifischen* Sensor. Dieses Ideal wird nicht erreicht, es gibt aber Sensoren, die ihm nahe kommen. Im allgemeinen gibt es zu jedem Analyten eine mehr oder weniger große Anzahl von Störionen, die eine sog. *Querempfindlichkeit* verursachen. Das Störion täuscht also eine Probekonzentration vor. Diese Störung ist nicht konstant, sondern wirkt sich auf hohe Probekonzentrationen anders aus als auf niedrige. Es gibt verschiedene Ansätze, um dieses Problem bei der Messung zu berücksichtigen. Der bekannteste Ansatz ist die als Nikolskij-Gleichung (Nikolskij-Eisenman-Gleichung) bekannte Gl. (**7.2**). Als Maßzahl für den Einfluß des Störions j gegenüber dem Probeion i dient der *Selektivitätskoeffizient* K_{ij}. Die Zahlen z_i und z_j bedeuten die Ladungen der jeweiligen Ionen.

Der Selektivitätskoeffizient gibt das Empfindlichkeitsverhältnis von Störion zu Meßion an. Ein Wert von $K_{ij} = 10^{-2}$ bedeutet z.B. daß die Störionenkonzentration hundert mal so hoch wie die Meßionenkonzentration sein muß, um das gleiche Signal am Sensor hervorzubringen.

$$E = E^{\theta'} \pm \frac{0,059}{z_i} \log\left(a_i + K_{ij} \cdot a_j^{\frac{z_i}{z_j}}\right) \quad (7.2)$$

Wie Gl. (**7.2**) zeigt, wird der Einfluß des Störions mit wachsender Aktivität des Probeions immer geringer. Selektivitätskoeffizienten geben immer nur einen ungefähren Hinweis auf mögliche Probleme.

7.1.2 Ionenselektive Elektroden (ISE)

Wie an anderer Stelle erwähnt, besteht die Kunst der Herstellung ionenselektiver Elektroden darin, die entscheidende Grenzfläche zur Probelösung so zu präparieren, daß dort eine Galvanispannung entsteht, die möglichst ausschließlich von der Aktivität des zu bestimmenden Ions abhängt. Die Elektrode soll also am besten *spezifisch*, oder doch wenigstens *selektiv* auf das betrachtete Ion ansprechen.

Ionenselektive Elektroden für wäßrige Probelösungen werden in zwei große Gruppen unterteilt, je nachdem ob die Grenzfläche zur Lösung die Oberfläche eines Festkörpers oder einer Flüssigkeit ist. Man spricht von *Festkörpermembranelektroden* und von *Flüssigmembranelektroden*. Der Begriff Membran ist in vielen Fällen nur symbolisch gemeint, da keineswegs immer dünne Häutchen die sensitive Schicht tragen. Eine Sonderstellung nimmt die am längsten bekannte ISE, die

Glaselektrode ein, da sie erstens von besonderer Wichtigkeit ist und zweitens Merkmale sowohl der Festkörpermembran- als auch der Flüssigmembranelektroden in sich vereint.

Potentiometrie kann auch mit ionenleitenden Festkörpern betrieben werden. Daraus lassen sich Sensoren für die Untersuchung der Gasphase entwickeln. Das bekannteste Beispiel ist die sog. Lambda-Sonde für die Bestimmung des Sauerstoffgehaltes in den Abgasen von Kraftfahrzeugen. Die Lambda-Sonde ist der wahrscheinlich bekannteste chemische Sensor. Sie ist zugleich ein Beispiel dafür, daß u.U. ein und dieselbe Konstruktion nach zwei verschiedenen Wandlerprinzipien betrieben werden kann, nämlich in diesem Fall entweder potentiometrisch oder amperometrisch.

Potentiometrische Sensoren mit Festkörpermembran

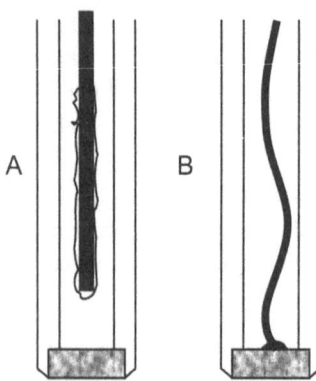

Abb. 7.4 Ionenselektive Elektroden mit Festkörpermembran. A Flüssig-Ableitung, B Direktkontakt

Die Ausführungsformen klassischer Festkörpermembran-ISE unterscheiden sich im wesentlichen durch die Art, wie die Verbindung zum Meßinstrument hergestellt wird Abb. 7.4). Universell einsetzbar, jedoch äußerst schwierig in miniaturisierter Form ausführbar ist die sog. Flüssigableitung (links im Bild). Im Inneren des Elektrodenkörpers befindet sich dann eine Lösung, die an der hineinragenden Elektrode 2. Art (z.B. chloridüberzogener Silberstab) ein stabiles Potential bildet. Der Wert dieses Potentials ist in gewissen Grenzen beeinflußbar, indem die Zusammensetzung der Innenlösung variiert wird.

Der sog. Direktkontakt (rechts in Abb. 7.4) ist nur scheinbar die einfachere Lösung. Es ist zwar meist unproblematisch, einen metallischen Draht an die üblichen ionensensitiven Festkörper anzubringen. Manche dieser Festkörper lassen sich löten, z.B. mit metallischem Indium. Oft genügt ein fest eingepreßter Kontakt. Auch Epoxidharz bzw. andere aushärtende Polymere, gemischt mit Silberpulver (sog. Leitsilber) sind gut geeignet. Es zeigt sich aber, daß die Berührungsstelle zwischen dem Metall und dem ionensensitiven Festkörper Unsicherheiten verursacht. Die Berührungsspannung, die sich an dieser Stelle ausbildet, ist stark temperaturempfindlich. Ihr Momentanwert scheint von den Eigenschaften des Meßgerätes abzuhängen. Auch Abhängigkeiten von mechanischen Einflüssen, sog. Mikrofonie-Effekte, sind bekannt. Dieses Verhalten ist typisch für Sperrschichten, wie sie auch (siehe Kap. 2, Abschn. 2.1) an der Berührungsstelle zwischen p- und n-Halbleitern entstehen. Hier wie dort kommt es beim Übergang zur Verarmung einer Ladungsträgersorte, wenn der Leitfähigkeitsmechanismus in den beiden Phasen sehr voneinander verschieden ist. Dies trifft beim Direktkontakt fast immer zu, denn meist sind die für ISE verwendeten Festkörper Ionenleiter. Ionen sind nur in der ionenselektiven Festkörpermembran, nicht aber im angrenzenden Metall beweglich. Sie können die Phasengrenze nicht in Richtung zum Metall überqueren. Eine Sperrschicht entsteht, wenn Strom durch den Übergang fließen soll. Dies sollte zwar eigentlich bei der Messung an ISE nicht vorkommen. Man kann aber niemals von einem unendlich großen Eingangswiderstand des Meßgerätes ausgehen. Tatsächlich müssen einige wenige Ladungsträger durch den Stromkreis fließen. Unter Umständen kann ein so geringer Stromfluß bereits zur Bildung von Verarmungszonen führen, die die oben beschriebenen Störungen verursachen. Gegen dieses Problem gibt es in einigen Fällen Abhilfe, die darin besteht, daß eine Zwischenschicht eingeschaltet wird, in der sich sowohl Ionen als auch Elektronen bewegen können. Ein Beispiel wird weiter unten behandelt.

Tabelle 7.2 Beispiele für Festkörpermembran-ISE

Probe	Membran	Störungen
F^-	LaF_3-Einkristall	OH^-
S^{2-}; Ag^+	Ag_2S	Hg^{2+}
Cl^-	$AgCl + Ag_2S$	$Br^-, I^-, S^{2-}, CN^-, NH_3$
Br^-	$AgBr + Ag_2S$	I^-, S^{2-}, CN^-, NH_3
I^-	$AgI + Ag_2S$	S^{2-}, CN^-
SCN^-	$AgSCN + Ag_2S$	$Br^-, I^-, S^{2-}, CN^-, NH_3$
Cd^{2+}	$CdS + Ag_2S$	Ag^+, Hg^{2+}, Cu^{2+}
Cu^{2+}	$CuS + Ag_2S$	Ag^+, Hg^{2+}
Pb^{2+}	$PbS + Ag_2S$	Ag^+, Hg^{2+}, Cu^{2+}

Beispiele. In den 60er Jahren des vergangenen Jahrhunderts herrschte eine gewisse Euphorie im Zusammenhang mit ionenselektiven Elektroden. Unübersehbar viele Typen wurden entwickelt. Von diesen haben sich in der Praxis nur wenige bewährt. Einige Beispiele dafür sind in Tabelle 7.2 gegeben. Die Einträge sind nach fallender Leistungsfähigkeit geordnet.

Die Wirkungsweise vieler Festkörpermembranelektroden läßt sich erklären, wenn man sie als Elektroden 2. Art auffaßt. Jede Elektrode 2. Art kann als ionenselektive Elektrode benutzt werden. Geht man von einer einfachen Metall-Metallion-Elektrode wie z.B. der Silber-Silberchlorid-Elektrode aus, dann gilt

$$E = E^{\theta} + 0{,}059 \cdot \log a\left(Ag^+\right) \tag{7.3}$$

Die Aktivität $a(\text{Ag}^+)$ steht über ein Löslichkeitsgleichgewicht mit z.B. der Aktivität von Chloridionen in der Lösung in Verbindung, sobald das schwerlösliche Salz AgCl in der Lösung vorhanden ist:

$$\text{Ag}^+ + \text{Cl}^- \rightleftarrows \text{AgCl}_s$$

Für schwerlösliche Salze wie AgCl darf $a = c$ gesetzt werden. Mit Hilfe des Löslichkeitsproduktes $K_L = c(\text{Ag}^+)\cdot c(\text{Cl}^-)$ läßt sich E auch als Funktion der Chloridionenkonzentration ausdrücken: $c(\text{Ag}^+) = \dfrac{K_L}{c(\text{Cl}^-)}$. Es ergibt sich für E:

$$E = E^\theta + 0{,}059 \cdot \log K_L - 0{,}059 \cdot \log c(\text{Cl}^-) \tag{7.4}$$

oder

$$E = E^{\theta'} - 0{,}059 \cdot \log c(\text{Cl}^-) \tag{7.5}$$

Ein Silberdraht, der mit einer Schicht aus Silberchlorid überzogen ist, kann also sowohl zur Bestimmung von Silberionen- als auch von Chloridionenkonzentrationen benutzt werden. Tatsächlich werden solche Silber-Silberchlorid-Elektroden gelegentlich für analytische Messungen verwendet, z.B. in der Meereschemie, wenn es um einen schnellen Überblick über lokale Salzkonzentrationen geht. Problematisch bei solch einfachen Elektroden ist, daß Schichten schwerlöslicher Salze normalerweise porös sind, so daß die darunter liegende Metalloberfläche auch als *Redoxelektrode*, z.B. für den im Wasser gelösten Sauerstoff, wirken kann. Dies beeinflußt die Selektivität ungünstig. Man strebt also an, ionenselektive Festkörpermembranen als dichte Schichten zu gestalten. Dann entsteht aber ein neues Problem. Normalerweise sind die verwendbaren schwerlöslichen Salze wenig leitfähig. Dies gibt meßtechnische Probleme. Selbst bei sehr hochohmigen Meßgeräten wirkt sich ein extrem hoher Widerstand der Meßelektrode ungünstig aus. Dies liegt an den parasitären Kapazitäten am Eingang des Meßinstruments und führt zu ungünstig langen Ansprechzeiten. Durch Dotierungen oder manchmal durch Zusatz leitender Partikel wird versucht, den Widerstand der Membran zu senken.

Die Oberfläche der Festkörpermembran soll nicht nur möglichst dicht, sondern auch möglichst glatt und porenfrei sein. Andernfalls ergeben sich wiederum zu lange Ansprechzeiten, da eine Gleichgewichtseinstellung an rauhen Oberflächen voraussetzt, daß sich alle Konzentrationsunterschiede durch Diffusion ausgeglichen haben. Diffusion in enge Poren benötigt viel Zeit.

Die bisher leistungsfähigste unter den gebräuchlichen ionenselektiven Elektroden ist die fluoridsensitive Elektrode auf der Basis von Lanthanfluorid-Einkristallen. Einziges Störion ist das Hydroxylion, dessen Einfluß sich nur bei hohen pH-Werten, also im stark alkalischen Bereich, bemerkbar macht. Die Leitfähigkeit des Einkristallkörpers wird durch Dotierung mit Europium erhöht. Die Lanthanfluorid-Elektrode ist ein Beispiel dafür, wie das Problem des Direktkontakts gelöst werden kann. Im Inneren des Kristalls wird die Leitfähigkeit im wesentlichen durch bewegliche Fluoridionen getragen. Unter bestimmten Bedingungen kann es an der Berührungsstelle zum metallischen Ableitdraht zur Verarmung von Ladungsträgern kommen, weil Ionen nicht durch die Grenzfläche zum Metall treten können. Eine Zwischenschicht aus einem Festkörper, der den Durchtritt von Ladungsträgern sowohl zum Lanthanfluorid als auch zum Metall ermöglicht, löst das Problem, wie schematisch in Abb. 7.5 veranschaulicht.

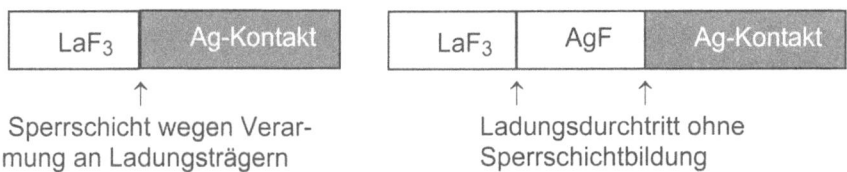

Abb. 7.5 Sperrschichtfreier Direktkontakt an der Lanthanfluoridelektrode

Eine große Anzahl von Festkörpermembran-ISE läßt sich mit Körpern aus Silbersulfid realisieren, wie Tabelle 7.2 zeigt. Feinkörniges, gefälltes und gewaschenes Silbersulfid läßt sich unter hohem Druck und erhöhter Temperatur zu dichten, polierfähigen Pillen pressen. Die Leitfähigkeit dieser Körper ist relativ hoch, da die Anionen im Kristallgitter beweglich sind. Das reine Ag_2S ist ein brauchbarer Sensor für Sulfidionen. Mischungen mit den schwerlöslichen Halogeniden und Pseudohalogeniden des Silbers bewahren die Vorteile der Substanz, sind aber sensitiv für die entsprechenden Halogenid- oder Pseudohalogenidionen. Die beiden schwerlöslichen Salze, z.B. Ag_2S und $AgCl$, treten in ein wohldefiniertes Gleichgewicht. Man kann sich vorstellen, daß die Komponente $AgCl$ eine Konzentration $c(Ag^+)$ erzeugt, auf die die Silbersulfidelektrode reagiert. Im Effekt wirkt eine derartige Festkörpermischung genau so wie eine Silber-Silberchloridelektrode, hat aber den Vorteil einer dichten und polierfähigen Oberfläche.

Ähnlich wirken auch kationensensitive Elektroden auf der Basis von Silbersulfidkörpern wie die in Tabelle 7.2 erwähnten Elektroden für Cd^{2+}, Cu^{2+} und Pb^{2+}. Alle genannten Ionen bilden selbst schwerlösliche Sulfide, die ins Gleichgewicht mit dem Silbersulfidkörper treten. Man kann sich vorstellen, daß die betreffenden Sulfide für sich genommen infolge ihrer Löslichkeit eine bestimmte Sulfidkonzentration in die Lösung senden, auf die die Silbersulfidelektrode anspricht. Es entsteht ein klar definierter Zusammenhang zwischen meßbarer Spannung E und den Konzentrationen der Kationen. Wegen der Tatsache, daß die Ionen Cd^{2+}, Cu^{2+} und Pb^{2+} zweiwertig sind, entsteht ein nur halb so großer Effekt wie bei einwertigen Ionen. Die etwas kompliziertere Konzentrationsabhängigkeit bei derartigen Mischfestkörpern wird manchmal als *Ansprechverhalten höherer Ordnung* bezeichnet. Nach einer älteren Klassifikation handelt es sich um *Elektroden 3. Art*. Bei der Herleitung der Zusammenhänge geht man von Gl. (7.3) aus. Für das Beispiel Cd^{2+} lauten die Gleichgewichte mit den zugehörigen Löslichkeitskonstanten:

$$Cd^{2+} + S^{2-} \rightleftarrows CdS \quad \text{mit} \quad K_L(CdS) = a(Cd^{2+}) \cdot a(S^{2-})$$

$$2Ag^+ + S^{2-} \rightleftarrows Ag_2S \quad \text{mit} \quad K_L(Ag_2S) = a^2(Ag^+) \cdot a(S^{2-})$$

Für die Aktivität der Silberionen ergibt sich $a(\text{Ag}^+) = \sqrt{\dfrac{K_L(\text{Ag}_2\text{S}) \cdot a(\text{Cd}^{2+})}{K_L(\text{CdS})}}$.

Dies führt zu Gl. (7.6), einer speziellen Form der Nernstschen Gleichung, die die Konzentrationsabhängigkeit beschreibt. Aktivitäten wurden vereinfachend durch Konzentrationen ersetzt, die Konstante E' faßt alle Einflüsse der Löslichkeitsgleichgewichte zusammen.

$$E = E' + \dfrac{0{,}059}{2} \cdot \log c(\text{Cd}^{2+}) \tag{7.6}$$

Minaturformen. Bei vielen Fachleuten, insbesondere bei Ingenieuren, ist die Meinung verbreitet, daß die traditionellen Bauformen der ionenselektiven Elektroden eigentlich keine Sensoren seien, da sie nicht die Kriterien der Kleinheit und massenweisen Verfügbarkeit erfüllen. Ungeachtet dessen, ob dies so ist oder nicht, besteht ein großer Bedarf an kleinen und billigen potentiometrischen Sensoren. Der Übergang zur Massenfertigung bedeutet oft einen Übergang vom Messen zum Schätzen. Miniatursensoren sind oft weniger präzise und weniger reproduzierbar in ihrer Arbeitsweise. Verluste dieser Art versucht man dadurch auszugleichen, daß man Wegwerfsensoren herstellt, deren Leistungsfähigkeit für ein einziges Experiment ausreicht, oder daß intelligente Auswertelektronik eingesetzt wird, die Instabilitäten oder Abdriften der Meßwerte eliminiert.

Zwei Probleme erschweren die Miniaturisierung potentiometrischer Sensoren erheblich, nämlich erstens die Schwierigkeit, eine funktionstüchtige Referenzelektrode in Miniaturform mit dem Sensor zusammen herzustellen und zweitens, die Probleme des Direktkontaktes (siehe weiter oben im gleichen Abschnitt) zu beherrschen. Verständlicherweise ist die traditionelle Kontaktierung der ionenselektiven Membran über einen im Inneren des Elektrodenkörpers wirkenden Flüssigkeitsvorrat schlecht in Miniaturform herzustellen.

Miniaturformen von Festkörpermembran-ISE sind hauptsächlich nach zwei Verfahren hergestellt worden, nämlich als *Coated-Wire-Elektroden* und in Form von Strukturen, die durch *Dickschichttechnologie* (Siebdruck) hergestellt wurden.

Coated-Wire-Elektroden sind metallische Drähte, die durch Tauchen mit einem Überzug versehen wurden, der die selektive Schicht trägt. Oftmals besteht dieser Überzug aus mehreren übereinanderliegenden Schichten, die durch mehrfaches Tauchen aufgebracht wurden. Fast immer werden Feststoffpulver mit Bindemitteln verwendet, also ähnliche Kompositionen wie sie in der Dickschichttechnik üblich sind. Man findet hier die gleichen Anstrengungen wie bei den traditionellen Bauformen, das Problem des Direktkontaktes durch Zwischenschichten zu überwinden.

Dickschicht-Strukturen wurden auf die verschiedensten Materialien aufgebracht, z.B. auch auf imprägniertes Papier. Von verschiedenen Firmen werden fertige Siebdruckpasten (sogenannte Tinten) für die Herstellung ionensensitiver Strukturen angeboten, darunter auch Pulvermischungen für Referenzelektroden (z.B. Mischungen aus Silberpulver und Silberchlorid). Die Strukturen bestehen meist aus nebeneinanderliegenden gedruckten Streifen, von denen einer als Pseudo-Referenzelektrode gedacht ist. Der Probelösung muß dann eine gut dosierte Menge an Halogenidionen zugegeben werden, um ein stabiles Potential an der Pseudo-Referenzelektrode zu erhalten. Im Handel existiert eine unübersehbare Vielfalt von potentiometrischen Dickschichtsensoren mit Festkörpermembranen, die allerdings oft nur als Basis für Biosensoren dienen.

Die Dünnfilmtechnologie ermöglicht eine sehr viel weitergehende Miniaturisierung als sie mit den beiden geschilderten Techniken möglich ist. Es hat sich gezeigt, daß potentiometrische Strukturen in Halbleitertechnologie kaum selbständig entwickelt werden. Statt dessen hat sich die Kombination mit einem spannungsverstärkenden Halbleiterbauelement, dem MOSFET (IGFET) durchgesetzt, die die Vorteile der Technologie sehr viel besser wirksam werden läßt. Daraus ist der ISFET bzw. CHEMFET entstanden, der in einem eigenen Abschnitt behandelt wird.

Potentiometrische Sensoren mit Flüssigmembran

Zur Bestimmung des Probeions in der wäßrigen Lösung muß sich eine möglichst selektive Galvanispannung an der Grenzfläche zur Elektrodenoberfläche bilden. Dazu ist es notwenig, daß Ionen die Phasengrenze überqueren können. Wie im Kap. 2 begründet (Abschnitte 2.1.1 und 2.2.6), entsteht durch unterschiedliche Beweglichkeit von Ladungsträgern in aneinandergrenzenden Phasen eine „partielle Ladungstrennung", die zur Ausbildung einer Doppelschicht und einer Berührungsspannung (Galvanispannung) führt.

Der Übertritt von Ladungsträgern über eine Phasengrenze kann auch durch ein Extraktionsgleichgewicht (Abschn. 2.2.7) bewirkt werden. Wenn eine in Wasser wenig lösliche Flüssigkeit an die Probelösung grenzt und bestimmte Ionen in beiden Phasen löslich sind, entsteht eine Konzentrationsverteilung, die durch den Nernstschen Verteilungssatz, Gl. 2.45, beschrieben wird. Die Einstellung dieses Gleichgewichtes muß, wenn die sich verteilende Spezies ein Ion ist, mit einer Spannungsbildung einhergehen.

Ionen haben grundsätzlich polaren Charakter, d.h. sie sind nicht elektrisch neutral und werden sich deshalb in Wasser stets mit einer Hydrathülle, d.h. mit einer Schicht von Wasserdipolen umgeben. Es ist wenig wahrscheinlich, daß eine merkliche Tendenz der Ionen zum Übergang in eine unpolare, hydrophobe Umgebung besteht. Die Löslichkeit „normaler" Ionen in einem nichtwäßrigen, organischen Lösungsmittel ist daher verschwindend gering. Diese Situation kann sich sehr stark ändern, wenn in der nichtwäßrigen Phase Komplexbildner oder andere aktive Substanzen vorhanden sind, die starke chemische Wechselwirkungen mit den interessierenden Ionen ausbilden und dadurch in der Lage sind, die Hydrathülle zu zerstören und durch eine andere Umgebung zu ersetzen. Dieser Fall tritt insbesondere ein, wenn die aktive Substanz einen polaren Innenraum bildet, in den das zu bestimmende Ion eingeschlossen wird, andererseits eine unpolare äußere Oberfläche hat, so daß sich der gebildete Komplex gut im nichtwäßrigen Lösungsmittel löst. Dadurch wird gewissermaßen das Ion über die Phasengrenze „geschleust". Solche Liganden können *Chelatliganden* sein, also mehrzähnige Moleküle, die das Ion „krebsscherenartig" einschließen. Noch wirksamer sind Moleküle mit geschlossenen Hohlräumen, in die das Ion paßt und in denen spezifisch wirkende

Koordinierungsstellen vorhanden sind. Für diese Moleküle hat sich die Bezeichnung *Neutralträger* eingebürgert. Ein Ligand mit einem geschlossenen Hohlraum ist z.B. das natürlich vorkommende Antibiotikum Valinomycin, dessen spezifische Wechselwirkung mit dem Kaliumion im Kap. 2, Abschn. 2.2 beschrieben wurde. Durch die Wirkung solcher aktiver Substanzen wird die Gleichgewichtskonzentration der analytisch interessierenden Ionen in der nichtwäßrigen Phase wesentlich erhöht bzw. der Wert des Verteilungskoeffizienten im Nernstschen Verteilungssatz wird wesentlich günstiger, so daß man dem Ziel einer meßbaren selektiven Galvanispannung an der Phasengrenze näher kommt.

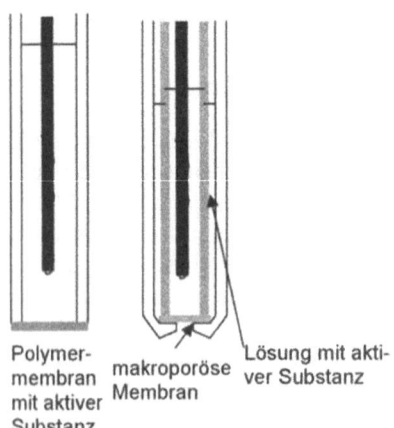

Polymermembran mit aktiver Substanz makroporöse Membran Lösung mit aktiver Substanz

Abb. 7.6 Ionenselektive Elektroden mit Flüssigmembran

Genau genommen muß der Übergang von Ladungsträgern nicht unbedingt zu einer homogenen Lösung der Probeionen im Inneren der nichtwäßrigen Phase führen. Es würde genügen, wenn sich das Gleichgewicht des Ladungsübergangs auf eine dünne Schicht in der Nähe der Phasengrenze beschränkte, wenn also die Phasengrenze die Eigenschaft eines Ionenaustauschers hätte. Derartige Verhältnisse stellen sich ein, wenn die erwähnte, aktiv mit dem Probeion wechselwirkende Substanz nicht homogen im nichtwäßrigen Lösungsmittel verteilt, sondern als Adsorptivschicht in die Phasengrenze eingebaut wird. Amphiphile Moleküle mit einem polaren und einem unpolaren Ende haben häufig die Eigenschaft, sich an derartigen Grenzflächen anzureichern, besonders dann, wenn am unpolaren Ende eine lange, hydrophobe Alkylkette hängt. Wenn die Moleküle in der Lage sind, am polaren Ende mit den Probeionen zu koordinieren, spricht man von *flüssigen Ionenaustauschern*. Die Grenzfläche einer nichtwäßrigen Lösung mit einer Monoschicht solcher Moleküle wirkt ähnlich wie die Oberfläche eines festen Ionenaustauschers. Auch bei einer solchen Anordnung muß sich eine von der Konzentration des Probeions abhängige Galvanispannung ausbilden.

Die Wirkungsweise ionenselektiver Elektroden mit Flüssigmembran kann demnach auf eine Vielzahl chemischer Gleichgewichte und Wechselwirkungen zurückgeführt werden. Grundlage ist das Extraktionsgleichgewicht, ferner können beteiligt sein Komplexbildung, Adsorption und Ionenaustausch. Für das elektrochemische Phänomen der Spannungsbildung gelten die die gleichen Gestzmäßigkeiten wie für die Spannungsbildung an der Grenzfläche Elektronenleiter-Elektrolytlösung. Die meßbare Spannung zwischen Arbeits- und Referenzelektrode gehorcht auch bei ISE mit Flüssigmembranen der Nernstschen Gleichung. Aus der Vielzahl der beteiligten chemischen Phänomene ergibt sich eine sehr große Vielfalt von Möglichkeiten für ISE mit Flüssigmembran. Insbesondere die Liganden können für das jeweilige analytische Problem „maßgeschneidert" synthetisiert werden.

Für den praktischen Gebrauch wäre es unbequem, mit flüssigen Elektroden zu arbeiten. Die nichtwäßrige Lösungsphase muß daher stabilisiert werden. Bei klassischen (makroskopischen) Ausführungen werden unterschiedliche Methoden zur Fixierung angewandt (Abb. 7.6). Weit verbreitet sind dünne Häutchen aus Polymeren, z.B. aus Polyvinylchlorid. Man hatte entdeckt, daß die im Weich-PVC stets in gelöster Form vorhandenen „Weichmacher", also hochviskose hochsiedende organische Flüssigkeiten, ihrerseits gute Lösungsmittel für die aktiven Substanzen sind. Auf dieser Basis lassen sich gut handhabbare Elektroden aufbauen (links in Abb. 7.6). Die dünne PVC-Membran bildet einen nichtporösen Stützkörper für die aktive Substanz. Alternativ dazu können auch makroporöse Polymermembranen (z.B. Filterfolien mit definierter Porenweite vom Typ Millipore®) eingesetzt werden. Ein innerer Vorrat der nichtwäßrigen Lösung steht im Kontakt mit der Membran und wird von deren Poren aufgenommen (rechts in Abb. 7.6).

Tabelle 7.3 Beispiele für ionenselektive Flüssigmembran-Elektroden

Aktive Substanz		Probeion	Störungen
Flüssige Ionenaustauscher	$(RO)_2POO^-$	Ca^{2+}	$Na^+, Mg^{2+}, Ba^{2+}, Zn^{2+}$
	$RSCH_2COO^-$	Cu^{2+}	Na^+, K^+, Ni^{2+}, Erdalkalien
	Kristallviolett	NO_3^-	ClO_4^-
	Phenanthrolinkomplexe des Ni^{2+} und Fe^{3+}	$NO_3^-; ClO_4^-$	$F^-, SO_4^{2-}, PO_4^{3-}, Cl^-,$ $HCO^{3-}, CN^-, NO^{2-}, Br^-$
Neutralträger (Ionophore); Kryptanden; Cyclodextrine; Calixarene	Valinomycin	K^+	Na^+
	Monensin	Na^+	K^+, NH_4^+
	Dicyclohexyl-18-Krone-6	K^+	Na^+, NH_4^+
	ETH 295	UO_2^{2+}	zahlr. Ionen M^{2+}
	Kryptand-222	Zn^{2+}	Ca^{2+}, Cr^{3+}
	Per-O-octyl-α-cyclodextrin	Ephedriniumion	
	Methyl-p-tert-butylcalix[4]arylacetat	Na^+	Alkaliionen

Einige praktisch oder historisch bedeutsame ISE mit Flüssigmembran sind in

Tabelle 7.3 aufgeführt. Strukturformeln für einige wichtige flüssige Ionenaustauscher bzw. Liganden sind in Abb. 7.7 und Abb. 7.8 gegeben. Die Substanz a (Dialkylphosphat) in Abb. 7.7 ist ein Beispiel dafür, wie durch Einführung langer Alkylketten erreicht wird, daß ein Molekül amphiphil wird. Man kann sich vorstellen, daß die hydrophoben Alkylketten in die organische nichtwäßrige Lösung hineinragen, während die ionische Gruppe zur wäßrigen Seite zeigt und dort mit dem Probeion in Wechselwirkung treten kann. Es entsteht eine geordnete Monoschicht, die wie ein Polyelektrolyt wirkt und zum Ionenaustausch befähigt ist. Der Phenanthrolinkomplex des Nickelions (Substanz b in Abb. 7.7) ist ein hydrophobes Kation, das sich in nichtwäßrigen Lösungsmitteln an der Grenzschicht zur Probelösung anordnet und dort als selektiver Ionenaustauscher für einwertige Anionen wirkt, von denen besonders das Nitration praktisch bedeutsam ist. Der Farbstoff Kristallviolett (Substanz c in Abb. 7.7) bildet ein Kation mit einem voluminösen organischen Ende. Gelöst in dem mit Wasser nicht mischbaren

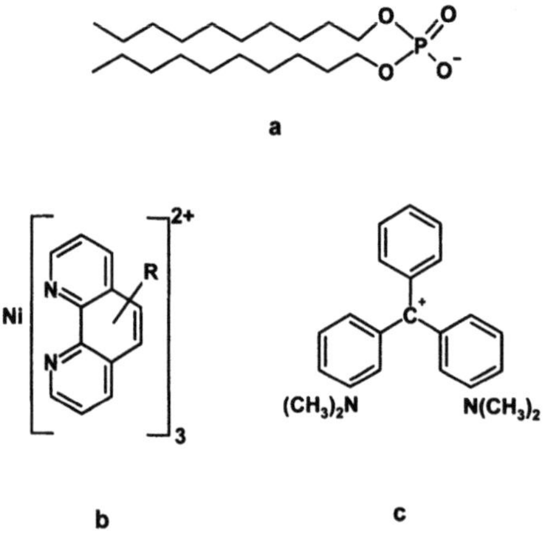

Abb. 7.7 Ionenaustauscher-Substanzen für ISE mit Flüssigmembran. a Dialkylphosphate; b Phenanthrolinkomplex des Ni^{2+}; c Kristallviolett

Lösungsmittel Nitrobenzol läßt sich eine nitratselektive Elektrode aufbauen.

Unter den aktiven Substanzen, die für die Bestimmung von einwertigen Kationen, insbesondere für die analytisch wichtigen Alkaliionen geeignet sind, befinden sich natürlich vorkommende Antibiotika wie das erwähnte Valinomycin oder das Monensin, mit dem eine natriumsensitive Elektrode aufgebaut werden kann. Die Substanz a in Abb. 7.8 (Dicyclo-18-Krone-6) gehört zu den cyclischen Polyethern, den sogenannten *Kronenethern*. Sie ist ein Beispiel dafür, daß versucht wurde, Liganden maßgeschneidert so zu synthetisieren, daß die Selektivität für das gewünschte Ion hoch wird. Auch dieser Kronenether ist, wie das Valinomycin, selektiv für K^+. Da Kalium physiologisch bedeutsam ist, besteht großes Interesse an schnellen analytischen Bestimmungen, insbesondere in der klinischen Chemie. Ähnliches gilt für das Calciumion. Die Substanz d in Abb. 7.8 (ETH 295) ist ebenfalls zielgerichtet synthetisiert worden, und hat eine hohe Selektivität für das Uranylion.

Einige der in Tabelle 7.3 als Beispiele für Neutralträger aufgeführten Substanzen sind nie zu praktischer Bedeutung gekommen. Viele dieser Substanzen wurden im Laboratorium von W. Simon an der ETH Zürich synthetisiert (z.B. das ober erwähnte ETH 295). Von dieser Gruppe stammt auch eine Liste mit

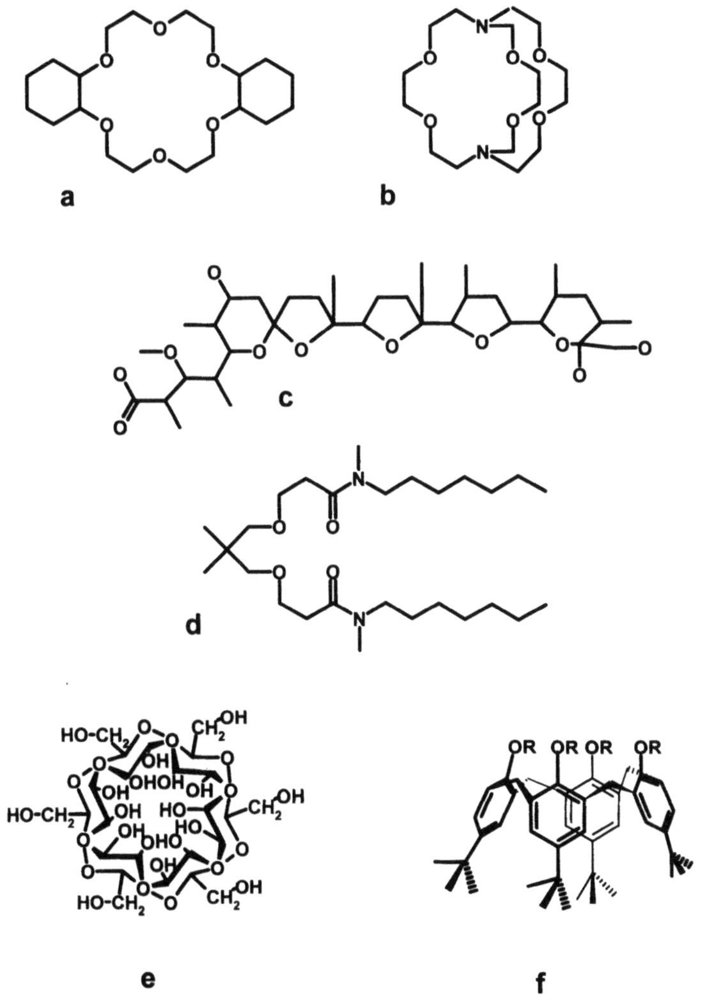

Abb. 7.8 Komplexbildner für ISE mit Flüssigmembran. a Dicyclohexyl-18-Krone-6; b Kryptand-222; c Monensin; d ETH 295; e α-Cyclodextrin; f Calix[4]aren

Anforderungen an wirksame Neutralträger (Ammann et al., 1975).

In den letzten Jahren wurden einige neu in das Blickfeld der Synthesechemie getretenen Substanzklassen hinsichtlich ihrer Verwendbarkeit für die selektive Erkennung von Ionen getestet. Dazu gehören die *Kryptanden*, die eng mit den Kronenethern verwandte Ringsysteme darstellen. Viel untersucht wurde die unter dem Namen 2,2,2-Kryptand (4,7,13,16,21,24-Hexaoxa-1,10-diazabicyclo[8.8.8]hexacosan) bekannte Substanz (b in Abb. 7.8). Sie ist zum Aufbau einer zinkselektiven Elektrode geeignet (Srivastava et al., 1996). Eine sehr interessante Stoffklasse sind die Cyclodextrine (Beispiel: Per-O-octyl-α-cyclodextrin in Tabelle 7.3 und e in Abb. 7.8). Es sind cyclische Verbindungen aus Bausteinen natürlicher Kohlehydrate, die beim enzymatischen Abbau von Stärke entstehen. Die Moleküle formen einen Hohlkegel, der an der Öffnung hydrophil ist und im Inneren wie eine hydrophobe Tasche wirkt. Bestimmte Probeionen koordinieren äußerst selektiv mit passend synthetisierten Cyclodextrinen. Diese Selektivität kann sogar zur chiralen Erkennung von optischen Isomeren genutzt werden, wie es im gegebenen Beispiel für das Ephedriniumion der Fall ist (Bates et al., 1994). Die Calixarene (Beispiel Methyl-p-tert-butylcalix[4]arylacetat in Tabelle 7.3 und f in Abb. 7.8) sind Moleküle, die wie ein Kelch geformt sind. Sie entstehen durch Synthese aus substituierten Phenolen mit Aldehyden. Auch bei Ihnen bietet das Molekül einen Hohlraum an, der dem Probeion zur Verfügung gestellt werden kann. Im Beispiel wird eine natriumselektive Elektrode mit Polymermembran, wie in Abb. 7.6 rechts gezeigt, aufgebaut (Diamond et al. 1988).

Die aktiven Substanzen aus den Gruppen der Kronenether, Kryptanden, Cyclodextrine und der Calixarene gehören zu dem relativ neuen Gebiet der Host-Guest-Chemie. Man stellt sich vor, daß der „Guest" durch elektrostatische oder Van-der-Waals-Wechselwirkungen im Hohlraum des „Hosts" gebunden ist. Es kommt hier sehr stark auf den sterischen Bau der Moleküle an, woraus sich ein reiches Betätigungsfeld für die chemische Synthese ergibt.

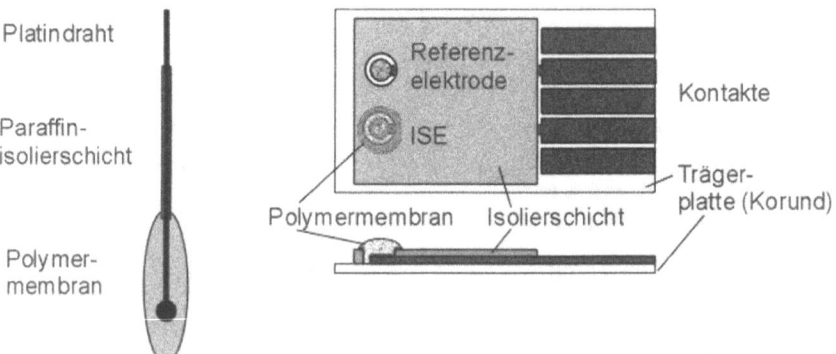

Abb. 7.9 Ausführungsformen miniaturisierter Flüssigmembran- bzw. Polymermembran-ISE. Links: Coated-Wire-Elektrode; rechts: Sensor in Dickschichttechnik

Miniaturformen. Die gleichen Technologien wie bei den Festkörpermembran-ISE werden auch verwendet, um Flüssigmembran-ISE zu miniaturisieren. *Coated-*

Wire-Elektroden entstehen aus einem metallischen Draht, der durch Tauchen mit einer Polymerschicht (z.B. PVC) überzogen wurde. Die Urform der Coated-Wire-Elektrode (Abb. 7.9 links) bestand aus einem Stück Platindraht, der an den Innenleiter eines Koaxialkabels angelötet war. Das Ende des Drahtes war in einer Gebläseflamme zu einer kleinen Kugel geformt worden. Der Polymer-Überzug war durch mehrfaches Eintauchen in dessen Lösung hergestellt worden (Freiser 1980).

Moderne potentiometrische Miniatursensoren werden in Dickschichttechnik hergestellt. Ein Beispiel zeigt Abb. 7.9 rechts.

In den Miniatursensoren werden die gleichen Lösungsmittel und Liganden verwendet wie bei den klassischen Bauformen. Probleme bereitet die Tatsache, daß man hier nicht um den Direktkontakt herumkommt. Ähnlich wie bei den Festkörpermembran-ISE führt die Ausbildung einer Sperrschicht am Übergang der elektronenleitenden zur ionenleitenden Phase zu Instabilitäten, Drift usw. Im Unterschied zu den Festkörperelektroden läßt sich das Problem aber auch elektrochemisch lösen. Betrachtet man die Polymerschicht mit dem darin enthaltenen Lösungsmittel und den aktiven Substanzen als Elektrolytlösung, dann kann eine Elektrode 2. Art, also z.B. eine Schicht aus Ag und AgCl, mit den im Polymer enthaltenen Chloridionen ein stabiles Potential bilden. Damit wird die innere Ableitelektrode, wie sie in den klassischen Bauformen vorhanden ist, nachgebildet. Allerdings sind die Halogenidschichten hier weniger gut vor dem Einfluß der Meßlösung geschützt als dies bei makroskopischen Formen der Fall ist. Ein Ausweg scheint auch die Verwendung von leitfähigen Polymeren als Kontaktmaterial zu sein, wenn diese gleichzeitig Ionen- und Elektronenleitfähigkeit zeigen. So wurde z.B. eine natriumsensitive Elektrode mit $NaBF_4$-dotiertem Polypyrrol (PPY) als Kontakt vorgeschlagen (Cadogan et al 1992). Manche Konstruktionen funktionieren einigermaßen, obwohl keinerlei Vorkehrungen gegen das geschilderte Problem getroffen wurden. Man muß davon ausgehen, daß hier eine Not zur Tugend wird. Die Polymermembran ist permeabel für Luftsauerstoff, der auf diesem Wege bis zum Metallkontakt vordringen kann. Dort bildet er mit den stets vorhandenen Wasserspuren im Polymer eine Redoxelektrode aus, die wie eine innere Ableitelektrode funktioniert. Zwangsläufig zeigen solche Elektroden eine Querempfindlichkeit gegen den Sauerstoffgehalt der Probelösung.

Bei den potentiometrischen Miniatursensoren werden Zugeständnisse hinsichtlich Linearität und Stabilität gemacht. Dafür sind sie auch wesentlich preisgünstiger als herkömmliche Bauformen.

Einen entscheidenden Fortschritt hat auch bei den Flüssigmembran-ISE die Einführung des ISFET gebracht.

Die Glaselektrode

Die Glaselektrode ist seit dem Anfang des 20. Jahrhunderts bekannt und damit die älteste ionenselektive Elektrode, zugleich noch immer die wichtigste und am weitesten verbreitete. Sie gestattet es, schnell und problemlos die Aktivität der Wasserstoffionen bzw. deren dekadischen Logarithmus, den pH-Wert, zu bestimmen. Der pH-Wert ist eine der wichtigsten chemischen Parameter überhaupt und pH-Messungen gehören zu den häufigsten analytischen Aufgaben. Da sowohl der pH-

Wert als auch die potentiometrisch meßbare Größe, das Elektrodenpotential, logaritmische Funktionen der Aktivität sind, kann das Meßgerät so kalibriert werden, daß es eine lineare pH-Skala hat. Da sich die Glaselektrode einer Miniaturisierung entzieht, wird sie auch in Zukunft in ihrer klassischen Form weiter existieren, trotz einiger Versuche, sie durch kleine, unzerbrechliche Sensoren auf der Basis von Flüssigmembran-ISE zu ersetzen.

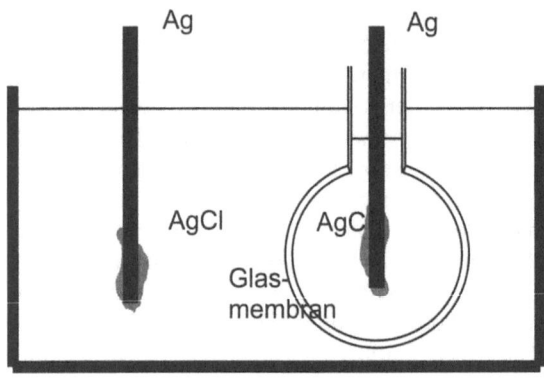

Abb. 7.10 Meßzelle mit Glaselektrode (rechts) und Referenzelektrode (links)

Die Glaselektrode nimmt nicht zuletzt deshalb eine Sonderstellung ein, weil sie sowohl Eigenschaften der Festkörpermembran-ISE als auch der Flüssigmembran-ISE hat. Die Meßanordnung entspricht der in der Potentiometrie üblichen (Abb. 7.10). Dargestellt ist eine „symmetrische Meßanordnung", d.h. auf beiden Seiten der Glasmembran befindet sich eine gleichartige Referenzelektrode (in diesem Fall schematisch angedeutet eine Silber-Silberchlorid-Elektrode). Anstatt dieser „Flüssig-Ableitung" ist auch immer wieder versucht worden, einen Direktkontakt im Inneren des Glaskörpers anzubringen. Dabei entstehen sogenannte „Email"-Elektroden. Die Probleme sind die gleichen wie schon beim Direktkontakt mit ISE allgemein beschrieben. Der Direktkontakt hat sich bei der Glaselektrode nicht durchsetzen können.

Wesentlicher Bestandteil der eigentlichen Glaselektrode ist eine dünne Membran, ca. 0,4 mm dick, aus Natriumsilikatglas, die aus einer Schmelze von Natriumoxid, Quarzsand (SiO_2) und Aluminiumoxid (Al_2O_3) hergestellt wird. Variation der Aluminiumoxidmenge und Zusätze anderer Bestandteile (insbesondere Uranoxid) ändern die Selektivität der Glasmembran, die dann auch als Sensor für andere einwertige Kationen wie Na^+ oder K^+ verwendet werden kann.

Glaselektroden werden in zunehmendem Maße als *Kombinationselektroden* oder *Einstabmeßketten* angeboten. Die äußere Referenzelektrode ist bei ihnen samt Salzbrücke eingebaut (Abb. 7.11).

Die für die Messung entscheidende Spannung entsteht an der Grenzfläche vom Glas zur Probelösung. Dazu muß erst eine sogenannte *Quellschicht* gebildet werden. Diese entsteht durch 1 bis 2 stündiges Wässern in einer leicht angesäuerten Lösung. Aus dem Silikatgerüst des Glases, das an der Oberfläche die Gruppe

$-SiO_4^{4-}$ trägt, entsteht ein *Hydrogel* mit der Gruppe SiO^-H^+. Im Gleichgewicht mit wäßrigen Lösungen protolysiert diese Gruppe, wobei H^+ zu H_3O^+ hydratisiert wird. Dieses Ion wird rein elektrostatisch an den in der Quellschicht fixierten negativen Ladungen festgehalten. Die Oberflächengruppen der Quellschicht bilden ein Ionaustauschgleichgewicht mit den einwertigen Ionen der Lösung aus:

$$-SiO^-Na^+ + H_3O^+ \rightleftarrows -SiO^-H_3O^+ + Na^+_{aq}$$

Wie immer, wenn ein Beweglichkeitsunterschied eines Ions in aneinandergrenzenden Phasen existiert, kommt es zur Spannungsbildung an der Phasengrenze. Entsprechend dem Zellensymbol lassen sich den Phasengrenzen einzelne Galvanispannungen g_i zuordnen:

Ag, AgCl / KCl$_{sat}$ // Probelösung / Glasmembran / Pufferlösung / AgCl, Ag
$\varphi(I)$ $\qquad\qquad\qquad\qquad\qquad\qquad\qquad\qquad\qquad\qquad\qquad$ $\varphi'(I)$
$\quad g_r \qquad g_j \qquad\quad g_g \qquad\qquad g_g' \qquad\quad g_r'$

Die meßbare Spannung E zwischen den beiden metallischen Ableitdrähten aus Silber kann dann als Differenz zwischen den inneren elektrischen Potentialen $\varphi'(I)$ und $\varphi(I)$ betrachtet werden. Ebenso richtig ist, daß E die Summe aller Galvanipotentiale darstellt (Gl. **(7.7)**).

$$E = \varphi'(I) - \varphi(I) = g_r + g_j + g_g + g_g' + g_r' \qquad (7.7)$$

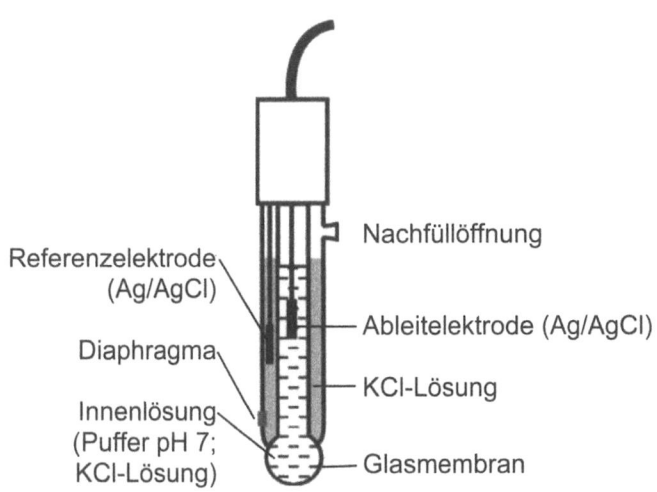

Abb. 7.11 Kombinations-Glaselektrode (Einstabmeßkette)

Es wird angenommen, daß alle g_i außer g_g konstant sind. Die Galvanispannung g_g entsteht an der Berührungsfläche der Glasmembran mit der Probelösung und hängt vom pH-Wert ab. In E ist demnach die pH-Abhängigkeit von g_g enthalten. E

ist allerdings im Gegensatz zu g_g meßbar. Der entsprechende Zusammenhang wird durch die Nernstsche Gleichung beschrieben:

$$E = const + 0,059 \cdot \log a\left(H_3O^+\right) \tag{7.8}$$

Der Nernstfaktor 0,059 Volt erreicht bei praktischen Messungen nicht immer seinen theoretischen Wert. An seine Stelle tritt dann der Begriff der *Steilheit S* der Elektrodenfunktion $E = f(a)$. Diese Größe muß empirisch ermittelt werden. Die Konstante *const* enthält alle nicht konzentrationsabhängigen Beiträge. Man nennt sie in der Praxis *Asymmetriepotential* E_{As}, weil sie Null sein sollte, wenn Innenlösung und Probelösung den gleichen pH-Wert haben und ferner innen und außen die gleiche Referenzelektrode Verwendung findet. Tatsächlich wird E_{As} selten Null, sondern muß ebenso wie S empirisch durch Kalibrierung mit Pufferlösungen bekannten pH-Wertes berücksichtigt werden. Wenn für die Größe $-\log a(H_3O^+)$ der pH-Wert gesetzt wird, entsteht folgende allgemein übliche Form der Nernstschen Gleichung für die Glaselektrode:

$$E = E_{As} - S \cdot pH \tag{7.9}$$

Glaselektroden gehorchen der Gl. (**7.9**) meist im pH-Bereich 1 bis 14. Bei höheren pH-Werten wird das von anderen einwertigen Ionen verursachte Signal merklich. Man nennt dies den *Alkalifehler* der Glaselektrode. Dieser „Fehler" kann künstlich verstärkt wrden, indem z.B. der Anteil an Aluminium im Glas erhöht wird. Die Oberflächenbeschaffenheit der Quellschicht ändert sich dann so, daß auch Alkaliionen genügend Platz finden. Es entstehen dann ionenselektive Elektroden für Na^+, K^+ oder Li^+. Die pH-Abhängigkeit besteht in jedem Fall weiter.

Die Lambda-Sonde

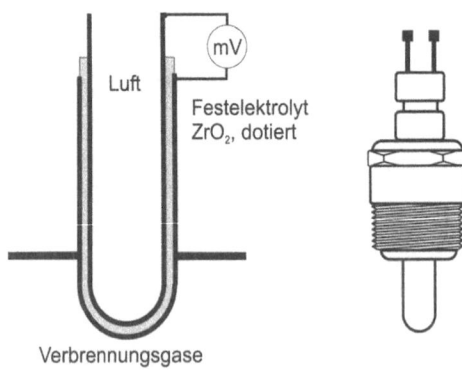

Abb. 7.12 Lambda-Sonde. Links: schematischer Aufbau; rechts: praktische Ausführung

Die sogenannte Lambda-Sonde ist der bisher erfolgreichste chemische Sensor.

Sie ist in allen modernen Kraftfahrzeugen eingebaut und dient dort zur Kontrolle des Sauerstoffgehaltes im Auspuffgas. In Abhängigkeit von diesem Gehalt wird der Verbrennungsvorgang im Ottomotor so gesteuert, daß der Ausstoß des giftigen Kohlenmonoxids minimal wird.

Die Lambda-Sonde unterscheidet sich wesentlich von den bisher behandelten Sensoren. Im Gegensatz zu diesen wird anstatt wäßriger Lösungen ein Festelektrolyt verwendet. Der Analyt liegt in gasförmigem Zustand vor. Die Betriebstemperatur ist hoch und liegt bei etwa 500°C.

Bei hoher Temperatur existiert ein Redoxpaar O_2/O^{2-}, das mit einem Edelmetall wie Platin eine Redoxelektrode bildet. Eine solche Redoxelektrode kann zur Messung der Konzentration von O_2 im Gasraum verwendet werden, wenn ein Elektrolyt zur Verfügung steht, in dem das Ion O^{2-} beweglich ist. Dies ist der Fall bei Körpern aus Zirkondioxid ZrO_2. Aus Zirkondioxid im Gemisch mit Calciumoxid können keramische Körper geformt werden, die oberhalb von 500°C eine hohe elektrolytische Leitfähigkeit haben. Die Leitfähigkeit wird durch die im Gitter beweglichen Anionen O^{2-} verursacht. Die Beweglichkeit wird durch Gitterdefekte erreicht (siehe auch Kap. 2, Abschn. 2.1.1). Durch Dotierung mit Yttriumoxid Y_2O_3 und anderen Metalloxiden werden im Gitter positive Löcher erzeugt, auf denen sich die Anionen durch den Kristall bewegen können. Die Spannung an der Redoxelektrode hängt von der Konzentration des molekularen Sauerstoffs ab. Sie kann gemessen werden gegen eine ebenso auf gebaute Referenzelektrode, der man eine konstante Sauerstoffkonzentration zuordnet, z.B. die Luftatmosphäre. Wenn beide Elektroden miteinander kombiniert werden, entsteht eine *Konzentrationszelle*, deren Zellensymbol geschrieben werden kann als

O_2 / Pt / ZrO_2 / Pt / O_2
$p_r(O_2)$ $\qquad\qquad$ $p_m(O_2)$

Die Konzentrationen des gasförmigen Sauerstoffs werden in Form ihrer Partialdrücke angegeben. Dabei bedeutet $p_r(O_2)$ die Konzentration im Referenzsystem (atmosphärische Luft) und $p_m(O_2)$ im Meßraum. Der Festelektrolyt aus Zirkondioxid wird mit porösen Platinelektroden versehen, die für Sauerstoff durchlässig sind. Im Festkörper kann sich das gebildete Ion O^{2-} bewegen. Für den Fall eines äußeren Stromflusses würde dann Sauerstoff durch den Festkörper transportiert. An jeder Elektrode bildet sich ein Gleichgewicht gemäß $O_2 + 4e^- \rightleftarrows 2O^{2-}$ aus. Die Spannung zwischen den beiden Platinelektroden gehorcht der Nernstschen Gleichung.

$$E = E^\theta + \frac{0{,}059}{4}\log\frac{p_m(O_2)}{p_r(O_2)} \qquad (7.10)$$

Für konstanten Partialdruck $p_r(O_2)$ am Referenzsystem ergibt sich die in Gl. (**7.11**) gegebene Form.

$$E = E' + \frac{0{,}059}{4}\log p_m(O_2) \qquad (7.11)$$

Der schematische Aufbau einer Lambda-Sonde ist in Abb. 7.12 gegeben. Ein fingerförmiger Keramik-Hohlkörperaus Zirkondioxid-Keramik ragt in den zu untersuchenden Gasraum hinein. Er ist auf beiden Seiten mit einer gasdurchlässigen Platinschicht überzogen. Das Innere des Hohlkörpers steht mit der Atmosphäre im Kontakt. Zwischen innerer und äußerer Platinschicht wird die Spannung E gemessen, aus der nach Gl. (**7.11**) der Sauerstoffpartialdruck im Meßraum folgt.

Die Lambda-Sonde wird millionenfach in Automobile mit Ottomotor eingebaut. Dort wird sie im Auspuffkrümmer eingebaut. Bei Temperaturen um 900°C strömen dort die Abgase des Motors aus. Die Verbrennungsvorgänge im Motor werden, durch Steuerung der Benzineinspritzung und andere Eingriffsmöglichkeiten, so gesteuert, daß möglichst der gesamte aus Kohlenwasserstoffen bestehende Kraftstoff verbrannt wurde. Zur quantitativen Bewertung des Verbrennungsvorgangs wurde die *Luftzahl* λ eingeführt. Der Verbrennungsvorgang läßt sich durch die folgende Gleichung beschreiben:

$$C_xH_y + (x + y/4) O_2 \rightarrow x\, CO_2 + y/4\, H_2O.$$

Das Massenverhältnis Kraftstoff/Luft ist dann *stöchiometrisch*, wenn gerade soviel Sauerstoff zugemischt wurde, daß er zur restlosen Verbrennung aller Kohlenwasserstoff-Bestandteile ausgereicht hätte. Die für das aktuelle Gemisch vorliegende Luftzahl ist definiert als

$$\lambda = \frac{\left(\dfrac{m(Luft)}{m(Kraftstoff)}\right)_{aktuell}}{\left(\dfrac{m(Luft)}{m(Kraftstoff)}\right)_{stöchiometrisch}} \tag{7.12}$$

Das Signal der Lambda-Sonde im Auspuffgas wird einer elektronischen Regelung zugeführt, die dafür sorgt, daß der aktuelle λ-Wert nahe 1 liegt, also annähernd vollständige Verbrennung erreicht wird. Das Benzin-Luft-Gemisch ist unter diesen Bedingungen eher „fett" als „mager". Im Auspuffgas befinden sich dann die Schadstoffe CO, NO und Reste unverbrannter Kohlenwasserstoffe. Diese Bestandteile werden im sogenannten 3-Wege-Katalysator in die unschädlichen Stoffe CO_2, N_2, H_2O und CO_2 umgewandelt. Wäre der Lambda-Wert höher oder niedriger als der Optimalwert, dann könnten die Schadstoffe im Katalysator nicht zufriedenstellend abgebaut werden. Das optimale Massenverhältnis Luft/Kraftstoff liegt bei etwa 14,7., d.h. 14,7 kg Luft werden zur Verbrennung von 1kg Kraftstoff zugemischt.

Die Lambda-Sonde findet außer in Kraftfahrzeugen auch bei vielen anderen technischen Verbrennungsprozessen Anwendung, so z.B. in Kraftwerken. In Analysenautomaten, die zur Bestimmung des *chemischen Sauerstoffbedarfs* (COD) oder des Gehalts an organischen Substanzen in natürlichen Wässern dienen, wird der nach dem Eindampfen zurückbleibende Trockenrückstand an Anwesenheit von Katalysatoren verbrannt. Der dabei verbrauchte Sauerstoff wird mittels der Lambda-Sonde gemessen und liefert die gewünschte Aussage. Bei solchen Anwendungen werden elektrisch heizbare Lambda-Sonden eingesetzt. In der Metallurgie sind spezielle Lambda-Sonden gebräuchlich, um den Sauerstoffgehalt der Stahlschmelze vor dem Guß zu ermitteln. Man baut in diesem Falle eine Hochtemperatur-Sauerstoff-ISE auf. Diese besteht aus einem Zirkondioxid-Hohlkörper, der innen einen Stab aus Molybdän trägt. Der Zwischenraum ist mit einem Gemisch aus Chrom und Chromdioxid ausgefüllt. Dieses dient als Referenzsystem, also gewissermaßen als innere Ableitung. Da das Gleichgewicht $4\,Cr + 3\,O_2 \rightleftarrows 2\,Cr_2O_3$ herrscht, wird bei der Temperatur der Stahlschmelze ein definierter Referenzdruck $p(O_2)$ erzeugt. Zwischen der beschriebenen ISE und einer äußeren Referenzelektrode (aufgebaut wie die innere) in der Stahlschmelze läßt sich eine Spannung messen, die entsprechend der Nernstschen Gleichung vom Sauerstoffgehalt in der Schmelze abhängt.

Die Lambda-Sonde ist ein Beispiel dafür, daß eine elektrochemische Zelle in zwei völlig verschiedenen Betriebsarten arbeiten kann. In der bisher betrachteten potentiometrischen Betriebsweise arbeitet sie nach dem Prinzip der Energieumwandlung. Sie kann jedoch auch im Kurzschlußbetrieb verwendet werden, so daß das Wandlerprinzip Strombegrenzung gilt. Diese „amperometrische" oder „coulometrische" Betriebsweise hat viele Vorteile. Zwischen dem meßbaren Signal, das in diesem Falle ein Strom ist, und der Sauerstoffkonzentration besteht über viele Dekaden ein linearer Zusammenhang. Die amperometrische Lambda-Sonde kann wesentlich leichter miniaturisiert werden als die potentiometrische.

7.1.3 Der ionenselektive Feldeffekttransistor (ISFET)

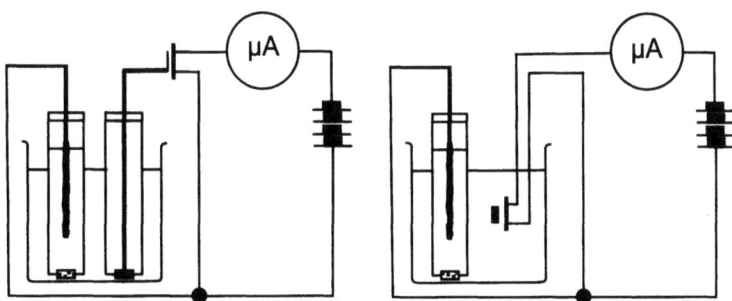

Abb. 7.13 ISE mit MOSFET und niederohmiger Verbindung zum Meßgerät (links); Messung mit ISFET (rechts)

Der Metall – Oxid – Feldeffekttransistor (MOSFET) wurde bereits im Kap. 2.1 erläutert. Wegen seiner guten Isolation zwischen Eingangs- und Ausgangskreis ist er ein hervorragender, d.h. hochohmiger, Spannungsverstärker. Millivoltmeter mit einem MOSFET-Operationsverstärker im Eingangskreis sind die am häufigsten verwendeten pH-Meter. Lange bekannt ist, daß bei hochohmigen Spannungsmessungen leicht Störungen dadurch entstehen, daß die Leitung zwischen Meßelektrode und Meßgerät als Antenne für elektrische Wechselfelder aus der Umgebung wirkt. Anstatt diesem Problem mit aufwendigen Abschirmungsmaßnahmen zu begegnen, kann man auch einen anderen, sehr wirksamen Weg beschreiten. Dieser besteht darin, daß ein MOSFET in unmittelbarer Nähe der Meßelektrode an diese angeschlossen wird. Vom Ausgangskreis des Bauelementes führt nun eine Leitung zum Meßgerät. Diese Leitung führt das bereits verstärkte (niederohmige) Signal und ist daher unempfindlich gegen Störungen.

Anordnungen wie in Abb. 7.13 wurden in vielerlei Form vorgeschlagen, z.B. als Hybridsensor, bestehend aus einer Dickschicht-Elektrode mit ebenfalls gedruckter Referenzelektrode und einem aufgelöteten MOSFET (Afromowitz und Lee, 1977). Dies war aber nur der erste Schritt zu einer der wichtigsten Erfindungen der modernen Sensortechnik. Der nächste Schritt bestand daran, daß die Leitung zwischen ISE und der Gate-Elektrode des MOSFETs auf Null schrumpfte, indem man die ionensensitive Schicht direkt auf das Gate aufbrachte. Damit war der ISFET oder CHEMFET entstanden, für dessen Massenfertigung fast die gesamte Palette der hochentwickelten Technologie der Mikroelektronik genutzt werden konnte. Umgekehrt konnten auch sämtliche Erkenntnisse der Potentiometrie mit ISE für die ISFET-Sensoren herangezogen werden. Nicht zuletzt war damit eine Brücke zwischen zwei Gebieten entstanden, die sich vorher getrennt und unabhängig voneinander entwickelt hatten, nämlich der Elektrotechnik und der analytischen Chemie.

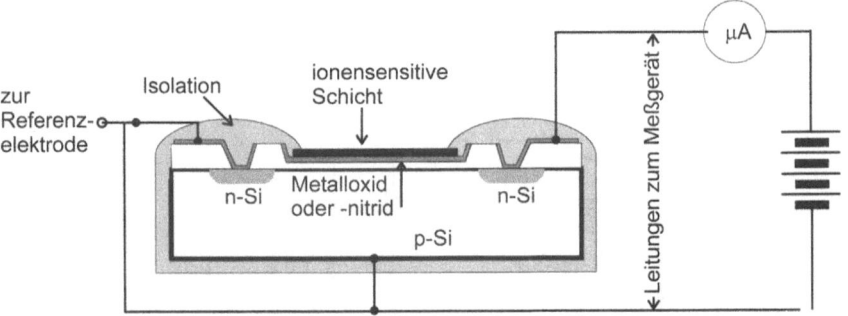

Abb. 7.14 ISFET-Struktur (vereinfacht)

Die Struktur des ISFET (Abb. 7.14) ist identisch mit der des MOSFET, d.h. als Substrat dient in den meisten Fällen p-dotiertes Silicium, in das zwei n-dotierte Zonen eingebracht wurden. Über der Verbindungslinie beider Zonen liegt die Isolierschicht, die normalerweise aus SiO_2 besteht. Ebenso wird Siliciumnitrid Si_3N_4 verwendet (dann müßte man korrekterweise vom IGFET, nicht MOSFET, sprechen). Beide Materialien sind sehr gute Isolatoren. Über der Isolierschicht liegt das metallische Gate, das seinerseits mit der ionensensitiven Membran überzogen wurde. Die Spannung, die zwischen der Referenzelektrode in der Probelösung und der ionensensitiven Membran entsteht, erscheint in der in Abb. 7.14 gezeigten Schaltung als Spannung zwischen Gate und Source. Sie wirkt als Steuerspannung für den Ausgangskreis der Schaltung und führt dort zu einem linearen Stromanstieg, der am Arbeitswiderstand meßbar wird. Alternativ ist aber auch eine andere elektronische Schaltung gebräuchlich, bei der mit konstantem Drainstrom gearbeitet wird. Die Spannung zwischen Referenzelektrode und Membran erscheint dann unverändert in der Amplitude, aber leistungsverstärkt, im Ausgangskreis. Sie kann dann am Meßgerät so verarbeitet werden, als wenn sie direkt von den Elektroden käme.

Als ionensensitive Membranen für ISFETs kommen alle Materialien in Betracht, die bei den Festkörper- und Flüssigmembran-ISE erwähnt wurden. Besonders weit verbreitet sind pH-sensitive ISFETs. Das ist verständlich, wenn man bedenkt, daß klassische Glaselektroden teuer und zerbrechlich sind und daß ihr besonders hoher Innenwiderstand die Messung störanfällig macht. Beides wird bei ISFETs vermieden. Als pH-sensitive Schicht lassen sich sogar die Isolatorschichten aus SiO_2 und Si_3N_4 gebrauchen. Eine andere Möglichkeit sind Flüssigmembranen (Polymermembranen mit Lösungsmittel) und einem Ionenaustauscher als aktive Substanz. Dafür lassen sich Amine verwenden, die an einem Ende mit hydrophoben Alkylketten versehen wurden. Auch Schichten von pH-sensitivem Glas sind vorgeschlagen worden, d.h. eine Adaption der sog. Email-Elektroden. pH-sensitive ISFETs sind handelsüblich, haben aber die klassische Glaselektrode noch nicht verdrängt.

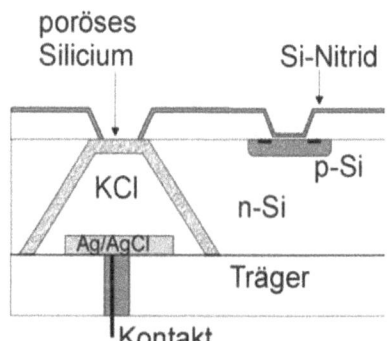

Abb. 7.15 ISFET in Siliciumtechnologie mit Mikro-Referenzelektrode

Zwei Probleme haben die Entwicklung des ISFETs von Anfang an begleitet. Das erste ist das schon mehrfach erwähnte Problem des Direktkontakts an ionensensitiven Membranen, das beim ISFET unvermeidlich auftritt. Das zweite ist die technische Schwierigkeit, ein eigentlich extrem feuchtigkeitsempfindliches elektronisches Bauelement so zu verkapseln, daß zwar die ionensensitive Schicht auf dem Gate der Probelösung ausgesetzt ist, alle übrigen Bezirke der Struktur aber dauerhaft geschützt werden. Es hat sich gezeigt, daß dieses Problem nicht mit den Mitteln der Dünnfilmtechnologie zu lösen ist. Es genügt nicht, isolierende Oxid- oder Nitridschichten aufzudampfen. Bis heute gibt es keinen anderen Weg als die Verkapselung mit Polymerschichten, deren Aufbringung relativ aufwendig ist und nicht in die technologischen Linien der Halbleiterindustrie paßt. Daher ist die Herstellung von ISFET-Sensoren doch wieder ein manufakturähnlicher Prozeß geworden, der die Stückzahlen nicht zu hoch und die Preise nicht zu niedrig werden läßt.

Der technologische Fortschritt, der mit der Einführung des ISFETs erreicht wurde, wird relativiert durch die Tatsache, daß nach wie vor eine separate Referenzelektrode für die Messung notwendig ist. Es gab viele Versuche, diese ebenfalls zu miniaturisieren. Eine akzeptable, aber noch nicht perfekte Lösung sind Hybridelektroden, bei denen die aktive Schicht der Referenzelektrode, z.B. ein Gemisch aus Ag AgCl, durch Siebdruck aufgebracht wird. Darüber kann eine Polymerschicht mit Salzgehalt gedruckt werden, die beim Kontakt mit der Probelösung zu einem Gel aufquillt. Solche Gebilde eignen sich meist nur zu einmaligem Gebrauch. Eine Möglichkeit, das Problem ganz und gar auf Siliciumbasis zu lösen, ist in Abb. 7.15 angedeutet (Smith u. Scott 1986).

In diesem Beispiel handelt es sich um einen pH-sensitiven ISFET, der ausnahmsweise auf einem n-leitenden Siliciumchip aufgebaut ist. Durch „anisotropes Ätzen" wird eine Grube in den Chip eingebracht, danach folgen die üblichen technologischen Schritte zur Formierung einer MOS-Struktur, d.h. Eindiffusion von p-leitenden Zonen, Aufbringen der Isolierschicht aus Siliciumnitrid, Metallisierung mit Aluminium usw. Schließlich wird durch Ätzen mit Flußsäure eine Schicht aus porösem Silicium innerhalb der Ätzgrube erzeugt. Diese stellt das Diaphragma dar, über welches die später hinzugefügte Ag/AgCl-Pille mit der Lösung verbunden ist. Dieser Prozeß bewahrt zwar weitgehend die Vorteile der mikroelektronischen Technologie, enthält aber dennoch einige störende Sonderschritte.

7.1.4 Messungen mit potentiometrischen Sensoren

Meßgeräte

Potentiometrische Meßgeräte für ISE sollen die Spannung zwischen Meß- und Bezugselektrode möglichst unverfälscht messen. Sie müssen daher hochohmig sein. Als Richtwert gilt, daß der Eingangswiderstand des Meßgerätes mindestens um den Faktor 1000 größer sein soll als der Innenwiderstand der Meßkette. Einige ISE haben sehr hohe Innenwiderstände, die Glaselektrode z.B. im Bereich einiger Megaohm. Sogenannte pH-Meter genügen allen Anforderungen, wenn ihr Innenwiderstand mindestens im Gigaohmbereich liegt. Diese Bedingung wird gegenwärtig auch bereits schon von billigen Taschen-pH-Metern erfüllt.

Eine sorgfältige Abschirmung der Zuleitung von der Meßelektrode zum Instrument ist zwingend, anderenfalls würden elektrische Störfelder zu erheblichen Problemen führen.

Messungen mit ISFETs sind wesentlich einfacher als solche mit ionenselektiven Elektroden. Es gibt zwei grundsätzliche Möglichkeiten für die Auslegung des ISFET-Meßstromkreises (Abb. 7.16). Im Stromkreis „Gatespannung konstant" wird die Abhängigkeit des Drainstroms des ISFETs von der Gatespannung, d.h. die Kennlinie $I_D = k\, U_G$ ausgenutzt. Der im Bild erkennbare Stromfolger (siehe Kap. 2, Abschn. 2.4.1) legt den Source-Anschluß auf Masse und gibt eine Spannung aus, die proportional zur Gatespannung ist. In der Schaltung „Drainstrom konstant" erscheint am Ausgang die zwischen Referenzelektrode und ionensensitiver Schicht des ISFETs auftretende Spannung in der Amplitude unverändert, aber leistungsverstärkt. Diese Schaltung wird in den meisten ISFET-Anwendungen benutzt. Alle Feinheiten des Sensorsignals werden wiedergegeben und können ggf. durch Mikrorechner manipuliert werden.

Experimentelle Bedingungen

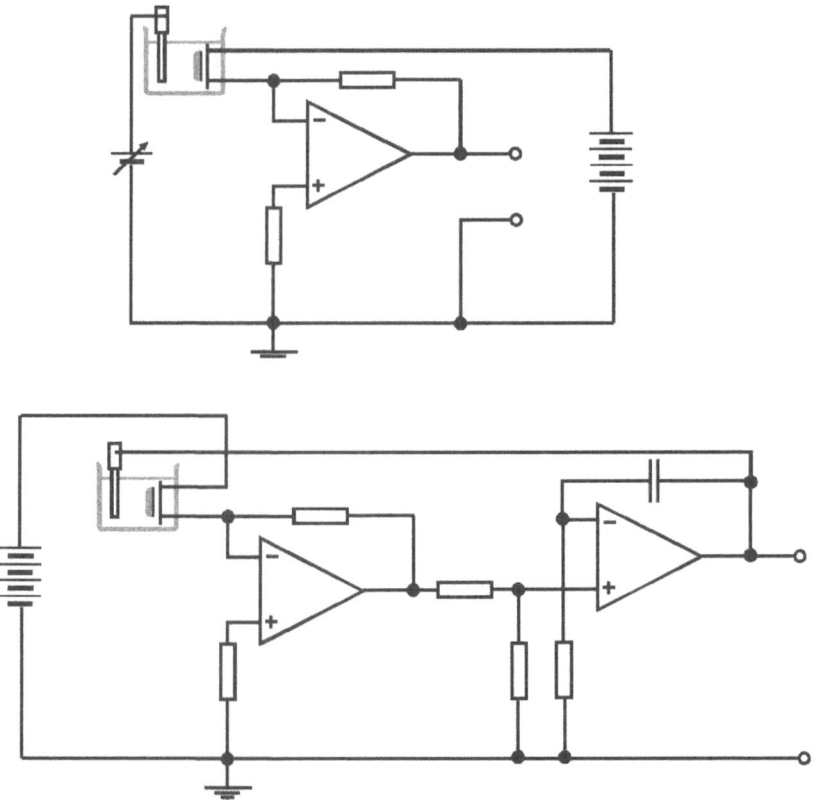

Abb. 7.16 Kopplung von ISFETs mit Meßgeräten. Oben: Gate-Spannung konstant; unten: Drainstrom konstant

Durch potentiometrische Messungen werden stets Aktivitäten ermittelt. Analytisch interessant sind jedoch Konzentrationen. Um einen eindeutigen Zusammenhang zwischen der Konzentration und dem Meßwert herzustellen, muß der Aktivitätskoeffizient konstant gehalten werden. Das läßt sich dadurch erreichen, daß man im Meßgefäß eine hohe *Ionenstärke I* einstellt. Die Ionenstärke bestimmt den Wert des Aktivitätskoeffizienten aller Ionen in der Probelösung (siehe Kap. 2, Abschn. 2.2). Je höher sie ist, desto weniger wird sie sich mit der Zugabe anderer Bestandteile ändern. Unabhängig von der Ionenstärke sollte auch der pH-Wert während der Messung konstant gehalten werden. Die Temperatur sollte sich nicht zu stark ändern. Die Temperaturabhängigkeit des Nernstfaktors führt dazu, daß ein K Temperaturdifferenz einen Fehler von 2% bei einwertigen Ionen bewirkt.

Zur Einhaltung optimaler Meßbedingungen ist es üblich, einen abgemessenen Volumenanteil der Probe mit einer bekannten Menge einer Pufferlösung zu mischen, die außerdem die Ionenstärke auf einen relativ hohen Wert einstellt. Solche Pufferlösungen sind unter der Abkürzung TISAB (Total Ionic Strength Adjustment Buffer) enthalten zusätzlich meist noch Antioxydationsmittel (z.B. Ascorbinsäure), um schädliche Einflüsse des Luftsauerstoffs auszuschließen. Geeignete Mischungen sind den Applikationsvorschriften der Elektrodenhersteller zu entnehmen. Als Beispiel soll nur ein TISAB für die Fluoridbestimmunge mit der fluoridsensitiven Lanthanfluorid-Elektrode angeführt werden. Er wird aus einer Lösung angesetzt, die 1 mol·l^{-1} Natriumchlorid, 1 mol·l^{-1} Essigsäure und 10^{-3} mol·l^{-1} Natriumcitrat enthät. Die Lösung wird durch Zugabe von festem Natriumhydroxid auf einen pH-Wert von 5,5 eingestellt. Dieser pH-Wert, der durch die Pufferwirkung des Acetat-Essigsäure-Systems stabilisiert wird, ist optimal für die Analyse von Fluorid. Ein zu hoher pH-Wert (stark alkalische Reaktion) würde eine zu hohe Konzentration des Störions OH$^-$ bedeuten.

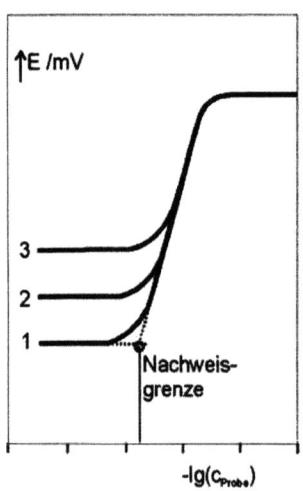

Abb. 7.17 Typische ISE-Kalibrierkurven. 1 ohne Störion; 2 mit Störion

Kalibrierung

Durch Kalibrierung wird der Zusammenhang zwischen dem Meßwert E und dem Logarithmus der ihn verursachenden Konzentration c hergestellt. Diese Prozedur ist notwendig, da jeder Sensor individuelle Eigenschaften hat, die für eine genügend präzise Messung berücksichtigt werden müssen. Dafür gibt es zwei Möglichkeiten: Die Aufnahme einer *Kalibrierkurve* oder die *Standardzusatzmethode*.

Kalibrierkurven werden gewonnen, indem in einem zweiten Experiment außerhalb der eigentlichen Messung eine Serie von Meßwerten mit genau bekannten Konzentrationen der zu analysierenden Spezies, unter Zugabe von Hilfssubstanzen wie TISAB, aufgenommen wird. Die grafische Darstellung $E = f(\log c)$ dient dann bei der Messung als Referenz um die zum Meßwert E_M gehörende Konzentration c_x zu bestimmen. Kalibrierkurven dürfen gekrümmt sein. Allerdings zeigt eine Krümmung immer ein „Nicht-Nernstsches Verhalten" an und führt zum Verdacht, daß die Elktrode ungenaue Werte liefert.

Abb. 7.17 zeigt das typische Aussehen von Kalibrierkurven potentiometrischer Sensoren. Es gibt eine obere Grenze, d.h. bei sehr hohen Analytkonzentrationen gibt es kein Nernstsches Verhalten mehr, und eine untere Grenze, die im Falle von Festkörpermembran-ISE durch die Eigenlöslichkeit der Membran gegeben ist. Die Elektrode zeigt sich dann nur noch selbst an. Störionen erhöhen (d.h. verschlechtern) die Schwellenkonzentration, da je nach dem Wert des Selektivitätskoeffizienten K_{ij} unterhalb eines bestimmten Wertes von c_i nur noch das Störion ein Signal gibt. Dieses Verhalten wird von der Nikolskij-Gleichung wiedergegeben.

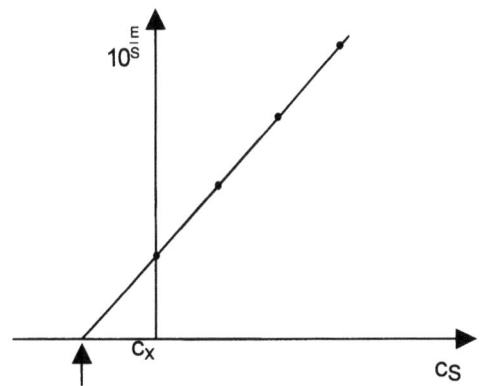

Abb. 7.18 Linearisierung nach Gran für Mehrfach-Standardaddition

Kalibrierkurven haben den Nachteil, daß sie in einem Parallelexperiment, also außerhalb der Probe, gemacht werden müssen. Es kommt aber häufig vor, daß einzelne Bestandteile der Probelösung das Meßergebnis beeinflussen. Zwar wird man versuchen, die Zusammensetzung der Lösung bei der Aufnahme der Kalibrierkurve so ähnlich wie möglich der der eigentlichen Messung zu gestalten. Dies gelangt aber nur, wenn alle Nebenbestandteile der Probe bekannt sind. Wenn dies nicht der Fall ist, kommt es zwangsläufig zu einer Verfälschung des Meßergebnisses.

Die Methode der Standardaddition vermeidet den genannten Fehler. In diesem Fall werden bekannte Mengen der Standardsubstanz zur Probelösung gegeben, und zwar möglichst so, daß die Konzentration der übrigen Komponenten gewahrt bleibt. Dies läßt sich z.B. erreichen, indem zu einem relativ großen Volumen der (mit TISAB o.ä. versehenen) Probelösung eine kleines Volumen der Standardlösung mit genau bekanntem Gehalt der zu analysierenden Spezies gegeben wird. Mit den Größen

c_x unbekannte Konzentration des Analyten im Volumen v_x,
c_s Konzentration des Standardzusatzes im Volumen v_s
S Steilheit der Elektrodenfunktion (wie in Gl. (7.9) definiert)
ergibt sich folgende Rechnung:

$$E_1 = const + S \cdot \log c_x \qquad (7.13)$$

$$E_1 = const + S \cdot \log \frac{c_x v_x + c_s v_s}{v_x + v_s} \qquad (7.14)$$

Durch Subtraktion entsteht

$$E_1 = S \cdot \log\left(c_x \frac{c_x v_x + c_s v_s}{v_x + v_s}\right) \qquad (7.15)$$

Durch Umstellung läßt sich ein Ausdruck für die gewünschte Konzentration c_x erhalten:

$$c_x = \frac{c_s}{10^{\frac{E}{S}}\left(1 + \frac{v_x}{v_s}\right) - \frac{v_x}{v_s}} \qquad (7.16)$$

Der einfache Standardzusatz kann dadurch verfälscht werden, daß ein nichtlinearer Zusammenhang zwischen E und c im betrachteten Intervall auftritt. Um diesen Fehler zu vermeiden oder doch wenigstens zu erkennen ist es günstiger, statt eines einzigen Standardzusatzes eine Serie von Zusätzen zu machen. Dieses Vorgehen entspricht einer *Titration*. Zur Auswertung dieser Prozedur ist es günstig, eine Linearisierung nach Gran vorzunehmen. Einen typischen *Granschen Plot* zeigt Abb. 7.18. Wenn angenommen wird, daß in dieser Darstellung jeder Wert von c_s dem Konzentrationszuwachs entspricht, der durch die Standardzusätze entsteht, dann läßt sich schreiben

$$E = const + S \cdot \log(c_x + c_s) \qquad (7.17)$$

$$\frac{E}{S} = \frac{const}{S} \cdot \log(c_x + c_s) \qquad (7.18)$$

$$10^{\frac{E}{S}} = const' \cdot (c_x + c_s) \qquad (7.19)$$

Dabei ist $const' = 10^{const/S}$. Durch Auftragen ergibt sich eine Darstellung entsprechend dem Schema in Abb. 7.18.

Bestimmung des Selektivitätskoeffizienten

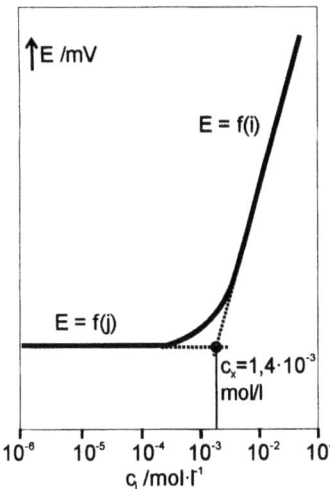

Abb. 7.19 Bestimmung des Selektivitätskoeffizienten durch Zusatz des Meßions zur Lösung des Störions

Der Selektivitätskoeffizient läßt sich nach einer einfachen Methode bestimmen, die von der IUPAC empfohlen wird. Eine Lösung wird zubereitet, in der sich zunächst nur das Störion j mit einer Konzentration befindet, die ein deutliches Signal hervorruft. Anschließend werden Zusätze des Meßions gemacht, ohne die Ionenstärke der Lösung zu verändern. Die Lösung des Störions wird also mit dem Meßion „titriert". Es entsteht ein Kurvenbild wie schematisch in Abb. 7.19 dargestellt. Am Schnittpunkt der extrapolierten Geradenabschnitte gilt, daß das zugehörige Signal E (Schnittp.) sowohl vom Störion mit der Aktivität a_j(Schnittp.) allein als auch allein vom Meßion mit der Konzentration a_i(Schnittp.) hervorgerufen worden sein könnte. Es gilt also, entsprechend der Nikolskij-Gleichung, Gl. (7.2):

$$a_i\left(Schnittp.\right) = K_{ij} \cdot a_j^{\frac{z_i}{z_j}}\left(Schnittp.\right) \tag{7.20}$$

Da die Aktivitäten vorgegeben und bekannt sind, kann K_{ij} berechnet werden.

7.2 Amperometrische Sensoren

Im Gegensatz zu den potentiometrischen Sensoren wird bei den amperometrischen die Spannung an der Elektrode vorgegeben und der resultierende Strom gemessen. Unter bestimmten Bedingungen stellt sich ein Sättigungsverhalten ein und der Strom wird direkt proportional der Konzentration. An die Stelle des Wandlerprinzips *Energieumwandlung* tritt das Prinzip *Strombegrenzung*. Als Meßgröße tritt jetzt der elektrische Strom auf, d.h. ein in elektrischen Einheiten ausgedrücktes Maß für die Reaktionsgeschwindigkeit der Elektrodenreaktion. Die Elektrode muß nicht mehr im thermodynamischen Gleichgewicht mit dem Analyten sein. Da auch die Einstellung dieses Gleichgewichts nicht mehr abgewartet werden muß, ist die *Ansprechzeit* amperometrischer Sensoren im allgemeinen um mehrere Zehnerpotenzen kürzer als die von potentiometrischen Sensoren (Morf u. de Rooij, 1995). Die strenge Konzentrationsproportionalität der Meßgröße Grenzstrom ist eine weitere willkommene Eigenschaft dieser Sensorgruppe.

Amperometrische Sensoren sind meist leichter miniaturisierbar als potentiometrische. Sie können billig in großen Stückzahlen hergestellt werden. Dies hat dazu geführt, daß bei den elektrochemischen Sensoren, insbesondere bei den Biosensoren, eine starke Tendenz zugunsten der Amperometrie festzustellen ist.

7.2.1 Selektivität amperometrischer Sensoren

Als quantitativer Ausdruck für die Selektivität amperometrischer Sensoren ist ein „amperometrischer Selektivitätskoeffizient" K_{ij}^{amp} vorgeschlagen worden (Wang, 1994). Dieser hat sich aber bisher nicht durchgesetzt, unter anderem wohl deshalb, weil Selektivität im Falle der amperometrischen Sensoren nicht von vornherein vom Prinzip des Sensors vorgegeben ist, sondern künstlich erzeugt werden muß. Diese Sensoren sind prinzipiell zunächst kaum selektiv. Zwar gehört zu jeder elektrodenaktiven Substanz ein individuelles Halbstufenpotential $E_{½}$ (siehe Kap. 2, Abschn. 2.2.6). Da aber der zur Verfügung stehende Potentialbereich an den gängigen Elektroden in wäßriger Lösung auf kaum mehr als 1,5 Volt begrenzt ist und da sich Stoffe hinsichtlich ihrer Halbstufenpotentiale wenigstens um 0,2 Volt unterscheiden sollten, um als Individuen wahrnehmbar zu sein, lassen sich ohne besondere Vorkehrungen nur wenige Substanzen in einem einzigen Voltammogramm nebeneinander bestimmen. In der amperometrischen Betriebsweise eines Sensors, d.h. wenn ein festes Potential an der Elektrode anliegt und ein meßbarer Strom fließt, findet also im Regelfalle nicht eine einzige individuelle Elektrodenreaktion statt, vielmehr werden ohne besondere Maßnahmen mehrere Substanzen gleichzeitig reagieren. Eine Ausnahme bilden nur einige Sensoren mit Festelektrolyt. Ihre inhärente Selektivität beruht auf der Tatsache, daß zwischen den Elektroden in einer Festelektrolytzelle (z.B. vom Typ der Lambda-Sonde) nur ganz bestimmte Ionen wie etwa das O^{2-} wandern können.

Im amperometrischen Betrieb müssen Analytmoleküle ständig mit der Elektrodenoberfläche in direkten Kontakt treten. Sie werden dabei umgesetzt. Um Selektivität künstlich zu erzeugen, muß dafür gesorgt werden, daß nur ausgewählte Moleküle an die Elektrodenoberfläche gelangen und dort reagieren können. Man muß der Elektrodenoberfläche also entweder *Filterschichten* vorsetzen, die nur von bestimmten Probemolekülen durchquert werden können (*permselektive Membranen* oder Monoschichten mit *intramolekularen* oder *intermolekularen Kanälen*), oder an der Elektrodenoberfläche werden selektiv wirkende *Katalysatoren* angeordnet.

Durch Katalysatoren wird erreicht, daß unter den möglichen Elektrodenreaktionen eine einzelne so stark bevorzugt wird, daß der meßbare Elektrolysestrom (d.h. die Reaktionsgeschwindigkeit im elektrischen Maß) nahezu ausschließlich von der Konzentration des Analyten abhängt. Beispielsweise wurden Oxide von Kupfer, Nickel, Kobalt und Ruthenium in Kohlepaste-Elektroden eingebracht (Chen et al,, 1993). Für Kohlehydrate ergab sich eine gute Selektivität, wenn Cu_2O beteiligt war, für Amine galt dasselbe mit NiO. Einige Möglichkeiten zur Selektivitätssteigerung bei amperometrischen Sensoren sind in Tabelle 7.4 aufgeführt.

Tabelle 7.4 Selektivitätssteigerung bei amperometrischen Sensoren

Membran	Beispiele	Selektivität erhöht für
Permselektive Membranen		
Dialysemembranen	Celluloseacetat	kleine Moleküle
Lipophile Membranen	Phospholipide	unpolare Moleküle
Gaspermeable Membranen	Makroporöse PTFE-Folie	Gelöste Gase (O_2; Cl_2)
	Silikongummi	Sauerstoff in Wasser
Ionenaustauscher-Membranen	NAFION® (Kationenaust.)	H^+ u.a. Kationen
	Polyvinylpyridin (PVP)	Anionen
Membranen mit sterischer Erkennung		
Schichten mit intermolekularen Kanälen	Calixarene; Kronenether	Alkalimetallionen
Schichten mit intramolekularen Kanälen	Cyclodextrine mit elektroaktiven Markern	Cyclohexanol u.a.
Modifizierte Elektroden und selektive Katalysatorschichten		
Anorganische	Pd/IrO_2 in PVP auf Platin	Sulfit und SO_2
	Ni-Oxide	Amine
	Cu-Oxide	Kohlehydrate
Naturstoffe	Enzyme	Biologisch aktive Substanzen
Elektrolysezellen mit selektiver Leitfähigkeit des Elektrolyten	ZrO_2-Y_2O_3-Festelektrolytzellen im amperometrischen Betrieb	Sauerstoff im Gasraum

Permselektive Membranen schließen bestimmte Moleküle auf Grund ihrer Größe oder wegen ihrer Eigenschaften vom Transport aus. Bei den Dialysemembranen ist die Molekülgröße entscheidend. Eine wichtige Anwendung ist der Ausschluß von Eiweißmolekülen, die die Elektrodenoberfläche vergiften können. Lipophile Schichten lassen polare Moleküle nicht durch, und Ionenaustauschermembranen haben ausschließlich Transportfähigkeit für Ionen einer bestimmten Ladung. Am bekanntesten sind Nafion-Membranen (Du Pont), die im feuchten

Zustand als Kationenaustauscher wirken. Anionen können nicht in die Membran eindringen.

Ähnliche Eigenschaften wie die permselektiven Membranen haben Membranen mit *sterischer Erkennung* des Analyten. Wie schon im Kap. über die potentiometrischen Sensoren erwähnt, gibt es Moleküle (Liganden), die auf Grund ihrer Form mit bestimmten Analytmolekülen oder -ionen koordinieren, wodurch diese über die Phasengrenze treten und sich in der nichtwäßrigen Phase bewegen können. In der Potentiometrie konnte sich auf diesem Wege ein Verteilungsgleichgewicht ausbilden, das zur Ausbildung einer Galvanispannung an der Grenzfläche zur Probelösung führte. Bei amperometrischen Sensoren müssen Ladungen über eine räumliche Distanz transportiert werden, um einen Elektrolysestrom aufrechtzuerhalten. Dies würde bedeuten, daß entweder die gebildeten Aggregate aus Probemolekül und Ligand in der Schicht gut beweglich wären, oder die Ionen der Probe müßten sich innerhalb der Matrix von einem Liganden leicht zum nächsten bewegen können. Auf Grund dieser Forderungen scheiden zahlreiche Liganden aus, die für potentiometrische Sensoren brauchbar waren. Andere Rezeptormoleküle wiederum binden Analytionen zwar selektiv, aber so fest, daß diese praktisch unbeweglich werden. Schichten solcher Art sind weder für potentiometrische noch für amperometrische Sensoren geeignet, können aber sehr wohl die Grundlage von konduktometrischen, optischen oder massensensitiven Sensoren bilden. Letzteres gilt z.B. für Paracyclophane sowie für neuartige Polymerschichten, die nach dem Prinzip des *molekularen Prägens (molecular imprinting)* gewonnen wurden.

Die Übergänge zwischen den verschiedenen Möglichkeiten der Selektivitätssteigerung sind fließend. So sind z.B. viele Enzyme einerseits Katalysatoren, andererseits beruht aber ihre selektive Wirkung auf dem Prinzip der sterischen Erkennung von Molekülen.

7.2.2 Bauformen und Beispiele

Typisch für amperometrische Sensoren sind Mikroelektroden. Wie im Kap. 2, Abschn. 2.2 ausgeführt wurde, bildet sich bei Mikroelektroden ein konstanter Diffusionsgrenzstrom aus, ohne daß Konvektion an der Elektrodenoberfläche erzeugt werden muß. An solchen Elektroden läßt sich ein konzentrationsproportionales elektrisches Signal leicht in situ gewinnen, z.B. durch Einstechen der Elektrode in eine biologische Probe. Die verbreitetsten Formen amperometrischer Mikroelektroden sind Mikroscheiben, interdigitierte Streifen oder schmale Leiterbahnen. Außer den Mikroelektroden sind auch makroskopische Formen mit Diffusionsbarriere oder mit Schutzmembranen über einer aktiven Schicht immobilisierter Moleküle relativ weit verbreitet.

Amperometrische Sensoren müssen eine gute elektrische Leitfähigkeit haben. Für die Fixierung der aktiven Substanzen werden deshalb Membranen mit Eigenleitfähigkeit, z.B. leitfähige Polymere, bevorzugt. Andere Möglichkeiten sind die Ausbildung von Monoschichten aus aktiven Molekülen direkt an der Elektrodenoberfläche oder das Einbetten in Kohlepasten. Viele neue Möglichkeiten wurden im Zusammenhang mit der Entwicklung von Biosensoren erschlossen. Dazu gehören z.B. die sog. *Redox-Polymere*. Bei ihnen wird mit bestimmten eingebauten Molekülen erreicht, daß nicht nur die Leitfähigkeit erhöht, sondern auch Redoxprozesse katalysisert werden. Eine weitere höchst bedeutungsvolle Entwicklung ist die Fixierung von aktiven Molekülen über selbstorganisierende Monolagen (*Self Assembled Monolayers, SAM*). Näheres zu diesen aktuellen Entwicklungen wird im Abschnitt über amperometrische Biosensoren (7.4) ausgeführt.

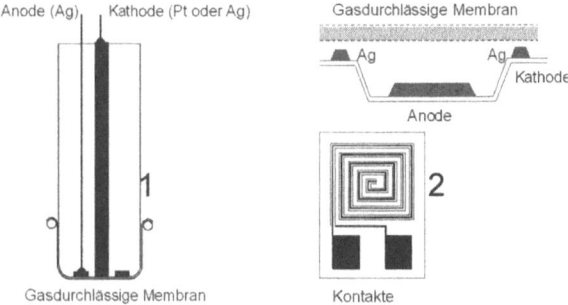

Abb. 7.20 Formen des Clark-Sensors: (1) Klassische Ausführung, (2) Miniaturform

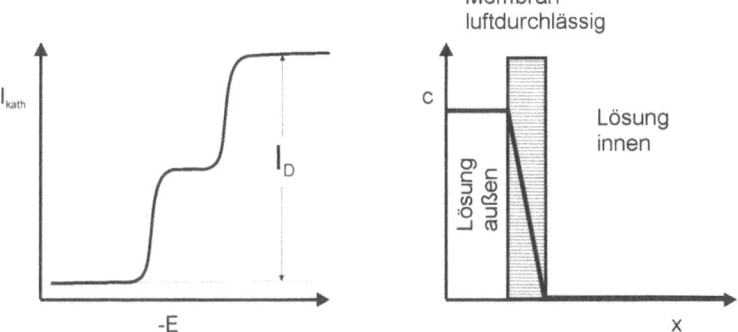

Abb. 7.21 Wirkung der vorgeschalteten Diffusionsbarriere beim Clark-Sensor. Links: Strom-Spannungs-Kurve, rechts: Konzentrationsprofil bei einem Arbeitspotential im Grenzstrombereich

Ein sehr wichtiger amperometrischer Sensor ist der Clark-Sensor zur Bestimmung gelösten Sauerstoffs. Von diesem Sensor sind sowohl klassische, makroskopische Formen als auch Miniaturbauformen verbreitet (Abb. 7.20).

Das entscheidende Detail ist eine gaspermeable Membran, die den Sensor von der Meßlösung trennt und unmittelbar vor einer Arbeitselektrode angebracht ist (Abb. 7.20). In diesem Falle schützt die Membran nebenbei die Elektrodenoberfläche und erhöht die Selektivität, da sie ausschließlich gasförmige Komponenten durchläßt. Am weitesten verbreitet sind Membranen aus makroporösen PTFE-Folien. Das Material ist stark hydrophob, so daß Wasser im flüssigen Zustand praktisch nicht die Poren der Membran durchdringen kann. Gase hingegen diffundieren sehr schnell durch die Poren. Eine gewisse Bedeutung haben auch Membranen aus Silikongummi. In ihnen sind manche Gase, besonders Sauerstoff, homogen löslich. So entsteht eine selektive Permeabilität.

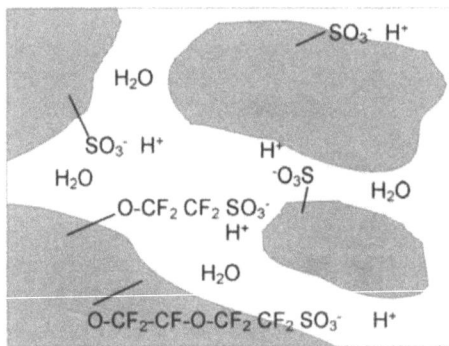

Abb. 7.22 Struktur einer Nafion-Kationenaustauschermembran. Die hydrophilen Cluster sind z.T. von hydrophoben PTFE-Bereichen umgeben. Kationen wie H+ können sich von einem hydrophilen Cluster zum nächsten bewegen

Der in der Probe gelöste Sauerstoff diffundiert durch die Membran. Fast unmittelbar dahinter ist die Arbeitselektrode, gewöhnlich ein kleiner Platinkörper, angeordnet. Sie ist mit einer Spannung polarisiert, die so negativ ist, daß die Umsetzung jedes andiffundierenden Sauerstoffmoleküls gesichert ist. Daher ist die Sauerstoffkonzentration hinter der Membran annähernd gleich Null und es stellt sich ein Konzentrationsprofil ein, das ausschließlich vom Gehalt des Gases in der Meßlösung bestimmt wird. Die Schichtdicke der Diffusionsschicht entspricht hier der Stärke der gaspermeablen Membran. Wenn man eine Strom-Spannungs-Kurve an dieser Elektrode aufnimmt, ergibt sich wegen der konstanten Diffusionsschicht ein sigmoider Verlauf, vorausgesetzt der Spannungsbereich wird nicht zu schnell durchfahren. Für den Einsatz als Sensor genügt es, den Diffusionsgrenzstrom zu messen (Abb. 7.21), indem man ein konstantes Potential aufprägt, das im Grenzstrombereich liegt, also einen hinreichend negativen Spannungswert hat.

Die in Abb. 7.20 abgebildete Miniaturform des Clark-Sensors enthält neben Anode und Kathode auch einen eigenen kleinen Elektrolytvorrat unter der Membran, gewöhnlich eine mit Gelbildnern eingedickte Chloridlösung. Die dazu notwendigen Herstellungsschritte weichen vom gewohnten Standard der mikroelektronischen Technologien ab und mußten speziell für die Sensorik entwickelt werden (Suzuki, 2000).

Unter den Ionenaustauschermembranen spielt der Kationenaustauscher Nafion® (Du Pont) eine besondere Rolle. Sein Grundgerüst besteht aus Polytetrafluorethylen (PTFE), einem extrem hydrophoben Polymer, das in allen bekannten Lösungsmitteln unlöslich ist. An seiner Oberfläche sind fluorierte Polyether-Seitenketten aufgepfropft, die in Sulfonsäuregruppen enden. Dadurch entstehen hydrophile Bereiche, die im feuchten, gequollenen Zustand Kationen rein elektrostatisch binden. Kationen sind in den molekularen Hohlräumen des Polymers be-

weglich (Abb. 7.22). Eine häufige Anwendung von Nafion-Membranen ist die Verhinderung von Störungen durch Anionen. Man überzieht die Oberfläche der Arbeitselektrode direkt mit einer Schicht des Ionenaustauschers, indem man eine Lösung des Polymers auftropft und eintrocknen läßt.
Mit den auch schon bei den potentiometrischen Sensoren erwähnten Liganden

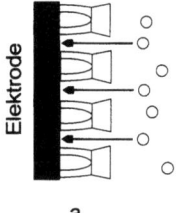
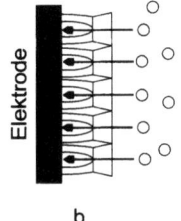

Abb. 7.23 Zwei Möglichkeiten der Kanalbildung durch Monoschichten aus Calixarenen oder Cyclodextrinen: (a) Intermolekulare Kanäle, (b) Intramolekulare Kanäle. Die Durchlaßfähigkeit für kleine Moleküle (Marker) wird vom Analyten gesteuert.

aus den Gruppen der *Calixarene* und *Cyclodextrine* (siehe Abb. 7.8) können selektiv wirkende amperometrische Sensoren aufgebaut werden. Dies gelingt mit geordneten Monoschichten, die nach der Langmuir-Blodgett-Technik oder als selbstassemblierende Monolagen (SAM) hergestellt werden können. Diese Schichten bilden molekulare Kanäle, die entweder intramolekular oder intermolekular sein können (Abb. 7.23).
Ein Beispiel für den ersten Fall ist eine Elektrode, die nach der Langmuir-

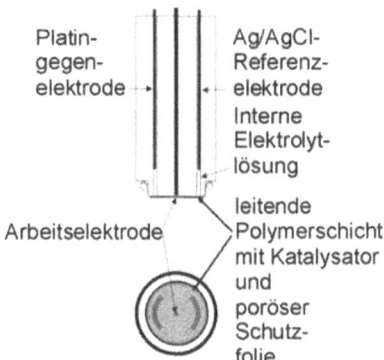

Abb. 7.24 Sensor für Sulfit und SO_2 mit katalytisch wirkender Schicht aus $PVP/Pd/IrO_2$

Blodgett-Technik mit einer geordneten Schicht eines Calix[4]aren-Derivats überzogen wurde (Yagi et al., 1996). Diese Schicht läßt elektrodenaktive Substanzen als sog. *Marker* durch, so daß ein Elektrolysestrom fließen kann. Sobald Alkalimetallionen (Cs^+, Rb^+, K^+, Na^+, Li^+) anwesend sind, ändert sich das Verhalten der Schicht sehr stark. Anionische Marker wie $Fe[(CN)_6]^{3-}$ werden leichter durchgelassen, ihr Signal verstärkt sich. Kationische Marker wie $Co[(phen)_3]^{2+}$ hingegen zeigen ein abgeschwächtes Signal. Das kommt durch die elektrostatische Wechselwirkung der Kationen mit der Calixarenschicht zustande, die infolge der selektiven Komplexbildung eine positive Oberflächenladung zeigt.

Ein intramolekularer Kanal existiert bei selbstassemblierenden Monoschichten, die durch Bindung eines Cyclodextrinderivates, des Per-6-thio-β-Cyclodextrins, an eine Goldelektrode entsteht (D'Ánnibale et al. 1999). Hier dienen die elektrodenaktiven Substanzen Ferrocencarboxylat oder Hydrochinon als Marker. Ihr Signal wird verkleinert, wenn bestimmte neutrale Substanzen wie das Trimethylcetylammonium in der Probelösung vorhanden sind. Die starke selektive Komplexbildung mit dem „Konus"des Cyclodextrins verstopft gewissermaßen die intramolekularen Kanäle.

Die beiden letztgenannten Beispiele zeigen, daß selektiv durchlaßfähige Membranen geeignet sind, auch elektrodeninaktive Substanzen an amperometrischen Sensoren zu bestimmen.

Katalytisch wirkende Schichten zur Selektivitätssteigerung amperometrischer Sensoren sind in großer Vielfalt und nach den unterschiedlichsten Immobilisierungsmethoden angewandt worden. Ein willkürlich gewähltes Beispiel ist eine Platin-Mikroelektrode, die mit einer Schicht aus Polyvinylpyridin und darauf anodisch abgeschiedenem Palladium/Iridiumoxid überzogen wurde (Shi et al. 2001). Das Prinzip ist aus Abb. 7.24 zu erkennen. Polyvinylpyridin ist ein elektrisch leitendes Polymer. Der Sensor kann zur Bestimmung von Schwefeldioxid in der Gasphase sowie von Sulfit in Lösungen angewandt werden.

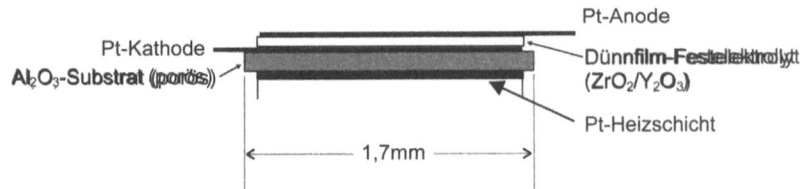

Abb. 7.25 Miniaturisierte amperometrische Lambda-Sonde in Dünnfilmtechnologie. Für eine Differenzmessung werden zwei dieser Sonden benötigt.

Als letztes Beispiel für einen amperometrischen Sensor soll eine besondere Form der unter den potentiometrischen Sensoren behandelten Lambda-Sonde erwähnt werden. Die Lambda-Sonde ist eine komplette elektrochemische Zelle, bestehend aus einem ionenleitfähigen Festkörper mit je einer Edelmetall-Elektrode an den gegenüberliegenden Seiten. Eine Seite steht mit dem sauerstoffhaltigen Probegas, die andere mit dem Referenzgas Luft in Kontakt. Im Festkörper sind die Ionen O^{2-} beweglich. Unter der Voraussetzung, daß die Edelmetallelektroden gasdurchlässig gestaltet werden, kann man die Zelle kurzschließen. Sorgt man dafür, daß immer genügend frisches Probegas an die Oberfläche gelangt, dann findet eine Elektrolyse statt, d.h. auf einer Seite wird O_2 zum O^{2-} reduziert, auf der anderen Seite findet der umgekehrte Vorgang statt. In der Bilanz findet lediglich ein Transport von Sauerstoff durch den Elektrolyten statt, und zwar von der sauerstoffreicheren zur sauerstoffärmeren Seite. Der meßbare Elektrolysestrom hängt vom Konzentrationsverhältnis beider Seiten ab und ist begrenzt von der Diffusion der Ionen durch den Festkörper. Es handelt sich um das Wandlerprinzip Strombegrenzungswandlung. Sensoren dieser Art lassen sich leicht miniaturisieren und dadurch in großer Stückzahl preisgünstig fertigen. Ein Ausführungsbeispiel zeigt Abb. 7.25.

7.2.3 Messungen mit amperometrischen Sensoren

Die Amperometrie mit Makroelektroden ist relativ unkompliziert. Die zahlreichen handelsüblichen Geräte funktionieren alle nach dem gleichen Schema. Eine Dreielektrodenschaltung (Kap. 2, Abschn. 2.4), bestehend aus Arbeitselektrode, Hilfselektrode und Referenzelektrode wird mit einem Potentiostaten in Analogtechnik

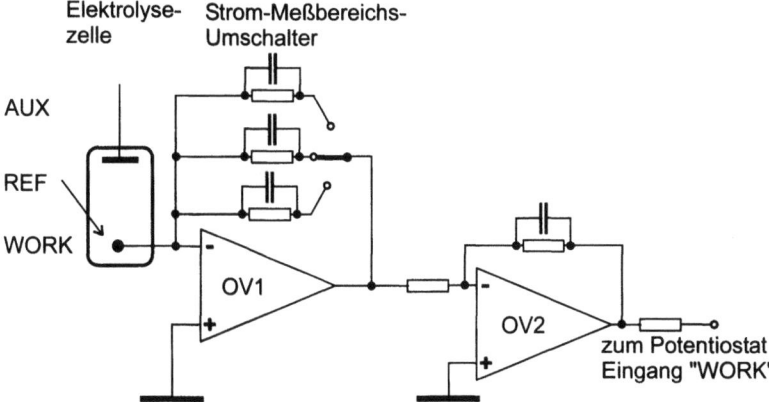

Abb. 7.26 Vorschaltverstärker für Picoampere-Messungen mit Mikroelektroden

betrieben. Digitale Regelschaltungen haben sich für diesen Zweck nicht durchsetzen können, sie sind noch immer zu langsam. Der Potentiostat sorgt dafür, daß die Spannung zwischen Referenzelektrode und Arbeitselektrode stets gleich einer vorgegebenen Referenzspannung ist. Stand der Technik ist, daß die Referenzspannung von einem Digital-Analog-Wandler (DAC) kommt, der gewöhnlich in einer Meßkarte in einem Personalcomputer steckt. Die Referenzspannung wird von einem Computerprogramm vorgegeben und kann konstant sein (amperometrischer Modus) oder zeitlinear variiert werden (voltammetrischer Modus). Das Ergebnis der Elektrolysevorgänge ist ein Strom, der in den gegenwärtig aktuellen Geräten in die erwähnte PC-Karte eingespeist wird und dort von einem Analog-Digital-Wandler (ADC) in eine Digitalzahl umgewandelt wird. Die resultierenden Zahlenfolgen lassen sich bequem am Bildschirm graphisch darstellen oder mathematisch umformen, z.B. integrieren oder differenzieren.

Messungen mit Mikroelektroden sind einerseits unkomplizierter, weil sie keine potentiostatische Regelung erfordern. Die Ströme an solchen Elektroden liegen im

Nanoampere- bis Picoampere-Bereich. Spannungsabfälle am Lösungswiderstand sind vernachlässigbar. Die Strombelastung der Gegenelektrode ist so gering, daß handelsübliche Bezugselektroden diesen Strom vertragen. Man legt dann einfach eine variable Spannung zwischen Bezugs- und Arbeitselektrode an und mißt den resultierenden Strom. Die Strommessung ist allerdings, wegen der Störanfälligkeit sehr kleiner Meßströme, wesentlich aufwendiger als bei Makroelektroden. Die Arbeit mit Mikroelektroden wurde erst attraktiv, als rauscharme Operationsverstärker verfügbar wurden. Zwischen der Arbeitselektrode und dem Massepunkt der Gesamtschaltung wird ein Stromfolger geschaltet, der die Arbeitselektrode virtuell auf Masse hält und eine Spannung am Ausgang liefert, die dem Elektrolysestrom proportional ist. Dämpfungs- und Siebglieder sind notwendig und müssen sorgfältig abgestimmt sein.

Fast immer werden in handelsüblichen Geräten Zusatzmodule für die Picoampere-Messungen vorgesehen, da diese Schaltungen für den normalen Betrieb an Makroelektroden unnötig langsam wären. Es wurden auch Zusatzverstärker mit speziellen rauscharmen Operationsverstärkern vorgeschlagen, die handelsüblichen Potentiostaten vorgeschaltet werden (Abb. 7.26). Für die Eingangsstufe (OV1 im Bild) müssen spezielle rauscharme und hochohmige Operationsverstärker eingesetzt werden. Der Frequenzgang der RC-Glieder für die Strombereichsumschaltung muß sorgfältig angepaßt werden. Ferner sind besondere Sieb- und Entkopplungselemente für die Spannungsversorgung und für den Nullpunktabgleich der Operationsverstärker notwendig.

Selbst mit rauscharmen Picoampere-Vorverstärkern ist eine störungsfreie Arbeit mit Mikroelektroden nur möglich, wenn die gesamte Elektrolysezelle in einen Faraday-Käfig gesetzt wird. Dieser, bestehend aus Metallnetzen oder kompakten Blechen, muß geerdet werden.

7.3 Sensoren auf der Basis anderer elektrochemischer Meßmethoden

Als dritte Gruppe unter den Meßmethoden, die für Sensoren bedeutungsvoll sind, kann die Impedanzmessung genannt werden. Wenn man diese Methode zu den elektrochemischen Methoden zählt, dann versteht man die Impedanzmessung als Mittel, elektrochemische Phänomene im engeren Sinne, also Vorgänge an der Grenzfläche Elektronenleiter/Elektrolytlösung, zu untersuchen. In der Impedanz einer Elektrolysezelle, einer einzelnen Arbeitselektrode oder eines Chemoresistors sind aber auch die Einflüsse der Ladungsträger zwischen den Elektroden, weit entfernt von den Grenzflächen entfernt, enthalten. Dies ging aus den in den Kapiteln 2 und 5 diskutierten Ersatzschaltungen hervor. Je nach der individuellen Gestaltung des Experiments kann man sich bei der Messung auf Elektrodenvorgänge oder auf die Eigenschaften der Ionen bzw. die Änderungen der Dielektrizitätskonstante einer Schicht konzentrieren. Die Meßmethode bleibt auch dann Impedanzmessung (Impedimetrie), wenn es um die Eigenschaften von Ladungsträgern oder von Dielektrika geht, ist aber dann streng genommen keine elektrochemische Methode mehr.

Tatsächlich gibt es aber auch impedimetrische Sensoren, die zu den elektrochemischen Sensoren gehören, weil bei ihnen Elektrodenvorgänge zur Quelle des Signals werden. Dazu gehören insbesondere Biosensoren mit selbstorganisierenden Monolagen, die im folgenden Kapitel ausführlicher betrachtet werden (Knichel et al. 1995 und Rickert et al. 1996).

7.4 Elektrochemische Biosensoren

7.4.1 Grundlagen

Biologische Erkennung als Selektivitätsprinzip

Biosensoren sind nach der gültigen Definition (Kap. 1, Abschn. 1.2) dadurch gekennzeichnet, daß die Rezeptorfunktion von biologisch aktiven Stoffen übernommen wird, die andere Stoffe *selektiv biologisch* zu *erkennen* vermögen. Dieser *biologischen Erkennung* liegt fast immer das *Schloß-Schlüssel-Prinzip* zugrunde, d.h. Moleküle werden im wesentlichen nach ihrer Form identifiziert.

Die Selektivität von Biosensoren ist erstaunlich. Bioaktive Stoffe können eine ganz bestimmte Substanz in einer Matrix aus Millionen anderer Stoffe zuverlässig erkennen.

Biosensoren arbeiten entweder als *biokatalytische Sensoren* oder als *Bioaffinitäts-Sensoren*. Bei den biokatalytischen Sensoren werden in den meisten Fällen *Enzyme* als selektive Katalysatoren an einer Elektrodenoberfläche fixiert. Das Enzym katalysiert eine langsame Reaktion. Die Geschwindigkeit dieser Reaktion ist ein Maß für die Konzentration des *Substrates* (der in der Reaktion umgesetzten Probesubstanz). Man kann die Reaktionsgeschwindigkeit in Form eines Elektrolysestroms in den *amperometrischen Biosensoren* messen. Ein anderer Weg besteht darin, das in der katalysierten Reaktion entstehende Produkt anzuzeigen, wie dies in den *potentiometrischen Biosensoren* getan wird. Die Bioaffinitäts-Sensoren binden meist sehr fest die Probemoleküle, d.h. es bildet sich ein Komplex, der an der Sensoroberfläche fixiert bleibt. Das Ausmaß dieser Komplexbildung ist ein Maß für die Probekonzentration. Es kann indirekt gemessen werden, weil durch die Bildung des Komplexes viele Eigenschaften der Elektrode verändert werden. In Bioaffinitätssensoren wird z.B. die Antikörper-Antigen-Reaktion genutzt. Ein anderes Beispiel sind Sensoren mit Nucleinsäuren.

Immobilisierung bioaktiver Substanzen

Biologisch aktive Substanzen, die als Rezeptoren dienen sollen, müssen an der Elektrodenoberfläche immobilisiert werden. Es gibt gewisse Unterschiede, je nachdem, ob Bioaffinitätssensoren oder biokatalytische Sensoren realisiert werden sollen. Unterschiedlich sind auch die Anforderungen an potentiometrische und an amperometrische Sensoren. Potentiometrische Sensoren dürfen hochohmiger sein als amperometrische, bei denen die Leitfähigkeit der Rezeptorschicht eine wichtige Rolle spielt. Dennoch haben sich einige gemeinsame Strategien als besonders geeignet erwiesen.

Adsorption ist die einfachste Möglichkeit, bioaktive Substanzen an Elektrodenoberflächen zu fixieren. An der Bindung sind in den meisten Fällen nur schwache Kräfte beteiligt, daher entstehen wenig beständige Sensoren. Adsorption eignet sich für die Immobilisierung von Enzymen, Antikörpern und Nucleinsäuren.

Oftmals genügt ein einfacher Kontakt der Elektrodenoberfläche mit der Lösung der aktiven Substanz, um eine brauchbare Adsorptivschicht zu erzeugen. Dies gilt besonders für kohlehaltige Oberflächen. Es kommt allerdings auch vor, daß die sich mit Kohlenstoff ausbildende adsorptive Bindung die Funktion des Enzyms beeinträchtigt, so daß es desaktiviert wird. In einigen Fällen kommt es zur Denaturierung. Adsorption hat den Vorteil, daß keine weiteren Reagenzien notwendig sind. Locker adsorbierte Moleküle gehen nach und nach durch Desorption verloren. Elektroden mit Adsorptivschichten haben meist nur experimentellen Charakter. Sie eignen sich gut für schnelle Tests.

Enzyme, Antikörper, Nucleinsäuren und andere bioaktive Substanzen können über *kovalente chemische Bindungen* an Festkörperoberflächen geknüpft werden. Eine solche Kopplung führt, ähnlich wie die Adsorption, zu Monoschichten, die unmittelbar an der Elektrodenoberfläche anliegen. Im Gegensatz zur Adsorption wird aber eine sehr feste Bindung erreicht. Elektroden mit chemisch gebundenen Molekülen gehören daher zu den stabilsten. Die Bindung erfolgt in zwei Schritten. Zunächst muß die Elektrodenoberfläche so vorbereitet werden, daß geeignete Ankergruppen vorhanden sind. Meist werden nucleophile Gruppen erzeugt, also Carboxyl-, Aminosäure-, Hydroxyl-, Thiol- und phenolische Gruppen. Nach dem chemischen Aktivierungsschritt wird die aktive Substanz an die Oberflächengruppe gebunden. Metallische Oberflächen verlangen andere Schritte als Kohleoberflächen.

Die synthetischen Möglichkeiten zur kovalenten Bindung von Enzymen sind begrenzt. Wegen des hohen synthetischen Aufwandes sind bisher nur wenige kommerzielle Anwendungen bekannt.

Eine besondere Möglichkeit zur kovalenten Bindung von Enzymen ergibt sich aus der inzwischen hochentwickelten Technologie der *selbstorganisierenden Monolagen (Self Assembled Monolayers; SAM)*, deren Grundlagen im Kap. 2, Abschn. 2.3. behandelt wurden. Ursprünglich wurden in einer komplizierten Reaktionsfolge (Willner et al. 1993) Goldelektroden funktionalisiert. Eine Alkylkette, die über ihre SH-Gruppe an die Goldoberfläche gebunden war, trug am anderen Ende eine Aminogruppe, die über Kopplungsreagenzien mit einem Enzym verknüpft wurde. Darüber konnten Mehrfachlagen aus weiteren Enzymmolekülen errichtet werden, mit denen zudem noch der Mediator Ferrocen kovalent verknüpft wurde.

Obwohl der erste Schritt bei der Bildung von SAMs meist als Adsorption bezeichnet wird, handelt es sich tatsächlich um die Ausbildung einer sehr stabilen kovalenten Bindung. Dementsprechend sind Enzymelektroden auf der Basis selbstorganisierender Monolagen recht belastbar. Sensoren basieren oft auf Goldschichten, die in Dünnfilmtechnik hergestellt wurden.

Die *Einbettung in Kohlepasten* oder *leitfähige organische Salze* eignet sich als Immobilisierungsmethode für viele bioaktive Substanzen. Die meisten dieser Moleküle, wie etwa die Enzyme und die Antikörper, sind Eiweißstoffe. Diese Substanzen, aber ebenso auch ganze biologische Zellen und Mikroorganismen, sind hinreichend hydrophob, um sie als Beimengungen in Kohlepasten einzubringen. Solche Pasten werden aus Kohlepulvern (Graphit-, Spektralkohle- und Glaskohlepartikel) mit einem organischen nicht wasserlöslichen Bindemittel (Paraffinöl, Silikonöl u.a.) gemischt und zum Gebrauch in ein Rohr gepreßt, das an der Rückseite mit einem metallischen Kontakt versehen ist. Kohlepasten sind universell für die verschiedensten biologisch aktiven Partikel und Substanzen verwendbar, sogar kleine tierische *Organe* können damit an Elektroden fixiert werden. Die Wirkungsweise ist ähnlich wie bei kompakten Kohleelektroden, die mit einer Adsorptivschicht bedeckt sind, denn man kann auch bei den Partikeln in der Paste davon ausgehen, daß zwischen der aktiven Substanz und der Kohleoberfläche eine adsorptive Bindung aufgebaut wird. Die Wirkung der Kohlepartikel kann selektiver gestaltet werden, wenn man sie vorher metallisiert (Wang et al, 1995).

Alternativ zu Kohlepasten wurden auch leitende organische Salze zum Einschluß bioaktiver Komponenten, insbesondere zur Bindung von Enzymen verwendet. Der Redoxmediator Tetrathiafulvalen (TTF) wirkt als Elektronendonator und bildet mit dem Akzeptor Tetracyanochinodimethan (TCNQ) ein festes, leicht schmelzbares Salz, das sich mit Proteinen und anderen Stoffen zu einer Paste verkneten läßt. Dieses „Bindemittel" erfüllt zugleich die Funktion eines Mediators (Bartlett 1990).

Der *Einschluß in Polymere oder Hydrogele* wird häufig zur Fixierung von biologisch aktiven Molekülen oder von Mikroorganismen verwendet. Polymerschichten lassen sich leicht auf Festkörperoberflächen aufbringen. Auf Grund ihrer Eigenschaften können sie als Lösungsmittel für aktive Substanzen wirken, ebenso können sie aber auch große Moleküle, Zellen und Mikroorganismen einhüllen und so gewissermaßen auf der Oberfläche festkleben. Nachteilig ist ihre geringe Leitfähigkeit, die aber durch den Zusatz leitfähiger Partikel u.ä. gemildert werden kann. Ein weiterer Nachteil ist, daß sie relativ wenig Wasser aufnehmen können. Dieses Problem wirkt sich besonders bei amperometrischen Enzymelektroden aus. Enzyme brauchen grundsätzlich Wasser, um ihre Wirkung entfalten zu können.

Zur Fixierung von Enzymen sind Hydrogele sehr gut geeignet. Sie können bis zu 98% Wasser enthalten. Diese Art der Immobilisierung ist eine der ältesten und wurde zuerst bei potentiometrischen Enzymelektroden angewandt. Gele aus Gelatine und Alginaten (letztere besonders mit calciumhaltigen Seitenketten) wurden verwendet, sehr häufig auch die synthetischen Gele Polyacrylamid und Polyvinylalkohol (PVA). Für amperomerometrische Elektroden gibt es außer der geringen Leitfähigkeit das Problem, daß die Diffusion des Substrates (der Probe) innerhalb der Gelmatrix sehr langsam ist, so daß hohe Ansprechzeiten zustandekommen. Ein weiteres Problem ist der ständige Verlust an Enzym durch Auswaschung. Durch *Quervernetzung* des Enzyms mit der Matrix läßt sich dieser Verlust minimieren. Die entstehenden Aggregate werden dann unlöslich und bleiben in der Matrix, ohne daß die Wirksamkeit leidet. Ein viel verwendetes Vernetzungsreagens ist Glutaraldehyd, das nach folgendem Schema funktioniert:

$$\boxed{E}-NH_2 \quad + \quad OCH-(CH_2)_3-CHO \quad + \quad H_2N-\boxed{PVA}$$
$$\downarrow$$
$$\boxed{E}-N=CH-(CH_2)_3-CH=N-\boxed{PVA}$$

Es ist sogar möglich, eine Schicht aus quervernetzten Enzymmolekülen allein, ohne zusätzliche Bindemittel, auf einer Elektrodenoberfläche zu erzeugen.

Als Mittel gegen das Auswaschen der Enzyme ist es auch üblich, permselektive Membranen über die Gelschicht zu spannen. Dialysemembranen (meist Folien aus Celluloseacetat) sind prädestiniert für diesen Zweck. Sie lassen kleine Moleküle und Ionen fast ungehindert passieren, halten aber die voluminösen Eiweißmoleküle, also auch Enzyme, zurück.

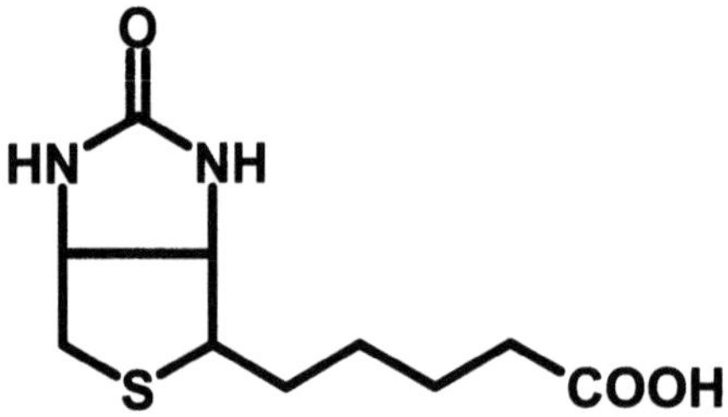

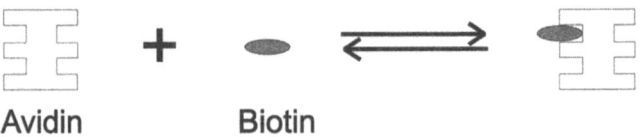

Abb. 7.27 Biotin

Selbstverständlich sind auch *Elektropolymerisate* sehr häufig für Biosensoren eingesetzt worden. Tatsächlich hat die Entwicklung derartiger Schichten besonders im Zusammenhang mit amperometrischen Biosensoren ihren entscheidenden Anstoß bekommen. In erster Linie sind Enzyme auf diesem Wege gebunden worden, und zwar entweder durch Einbetten in die Polymermatrix oder durch Ankopplung an zuvor mit Aminogruppen funktionalisierte Polymeroberflächen. Durch Quervernetzung mit Glutaraldehyd wird bei den eingebetteten Molekülen eine weitere Verbesserung der Stabilität erreicht.

Avidin   Biotin

Abb. 7.28 Prinzip der Avidin-Biotin-Reaktion

Eine besondere Art der kovalenten Fixierung, die ausschließlich für Biosensoren Verwendung findet, ist die *Avidin-Biotin-Reaktion*. Bei dieser Reaktion wird

7.4 Elektrochemische Biosensoren

ein niedermolekularer Stoff von einem hochmolekularen gewissermaßen eingeschlossen.

Avidin ist ein hochmolekulares Protein aus dem Weißei (Albumin). Alternativ kann *Streptavidin* aus *Streptomyces* verwendet werden. Ein Avidin-Molekül kann bis zu 4 Biotinmoleküle (Abb. 7.27) binden. Die Bindung ist stark und auch gegen extreme pH-Werte unempfindlich. Avidin braucht nur das bicyclische Ringsystem des Biotins, deshalb kann dessen Carboxyl-Seitengruppe für andere Verknüpfungen genutzt werden. Normalerweise wird die Transduktoroberfläche mit Avidin modifiziert. Das „*biotinylierte*" Sondenmolekül wird dann mit der Oberfläche verknüpft. Eiweißmoleküle (Enzyme), aber auch Nucleinsäuren, lassen sich leicht biotinylieren.

Die Avidin-Biotin-Reaktion kann zur Verknüpfung mehrerer Moleküllagen übereinander ausgenutzt werden, indem sich Avidin und Biotin alternierend anordnen. Die Vielfalt der Möglichkeiten entsteht aus Kombinationen der in Abb. 7.28 schematisch angedeuteten einfachen Reaktion. Die Stabilität des gebildeten Avidin-Biotin-Komplexes ist sehr hoch.

7.4.2 Arten elektrochemischer Biosensoren

Enzymsensoren

Abb. 7.29 Potentiometrischer Biosensor für Harnstoff mit Gel-gebundenem Enzym. Die Gelschicht befindet sich, gestützt durch Nylongewebe, an der Oberfläche einer ammoniumsensitiven Glaselektrode

Die ersten Biosensoren waren potentiometrische Enzymelektroden. Eine ionenselektive Elektrode wurde mit einer Enzymschicht versehen, die als Biokatalysator für die Umsetzung einer bestimmten Substanz diente. Das entstehende Reaktionsprodukt wurde von der ISE indiziert. Das Prinzip wurde sehr bald auf ISFETs übertragen. Gelegentlich wird für den enzymmodifizierten ISFET sogar ein eigener Begriff, ENFET, gebraucht. Es wurde versucht, auch andere biologische Wechselwirkungen, wie z.B. die *Antigen-Antikörper-Reaktion*, zur selektiven Erkennung von Analyten und zum Bau von potentiometrischen Sensoren nutzbar zu machen. Diese *immunologischen Sensoren* kann man IMFETs nennen. Es hat sich aber gezeigt, daß sich diese Wechselwirkungen besser im Zusammenwirken mit anderen Wandlerprinzipien nutzen lassen. Potentiometrische Biosensoren sind daher auf einige wenige enzymatische Reaktionen beschränkt geblieben.

Einer der ältesten bekannten Biosensoren überhaupt war ein Harnstoffsensor (Guilbault u. Montalvo 1969). Wie Abb. 7.29 zeigt, wurde das Enzym Urease in einer Hydrogelschicht aus Polyacrylamid-Gel fixiert. Die Schicht befindet sich, gestützt von einem Nylonnetz, in Kontakt mit einer Glaselektrode. Harnstoff diffundiert aus der Probelösung in das Gel. Dort findet eine vom Enzym katalysierte Hydrolysereaktion statt:

$$CO(NH_2)_2 + H_2O \xrightarrow{Urease} CO_3^{2-} + 2NH_4^+$$

Die Produkte Carbonat und Ammonium verändern den pH-Wert, so daß aus der Potentialänderung der Glaselektrode auf den Gehalt an Harnstoff geschlossen werden kann. Besser ist die von den Erfindern vorgeschlagene spezielle ammoniumsensitive Glaselektrode, deren Signal linear vom Logarithmus der Harnstoffkonzentration abhängt.

Potentiometrische Enzymsensoren werden in der Gegenwart hauptsächlich auf der Basis von ISFETs, also als ENFETs, hergestellt. Bei modernen Sensoren ist der Einschluß in Hydrogele nicht mehr gebräuchlich. Bevorzugt wird die kovalente Bindung, besonders an Kohleoberflächen, und die Einbettung in Polymerschichten, neuerdings vorzugsweise in elektrochemisch erzeugte Polymere. Weit verbreitet sind noch immer Schichten aus PVC mit speziellen Weichmachern (als Lösungsmittel für die aktiven Substanzen) sowie aus Silikongummi oder Polyurethan.

Tabelle 7.5 Potentiometrische Enzym-Biosensoren

Probe	Enzym	Reaktion	angez. Produkt
Harnstoff	Urease	$CO(NH_2)_2 + H_2O \xrightarrow{Urease} CO_3^{2-} + 2NH_4^+$	NH_4^+
Glucose	Glucoseoxidase	Glucose + O_2 $\xrightarrow{Glucoseoxidase}$ H_2O_2 + Gluconolacton	H_2O_2
Glucose	Glucoseoxidase; Peroxidase	Glucose + O_2 $\xrightarrow{Glucoseoxidase}$ H_2O_2 + Gluconolacton H_2O_2 + 4-Fluoranilin $\xrightarrow{Peroxidase}$ F^- + Polymerprodukte	F^-
Neutrale Lipide	Lipase	Lipid + H_2O $\xrightarrow{Lipase}$ Glycerin + Fettsäuren + H^+	H_3O^+
Lactat	Lactoxidase	Lactat + O_2 $\xrightarrow{Lactoxidase}$ H_2O_2 + Pyruvat	H_2O_2

Tabelle 7.5 gibt einige Beispiele für praktisch nutzbare potentiometrische Enzymsensoren. Es ist kein Zufall, daß besonders viele Typen für die Bestimmung von Glucose entwickelt wurden. Der medizinische Bedarf ist groß, weil man nach unkomplizierten Kontrollmöglichkeiten für den Blutzucker bei Zuckerkranken

sucht. In einem der Beispiele werden zwei Enzyme benutzt, die es am Ende gestatten, freigesetztes Fluorid an der Oberfläche eines fluoridsensitiven Lanthanfluorid-Einkristalls zu detektieren. H_3O^+ als Produkt wird mit pH-Elektroden, H_2O_2 mit Redoxelektroden (Edelmetalle oder Kohle) detektiert.

Sensor
Enzymschicht
Lösung
c
0
0
x

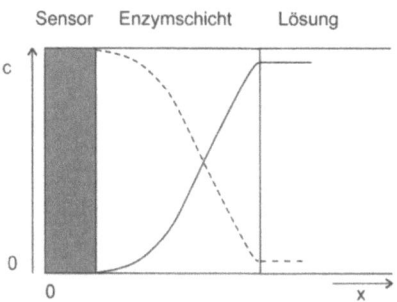

Abb. 7.30 Konzentrationsprofile im stationären Zustand an einem potentiometrischen Enzymsensor

Damit potentiometrische Enzymsensoren funktionieren können, muß sich bei der Messung eine stationäre Konzentration des gebildeten Reaktionsproduktes an der Elektrodenoberfläche ausbilden. Nach einer gewissen Einstellzeit (als *Ansprechzeit* meßbar) stellt sich ein stabiler Zustand ein, bei dem die Reaktionsgeschwindigkeit gleich dem Antransport des Analyten durch Diffusion geworden ist (Abb. 7.30) Die Konzentration des Reaktionsproduktes ist dann maximal an der Elektrodenoberfläche (Vadgama 1990). Die Konzentrationsverhältnisse in der Enzymschicht müssen so gestaltet werden, daß sich dieser Optimalzustand auch nach einem Wechsel der Probezusammensetzung wieder einstellen kann. Die Ansprechzeiten potentiometrischer Enzymsensoren sind sehr unterschiedlich. Sie liegen meist im Bereich einiger Minuten.

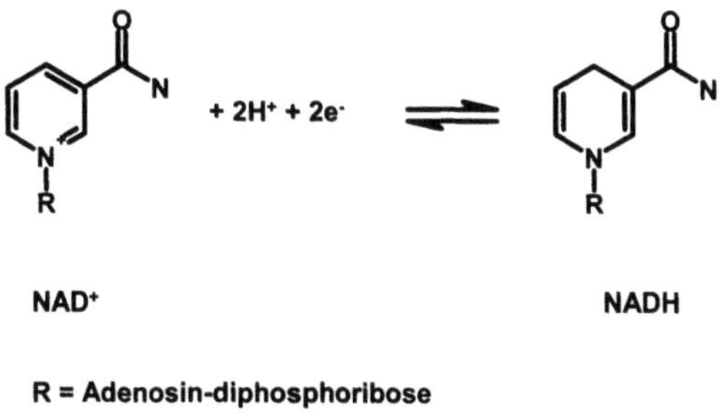

O
N
+ 2H⁺ + 2e⁻
N
R
O
N
N
R
NAD⁺
NADH
R = Adenosin-diphosphoribose

Abb. 7.31 Redoxgleichgewicht des Nicotinamid-Adenin-Dinucleotids

Amperometrische Enzymsensoren sind gegenwärtig die größte und wichtigste Gruppe unter den Biosensoren. Gegenüber den potentiometrischen Sensoren zeichnen sie sich durch eine meist wesentlich kürzere Ansprechzeit aus.

Die extreme Selektivität enzymatischer Reaktionen läßt sich amperometrisch am besten mit solchen Enzymen nutzen, die den Elektronenaustausch katalysieren. Dafür kommen die *Oxidasen* und die *Dehydrogenasen* in Betracht. Erstere katalysieren Redoxreaktionen unter Beteiligung von Sauerstoff (Gl. **(7.21)**), letztere Reaktionen, an denen der Kofaktor *Nicotinamid-Adenin-Dinucleotid (NAD)* beteiligt ist (Abb. 7.31). Mit dessen oxidierter Form NAD^+ bzw. der reduzierten Form NADH ergibt sich die verallgemeinert Reaktion nach Gl. **(7.22)**.

$$\text{Substrat} + O_2 \xrightarrow{\text{Oxidase}} \text{Produkt} + H_2O_2 \qquad (7.21)$$

$$\text{Substrat} + NAD^+ \xrightarrow{\text{Dehydrogenase}} \text{Produkt} + NADH \qquad (7.22)$$

Das Substrat (d.h. der Analyt) und die aus ihm entstehenden Produkte sind gewöhnlich nicht elektrodenaktiv. Da zu jedem umgesetzten Mol des Substrates eine genau definierte Menge verbrauchten Oxydationsmittels bzw. entstandenen Nebenprodukts gehört, folgt man dem Reaktionsverlauf über die Redoxpaare O_2/H_2O_2 bzw. $NAD^+/NADH$. Das Elektrodenpotential wird so eingestellt, daß der Elektrolysestrom entweder den Verbrauch an Oxydationsmittel oder den Zuwachs an Nebenprodukt wiedergibt. Weit verbreitet ist die Verwendung einer modifizierten Clark-Elektrode, um den Verlust an Sauerstoff zu bestimmen. Ebenso häufig werden Redoxelektroden verwendet, die das gebildete H_2O_2 oder das NADH indizieren. Alle zugehörigen Redoxelektroden erfordern nur mittlere Potentiale. Das Redoxpotential des $NAD^+/NADH$ liegt bei etwa 0,8 V gegen die gesättigte Silber/Silberchlorid-Elektrode, so daß man auch bei Sensoren mit diesem Kofaktor in luftgesättigter Lösung arbeiten kann.

Tabelle 7.6 Amperometrische Enzymsensoren

Probe	Enzym	Reaktion	Anzeige
Polyphenole	Polyphenoloxidase	$\text{Polyphenol} + O_2 \xrightarrow{\text{PPO}} \text{o-Chinone}$	o-Chinon
Cholesterol	Cholesteroloxidase	$\text{Cholesterol} + O_2 \xrightarrow[\text{Ferrocen}]{\text{ChOx}} \text{Cholestenon} + H_2O_2$	H_2O_2/Fc
Ethanol	Alkoholdehydrogenase	$C_2H_5OH + NAD^+ \xrightarrow{\text{EDH}}$ $CH_3CHO + NADH^+ + H^+$	$NADH^+$
Lactat	Lactatmonooxygenase	$\text{Lactat} + O_2 \xrightarrow{\text{LMOx}} \text{Essigsre.} + CO_2 + H_2O_2$	H_2O_2
Pestizide [a]	Acetylcholinesterase	$\text{Acetylcholin} + H_2O \xrightarrow{\text{ACE}} \text{Cholin} + \text{Essigsr.}$ $\text{Cholin} + 2O_2 + H_2O \rightarrow \text{Betain} + H_2O_2$	H_2O_2

[a] durch Hemmung der Enzymaktivität von Acetylcholinesterase

Alle Enzyme, die bereits bei den potentiometrischen Enzymsensoren erwähnt wurden (Tabelle 7.1), sind auch für amperometrische Sensoren brauchbar. Da für die amperometrischer Betriebsweise eine wesentlich größere Vielfalt an verwertbaren Reaktionen zur Verfügung steht, sind in Tabelle 7.6 einige weitere Beispiele angegeben.

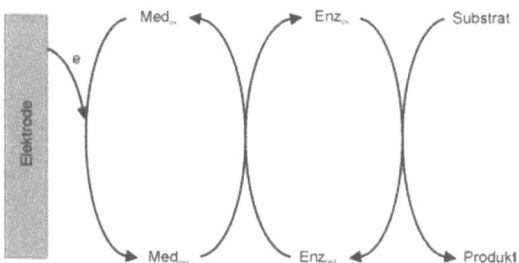

Abb. 7.32 Reaktionsfolge in einer Enzymelektrode mit Mediator. Med$_{ox}$ und Med$_{red}$: Oxydierte bzw. reduzierte Form des Mediator

Einfache amperometrische Enzymsensoren (*Sensoren der ersten Generation*) arbeiten nach folgendem (vereinfachten) Schema: Diffusion des Substrates zur Elektrode; Reaktion mit dem immobilisierten Enzym; Regenerierung des Enzyms in seine ursprüngliche Form durch Sauerstoff bzw. NADH$^+$. In Wirklichkeit ist die Reaktionsfolge komplizierter. Eine lineare Abhängigkeit des Elektrolysestroms von der Substratkonzentration läßt sich nur erreichen, wenn die Diffusion des Substrates zum langsamsten und so zum geschwindigkeitsbestimmenden Schritt gemacht wird. Dies wäre z.B. dann nicht gewährleistet, wenn die Lösung an Sauerstoff verarmt, so daß das Enzym nicht mehr regeneriert werden kann. Enzyme sind Eiweißstoffe, deren Selektivität auf dem Schloß-Schlüssel-Prinzip beruht, d.h. die Moleküle des Substrates werden von einer genau passenden Vertiefung im Enzymmolekül eingeschlossen. Daher ist das redoxaktive Zentrum des Enzyms tief im Inneren gelegen und einem Kontakt mit der Elektrode entzogen. Der Regenerierungsschritt kann also auch nicht durch direkte Elektronenübertragung vollzogen werden. Selbst bei direkter Berührung mit der Elektrodenoberfläche werden kaum Elektronen übertragen. Ein entscheidender Schritt zur Behebung dieser Probleme war die Einführung von *Redoxmediatoren*.

Amperometrische Enzymsensoren der zweiten Generation beruhen darauf, daß reversible, lösliche Redoxsysteme *(Mediatoren)* in die Sensor-Matrix eingebaut werden. Diese Substanzen lassen sich leicht (d.h. erstens bei moderaten Potentialen und zweitens mit hoher Reaktionsgeschwindigkeit) an der Elektrode oxydieren oder reduzieren. Sie bewegen sich in der Matrix und reagieren mit den verbrauchten Enzymen unter Rückbildung deren ursprünglicher Form. Insgesamt wirken die Mediatoren als Elektronenübertrager nach dem in Abb. 7.32 angegebenen Schema. Das Schema ist vereinfacht. Unklar ist bisher, welche Vorgänge im Enzym-Molekül während der Elektronenübertragung ablaufen. Nach einer der Theorien könnte es im Enzym zwei verschiedene Kontaktstellen, d.h. eine oxydierende und eine reduzierende Seite geben, die untereinander mit einem leitenden Pfad verbunden sind. Dies würde erklären, warum Enzyme an Redoxreaktionen teilnehmen können, ohne insgesamt Ladungen aufzunehmen oder abzugeben.

Hin und wieder wird auch von einer *dritten Generation* von Biosensoren gesprochen. Gemeint ist damit die Integration von Sensor und Signalverarbeitungs-Elektronik auf einem gemeinsamen Halbleiterchip, dem sog. *Biochip*.

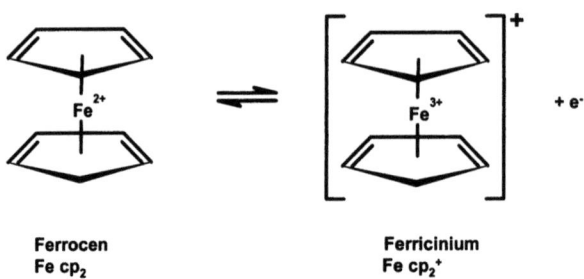

Ferrocen Ferricinium
Fe cp$_2$ Fe cp$_2^+$

Abb. 7.33 Redoxgleichgewicht des Ferrocens (Dicyclopentadienyl-Eisen$^{2+/3+}$)

Mediatoren müssen nicht nur reversible Redoxpaare sein, sondern auch schnell mit den Enzymen reagieren. Häufig verwendete Mediatoren sind in Tabelle 7.7 aufgelistet. Abb. 7.33 gibt die Struktur des besonders wichtigen Mediator-Redoxpaars-Ferricinium/Ferrocen an.

Tabelle 7.7 Gebräuchliche Mediatoren mit ihren Redoxpotentialen. E^*: Potential einer äquimolaren Mischung des Redoxpaars bei pH 7 gegen die Standard-Wasserstoffelektrode

Mediator	E^* / V
Os(bpy)$_3^{3+}$ / Os(bpy)$_3^{2+}$	0,84
Ferricinium/Ferrocen	0,44
Fe(CN)$_6^{3-}$ / Fe(CN)$_6^{4-}$	0,36
Chinon/Hydrochinon	0,28
Methylenblau	0,01
Methylviologen	-0,44
Tetracyanochinodimethan (TCNQ)	0,252
Tetrathiafulvalen (TTF)	0,216

Ein Problem aller löslichen Mediatoren ist, daß sie die Tendenz zeigen, nach und nach aus der Matrix ausgewaschen zu werden. Ideal wäre es, wenn auch der Mediator immobilisiert werden könnte. Obwohl dies auf den ersten Blick der angestrebten Funktion zuwiderläuft, scheint eine solche Möglichkeit mit den *Redoxpolymeren* realisierbar zu sein. Besonders erfolgreich sind Elektroden, bei denen der Osmium-Bipyridyl-Komplex, selbst ein Redox-Mediator, an ein Polymergerüst angehängt ist, so daß ein dreidimensionales Redox-Netzwerk entsteht (Abb. 7.34). Das Enzym wird dann seinerseits an der Oberfläche des Polymerkörpers immobilisiert (Heller 1990). Enzymsensoren mit Redoxpolymeren haben einen hohen Entwicklungsstand erreicht. Bis zu 4 Schichten mit verschiedenartiger Funktionalität sind an einem Sensor beteiligt (Kenausis et al. 1997).

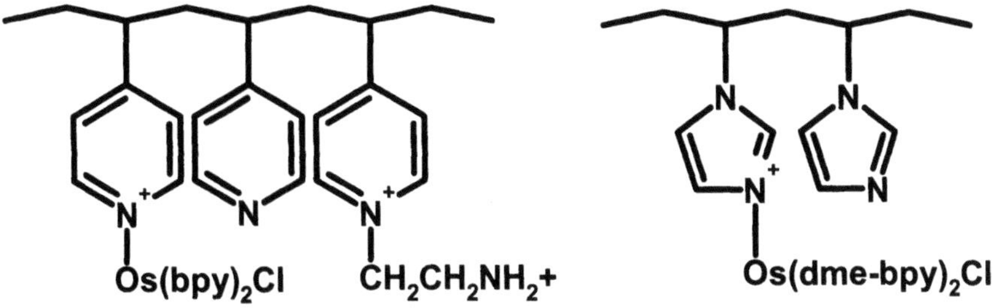

Abb. 7.34 Struktur von Redoxpolymeren mit Osmium-Spezies

Von allen Biosensoren sind die amperometrischen Glucosensoren die wichtigsten und weitaus am weitesten verbreiteten. Mit einigem Abstand folgen Laktatsensoren. Die Vielfalt an Bauformen ist sehr groß, aber typisch für amperometrische Biosensoren ist das Streben nach Miniaturisierung und nach Massenfertigung. Die Sensoren, bei denen der enzymatisch gebildete Sauerstoff amperometrisch verfolgt wird, basieren alle auf Miniaturformen des Clark-Sensors (Abschn. 7.2.2). Verbreitet sind einstichfähige, schmale Formen (Abb. 7.35). Dort ist eine kleine Platinanode von einem zylindrischen Silberkörper als Kathode umgeben. Darüber befindet sich ein dünner Film aus Celluloseacetat, in dem das Enzym enthalten ist. Als äußere Schutzschicht dient eine Folie aus Dialysemembran-Material oder Kollodium (Wilson u. Thévenot 1990). Diese Form, obwohl der *ersten Generation* zugehörig, ist noch immer weit verbreitet und in vielerlei Varianten handelsüblich.

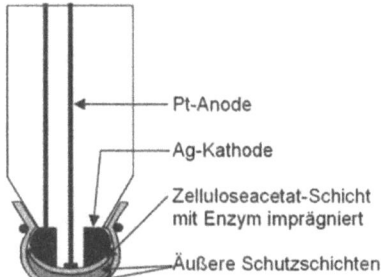

Abb. 7.35 Enzymsensor auf der Basis des Clark-Sensors

Einen sehr großen Anteil an den handelsüblichen amperometrischen Enzymsensoren haben solche, die in Dickschichttechnik auf Keramik- oder Kunststoffplättchen aufgebracht wurden. Fast immer folgt die Konstruktion dem Schema in Abb. 7.36. Als Referenzelektrode dient eine Schicht aus Silber- und

Silberchloridpartikeln. Sie wirkt gemeinsam mit den in den Membranschichten enthaltenen Chloridionen und stellt ein konstantes Referenzpotential zur Verfügung. Als Arbeits- und Gegenelektrode dienen Schichten aus Glaskohlepartikeln oder Edelmetallen. Neuerdings wird auch das Rutheniumdioxid als Material für die Arbeitselektrode eingesetzt. Ursprünglich war dieses Oxid ein weit verbreiteter Werkstoff für elektrische Widerstände in Elektronikschaltungen, die in Dickschichttechnik gefertigt wurden. Es stellte sich heraus, daß es gut als Material für Redoxelektroden geeignet ist, da es Redoxreaktionen katalysiert. Glucoseoxidase läßt sich direkt als Lösung auf das Substrat mit den gedruckten Elektroden aufbringen und dann mit Glutaraldehyd vernetzen. Darüber wird stets eine Schutzschicht (Diffusionsmembran) aufgebracht.

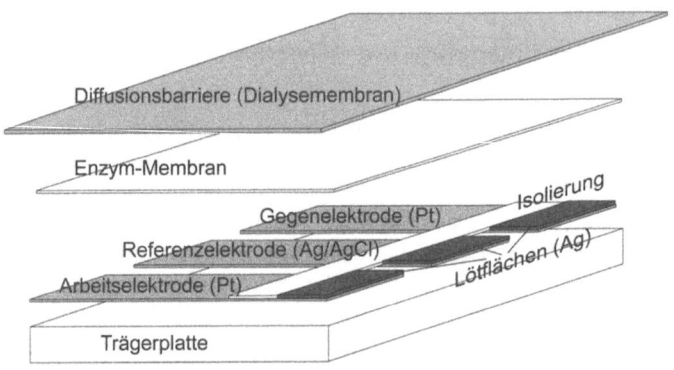

Abb. 7.36 Amperometrischer Enzymsensor in Dickschichttechnik. Für Arbeits- und Gegenelektrode werden auch Schichten aus RuO$_2$ verwendet

Enzymsensoren in Dickschichttechnik entsprechend Abb. 7.36 sind, insbesondere als Glucosesensoren, in großer Stückzahl im Handel. Die obere Schutzschicht macht die Sensoren so robust, daß man mit ihnen ohne Probenvorbehandlung den Blutzuckergehalt direkt im Vollblut bestimmen kann.

Enzymelektroden mit direkter Bindung an kompakte Festkörperoberflächen sind noch relativ selten. Ein Beispiel ist ein amperometrischer Sensor mit Meerrettich-Peroxidase, die an eine mit Cyanurchlorid (CC) funktionalisierte Graphitoberfläche gebunden wurde (Cardosi 1994).

Selbstorganisierende Monolagen (SAMs) werden immer häufiger zur Immobilisierung von Enzymen verwendet. Ein relativ einfaches Beispiel ist in Abb. 7.37 skizziert (Darder et al. 1999).

Ein spezielles Problem aller Enzymsensoren ist ihre begrenzte Lagerfähigkeit, die aus der schlechten Haltbarkeit der Enzyme resultiert. Im trockenen Zustand halten sich die Substanzen einige Zeit. Wegwerfsensoren werden, nachdem sie mit der wäßrigen Probelösung in Berührung gekommen sind und ihre Aufgabe erfüllt haben, nicht mehr verwendet. Es gibt aber auch Bemühungen, die Lagerfähigkeit durch chemische Behandlung zu verbessern. Eine Möglichkeit ist die Immobilisierung in Polyelektrolyten mit Polyolzuckern (Gibson u. Hulbert 1993). Der gebildete Enzym-Polyelektrolyt-Komplex scheint durch eine Art Faraday-Käfig elektrostatisch stabilisiert zu sein, so daß die Funktionsfähigkeit des Enzyms länger erhalten bleibt.

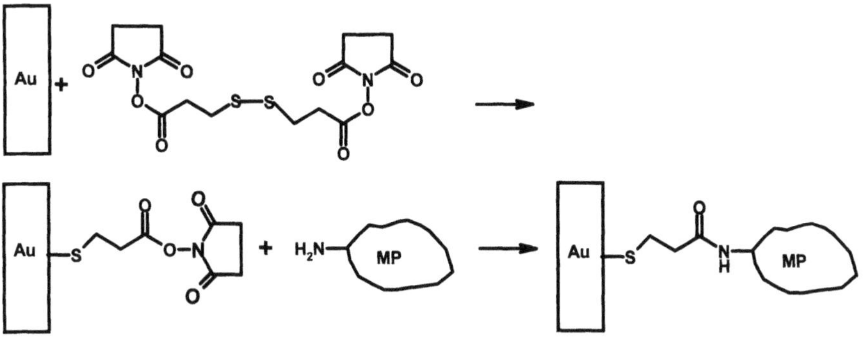

Abb. 7.37 Adsorption von DTSP (Dithiobis[*N*-succinimidylpropionat]) an einer Goldelektrode und kovalente Kopplung von Meerrettichperoxidase (MP) an die aktiven Estergruppen der entstehenden selbstorganisierenden Monolage

Immunosensoren

Mit elektrochemischen Immunosensoren wird versucht, die extreme Selektivität der Antikörper-Antigen-Reaktion zur quantitativen Bestimmung von Antigenen zu nutzen. Als Antigen kann nahezu jede existierende Substanz auftreten. Den dazu passenden Antikörper läßt man durch einen lebenden Organismus produzieren. Nach Reinigung und Immobilisierung an einer Elektrodenoberfläche hat man die gewünschte Sonde, die in der Lage sein sollte, das Probemolekül unter Millionen anderer Substanzen selektiv an sich zu binden. Zwar wird dieser Vorgang durch die stets parallel laufenden unselektiven Adsorptionsvorgänge verfälscht, dennoch haben aber Immunosensoren eine sehr beachtliche Selektivität. Die Frage ist, wie sich aus der Reaktion ein elektrochemisches Signal gewinnen läßt.

Immunosensoren sind immer Bioaffinitätssensoren, d.h. ein Antikörper bildet selektiv mit dem passenden Antigen einen Komplex, ohne daß Substanzen verbraucht oder Produkte gebildet werden. Im Unterschied zu den biokatalytischen Sensoren kann daher die analytische Information nicht ohne Umwege aus einer Reaktionsgeschwindigkeit, also auch nicht aus einem faradayschen Strom, gewonnen werden. Um das Prinzip auch zum Bau amperometrischer Sensoren verwenden zu können, ist es notwendig, das zu bestimmende Antigen vorher chemisch zu modifizieren (zu *markieren*), indem man z.B. eine elektrochemisch oxydierbare bzw. reduzierbare Gruppe anhängt, oder indem man eine Verbindung mit einem Enzym herstellt, das nach vollzogener Komplexbildung mit dem Antikörper an den Produkten der von ihm katalysierten Reaktion erkannt werden kann.

7 Elektrochemische Sensoren

Elektrochemische Immunosensoren müssen die Eigenschaftsänderungen einer Antikörperschicht, die durch die Bildung des Komplexes bewirkt werden, in ein elektrisches Signal umsetzen. Eine Möglichkeit ist, die entstehende Ladungsverschiebung als Spannungsänderung, also potentiometrisch, zu messen. Eine zweite Möglichkeit ist die Bestimmung der Leitfähigkeitsänderung durch Impedanzmessung.

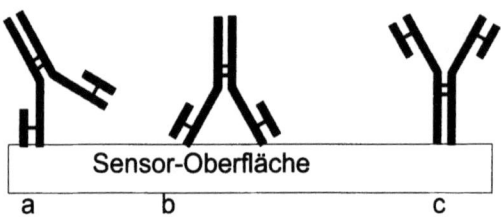

Abb. 7.38 Mögliche Orientierungen eines Antikörper-Moleküls auf einer Oberfläche. Nur Position c ist für Sensoren brauchbar

Die von einem Organismus produzierten und dann gereinigten Antikörper können nach ähnlichen Methoden auf einer Elektrodenoberfläche immobilisiert werden wie dies im Kap. 2, Abschn. 2.3 beschrieben wurde. Hierbei gibt es aber eine Besonderheit. Wegen der Y-förmigen Struktur (siehe Kap. 2, Abschn. 2.2.8) müssen die Moleküle in einer bestimmten Position auf der Oberfläche fixiert werden. Die Antigen-bindenden Stellen müssen zum Lösungsinneren zeigen (Abb. 7.38).

Am sichersten erreicht man die richtige Orientierung, wenn man das Antigen kovalent über eine Gruppe bindet, die der Antigen-bindenden Stelle abgewandt ist. Dies ist gelungen durch Bindung reaktiver Gruppen an Kohlehydratgruppen in der Region des „Scharniers" im Molekül, oder durch Modifizierung der Moleküle mit dem Eiweiß *Protein G*, das spezifisch am „Fuß" vieler Antikörper bindet und vorher leicht auf einer Elektrodenoberfläche immobilisiert werden kann. Sehr vorteilhaft ist die Bindung von Antikörpermolekülen als selbstorganisierende Monolage (SAM). Dazu muß beachtet werden, daß Antikörper sehr große Moleküle sind, die Platz brauchen. Es ist daher üblich, zunächst eine Monolage zu bilden, die nur zum Teil aus bifunktionellen Molekülen besteht, d.h. aus solchen, die an einer Seite eine Gruppe für die Bindung an die Oberfläche tragen, an der anderen Seite eine Gruppe für die Bindung an das Eiweiß der Antikörper. Außer den bifunktionellen Molekülen werden kürzere, monofuntionelle Moleküle an der Oberfläche fixiert, die die bifunktionelle Schicht „verdünnen". Alternativ dazu wurde auch das Antikörper-Molekül selbst durch einen „Linker" modifiziert, der am freien Ende mit einer Thiolgruppe versehen war, die sich zur Kopplung an Goldoberflächen eignet. Trotz der Vorteile der Fixierung durch kovalente Bindung oder durch selbstorganisierende Monolagen ist auch die Immobilisierung von Antikörpern durch einfache Adsorption üblich.

7.4 Elektrochemische Biosensoren   197

Potentiometrische Immunosensoren wurden mit einer halbleitenden dünnen Schicht aus Titandioxid realisiert. Diese war mit einer aktivierten Polymermembran überzogen, an die ein Antikörper kovalent gebunden wurde. Die Komplexbildung mit dem Antigen führt zu einer Potentialverschiebung, die ein Maß für den Antigengehalt in der Lösung ist (Yamamoto et al. 1983).

Wirkliche Bedeutung haben nur solche elektrochemischen Immunosensoren erlangt, bei denen das Signal durch Impedanzmessungen gewonnen wird. Ein erstes Beispiel war ein Sensor für Methamphetamin im Urin (Yagiuda et al. 1996). Der Antikörper *Anti-Methamphetamin* wurde an zwei benachbarten Platinelektroden immobilisiert und mit Glutaraldehyd quervernetzt. Kontakt mit der Probe führte zu einer Verringerung der Leitfähigkeit der Antikörperschicht zwischen den Elektroden als Folge der Bindung des Antigens. Ein solcher Sensor gehört zur Gruppe der Chemoresistoren.

Ein eindrucksvolles Beispiel für einen impedimetrischen Biosensor auf SAM-Basis sind Schichten aus synthetischen Peptiden (Molmasse etwa 3000 Da), die eine bestimmte Stelle des Antigens repräsentieren und über „Linker" bzw „Spacer" an eine Goldoberfläche gebunden wurden (Rickert et al. 1996). In diesem Falle wird das Signal aus dem Impedanzspektrum gewonnen, das in Anwesenheit des reversiblen Redoxsystems Hexacyanoferrat(II/III) aufgenommen wird. Die Redoxreaktion dieses „Indikators" wird blockiert, wenn das Antikörper-Peptid mit dem Antigen bindet. Der Ausdruck „impedimetrischer Sensor" ist in diesem Falle gerechtfertigt. Der Sensor wurde benutzt, um den Erreger der Maul- und Klauenseuche zu identifizieren. Diese Anwendung rechtfertigt den hohen Aufwand für die Herstellung der synthetischen Peptide.

Sensoren mit ganzen Zellen, Mikroorganismen und Organteilen

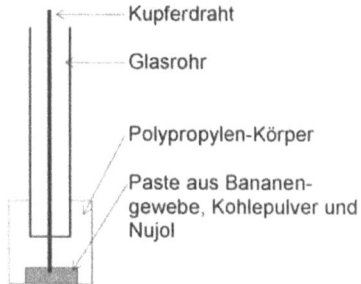

Abb. 7.39 Die "Bananatrode", ein amperometrischer Biosensor mit Bananenmasse

Lebende Organismen sind seit jeher zur Beobachtung von Umweltveränderungen, also als Biomonitoren benutzt worden. Biosensoren entstehen, wenn Lebewesen mit Wandlern so gekoppelt werden, daß ein meßbares Sensorsignal entsteht. In den meisten Fällen ist auch bei Sensoren mit ganzen Organismen, Zellen oder Organen die Wirkung der Enzyme die entscheidende Signalquelle. Es ist durchaus manchmal sinnvoll, Enzyme in ihrer natürlichen Umgebung zu lassen. Man erreicht so eine höhere Stabilität der Biokatalysatoren und der Kostenaufwand wird geringer. Nachteile sind die meist längere Ansprechzeit, die geringere Selektivität und die schlechtere Reproduzierbarkeit.

Besonders einfach, und daher gut als Demonstrationsversuch geeignet, ist die Verarbeitung von Gewebeschnitten oder Gewebehomogenisaten zu elektrochemischen Sensoren. Ein bekanntes Beispiel ist die „Bananatrode" (Wang u. Lin 1988), bei der eine Paste aus Bananenmasse mit Kohlepulver und Nujol gemischt und in ein Glasröhrchen mit dem Anschlußdraht gepreßt wird (Abb. 7.39). Das in der Masse enthaltene Enzym Polyphenolase katalysiert die Oxydation von Polyphenolen, von denen einige, wie etwa das Dopamin, wichtige Botenstoffe in Organismen sind. Zum Testen der Elektrode eignen sich auch einfache Verbindungen wie das Brenzcatechin, das auf diesem Wege z.B. im Bier nachgewiesen werden kann. Als Resultat der Oxydation entsteht o-Chinon, das elektrochemisch aktiv ist. Man kann es leicht mittels Differenzpuls-Voltammetrie nachweisen.

Ähnliche Effekte wie mit Bananenmasse sind auch mit Homogenisaten aus Auberginen, Äpfeln und Kartoffeln erzielt worden. In diesen Fällen ist das Enzym Polyphenoloxidase wirksam. Auch hier entstehen als elektroaktive Produkte o-Chinone.

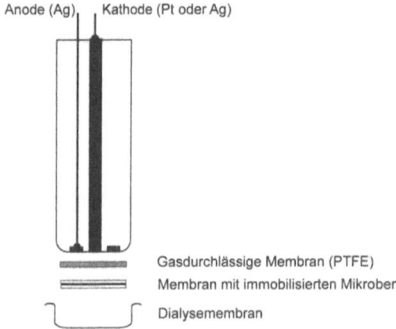

Abb. 7.40 Mikrobieller Biosensor auf der Basis der Clark-Elektrode

Statt Homogenisaten sind Sensoren auch aus Gewebeschnitten aufgebaut worden. Ein Beispiel ist ein mit Glucoseoxidase versetzter Kartoffel-Schnitt, der auf Phosphate und Fluoride anspricht (Schubert et al. 1984).

Isolierte biologische Zellen oder Zellfragmente (Membranpartikel u.ä.) sind als Rezeptorschicht für Biosensoren verwendet worden. Solche Versuche gehen über die rein experimentelle Verwendung von frisch zubereiteten Gewebe-Sensoren hinaus, sind aber noch nicht zuverlässig genug für den Bau kommerzieller Sensoren.

Biosensoren mit lebenden Mikroorganismen können mit Bakterien, Algen, Pilzen und Protozoen aufgebaut werden. Im allgemeinen geht es auch hier um die Wirkung der in den Organismen enthaltenen Enzyme. Oft ist es einfacher und billiger, eine Bakterien- oder Pilzkultur zu züchten und als Ganzes zu immobilisieren, als mühsam das Enzym zu isolieren. In sofern ist die Mikrobe kaum mehr als ein Gefäß für Enzyme.

Mikroorganismen können mit den gleichen Methoden immobilisiert werden wie sie für biologisch aktive Substanzen gebräuchlich sind. Üblich sind der Einschluß der Organismen in Gele oder Polymere, oder die Unterbringung hinter Membranen. Sehr weit verbreitet sind modifizierte Clark-Elektroden (siehe 7.2.2). Die biologische Aktivität sehr vieler Mikroorganismen hat etwas mit dem Verbrauch oder der Bildung von Sauerstoff zu tun. Bei Bakterien ist es die Atmung, die zum Verbrauch von molekularem Sauerstoff führt, bei einigen Mikroalgen wird Sauerstoff im Prozeß der Photosynthese produziert. Schadstoffe in der Probe beeinflussen diese Aktivität und werden durch das Sensorsignal meßbar gemacht. Das Schema einer typischen Anordnung zeigt Abb. 7.40. Die Mikroben werden auf einer Membran immobilisiert, die zwischen der sauerstoffpermeablen Membran des Clark-Sensors (meist makroporöses PTFE) und einer Dialysemembran angeordnet ist.

Beispiele für mikrobielle Biosensoren auf der Basis der Clark-Elektrode sind Sensoren mit der Mikroalge *Chlorella vulgaris*, die mit einer Membran aus Aluminiumoxid abgedeckt wurden (Pandard et al. 1993) oder mit Bakterenkulturen aus *Bacillus subtilis* und *Bacillus licheniformis* hinter Polycarbonatmembranen (Li u. Tan 1994).

Biosensoren mit Mikroorganismen sind gute Monitoren für die Toxizität von Gewässern. Auch der biologische Sauerstoffbedarf (BOD) kann mit ihrer Hilfe bestimmt werden.

Zellen mit Organellen oder ganyen Organen höherer Organismen zeigen sehr eindrucksvoll die Leistungsfähigkeit biologischer Erkennungsmechanismen. Bekannt geworden ist ein Sensor, der mit einer immobilisierten Antenne des Kartoffelkäfers (*Leptinotarsa decemlineata* Say) arbeitet (Schroth et al. 2001). Über eine Elektrolytlösung wurde die Verbindung zum Gate eines Feldeffekttransistors hergestellt. Spurenkonzentrationen von Guajakol in der Luftatmosphäre verursachten eine meßbare Änderung der Gatespannung. Spuren dieser und ähnlicher Verbindungen werden von verletzten Blättern der Kartoffelpflanze freigesetzt und vom Kartoffelkäfer über viele Kilometer wahrgenommen. Ein „Bio-FET" konnte sogar mit einem intakten lebenden Käfer hergestellt werden.

Nach dem gleichen Schema wurde auch ein Biosensor mit der Antenne von Kleinkrebsen aufgebaut. Diese Sensoren sprechen auf Spuren von Trimethylaminoxid an.

Nucleinsäure-Sensoren

Nucleinsäure-Moleküle verfügen über außergewöhnliche Eigenschaften. Sie sind elektroaktiv dank der Oxydierbarkeit der Base Guanin und sie können als Liganden wirken und auf diese Weise zahlreiche fremde Stoffe binden. Dies macht sie interessant als Material für chemische Sensoren. Ebenso ist es auch wichtig, Sensoren für die analytische Bestimmung der Nucleinsäuren zu entwickeln. Die wichtigsten Sensoren im Zusammenhang mit Nucleinsäuren sind aber zweifellos die *Hybridisierungssensoren*. Dies sind Sensoren, die es gestatten, in einer Lösung nach einer ganz bestimmten DNA-Sorte zu suchen und damit eine biologische Spezies, eine Gruppe von Individuen oder gar ein einzelnes Individuum zu identifizieren. Mit Hybridisierungssensoren wird eine bestimmte Form des *Genetischen Fingerabdrucks* realisiert.

Sensoren für DNA und mit DNA. Elektrochemische Bestimmungsverfahren für Nucleinsäuren, insbesondere für die t-RNA (Transfer-Ribonucleinsäure) und die DNA (Desoxyribonucleinsäure) arbeiten fast ausnahmslos nach der voltammetrischen Stripping-Methode. Die Nucleinsäure wird an einer Kohleelektrode adsorptiv angereichert, indem man unter Rühren der Lösung ein konstantes Potential für eine definierte Zeit anlegt. Danach wird die angereicherte Substanz oxydiert, wobei das analytische Signal entsteht. Diese Verfahren sind unselektiv, erfordern umfangreiche Probenvorbereitung und zahlreiche Reagenzien. Es ist also nicht sinnvoll, hier den Begriff des chemischen Sensors anzuwenden.

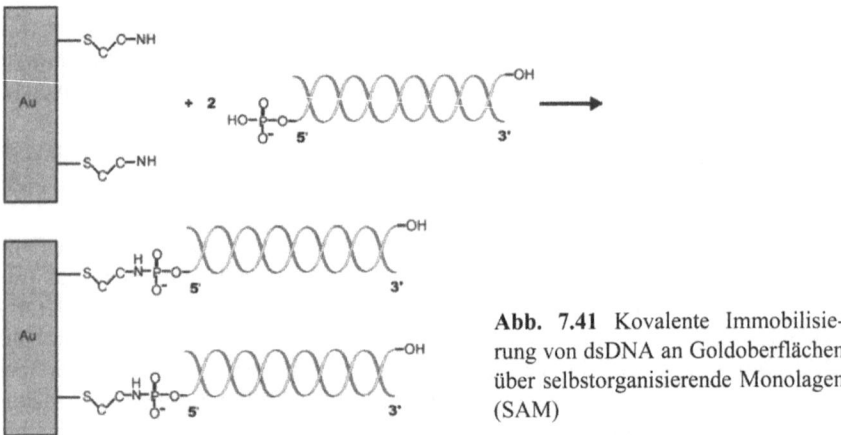

Abb. 7.41 Kovalente Immobilisierung von dsDNA an Goldoberflächen über selbstorganisierende Monolagen (SAM)

DNA läßt sich adsorptiv relativ fest an Kohleoberflächen binden. Die DNA-Moleküle in den entstehenden Monoschichten wirken als Liganden für Schwermetalle und andere Substanzen, die dann voltammetrisch bestimmt werden können.

DNA-Diagnostik und „Genetischer Fingerabdruck". Mit den rasch wachsenden Erkenntnisse über das menschliche Genom steigt das Interesse an der DNA-Diagnostik. Fortschritte in der Mikrotechnologie haben dazu beigetragen, daß allmählich eine breitere Anwendung der Methoden möglich wird. Wichtigste Anwendungen der DNA-Diagnostik sind bisher die Erkennung von Polymorphismus und von genetischen Mutationen. Dazu ist es notwendig, eine einzige Fehlpaarung in der DNA-Doppelhelix zuverlässig zu erkennen. Mit den gleichen Methoden läßt sich auch das Ziel des „Genetischen Fingerabdrucks" verfolgen, d.h. die Identifizierung eines bestimmten Individuums an Hand seiner DNA.

Am Anfang des diagnostischen Prozesses steht normalerweise die Gewinnung eines ausreichenden Vorrats an DNA-Material. Dazu wird die meist nur spurenweise vorhandene DNA der Probe mit Hilfe der Polymerase-Kettenreaktion (Polymerase Chain Reaction,) vervielfältigt. Anschließend muß man sich mittels diagnostischer Kriterien vergewissern, daß die gewünschte Sequenz im entstandenen Material vorhanden ist. Tatsächlich ist für eine ausreichende Erkennung der Defektstelle bzw. des bestimmten Individuums nur ein winziger Ausschnitt aus dem gesamten Molekül notwendig.

Bisher gebräuchliche Varianten der DNA-Diagnostik sind:
- *Elektrophorese* auf Agarose-Gel. Die DNA wird enzymatisch in kleine Bruchstücke zerlegt, die anschließend elektrophoretisch getrennt werden. Dabei entsteht ein charakteristisches „Bild", das eine Identifizierung zuläßt
- *Hybridisierung*. Dazu wird ein *Oligonucleotid*, d.h. ein Molekül, das einen kleinen, aber charakteristischen Teil des großen einsträngigen DNA-Moleküls nachbildet, auf einer Oberfläche immobilisiert und als *Sonde* verwendet. In der Probelösung befindet sich die gesuchte DNA-Probe, die vorher thermisch in Einzelstränge zerlegt („geschmolzen") worden ist. Im Kontakt mit der Sonde bilden die genau zu den immobilisierten Sonden-Molekülen passenden komplementären Stränge einen *Duplex* (Doppelstrang) mit letzteren. Dieser Vorgang, die *Hybridisierung*, muß sich durch eine Eigenschaftsänderung manifestieren, so daß ein Signal gewonnen werden kann. Häufig wird dieses Signal *optisch*, durch Messung einer *Fluoreszenz* oder *Chemilumineszenz*, gewonnen. Das ist aufwendig, weil vorher die Proben-DNA *markiert* werden muß, indem z.B. eine fluoreszenzfähige Gruppe angehängt wird. Im Gegensatz dazu erlauben elektrochemische Methoden die Detektion des Hybridisierungsvorgangs ohne chemische Veränderung der Probe.

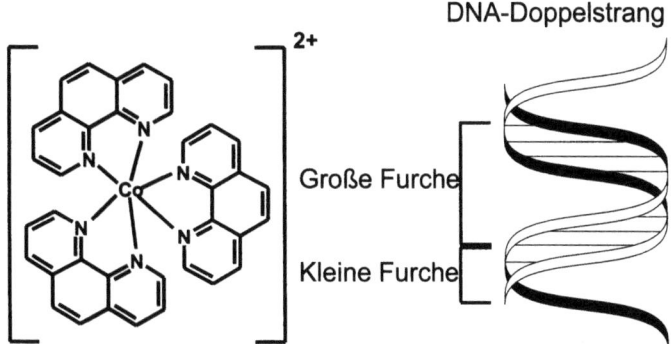

Abb. 7.42 Cobalt-Phenanthrolin Co(phen)$_3^{2+}$ (links), Einlagerung in die *Kleine Furche* der DNA (rechts)

Immobilisierung der DNA. Für die Immobilisierung der Nucleinsäuren lassen sich die gleichen Immobilisierungsmethoden anwenden wie sie bei Eiweißmolekülen gebräuchlich sind, also Adsorption, Quervernetzung, Einschluß in Gele bzw. Polymere, kovalente chemische Bindung mit Bildung von selbstorganisierenden Monolagen (SAMs) und schließlich auch die Avidin-Biotin-

Komplexbildung (7.4.1.2). Nucleinsäure-SAMs sind auch auf Silicium hergestellt und photolithographisch strukturiert worden. Die Immobilisierung von DNA oder Oligonucleotiden auf Glas- oder Nylon-Oberflächen ist die Grundlage der DNA-Chips, die zahlreiche Einzelsonden vereinigen und zu Simultanmessungen geeignet sind (Ramsay 1998).

Typisch für die Immobilisierung von dsDNA oder entsprechenden Oligonucleotiden ist das Verfahren, das in Abb. 7.41 schematisch dargestellt ist (Zhao et al. 1999). Die vorher erzeugte SAM auf der Goldoberfläche läßt man mit der DNA in Anwesenheit des Reagenses 1-Ethyl-3-(3-dimethylaminopropyl)carbodiimid-Hydrochlorid (EDAC) reagieren.

Elektrochemische Hybridisierungssensoren. Zur elektrochemischen Detektion der Hybridisierung, d.h. zum Nachweis, ob und in welchem Umfange der immobilisierte Einzelstrang mit dem gesuchten komplementären Gegenstück Hybride (Duplexe) gebildet hat, sind bisher die folgenden Methoden bekannt:

- *Detektion der Hybridisierung mit Reporter-Molekülen*

Reporter-Moleküle (Indikatoren) sind elektrochemisch aktive Substanzen, die reversibel reduziert oder oxydiert werden können. Am häufigsten wird der Kobalt-Phenanthrolin-Komplex $Co(phen)_3^{2+}$ verwendet. Das Molekül lagert sich in die *kleine Furche* der doppelsträngigen DNA ein (Abb. 742). Auch andere Redoxsysteme sind zu dieser Einlagerung (Interkalation) befähigt, wobei eine positive Ladung Voraussetzung ist (Millan et al. 1992 u. 1994; Millan u. Mikkelsen 1993). Polynucleotide wurden als Sonden-Moleküle an der Oberfläche von Glaskohle- und Kohlepaste-Elektroden durch kovalente chemische Bindung immobilisiert. Vor und nach Behandlung mit der Probelösung wurden Cyclovoltammogramme aufgenommen.

Setzt man voraus, daß die Elektrodenoberfläche zunächst dicht mit ssDNA-Molekülen bedeckt ist, dann wird der Transport der Reporter-Moleküle zur Elektrodenoberfläche stark verlangsamt, das elektrochemische Signal ist klein. Nach Hybridisierung wird das Signal größer, weil der Doppelstrang insgesamt eine stärker negative Oberflächenladung trägt, wodurch das Indikator-Kation stärker mit der DNA in Wechselwirkung tritt, auf diese Weise angereichert wird und leichter zur Elektrodenoberfläche gelangen kann. Die Differenz der beiden Signale sagt etwas über das Ausmaß der Hybridisierung aus. Abb. 7.43 veranschaulicht den Vorgang

- *Indikatorlose und katalytische Detektion der Hybridisierung mit DNA-ähnlichen Polynucleotiden*

Ohne Reporter-Moleküle kommt man aus, wenn man die elektrochemische Aktivität der DNA selbst ausnutzt. Bekanntlich kann die Guanin-Base der DNA bei nicht allzu positiven Potentialwerten oxydiert werden. Ein Ausnutzung dieser Eigenschaft ist natürlich nur möglich, wenn die als Sonde verwendeten Moleküle selbst nicht oxydierbar sind. Dies wird möglich mit speziell synthetisierten Oligonucleotiden, bei denen die Base Guanin durch Inosin ersetzt ist. Inosin ist erst bei im Vergleich zu Guanin wesentlich höheren Potentialwerten oxydierbar. Bindet das Ziel-Molekül im Verlaufe der Hybridisierung an die synthetische Sonde, dann kann dank des Guaningehaltes der Probemoleküle ein Oxydationsstrom gemessen werden (Wang et al. 1998). Die Methode wurde weiterentwickelt durch Verwendung von katalytisch wirkenden Metallkomplexen wie den Bipyridyl-Komplex des Rutheniums (II/III). In diesem Fall transportiert der lösliche Komplex die Elektronen vom Guanin des DNA-Doppelstranges zur Elektrodenoberfläche (Thorp 1998).

- *Detektion der Hybridisierung durch Ladungstransport entlang der Längsachse von dsDNA*
Bestimmte Befunde deuten darauf hin, daß sich Elektronen entlang der Längsachse eines intakten doppelsträngigen DNA-Moleküls bewegen können. Ein Einzelstrang zeigt wesentlich geringere Leitfähigkeit. Besonders gestört wird der Ladungstransport, wenn anstatt der Bildung des perfekten Doppelstranges eine unvollständige Hybridisierung mit nicht genau passenden komplementären Strängen eintritt. Bereits eine einzige Basen-Fehlpaarung stört den Ladungstransport empfindlich. Diese Eigenschaft läßt sich zu einer Detektionsmöglichkeit für die Hybridisierung ausbauen (Kelley et al. 1999).

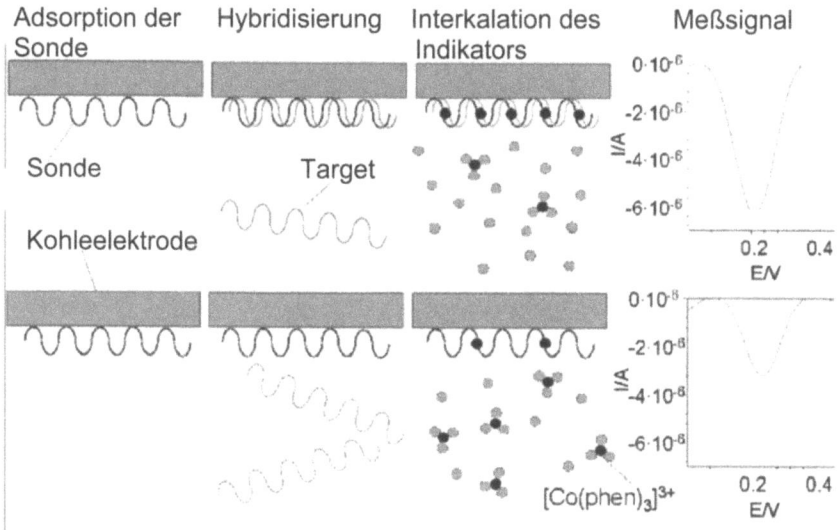

Abb. 7.43 Schema der Hybridisierungs-Indikation mit dem Reporter-Molekül Cobalt-Phenanthrolin

Ein elektrochemischer Hybridisierungssensor läßt sich mit Hilfe spezieller Interkalatoren aufbauen. Dies sind elektrodenaktive, reversibel reduzierbare bzw. oxydierbare Substanzen, die in den Doppelstrang der DNA eingeschoben (interkaliert) werden, und zwar in den sog. π-Stapel. Interkalatoren sind planar aufgebaute „flache" Moleküle wie z.B. das Methylenblau. Methylenblau kann in einer reversiblen Redoxreaktion zum Leukomethylenblau reduziert und wieder oxydiert werden (Abb. 7.44).

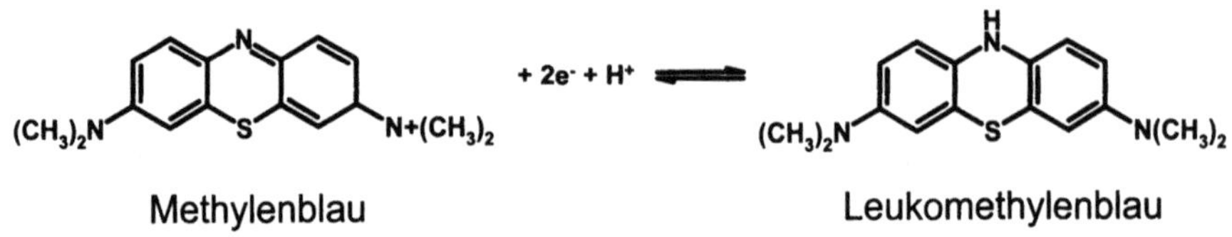

$(CH_3)_2N$-[Methylenblau]-$N+(CH_3)_2$ $+ 2e^- + H^+$ ⇌ $(CH_3)_2N$-[Leukomethylenblau]-$N(CH_3)_2$

Methylenblau   Leukomethylenblau

Abb. 7.44 Redoxgleichgewicht Methylenblau-Leukomethylenblau

Bei der Nutzung der Leitfähigkeit des Doppelstrangs zur Detektion der Hybridisierung ist es wichtig, eine wohlgeordnete selbstorganisierende Monolage aus DNA-Doppelsträngen zu bilden. Dies gelingt am besten mit Oligonucleotiden nicht zu großer Länge, die einem Ausschnitt aus dem Molekül der natürlichen Nucleinsäure entsprechen. Besonders häufig wurde ein Oligonucleotid aus 15 Basenpaaren angewendet, an dessen 5′-Ende als Abstandshalter (Linker) eine Alkylkette angehängt wurde, die am Ende eine SH-Gruppe trug. Eine solche Gruppe läßt sich leicht an eine vorbereitete Goldoberfläche kovalent binden. Es entsteht eine selbstorganisierende Monolage (SAM) aus aufrecht stehenden Oligonucleotiden (Kelley et al. 1997). In diese Monolage wird der Interkalator stets weit „oben", d.h. abgewandt von der Elektrodenoberfläche, eingelagert (Abb. 7.45).

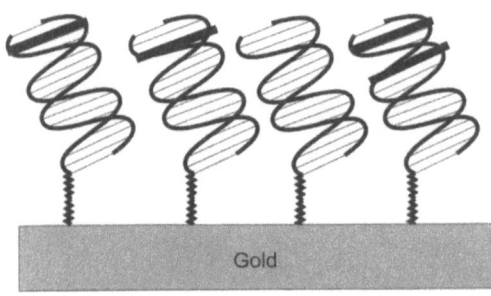

Abb. 7.45 Interkalation von planaren redoxaktiven Molekülen in den Doppelstrang der DNA

Die Elektronen müssen den gesamten Weg zwischen Elektrodenoberfläche und Interkalator zurücklegen, um einen Redoxprozeß zu bewirken. Eine einzige Basenfehlpaarung unterbricht den Elektronentransport und verkleinert das elektrochemische Signal drastisch. Als elektrochemische Meßmethoden wurden Cyclovoltammetrie und Chronocoulometrie verwendet. Die interkalierten Moleküle des Methylenblaus werden reduziert. Fehlpaarungen im nach der Hybridisierung gebildeten Duplex ergeben wesentlich geringere Signale im Vergleich zum perfekten Doppelstrang.

Ein Problem bei allen elektrochemischen Detektionsmethoden der Hybridisierung ist die unspezifische Adsorption anderer Nucleinsäure-Moleküle an freien Stellen der Elektrodenoberfläche, z.B. in den sog. Pinholes (Löcher in der DNA-

Monoschicht). Unspezifisch adsorbierte Moleküle tragen zum elektrochemischen Signal bei, täuschen also Hybridisierungs-Ereignisse vor.

7.5 Literatur

Afromowitz MA, Yee SS (1977), J Bioeng 1:55
Ammann D, Bissig R, Güggi M, Pretsch E, Simon W, Borowitz IJ, Weiss L (1975), Helv. Chim. Acta 58:1535
Bartlett PN (1990) in: Cass AEG (ed.) Biosensors: A practical approach. Oxford: IRL Press, pp 47–97
Bates PS, Kataky R, Parker D (1994) J Chem Soc, Perkin Trans 2: 669
Cadogan A, Gao Z, Lewenstam A, Ivaska A, Diamond D (1992), Anal Chem 64:2496–2501
Cardosi MF (1994), Electroanalysis 6:89–96
Chen Q, Wang J, Rayson G, Tian B, Lin Y (1993) Anal Chem 65:251–254
D'Annibale A, Regoli R, Sangiorgio P, Ferri T (1999) Electroanalysis 11:505
Darder M, Takada K, Pariente F, Lorenzo E, Abruña HD (1999), Anal Chem 71:5530–5537
Diamond D, Svehla G, Seward EM, McKervey MA (1988), Anal Chim Acta 204:223–231
Freiser H (1980) Coated wire ion-selective electrodes, in: Freiser H (ed.) Ion-Selective Electrodes in Analytical Chemistry. New York: Plenum Press, vol. 2, pp 85 – 105
Gibson TD, Hulbert JN (1993) Anal Chim Acta 279:185–192
Guilbault GG, Montalvo JG (1969), Anal Lett 2:283–293
Heller A (1990), Accounts Chem Res 23:128–134
Kelley SO, Boon EM, Barton JK, Jackson NM, Hill MG (1999) Nucl Acids Res 27:4830–4837
Kelley SO, Jackson NM, Barton JK, Hill MG (1997) Bioconjugate Chem 8:31–37
Kenausis G, Chen Q, Heller A (1997), Anal Chem 69:1054–1060
Knichel M, Heiduschka P, Beck W, Jung G, Göpel W (1995) Sens Actuators B28:85–94
Li F, Tan TC (1994), Biosens Bioelectronics 9:445–455
Millan KM, Mikkelsen SR (1993), Anal. Chem. 65:2317–2323
Millan KM, Saraullo A, Mikkelsen SR (1994), Anal. Chem. 66:2943–2948
Millan KM, Spurmanis AJ, Mikkelsen SR (1992) Electroanalysis 4:929–932
Morf WE, de Rooij NF (1995), Sens. Actuat. A51:89–95
Pandard P, Vasseur P, Rawson DM (1993), Water Research 27:427–431
Ramsay G (1998) Nature Biotechnol 16:40–44
Rickert J, Göpel W, Beck W, Jung G, Heiduschka P (1996) Biosens Bioelectronics 11:757–768
Schroth P, Schöning MJ, Lüth H, Weißbecker B, Hummel HE, Schütz S (2001) Sens Actuat B78:1–5

Schubert F, Renneberg R, Scheller FW, Kirstein L (1984) Anal. Chem. 56:1677–1682

Shi G, Luo M, Xue J, Xian Y, Jin L, Jin J-Y (2001), Talanta 55:241–247

Smith RL, Scott DC (1986), IEEE Trans BME 33:83–90

Srivastava SK, Gupta VK, Jain S (1996), Anal Chem 68:1272–1275

Suzuki H (2000), Electroanalysis 12:703

Thorp H (1998), Trends Biotechnol. 16:117–121

Vadgama P (1990), J Membran Sci 50:141–152

Wang J (1994), Talanta 41:857–863

Wang J, Lin MS (1988) Anal Chem 60:1545

Wang J, Lu F, Angnes L, Liu J, Sakslund H, Chen Q, Pedrero M, Chen L, Hammerich O (1995), Anal Chim Acta 305:3–7

Wang J, Rivas G; Fernandez JR, Lopez Paz JL, Jiang M, Waymire R (1998), Anal Chim Acta 375:197–203

Willner I, Riklin A, Shoham B, Rivenzon D, Katz E (1993), Adv Mater 5:912–915

Wilson GS, Thevenot R (1990) Unmediated amperometric enzyme electrodes, in: Cass AEG (ed.) Biosensors – A practical approach. Oxford: IRL Press, pp 1–17

Yagi K, Khoo SB, Sugawara M, Sakaki T, Shinkai S, Odashima K, Umezawa Y (1996), J Electroanal Chem 401:65–79

Yagiuda K, Hemmi A, Ito S, Asano Y (1996) Biosens. Bioelectron. 8:703–707

Yamamoto N, Nagaoka S, Tanaka T, Shiro T, Honma K, Tsubomura H (1983) Analytical Chemistry Symposium Series, No. 17 (Chemical Sensors), pp 699–704

Zhao Y-D, Pang D-W, Hu S, Wang Z-L, Cheng J-K, Dai H-P (1999), Talanta 49:751–75

8 Optische Sensoren

8.1 Lichtleiter als Basis optischer Sensoren

Die vielfältigen analytischen Möglichkeiten von Optik und Spektroskopie wurden schon in Abschn. 2.4.3.2 diskutiert. Traditionelle optische Instrumente sind typische Laborgeräte. Sie benötigen viel Platz, eine schwingungsfreie Aufstellung und gute Pflege. Die Probelösung befindet sich im Normalfall in einer von planparallelen Platten begrenzten *Küvette*. Der Übergang von dieser Technik zu den chemischen Sensoren kann also nicht einfach in der Miniaturisierung der herkömmlichen Anordnungen bestehen. Für die Anwendung optischer und spektroskopischer Meßtechniken in optischen Sensoren wird fast immer das Phänomen der *Lichtleitung* herangezogen. Gemeint ist dabei die Tatsache, daß in ein optisch dichtes Medium eingestrahltes Licht infolge der Totalreflexion dort so eingeschlossen bleiben kann, daß man es über weite Strecken fortleiten und dabei auch Krümmungen überwinden kann. Im Gegensatz zur sonstigen Erfahrung können Lichtleiter das Licht demnach „um die Ecke" leiten. Lichtleiter können zylindrisch oder planar ausgeführt werden (Abb. 8.1).

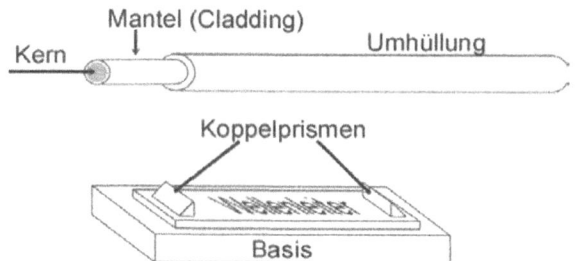

Abb. 8.1 Grundaufbau von Wellenleitern. Oben: zylindrisch; unten: planar

Am weitesten verbreitet in der Sensortechnik sind dünne zylindrische Wellenleiter, die sogenannten Lichtleitfasern, die aus transparenten Materialien bestehen. Mit solchen Fasern oder Faserbündeln wurde schon seit Beginn des Sensor-Zeitalters experimentiert. Aus Lichtleitkabeln geformte Sonden ließen sich gut in Flüssigkeiten eintauchen, woraus sich eine gewisse Ähnlichkeit zu den altbekannten Elektroden ergab. Für diese kamen die Bezeichnungen *Optode* oder *Optrode* auf, die sich inzwischen sowohl in der einen als auch in der anderen sprachlichen Form vollständig eingebürgert haben.

Lichtleiter ohne Beteiligung chemischer Reaktionen können ihr Signal nur aus den gegebenen Eigenschaften des untersuchten Mediums gewinnen, d.h. also aus Lichtabsorption oder Reflexion, aus Lumineszenzerscheinungen oder auch aus dem Brechungsindex. Diese Eigenschaften hängen bei Flüssigkeiten oft von deren Zusammensetzung ab. Bei *extrinsischen* optischen Sensoren dient der Lichtleiter nur dem An- und Abtransport des Lichtes und beteiligt sich nicht an der Signalbildung. Im Gegensatz dazu werden bei den *intrinsischen* optischen Sensoren die Eigenschaften des Lichtleiters durch den Analyten (u.U. über ein Hilfsmedium, den *Mediator*) beeinflußt, d.h. der Lichtleiter trägt aktiv zur Signalbildung bei.

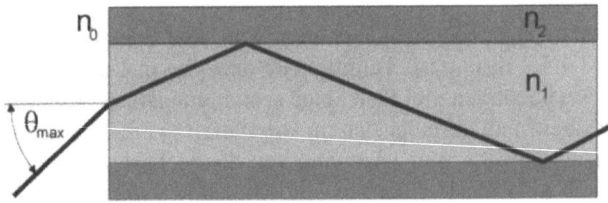

Abb. 8.2 Lichtleitung durch Totalreflexion in einer Einzelfaser. Einfallendes Licht wird nur aus einem Kegel mit dem maximalen Einfallswinkel θ_{max} aufgenommen

Allgemein besteht ein zylindrischer Lichtleiter aus dem faserförmigen *Kern*, dem *Mantel ("Cladding")* und gewöhnlich einer lichtundurchlässigen *Umhüllung*. Der Brechungsindex des Kerns (n_1) ist stets höher als der des Mantels (n_2). Dadurch wird es möglich, daß das Licht im Inneren des Leiters wie in einem Kabel „geleitet" wird. Die Lichtstrahlen werden durch die Totalreflexion stets nach innen gebrochen und können den Leiter nur dann verlassen, wenn das Kabel stark gebogen wird. Licht, das in einem Winkel einfällt, der wie in Abb. 8.2 gezeigt kleiner ist als der *maximale Einfallswinkel* $\theta_{max} = \sin^{-1}\left(\dfrac{n_2}{n_1}\right)$, wird nahezu verlustfrei weitergeleitet.

Lichtleiter werden aus Quarzglas, anderen Gläsern und aus Kunststoffen hergestellt. Letztere sind leicht zu verarbeiten und preiswert. Wenn es um sichtbares Licht geht, genügen sie meist den Anforderungen, die an chemische Sensoren gestellt werden. Quarzglas hat die höchste spektrale Durchlässigkeit, und ist deshalb zur Übertragung von Informationen über weite Strecken besonders geeignet.

Der Vorstellung von der Totalreflexion im Inneren der Faser liegt die *korpuskulare* Betrachtungsweise der Lichtausbreitung zugrunde. Die alternative Betrachtung als Welle liefert andere Eigenschaften, von denen insbesondere die Vorstellung wichtig ist, daß sich Lichtwellen in verschiedenen klar abgegrenzten Arten, den *Moden*, ausbreiten (Abb. 8.3).

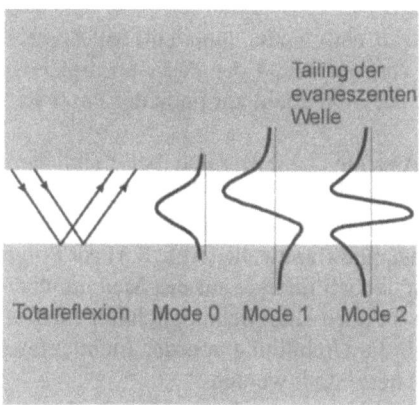

Abb. 8.3 Lichtausbreitung in dünnen Leitern.
Korpuskulare Betrachtung (links): Interne Reflexion.
Behandlung als Welle (rechts): Ausbreitung in *Moden*.
Die *Evaneszente Welle (Randwelle)* dringt in das umgebende Medium ein

Lichtleitfasern vom *Single-Mode*-Typ haben einen Kerndurchmesser von höchstens einigen Mikrometern, während *Multi-Mode*-Fasern bis etwas über einen Millimeter dick sein können (Abb. 8.4). Die Bezeichnungen stammen aus einer theoretischen Behandlung, in der es um erlaubte Feldverteilungen längs der Faser geht.

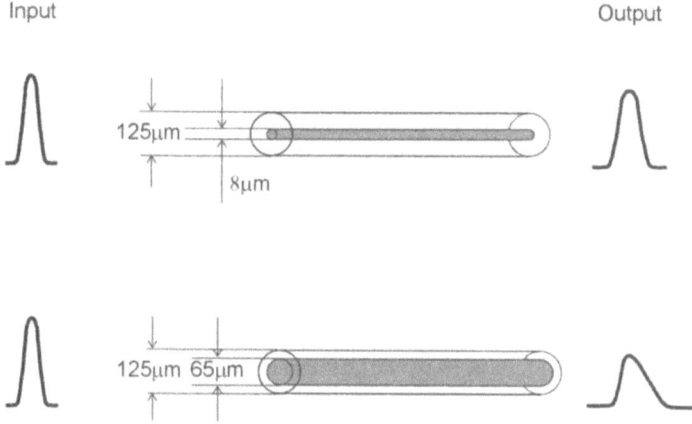

Abb. 8.4 Oben: Single-Mode-, unten: Multi-Mode-Lichtleitfasern

Für die gewohnte strahlenoptische Interpretation ist die *Numerische Apertur NA* ein wichtiger Begriff. Sie stellt eine Beziehung zwischen dem *maximalen Einfallswinkel* Θ_{max} und den Brechungsindizes der beteiligten Materialien her:

$$NA = n_0 \cdot \sin(\Theta_{max}) = \frac{\sqrt{n_1^2 - n_2^2}}{n_0} \tag{8.1}$$

Der Brechungsindex n_0 gehört zum umgebenden Medium außerhalb der Faser. Für Luft wird $n_0 = 1$. Die Numerische Apertur entscheidet, innerhalb welchen Kegels ein Lichtstrahl eintreten kann, ohne von der Wand der Faser absorbiert zu werden. In einem gleich weiten Kegel tritt auch das Licht am Ende der Faser wieder aus.

Die Erscheinung der Evaneszenz (s. Abschn. 2.1.2.2) spielt bei Lichtleitern schon deshalb eine Rolle, weil sich das Licht intern durch Totalreflexion fortpflanzt. Jede einzelne der vielfachen Spiegelungen an der Grenzfläche des optisch dichteren zum optisch dünneren Medium hat eine Randwelle (Abb. 8.3) zur Folge, die zwar nur eine geringe Eindringtiefe hat, jedoch Energie auf das Medium überträgt, so daß eine Wechselwirkung und damit auch eine Meßmöglichkeit entsteht. Um die evaneszente Welle zu nutzen, muß die Umhüllung von der Lichtleitfaser entfernt und ein direkter Kontakt zur Probe hergestellt werden.

Lichtleitfasern können einzeln oder gebündelt verwendet werden. In den mit chemischen Erkennungsschichten versehenen Optoden werden häufig Faserbündel benutzt. Einzelfasern, die besonders für Miniatursensoren geeignet sind, gewinnen zunehmend an Gewicht.

8.2 Fasersensoren ohne chemischen Rezeptor (Mediator)

Optische Eigenschaften des Analyten lassen sich in vielen Fällen auch ohne *Mediator* zur Gewinnung eines konzentrationsabhängigen Signals ausnutzen. Mit dem Begriff *Mediator* wird hier ein chemischer Rezeptor bezeichnet, der in ein Gleichgewicht mit der Probe unter Bildung eines optisch wirksamen Produkts tritt. Wenn der Analyt selbst Licht absorbiert, also z.B. im sichtbaren Licht farbig erscheint, dann läßt sich die Konzentration des farbigen Stoffes nach dem bekannten Gesetz von Lambert und Beer bestimmen, das in der Gleichung (8.2) gegeben ist. Dieses Gesetz gilt für monochromatisches Licht. Ob die spektrale Breite eng genug ist, um wirklich von monochromatischem Licht sprechen zu können, erkennt man, wenn sich Abweichungen bemerkbar machen.

$$E = \varepsilon \cdot c \cdot d \tag{8.2}$$

Die Größe E *(Extinktion* oder *Absorptivität)* ist definiert als der dekadische Logarithmus des Verhältnisses der *Lichtintensitäten* vor Eintritt in das absorbierende Medium (I_0) und nach dessen Durchdringung (I): $E = \lg\left(\dfrac{I_0}{I}\right)$.

Der *Extinktionskoeffizient* ε ist ein Proportionalitätsfaktor, c ist die Konzentration des lichtabsorbierenden Stoffs und d ist die Schichtdicke der durchstrahlten Lösung, gewöhnlich gegeben durch die Abmessungen des optischen Meßgefäßes, der *Küvette*. Diese Gesetzmäßigkeit wird in einer etablierten Analysenmethode, der Spektralphotometrie genutzt. Ein klassisches Spektralphotometer enthält eine Lichtquelle, einen Monochromator, die Küvette mit der zu untersuchenden Lösung und einen Lichtempfänger. Diese Anordnung läßt sich mit Lichtleitkabeln nachvollziehen, wie Abb. 8.5 (links und mitte) schematisch andeutet.

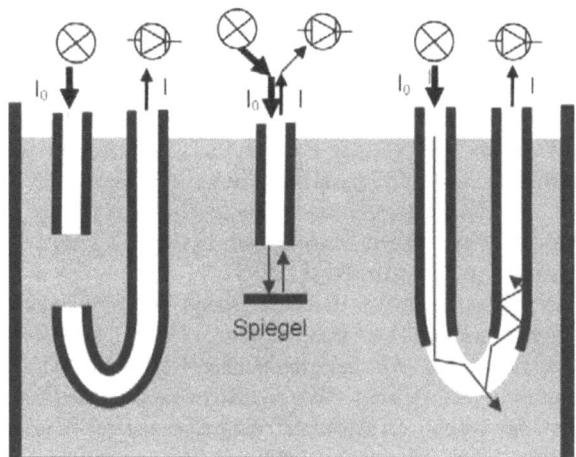

Abb. 8.5 Lichtleiter als Spektralphotometer (links und Mitte) bzw. Mikrorefraktometer (rechts). Die eingestrahlte Lichtintensität I_0 wird entweder durch Absorption der Probe oder durch Verluste infolge unvollständiger Totalreflexion geschwächt

An die Lichtquelle, den Monochromator und den Lichtempfänger sind die gleichen Anforderungen zu stellen wie in der klassischen Spektralphotometrie. Oft wurden einfache Photometer für den Betrieb mit optischen Sensoren umgerüstet, indem man an die Stelle der Küvette einen Metallblock mit den Enden des Lichtleitkabels, manchmal verbessert durch bündelnde Linsen, einsetzte. In ähnlicher Weise wurden auch Spektrofluorimeter (Hirschfeld 1985) und verschiedene IR-Spektrometer (Bellon et al. 1989) adaptiert. Solche Umbauten sind nicht ideal, denn sie sind, besonders hinsichtlich der *Numerischen Apertur*, nicht optimal an die angekoppelten Lichtleiter angepaßt. Dazu kommt, daß die klassischen optischen Bauteile, also Glühlampen oder Gasentladungslampen als Lichtquelle, klassische Gitter- oder Prismenmonochromatoren und schließlich die aufwendigen Sekundärelektronenvervielfacher (SEV) als Lichtempfänger, nicht sehr gut zu den geringen Abmessungen und der Mobilität der Optoden passen. Der Vorteil, mit dem Instrument zur Probe gehen zu können, bleibt nur erhalten, wenn außer dem Lichtleiter auch die übrigen optischen Bauelemente miniaturisiert werden. Von den Herstellern wurden angepaßte optische Instrumente vorgestellt, die diesen Anforderungen genügen sollen. Im wesentlichen wird der Sekundärelektronenvervielfacher durch Photodioden-Arrays ersetzt. Solche Miniatur-Arrays lassen sich wie gewohnt verwenden, andererseits kann ein komplettes Spektrum aufgenommen werden, sofern die Auflösung des Arrays hoch genug ist. Hier kommt es auf die Anzahl der integrierten Dioden an. Typisch sind Arrays mit 1024 Elementen. Da es schwierig ist, alle Dioden zu kontaktieren, kommen CCD-Bauelemente (charge coupled devices) zur Anwendung. Diese haben sich nicht zuletzt auch für digitale Kameras bewährt und werden dank der Massenfertigung immer billiger. Die Einzelinformationen werden in diesen Bauelementen gewissermaßen aus dem Array „herausgeschoben". Dadurch ist für die Aufnahme des kompletten Spektrums eine gewisse Zeit notwendig. Normalerweise reichen etwa 10 Millisekunden aus.

Nicht in jedem Falle ist ein komplettes Meßgerät mit aufwendiger spektraler Zerlegung notwendig. Oftmals kann die Messung auf den speziellen Anwendungsfall zugeschnitten werden. Sehr günstig ist, wenn ein Leuchtdiode mit geeignetem Emissionsspektrum und eine dazu passende Photodiode verwendet werden können. Dann entsteht eine kleine, mobile und preisgünstige Anordnung, die dem Anliegen der Analytik mit chemischen Sensoren am besten entspricht. Ein Ansatz in dieser Richtung stammt von Smardzewski (1988).

Mit Lichtleitfasern kann auch der Brechungsindex von Flüssigkeiten auf elegante Weise gemessen werden. Der Brechungsindex steht in Beziehung zur Zusammensetzung von Lösungen. Mit herkömmlichen Refraktometern läßt sich z.B. das Mischungsverhältnis von Alkohol-Wasser-Mischungen feststellen. Unter Synthesechemikern ist das Abbé-Refraktometer ein vielbenutztes klassisches Instrument, um die Reinheit von organischen Flüssigkeiten zu prüfen. Ein einfaches Mikrorefraktometer entsteht, wenn eine lichtleitende Faser so stark gebogen wird, daß die Totalreflexion der Lichtstrahlen an der Innenwand nicht mehr ausreicht, alles eingestrahlte Licht bis zum Empfänger zu leiten (Abb. 8.5 rechts). Der Winkel der Totalreflexion hängt vom Verhältnis der Brechungsindizes des Lichtleiters und der umgebenden Flüssigkeit ab. Natürlich muß an der Eintauchstelle der Mantel des Lichtleiters entfernt werden. Durch Wahl der Materialien läßt es sich einrichten, daß ein mehr oder weniger großer Lichtverlust in Abhängigkeit vom Brechungsindex und damit von der Zusammensetzung der Lösung eintritt. Mikro-Refraktometer dieser Art hatten eine gewisse Bedeutung als Detektoren in der Flüssigchromatographie, sind aber durch empfindlichere Sensoren verdrängt worden.

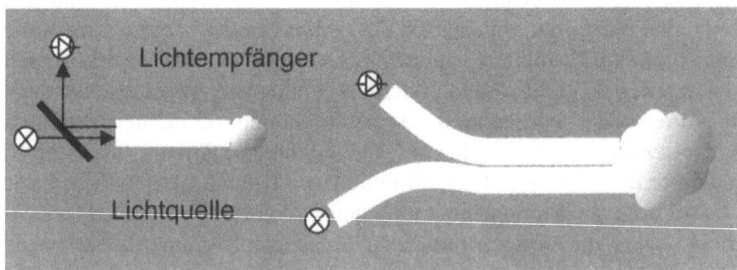

Abb. 8.6 Sensoren zur Untersuchung diffus reflektierender oder lumineszierender Proben

Wenn Bestandteile der Lösung eine Trübung bilden, also diffus reflektieren, oder wenn sie die Erscheinung der Lumineszenz zeigen, dann kann ihre Konzentration mit den in Abb. 8.6 schematisch dargestellten Anordnungen gemessen werden. Diffus reflektierende Probelösungen streuen einen Teil des eingestrahlten Lichts zurück. Dieser Anteil wird von einem Lichtempfänger ausgewertet. Der Empfänger kann, wie in Abb. 8.6 links angedeutet, über einen Strahlenteiler mit dem Lichtleitkabel gekoppelt sein. In diesem Falle dient ein einziger Leiter zur Lichtübertragung in zwei Richtungen. Eine andere, häufiger genutzte Möglichkeit ist die Verwendung zweier Lichtleiter, die in Gestalt einer Bifurkation zusammengeführt wurden (Abb. 8.6 rechts). Probenbestandteile, die im einfallenden Licht Lumineszenz (Fluoreszenz, Phosphoreszenz oder Chemilumineszenz) zeigen, emittieren Licht einer anderen Wellenlänge als der des eingestrahlten, anregenden Lichts. Fluoreszenzsensoren sind besonders nachweisstark, da sie relativ unabhängig von optischen Störeinflüssen aus der Umgebung sind.

Einige Beispiele für Fasersensoren ohne chemischen Rezeptor gibt Tabelle 8.1.

Tabelle 8.1 Optische Fasersensoren ohne chemischen Rezeptor

Analyt	Meßgröße
Cu^{2+}	Lichtabsorption bei 930 nm
Organische Verbindungen	Fluoreszenz
Hämoglobin in Blut	Diffuse Reflexion bei 600 – 750 nm

8.3 Optoden: Fasersensoren mit chemischem Rezeptor

8.3.1 Übersicht

Daß man durch chemisch hervorgerufene Farbänderungen eines Körpers auf die Konzentration von Analyten schließen kann, ist eine sehr alte Idee. In den Reagenzpapieren wird sie schon seit langer Zeit realisiert. Durch Kombination der dort erprobten Farbschichten mit Lichtleitkabeln entsteht das, was heute als Optode bekannt ist. Später haben Erkenntnisse aus den Messungen mit ionenselektiven Elektroden zur weiteren Entwicklung dieser Sensoren beigetragen. Der Terminus *Optode* stammt aus den frühen 70er Jahren des 20. Jahrhunderts. Von Anfang an hat man sich darunter einen Gegenstand vorgestellt, der sich (wie eine Elektrode) in eine Flüssigkeit eintauchen läßt und von dem eine „Leitung" zu einem Meßgerät führt. Optoden sind also von vornherein mit der Faseroptik verbunden gewesen. Genau genommen dürften Sensoren, durch die eine Lösung strömt, oder bei denen ein Lichtleitkabel durch ein Probemedium hindurchführt, nicht zu den Optoden gerechnet werden. Diese rein geometrische Unterscheidung wird hier nicht gemacht, vielmehr sollen alle faseroptischen chemischen Sensoren zu den Optoden gerechnet werden, sofern sie eine chemische Erkennungsschicht enthalten und sich dadurch von den in Abschn. 8.2 beschriebenen einfachen faseroptischen Sonden unterscheiden. Das Unterscheidungsmerkmal besteht also darin, daß bei Optoden, wie sie hier verstanden werden, eine chemische Reaktion beteiligt ist. Selbstverständlich sind die Übergänge zu den einfachen faseroptischen Sonden fließend. Wenn etwa das dort beschriebene Mikrorefraktometer mit einer Lipid-

schicht überzogen wird, die in Wechselwirkung mit organischen Analytmolekülen treten kann, dann kann diese Wechselwirkung so stark und so spezifisch sein, daß man u.U. von einer chemischen Reaktion sprechen kann.
Die vorgeschaltete chemische Reaktion bringt entscheidende Fortschritte in der Selektivität der Sensoren. In vielen Fällen haben die Entwickler von selektiven Optoden von den Errungenschaften des Gebietes der ionenselektiven Elektroden profitiert. Andererseits gibt es gute Gründe, von der elektrischen zur optischen Meßtechnik überzugehen, also Optoden statt Elektroden einzusetzen. Folgende Vorteile der Optoden gegenüber den Elektroden werden gewöhnlich aufgeführt (Wolfbeis 1990):
- Optoden benötigen keine „Referenzelektrode". Da man keinen Stromkreis schließen muß, braucht man auch keine zweite Elektrode, um messen zu können
- Optoden lassen sich leicht miniaturisieren
- Optische Fasern mit hoher Durchlässigkeit erlauben die Übertragung der Signale über einen langen Weg, oft bis zu 1000 m, ohne Qualitätsverlust des Signals. Diese Eigenschaft ist positiv für Fernmessungen, wenn das Meßinstrument nicht in die Nähe des Sensors gebracht werden kann
- Das Sensorsignal ist primär optischer Natur und deshalb nicht empfindlich gegen elektrische Interferenzen aus der Umgebung. Derartige Störungen können ein großes Problem für elektrochemische Sensoren sein
- Manche der Materialien für optische Sensoren, wie etwa Quarzglas, sind sehr inert und können unbegrenzte Zeit auch mit aggressiven Medien in Kontakt bleiben

Den Vorteilen stehen allerdings einige Nachteile entgegen:
- Licht aus der Umgebung kann die Messung stören
- Einige der an der Sensoroberfläche immobilisierten Reagenzien, insbesondere Farbstoffe, sind wenig beständig. Sie können durch UV-Licht gebleicht oder von Lösungsmitteln ausgewaschen werden

Der an der Front der Optode vorhandene Mediator muß zur Bildung einer optisch wirksamen Verbindung führen, deren Menge in eindeutigem Zusammenhang mit der Konzentration des Analyten steht. Als nutzbare optische Effekte kommen entweder spektrale Lichtabsorption (Bildung farbiger Produkte) oder Lumineszenz in Frage.
Die technischen Ausführungsformen von Optoden sind vielfältig (Abb. 8.7). Am häufigsten wird das Reagens auf der Oberfläche von transparenten Mikrokügelchen o.ä. aus Glas oder Kunststoffen immobilisiert oder auch in einem Gelpfropfen eingeschlossen (Abb. 8.7a). Der immobilisierte Reagensvorrat ist von einer Kappe aus Dialyseschlauch oder einem ähnlichen halbdurchlässigen Membranmaterial umgeben. Eine reflektierende Schicht unter dem Reagensvorrat kann die Lichtausbeute verbessern (Abb. 8.7b). Seltener werden Flüssigkeitsreservoire (Abb. 8.7c) am Ende der Faser angebracht. Häufig wird auch das vom Mantel befreite Ende des Lichtleiters einfach nur oberflächlich mit einer Reagensschicht

8.3 Optoden: Fasersensoren mit chemischem Rezeptor

imprägniert (Abb. 8.7d). In Abb. 8.7a–c wird ein doppeltes Faserbündel verwendet, bestehend aus einem „Sender" und einem „Empfänger". Abbildung 8.7d zeigt, daß man auch ein einziges Faserbündel verwenden kann, das sowohl zur Zuführung als auch zur Ableitung des Lichts dient. Einen anderen Aufbau zeigt Anordnung in Abb. 8.7e. Dort wird das immobilisierte Reagens entlang der Oberfläche der vom Mantel befreiten Lichtfaser aufgebracht. Bei der letztgenannten Konfiguration ist nicht ohne weiteres einzusehen, daß Farbänderungen an dieser Stelle genügend Einfluß auf das Licht in der Faser haben. Zur Erklärung muß man das Evaneszenzfeld heranziehen (s. Kap. 8.1). Eine weitere Abwandlung sind Kombinationen von Fasern wie in (Abb. 8.7f). Eine der Fasern dient als Sender. Sie ist mit einer Schicht versehen, die infolge einer chemischen Reaktion ihre Farbe ändert oder zur Lumineszenz angeregt wird. Die Empfänger-Faser befindet sich in engem Kontakt mit ihr und übernimmt das entstehende Licht, wobei Evaneszenz mitwirken kann. Bei beiden Fasern ist der Mantel entlang der Berührungsstelle entfernt worden.

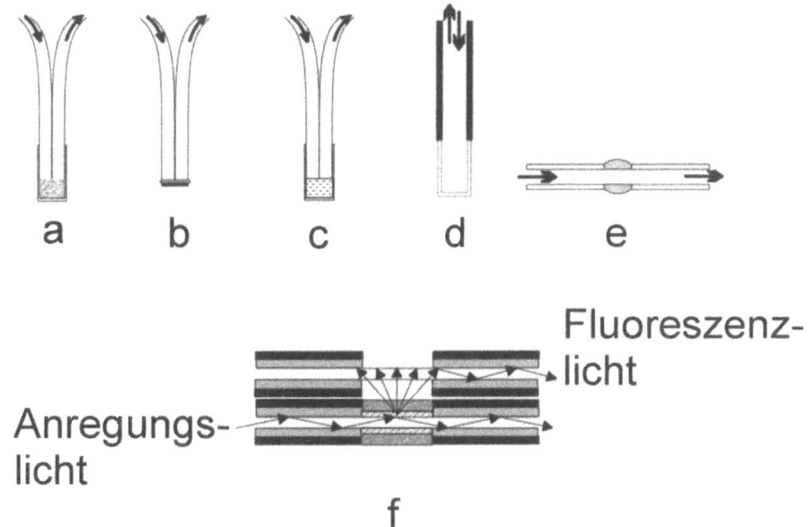

Abb. 8.7 Bauformen von Optoden

Für die Zusammensetzung des chemischen Rezeptors gibt es im wesentlichen zwei Möglichkeiten:
- Als Rezeptor dient ein einziges Reagens, das im Gleichgewicht mit dem Analyten eine farbige oder eine lumineszierende Substanz bildet. Typisch für diesen Fall sind immobilisierte pH-Indikatoren
- Als Rezeptor dient die Kombination mindestens zweier Reagenzien, von denen eines als Chromophor dient. Typisch ist die Verwendung eines Liganden, der bei Reaktion mit den Probemolekülen Säure freisetzt, die anschließend eine Farbänderung im zweiten Reagens, einem pH-Indikator, hervorruft

Die *Immobilisierungsmethoden* bei Optoden sind weniger vielfältig als bei den elektrochemischen Sensoren, da auch die Materialauswahl auf der Festkörperseite geringer ist. Im wesentlichen gibt es zwei Verfahren:
- Das Reagens wird durch Adsorption auf die vorbehandelte Oberfläche des Lichtleiters aufgebracht. Dort werden zunächst durch Vorbehandlung mit bestimmten Reagenzien reaktionsfähige *Ankergruppen* gebildet. Diese sollen eine möglichst feste Bindung mit den Rezeptormolekülen eingehen, um Auslaugung durch die Probelösung zu vermeiden. In Tabelle 8.2 sind einige Beispiele aufgelistet
- Das Reagens wird *lipophilisiert* und dann in einer hydrophoben Schicht auf der Sensoroberfläche eingeschlossen. Viele bekannte Reagenzien können durch Anhängen einer langkettigen Alkylgruppe genügend lipophil gemacht und vor dem Auslaugen in die wäßrige Probelösung geschützt werden

Tabelle 8.2 Immobilisierungsverfahren für Rezeptorsubstanzen an Optoden

Trägermaterial	Ankergruppen	Oberflächen-modifizierung	gebundene Rezeptormoleküle
Cellulose	Carboxyethyl	Chloressigsäure	Sulfonsäuren
Glas; Silicagel	Aminopropyl	Silanisierung	Carboxyl
Polyacrylamid	Carboxyethyl	Starke Basen	Amine, Proteine

Wie für alle Sensoren gilt auch für Optoden die Regel, daß der Ansprechvorgang *reversibel* sein sollte. Der Sensor soll sich auf Veränderungen der Analytkonzentration möglichst schnell und beliebig oft neu einstellen. Dies erfordert ein *mobiles Gleichgewicht* mit den Probebestandteilen. Für den einfachsten Fall der Reaktion einer Probe A mit dem immobilisierten Reagens $\overline{R}$ (der Überstrich kennzeichnet immobilisierte Reaktionspartner) gilt dann:

$$A + \overline{R} \rightleftarrows \overline{AR} \tag{8.3}$$

Ebenso gilt für die Gleichgewichtskonstante K:

$$K = \frac{[\overline{AR}]}{[A] \cdot [\overline{R}]} \tag{8.4}$$

Für die Menge des gebildeten farbigen Produkts $\overline{AR}$ ergibt sich die Konzentrationsabhängigkeit

$$[\overline{AR}] = K \cdot [A][\overline{R}] \tag{8.5}$$

Da die Gleichgewichtskonzentration von A annähernd gleich der Lösungskonzentration c_A ist, und unter der Annahme, daß $\overline{R}$ die Differenz aus der Gesamt-Reagenskonzentration c_R und $[\overline{AR}]$ ist, erhält man aus Gl. (8.5):

$$[\overline{AR}] = \frac{K \cdot c_A \cdot c_R}{1 + K \cdot c_A} \tag{8.6}$$

Die Änderung der Oberflächenkonzentration des farbigen Produkts $\overline{AR}$ mit der Lösungskonzentration der Probe folgt dann einer nichtlinearen Abhängigkeit (Abb. 8.8). Für sehr kleine Analytkonzentrationen, d.h. für $c_A \ll 1/K$, wird die Kalibrierkurve annähernd linear. Für hohe Konzentrationen strebt sie einem Sättigungswert zu.

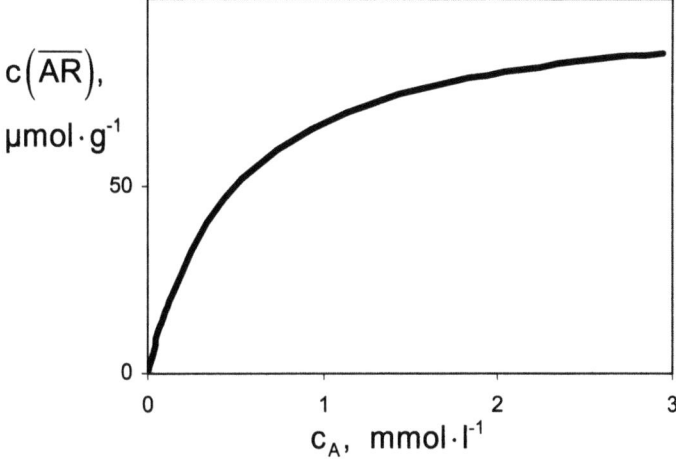

Abb. 8.8 Abhängigkeit der Oberflächenkonzentration des farbigen Produkts $\overline{AR}$ von der Analytkonzentration c_A, berechnet nach Gl. (8.6) für $K=2000$ l·mol^{-1} und $c_R=10^{-4}$ mol·g^{-1}

8.3.2 Optoden mit einfachen Rezeptorschichten

Unabhängig von der Bauform unterscheiden sich die Optoden nach dem Aufbau ihres chemischen Rezeptors. Gegenüber den ursprünglichen einfachen Schichten haben sich immer komplexere Systeme entwickelt.

Am weitesten verbreitet sind bisher pH-sensitive Optoden. Als Rezeptor fungiert ein immobilisierter pH-Indikator. Verwendbar sind sowohl die klassischen Farbindikatoren, deren Lichtabsorption sich in Abhängigkeit vom pH-Wert ändert, als auch Fluoreszenzindikatoren. Optoden sind aber auch für zahlreiche weitere Analyte verfügbar, von denen besonders erwähnenswert bestimmte physiologisch wirksame Kationen sowie der gelöste Sauerstoff sind. Um das Prinzip der ionenselektiven Elektrode auf die Optode zu übertragen, ist es notwendig, eine chromophore Gruppe in die Rezeptorschicht einzubauen. Dies ist gewöhnlich ein schwerlöslich (lipophil) gemachter Farbindikator, der sekundär auf die pH-Wert-Änderungen anspricht, die bei der Komplexbildung des eigentlichen Rezeptors mit dem Analyten entstehen. Bei calciumsensitiven Neutralträgern hat sich z.B. der Farbstoff Nilblau mit einer angehängten C_{17}-Alkylgruppe (Abb. 8.9 links) bewährt. Auch Metallindikatoren wie z.B. PAR (Abb. 8.9 rechts) werden durch Lipophilisierung zu Chromophoren umgebaut. Ihre Selektivität ist gering, man kann mit ihrer Hilfe aber das Vorhandensein einer bestimmten Gruppe von Schwermetallkationen anzeigen.

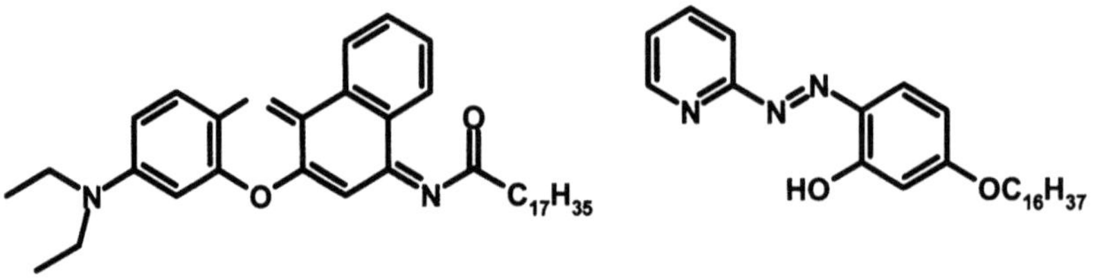

Abb. 8.9 Lipophilisierte Farbindikatoren (Chromophore) für Optoden. Links: pH-Indikator Nilblau mit C_{17}-Alkylkette; rechts: Metallindikator Pyridylazoresorcinol (PAR) mit C_{18}-Kette

Ähnlich wie bei den ionenselektiven Elektroden haben auch bei den Optoden die als Neutralträger bekannten Liganden, die *Ionophore*, besondere Bedeutung. Wenn sie mit einer farbgebenden Gruppe im Molekül versehen werden, heißen sie *Chromoionophore*. Allerdings wird dieser Begriff manchmal, nicht ganz exakt, auch auf die oben erwähnten Kombinationen aus ionenaustauschendem Ligand und lipophilisiertem Farbindikator angewandt.

Tabelle 8.3 Optoden mit einfachen Rezeptorschichten

Analyt	Rezeptor/Träger	Meßprinzip
pH (stark sauer)	Kongorot/Celluloseacetat	Lichtabsorption
pH (schw. sauer bis neutral)	Fluoreszeinamin/Glas	Fluoreszenz
Al^{3+}	Morin/Cellulose	Lichtabsorption
Ca^{2+}; Na^+	Calixarene + lipophilisiertes Nilblau/PVC	Lichtabsorption
K^+	Valinomycin + MEDPIN/ PVC	Lichtabsorption
Cl^-	Fluoreszein/kolloides Silber	Fluoreszenz
SO_4^{2-}	Ba-Chloranilat/Glas	Fluoreszenz
NH_3	Poröses PTFE/p-Nitrophenol/Gel	Lichtabsorption
O_2	Ru-trisbipyridyl/Silikongummi	Phosphoreszenzlöschung

Tabelle 8.3 nennt einige Beispiele für Optoden mit einfachen Rezeptorschichten. Neu ist die Verwendung von Calixarenen, die auch bei den ISE als hochselektive Liganden für Kationen Interesse gefunden haben (s. Abschn. 7.1.2.2). Calixarene sind äußerst wirksame Rezeptor- und Erkennungssysteme für organische Analyte. Es ist bereits gelungen, das optische Verhalten solcher Systeme zur chiralen Erkennung von Substanzen zu nutzen. Z.B. gab ein bestimmtes Calixaren bei Kombination mit dem R-Enantiomeren des 1-Phenylethylamins eine Farbver-

schiebung der entsprechenden Absorptionsbanden zu 538 und 650 nm, während das S-Enantiomer eine Verschiebung zu 515 nm ergab (Kubo et al., 1996).

Optoden für die Bestimmung von Anionen sind weniger verbreitet als solche für Kationen. Bei der in Tabelle 8.3 genannten Chlorid-Optode ist das wirksame Agens das Silber-Fluoreszeinat, das selbst nicht fluoresziert. Durch Wechselwirkung mit gelöstem Chlorid entsteht Silberchlorid, das die Fluoreszenz stark ansteigen läßt. Die zugrundeliegende Reaktion, ein Fällungsgleichgewicht, ist langsam. Man hat es deshalb nicht mehr mit reversiblem Ansprechen des Sensors zu tun. Ein ähnlicher Mechanismus ist auch bei der in der Tabelle aufgeführten sulfatsensitiven Optode wirksam.

Sensoren für neutrale Moleküle bzw. gelöste Gase gibt es nur wenige. Ein selektiver Sensor für Ammoniak entsteht durch Kombination einer porösen PTFE-Schicht mit darunter liegenden Reagensschichten, die mit Ammoniak zur Bildung von Indophenolblau führen. Große Anstrengungen wurden zur Entwicklung von Sensoren für gelösten Sauerstoff unternommen. In den meisten Fällen wurde die beim Sauerstoff ausgeprägte Löschung der Fluoreszenz oder Phosphoreszenz genutzt. Dies trifft auch auf das Beispiel in Tabelle 8.3 zu. Dort dient ein lumineszierender Übergangsmetallkomplex in Silikongummi als wirksames Agens. Für den Zusammenhang der Lumineszenz-Intensitäten vor der Löschung (I_0) und danach (I) mit der Konzentration des Sauerstoffs c gilt Gl. (8.7). Der Prozeß der Fluoreszenzlöschung beruht auf der Desaktivierung des emittierenden Moleküls als Folge der Zusammenstöße mit dem Sauerstoffmolekül. Dieser Prozeß verläuft sehr schnell und ist reversibel.

$$\frac{I_0}{I} = 1 + K_q \cdot R_0 \cdot c \qquad (8.7)$$

Das Evaneszenzfeld spielt bei bestimmten Sonderformen der Optoden eine Rolle. Das in Abb. 8.5 skizzierte Mikrorefraktometer wird zur Optode, wenn der mit der Probelösung in Kontakt stehende Bereich mit einer Rezeptorschicht überzogen wird. Diese Schicht kann sehr dünn sein, da die Eindringtiefe der evaneszenten Welle im Bereich der Lichtwellenlänge liegt. Die Lichtausbreitung im Wellenleiter wird dennoch durch die Absorption der Schicht und durch die von ihr bewirkte Veränderung des Brechungsindex genügend beeinflußt, um am Ende des Lichtleiters Konzentrationsänderungen messen zu können.

Durch Nutzung des Evaneszenzfeldes gelangt man zu besonders eleganten Lösungen für Lumineszenzsensoren, wie z.B. in der Anordnung nach Abb. 8.7f ausgeführt. Die vom Cladding befreiten Zonen zweier Lichtleitfasern befinden sich sowohl untereinander als auch mit der Probelösung im Kontakt. Eine der Fasern ist mit einer Reagensschicht überzogen, die in Abhängigkeit von der Wellenlänge des Lichts in der Faser sowie in Abhängigkeit von Art und Menge eines Analytbestandteils zur Fluoreszenz angeregt wird. Ursache ist die Energie des evaneszenten Feldes. Die zweite Faser dient als Lichtempfänger. Sie nimmt die Fluoreszenzstrahlung auf und leitet sie zu einem Lichtempfänger an ihrem Ende weiter.

Stärker noch als bei den Optoden wird das evaneszente Feld bei planaren Lichtleitern genutzt.

8.3.3 Optoden mit komplexen Rezeptorschichten

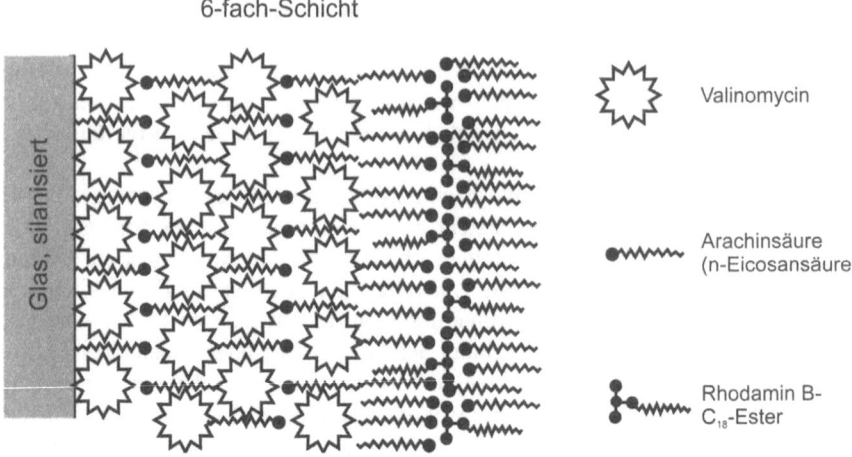

Abb. 8.10 Geordnete Sechsfachschicht einer kaliumsensitiven Optode (nach Schaffar et al., 1988)

Die Möglichkeit, molekular geordnete Schichten durch die Langmuir-Blodgett-Technik und ähnliche Verfahren zu erzeugen, wurden auch für den Bau von Optoden genutzt. Die für eine Optode wichtigen Funktionen (Ionen beweglich machen; Ionenaustausch; Farbänderung) können dadurch von unterschiedlichen, jeweils optimal gewählten Reagenzien übernommen werden. Transportprozesse lassen sich unabhängig kontrollieren. Ein eindrucksvolles Beispiel für eine derartige High-Tech-Optode ist die aus sechs geordneten Schichten bestehende Struktur einer kaliumsensitiven Optode (Abb. 8.10). In dieser Anordnung wurden die Schichten nacheinander auf einer silanisierten Glasoberfläche durch die Langmuir-Blodgett-Technik erzeugt. Valinomycin mit einem Octadecanolrest dient als Neutralträger für Kaliumionen. Dieses Reagens ist in einer hydrophoben Schicht immobilisiert, die von einer geordneten Deckschicht aus Arachinsäure (n-Eicosansäure, $H_3C-(CH_2)_{18}-COOH$) überdeckt wird. Die Farbänderung entsteht durch lipophilisiertes Rhodamin B.

8.4 Sensoren mit planaren optischen Transduktoren

8.4.1 Planare Wellenleiter

Optische chemische Sensoren lassen sich auch mit dünnen planaren Schichten anstelle von Lichtleitfasern aufbauen. Bei solchen Sensoren ist die Grundlage immer das evaneszente Feld. Die Idee, die Grenzfläche zwischen der Oberfläche einer transparenten Platte und einem zu untersuchenden Medium für die Gewinnung optischer und spektroskopischer Informationen zu nutzen, ist nicht neu und hat schon vor längerer Zeit zur Ausbildung eines speziellen Gebietes der Spektroskopie geführt, das als *ATR (Attenuated Total Reflectance)*-Spektroskopie bekannt ist. Die theoretischen Grundlagen wurden zunächst für makroskopische optische Elemente, also für einige Millimeter dicke transparente Scheiben, entwickelt. Der Übergang zu den Sensoren ist mit dem Übergang zu sehr dünnen Schichten verbunden. Anders betrachtet kann man auch sagen, daß es einen Übergang von den Fasersensoren zu dünnen planaren Schichten gibt. Dabei ergibt sich ein wesentlicher Vorteil durch die erheblich größere nutzbare Grenzfläche der planaren Schicht mit dem Probemedium.

Die besondere Effizienz der planaren optischen Sensoren wird nur erreicht, wenn die als Lichtleiter dienenden Schichten sehr dünn sind, ihre Stärke also im Bereich einiger Mikrometer liegt. Solche Schichten können hergestellt werden durch

- Aufdampfen transparenter Materialien auf einen Träger
- Aufbringen von Polymerfilmen mit einer Schleuder (Spin-Coating)
- Eindiffundieren von Bestandteilen in die Oberfläche. Z.B. wird durch einwandernde Silberionen in eine Glasoberfläch eine dünne Schicht mit höherem Brechungsindex erzeugt, die als Basis für einen planaren optischen Sensor dienen kann

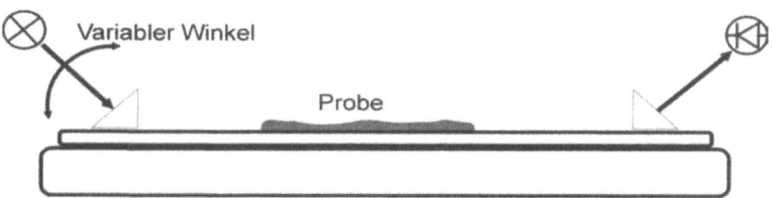

Abb. 8.11 Anordnung zur Messung mit planaren optischen Transduktoren (nicht maßstäblich). Die Prismen zur Ein- und Auskopplung des Lichtes können sowohl feststehend als auch mit variablen Winkeln betrieben werden

Das Prinzip der Messung ist aus Abb. 8.11 zu erkennen. Für die Einspeisung des Lichts in die aktive Schicht gibt es verschieden Möglichkeiten, aber im Normalfall wird es über Prismen ein- und ausgekoppelt (*Prismenkoppler-Sensor*). Alternativ gibt es die Ein- und Auskopplung des Lichtes über kleine Beugungsgitter an den Enden des Sensors (*Gitterkoppler-Sensor, GCS*). Typisch für Gitterkoppler ist die Verwendung eines Laserstrahls, der durch Beugung am Gitter unter genau definiertem Einfallswinkel in das planare Medium geleitet wird (Abb. 8.12). Das Licht wird wegen der sehr geringen Dicke der aktiven Schicht viele Male an den Grenzflächen reflektiert. Dies entspricht einer extrem intensiven Wechselwirkung mit der Grenzfläche, also mit dem dort befindlichen Probemedium. Ursa-

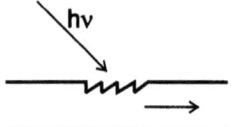

Abb. 8.12 Licht-Einkopplung über ein Gitter

che ist der Energiebetrag, der bei jeder Reflexion vom Ausläufer des evaneszenten Feldes über die Grenzfläche übertragen wird.

Genauere theoretische Betrachtungen liefern einen Zusammenhang zwischen dem Intensitätsverhältnis des ein- und ausgehenden Lichtes einerseits und der Konzentration von Probebestandteilen andererseits. Für absorbierende Analyte besteht ein Beziehung analog zum Lambert-Beer-Gesetz. Diese gilt in strenger Form zwar nur für polarisiertes Licht, man kann aber mit chemischen Sensoren in planarer optischer Ausführung ähnlich arbeiten wie mit klassischen spektrophotometrischen Instrumenten.

Tabelle 8.4 Chemische Sensoren mit planaren optischen Transduktoren

Analyt	Rezeptor	Meßprinzip
NH_3	Berthelot-Reaktion in organischem Polymer	Lichtabsorption, He-Ne-Laser
NH_3, Toluol	Photopolymerisation organischer Filme	Dickenänderung (Schwellung) des Films durch Absorption
Gelöstes Chlor	Phthalocyanin auf SnO_2, Indium-dotiert (ITO)	Farbänderung der Schicht kann elektrochemisch zurückgesetzt werden
Na^+	Ionophor; anionischer Farbstoff/ PVC-Membran	„aktiver" Lichtleiter ändert Farbe
Antigene	Immobilisierter Antikörper	Fluoreszenz

Einige Beispiele für Sensoren mit planaren Transduktoren sind in Tabelle 8.4 aufgeführt. Beim Ammoniumsensor entsteht eine Blaufärbung durch die Berthelot-Reaktion (Bildung von Indophenolblau unter Katalyse von Nitroprussid). Diese führt zu einer Intensitätsänderung des austretenden Lichts, die mit der Konzentration des Analyten nach der oben erwähnten Lambert-Beer-analogen Beziehung zusammnhängt. Im zweiten Beispiel genügt bereits die durch Physisorption gasförmiger Bestandteile (Ammoniak bzw. Toluol) bewirkte Veränderung der Abmessungen des aktiven Films, um ein meßbares konzentrationsabhängiges Signal zu gewinnen. Ein Sensor für gelöstes Chlor benutzt die Farbänderung einer Phthalocyaninschicht, die auf eine optisch transparente, elektrisch leitfähige Schicht aus indiumdotiertem Zinndioxid aufgebracht ist. Die in üblicher Weise optisch meßbare Farbänderung ist irreversibel, kann aber in den Ausgangszustand zurückversetzt werden, indem die transparente Oxidschicht als Elektrode für einen elektrochemischen Regenerationsprozeß benutzt wird. Das letzte Beispiel gehört bereits in das Gebiet der optischen Biosensoren. Es wurde aufgenommen, um zu demonstrieren, daß auch Fluoreszenzerscheinungen mit planaren Sensoren ausgenützt werden können. In diesem Falle resultiert die Fluoreszenz aus Antigen-Molekülen mit angehängten fluoreszierenden Markern, die von einer Schicht immobilisierter Antikörpermoleküle selektiv adsorbiert werden. Die Fluoreszenzstrahlung wird angeregt durch Licht, das über bewegliche Prismen ein- und ausgekoppelt wird. Auf diesem Wege ist eine spektroskopische Betriebsweise möglich (Total Internal Reflection Fluorescence = TIRF).

8.4.2 Oberflächenplasmonenresonanz und Resonanzspiegel-Prismenkoppler

Sensoren, die das Phänomen der *Oberflächenplasmonenresonanz* (*SPR = Surface Plasmon Resonance*) nutzen, haben sich in den letzten Jahren stark verbreitet. In jüngster Zeit ist es gelungen, das Prinzip auf faseroptische Sensoren zu übertragen, aber noch immer gilt die Methode als ein Teilgebiet der planaren optischen Sensoren. Fast immer wird die Anordnung gemäß dem Schema in Abb. 8.13 verwendet. Auf der Oberseite eines „Prismas", das wie gezeigt auch ein Halbzylinder aus Glas sein kann, befindet sich eine sehr dünne Metallschicht, die wiederum mit einer chemischen Rezeptorschicht bedeckt ist. Die am häufigsten verwendeten Metallschichten sind aufgedampftes oder gesputtertes Silber und Gold. Rezeptoren können Polymere oder geordnete Biomolekülschichten sein. Ein von der Glasseite kommender Lichtstrahl erleidet Totalreflexion an der Grenzfläche, wobei ein Evaneszenzfeld entsteht, das in Wechselwirkung mit der Metallschicht tritt. Dabei kann Resonanz mit den *Oberflächenplasmonen* auftreten. Oberflächenplasmonen sind Schwingungen des Elektronengases in der Metallschicht. Dabei wird ein gewisser Energiebetrag des eingestrahlten Lichtes absorbiert. In Abhängigkeit von der Wellenlänge und von den Eigenschaften der Metallschicht tritt bei bestimmten Einfallswinkeln ein Absorptionsmaximum auf, das am einfachsten mittels eines Photodiodenarrays gemessen werden kann. Die Eigenschaften der Metallschicht werden ihrerseits von der Rezeptorschicht beeinflußt, so daß eine Abhängigkeit von der Analytkonzentration entsteht. Letzten Endes sind die Änderungen des Brechungsindexes der Rezeptorschicht entscheidend, so daß man es im Prinzip mit einem sehr empfindlichen Refraktometer zu tun hat.

Die Probe kann sich in Lösung oder in der Gasphase befinden. Für die Untersuchung von Flüssigkeiten wird die beschriebene Anordnung fast immer als Durchflußzelle ausgebildet. Die Probelösung strömt dann über die Rezeptorschicht. Auch gasförmige Proben läßt man meist durch Kanäle über den Rezeptor streichen.

Hauptanwendungebiet der SPR-Sensoren ist die biochemische Analytik. Darauf wird im Abschn. 8.5 näher eingegangen. In der Gasanalytik haben besonders Sensoren für NO$_2$ Bedeutung erlangt. Als Rezeptor dienten geordnete Phthalocyaninschichten, die durch Langmuir-Blodgett-Technik u.ä. auf dünnen Goldfilmen erzeugt worden waren. Als Anregungslicht wurden u.a. Laserstrahlen eingesetzt. SPR-Sensoren gibt es auch für organische Dämpfe, für die als Rezeptor verschiedene Polymerschichten vorgeschlagen wurden, darunter z.B. Dextran-Gele.

Der SPR-Meßtechnik sehr ähnlich ist die Messung mit dem *Resonanzspiegel-*Prismenkoppler (*RM = Resonant Mirror*). Bei diesem System befinden sich auf einer Fläche eines hochbrechenden Prismas mehrere dünne transparente Schichten, davon eine Kopplungsschicht mit niedrigem und eine Wellenleiterschicht mit hohem Brechungsindex. Darüber liegt eine chemische Rezeptorschicht. Wenn der Resonanzwinkel erreicht ist, dringt das Licht in die hochbrechende Schicht ein und tritt durch vielfache Totalreflexion in Wechselwirkung mit der Rezeptorschicht. Ähnlich wie bei der SPR läßt sich am Prisma, gegenüber der Einstrahlungsseite, ein Interferenzmuster gewinnen, das durch Beeinflussung des Evaneszenzfeldes des sich im Wellenleiter ausbreitenden Lichts entsteht.

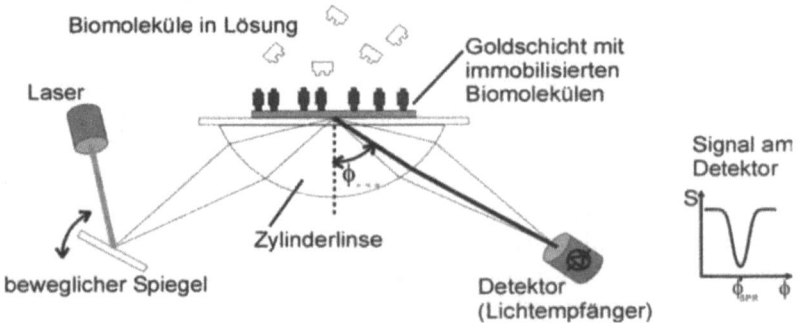

Abb. 8.13 Anordnung zur Messung der Oberflächenplasmonenresonanz

8.5 Optische Biosensoren

8.5.1 Grundlagen

Biosensoren auf der Basis optischer Transduktoren haben eine Reihe von Besonderheiten im Vergleich zu optischen Sensoren für anorganische Spezies. Einige optische Phänomene spielen hier eine besondere Rolle.

Lichtabsorption und -Streuung sind weniger bedeutungsvoll als bei anorganischen Sensoren und liegen nicht wie bei diesen dem Hauptteil der Anwendungen zugrunde. Die größte Rolle spielen *Lumineszenzerscheinungen*, wobei am wichtigsten die *Fluoreszenz* ist. Dies hängt damit zusammen, daß viele biochemisch aktive Substnzen von sich aus fluoreszieren und daß es im allgemeinen leicht ist, Biomoleküle durch Anhängen fluoreszierender Gruppen zu markieren. Auch *Chemilumineszenz* und *Biolumineszenz* sind wichtig. Oft ist hierbei Sauerstoff beteiligt. Bei einigen Sensoren kommt das Signal dadurch zustande, daß sich der *Brechungsindex* einer sensitiven Schicht ändert.

Zur Immobilisierung der Rezeptor- und Indikatorsubstanzen werden die gleichen Techniken eingesetzt, die auch bei anderen Sensoren gebräuchlich sind und ausführlich bei den elektrochemischen Biosensoren diskutiert wurden (s. Kap. 7, Abschn. 7.4). Selbstverständlich müssen mit optischen Sensoren einige besondere Bedingungen eingehalten werden, so ist z.B. oft auf Transparenz der verwendeten Medien zu achten.

8.5.2 Optische Enzymsensoren

Optische Enzymsensoren werden überwiegend als Optoden, d.h. als extrinsische Sensoren, ausgeführt. Es gibt aber auch Beispiele für intrinsische Sensoren. Bekannt ist eine als Lichtleiter dienende Polystyrolfaser, deren Oberfläche mit adsorbierten Enzym- und Indikatorfarbstoffmolekülen bedeckt ist. Die bei der enzymatisch katalysierten Reaktion entstehenden Farbänderungen werden unter Nutzung des Evaneszenzfeldes detektiert.

Tabelle 8.5 Enzym-Optoden

Analyt	Rezeptor	Meßprinzip
p-Nitrophenyl-phosphat	Alkal.Phosphatase/Nylonmembran	Lichtabsorption/-streuung
Glucose	Glucoseoxidase + Bromthymolblau / lichtstreuende Membranen	Lichtabsorption/-streuung
Glucose	Glucoseoxidase + Ru-Komplexe / Acrylamid-Polymer	Fluoreszenzlöschung von O_2
Bilirubin	Bilirubinoxidase + Ru-Farbstoff / adsorbiert an Glasfaser	Fluoreszenzlöschung von O_2
Cholesterin	Cholesterinoxidase + Ru-Phenthrolin-Komplex / Graphitschicht auf Si	Fluoreszenzlöschung von O_2
Lactat	Lactatdehydrogenase / Nylonmembran + NADH	Fluoreszenz
Penicillin	Penicillinase + Fluoreszein / Polymermembran	Fluoreszenz
Xanthin; Hypoxanthin	Xanthin-Oxidase + Peroxidase / Polyacrylamid-Gel	Chemilumineszenz
Versch. Zucker	Peroxidase + Luminol / Polyacrylamid-Gel	Chemilumineszenz

Beispiele für Enzym-Optoden sind in Tabelle 8.5 aufgelistet. Bei den Beispielen mit dem Meßprinzip Lichtabsorption/-streuung wird der Rezeptor an der Oberfläche von feinmaschigen Nylonnetzen oder anderen lichtstreuenden Materialien adsorbiert (Abb. 8.14). Durch die Wirkung der enzymatischen Reaktion kann, wie im Falle des Analyten p-Nitrophenylphosphat, ein stark gefärbtes Reaktionsprodukt entstehen, oder man bedient sich eines Farbindikators, der, wie im Falle des Glucosesensors, eine pH-Änderung anzeigt.

Weit verbreitet sind Sensoren, bei denen Lumineszenzerscheinungen eine Rolle spielen. Sehr gut läßt sich hierfür die gut untersuchte Fluoreszenzlöschung durch molekularen Sauerstoff ausnutzen. Oft werden spezielle Komplexe des Rutheniums verwendet, deren Fluoreszenz zunimmt, wenn Sauerstoff auf Grund einer enzymatischen Reaktion verbraucht wird. Dieses Prinzip wird zur Bestimmung so verschiedenartiger Analyte wie Glucose, Bilirubin und Cholesterin angewandt (Tabelle 8.5). Das Ausmaß der Löschung ist mit der Analytkonzentration durch die Gl. (8.7) verknüpft.

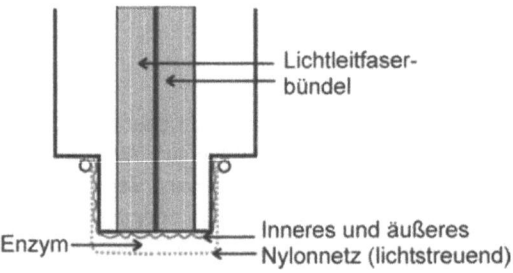

Abb. 8.14 Enzymsensor auf der Basis Lichtabsorption/diffuse Reflexion

Sensoren, bei denen nicht die Löschung, sondern die Fluoreszenz entstandener Produkte bzw. einer der beteiligten Reaktanden maßgebend für die Signalgewinnung ist, sind die in Tabelle 8.5 genannten Sensoren für Lactat und für Penicillin. Der Lactatsensor repräsentiert eine ganze Klasse von Optoden, die auf der Mitwirkung von NAD (Nicotinamid-Adenin-Dinucleotid, s. 7.4.2.1) und dessen inhärenter Fluoreszenz beruht. Die Reaktion (8.8) kann durch Einstellung eines geeigneten pH-Wertes entweder vollständig nach links oder nach rechts ablaufen, so daß sowohl Lactat- als auch Pyruvatsensoren aufgebaut werden können.

$$\text{Lactat} + \text{NAD}^+ \xrightleftharpoons{\textit{Lactatdehydrogenase}} \text{Pyruvat} + \text{NADH} \qquad (8.8)$$

Sensoren auf der Basis der Chemilumineszenz nutzen häufig die Reaktion von Luminol mit Wasserstoffperoxid, das unter der katalytischen Wirkung von Peroxidasen gebildet wird (Abb. 8.15). Auf diesem Prinzip beruhen Sensoren für Xanthin bzw. Hypoxanthin sowie für Glucose und andere Zucker (Tabelle 8.1). Sehr vorteilhaft ist die Tatsache, daß hier kein Anregungslicht benötigt wird. Günstig ist ferner, daß der Analyt direkt an der Sensoroberfläche angezeigt wird, also nicht erst in das Innere der Membran diffundieren muß. Entscheidend ist die Diffusion aus dem Lösungsinneren zur Oberfläche. Da hierbei eine lokale Verarmung des Substrates Wasserstoffperoxid entstehen kann, muß auf gleichmäßiges Rühren geachtet werden.

Sensoren mit Biolumineszenz (Biochemilumineszenz) nutzen fast immer die Wirkung des Leuchtstoffs der Glühwürmchen, des Luciferins. In der enzymkatalysierten Oxydation mit Sauerstoff (8.9) wird Licht der Wellenlänge 562 nm emittiert.

$$\text{Luciferin} \xrightarrow{O_2 + \text{Luciferase}} \text{Oxyluciferin} + h\nu \qquad (8.9)$$

Extrem nachweisstarke Biolumineszenzsensoren entstehen durch Kopplung der obigen Reaktion mit Cofaktoren wie ATP (Adenosintriphosphat). So lassen sich z.B. Spurenkonzentrationen (bis in den Femtomol-Bereich) von Creatinkinase bestimmen. Dieses Enzym spielt eine wichtige Rolle bei der Diagnose von Erkrankungen des Herzmuskels. Die Reaktion verläuft nach dem Schema in (8.10). AMP (Adenosinmonophosphat) ist ein Reaktionsprodukt des ATP.

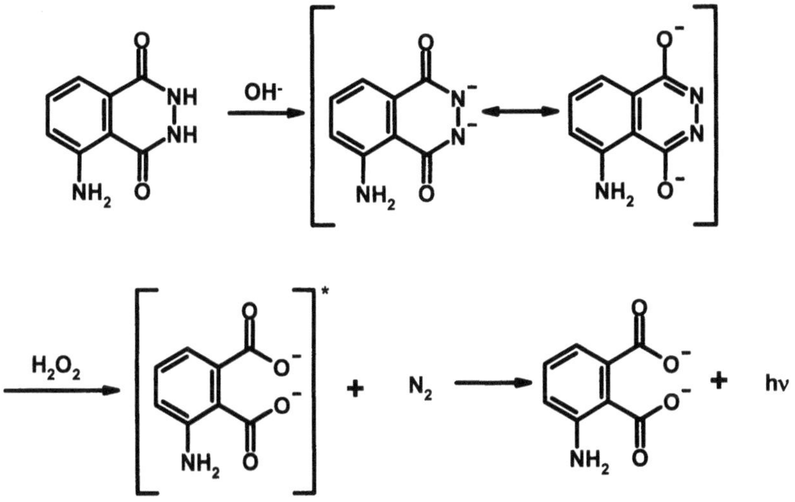

Abb. 8.15 Chemilumineszenzreaktion des Luminols

$$\text{AMP} + \text{Creatinphosphat} \xrightarrow{\text{Creatinkinase}} \text{ATP} + \text{Creatin} \qquad (8.10)$$
$$\text{ATP} + \text{Luciferin} + O_2 \xrightarrow{\text{Luciferase}} \text{AMP} + \text{Diphosphat}$$
$$+ \text{Oxyluciferin} + CO_2 + h\nu$$

8.5.3 Optische Bioaffinitätssensoren

Bioaffinitätssensoren sind fast immer Immunosensoren, d.h. die Komplexbildung von Antikörper und Antigen wird nutzbar gemacht. Eine Ausnahme ist der Glucosesensor mit Concanavalin A (Abb. 8.16 und Tabelle 8.6). Dieser Sensor hat auch in anderer Hinsicht Ausnahmecharakter. Am Ende einer Lichtleitfaser befindet sich ein Stück Dialysemembran, an deren Innenseite das Eiweiß Concanavalin A immobilisiert ist (meist durch Quervernetzung mit Glutaraldehyd). Concanavalin A (Con A) ist befähigt, Glucose und ähnliche Zuckermoleküle zu binden. Die Geometrie des Sensors ist so bemessen, daß sich die immobilisierte Schicht außerhalb der Erreichbarkeit des von der Lichtleitfaser kommenden Lichtes befindet. In den Proberaum wird dann Dextran eingebracht, das mit Fluoreszein markiert ist. Im eigentlichen Bestimmungsprozeß konkurrieren der Analyt Glucose und das markierte Dextran um die Bindungsstellen am Concavalin A. Die Glucose verdrängt einen Teil der Dextranmoleküle, die so in den inneren Teil der Dialysemembran und damit in das Sichtfeld des Lichtleiters gelangen. Das blaue Anregungslicht aus dem Lichtleiter erzeugt die typische grüne Fluoreszenz, deren Intensität als Maß für die Glucosekonzentration ausgewertet wird.

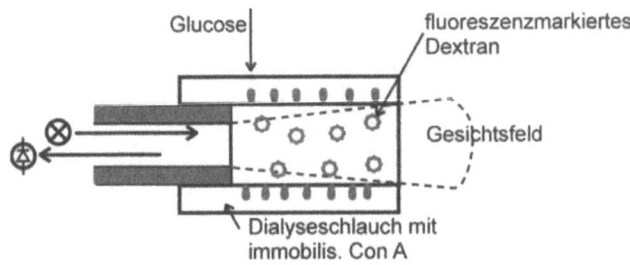

Abb. 8.16 Bioaffinitätssensor für Glucose mit Concanavalin A und fluoreszenzmarkiertem Dextran

Optische Immunosensoren haben einen hohen Entwicklungsstand erreicht. Ihre weite Verbreitung rührt nicht zuletzt daher, daß klassische Immunoassays seit jeher bevorzugt mit optischen Erkennungsmethoden arbeiten, die dann für die Sensoren übernommen werden konnten. Dafür haben sich drei Techniken durchgesetzt (Abb. 8.17), für die sich bei anderen Sensormeßtechniken kaum Analoga finden lassen:
- Direkte Bestimmung (Abb. 8.17a). Keine Markierung von Analyt oder Rezeptor. An die Oberfläche gebundene Analytmoleküle werden direkt detektiert (z.B. durch Eigenfluoreszenz)
- Sandwich-Indikation (Abb. 8.17b). Nach Bindung des Analyten an die (durch Antikörper modifizierte) Sensoroberfläche bindet ein zweiter, markierter Antikörper an die gebundenen Analytmoleküle
- Kompetitive Bestimmung (Bestimmung durch Verdrängung, Abb. 8.17c). Der Analyt konkurriert mit markierten Molekülen um freie Plätze auf der Sensoroberfläche

Eine Auswahl aus den vielfältigen Ausführungsformen optischer Immunosensoren gibt Tabelle 8.6. Darunter sind Sensoren mit direkter Bestimmung (Sensor für einen Benzo[a]pyren-Metaboliten, dessen Eigenfluoreszenz gemessen wird) und mehrere einfache kompetitiv arbeitende Fluoreszenzsensoren (für Atrazin,

8.5 Optische Biosensoren

Morphin und Theophyllin). Beim Sensor für das Herbizid Atrazin wird der betreffende Antikörper mit einem fluoreszierenden Europiumkomplex modifiziert. Für den Morphinsensor wird aus dem Analyten zunächst ein Konjugat mit Albumin hergestellt und an der Oberfläche einer Quarzfaser immobilisiert. Dieses kombiniert mit dem Antikörper, der mit Fluoreszein markiert ist. Schließlich wird die Probe zugesetzt, die eine äquivalente Menge fluoreszenzmarkierte Antikörper freisetzt. Die Fluoreszenzminderung wird mit Hilfe des Evaneszenzfeldes ausgewertet. Die Besonderheit des (planaren) Sensors für Theophyllin besteht darin, daß eine vorgeschaltete Filtermatrix aus porösem Glas, das mit adsorbiertem Protein A bedeckt ist, als Fänger für störende theophyllinspezifische Antikörper dient. Der ebenfalls in Tabelle 8.6 genannte Sandwich-Fluoreszenzsensor beruht auf der Wirkung des Antikörpers Anti-IgG, der durch Vernetzung mit Glutaraldehyd an vorbehandelten Quarzfasern oder –platten immobilisiert ist. Diese Schicht tritt in Wechselwirkung mit der Probe (einem Antigen) und gleichzeitig mit Fluoreszeinmarkiertem Antikörper. Der Anteil des schließlich gebundenen Antikörpers wird im evaneszenten Feld gemessen und steht in Beziehung zur Analytkonzentration.

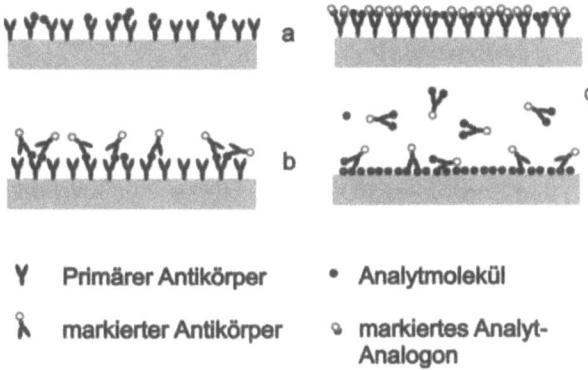

Abb. 8.17 Meßtechniken mit optischen Immunosensoren. **a** direkter Assay; **b** Sandwich-Assay; **c** Konkurrenz-Assays

Ein ungewöhnliches Beispiel ist der in Tabelle 8.6 erwähnte Sensor auf der Basis einer kombinierten Wirkung von Chemilumineszenz und Fluoreszenz. Hier wird das Antigen mit Luminol und der Antikörper mit einer fluoreszierenden Gruppe markiert. Letztere ist so gewählt, daß sich das Lumineszenzlicht als Anregungsstrahlung für die Fluoreszenz eignet. Als Konkurrent tritt der Analyt, d.h. unmarkiertes Antigen, in Wechselwirkung mit den Komponenten und bewirkt eine meßbare Verminderung der Strahlung.

Immunosonden in Oberflächenplasmonenresonanz- und Resonanzspiegel-Anordnungen werden überwiegend für Forschungszwecke eingesetzt. Sie sind sehr nützlich, wenn es darum geht, die Kinetik immunchemischer Reaktionen zu untersuchen oder etwas über den Aufbau der Antigen-Antikörper-Komplexe zu erfahren. Insofern ist es zweifelhaft, ob solche Systeme zu den Sensoren zu rechnen sind. Man kann aber durchaus rein analytisch mit diesen Instrumenten arbeiten. Bekannt ist z.B. die Bestimmung von Human-IgG, das in diesem Falle als Antigen wirkt, in einem SPR-Instrument. Es wird an einem Silberfilm adsorbiert, der sich auf einem Glasträger befindet. Der Analyt, nämlich der Antikörper Anti-IgG, bindet an das immobilisierte Antigen und beeinflußt den Resonanzwinkel, woraus die Konzentration ermittelt werden kann.

Mit der SPR wurden wichtige Erkenntnisse über den Aufbau der Avidin-Biotin-Kopplung erhalten. Mit der gleichen Technik gelang es, die Absolutmenge von Eiweißmolekülen auf Metallschichten zu ermitteln. Zu diesem Zweck wurde ein Goldfilm auf einer Glasplatte mit einer Dextranschicht überzogen, der in einer Durchflußzelle bestimmten monoklonalen Antikörpern ausgesetzt wurde. Die gemessenen optischen Größen konnten mit radioaktiv markierten Antikörpern kalibriert werden.

Tabelle 8.6 Optische Bioaffinitätssensoren

Analyt	Rezeptor	Meßprinzip
Glucose	Concanavalin A + Fluoreszein + Dextran/ Dialyseschlauch	Fluoreszenz mit Indikator
Benzo[a]pyren-Metabolite	Antikörper/Kieselgel-Kügelchen	Direkte Fluoreszenz Faseroptik
Atrazin	Antikörper mit Eu-Komplex markiert	Kompetitive Fluoreszenz, Faseroptik
Morphin	Albumin-Morphin-Konjugat + fluoreszeinmarkierter Antikörper/ Quarzfaser	Kompetitive Fluoreszenz, Faseroptik
Theophyllin	Präpariertes poröses Glas als Filter/ Theophyllin markiert mit Fluoreszein	Kompetitive Fluoreszenz, Durchflußzelle
Antigene	Anti-IgG/Quarz; Antigen; fluoreszeinmodifizierter Antikörper	Sandwich-Fluoreszenz
Antigene	Antigen markiert mit Luminol+Antikörper markiert mit Fluorophor	Chemilumineszenz/ Fluoreszenz

Eine Resonanzspiegel-Anordnung wurde benutzt, um in Milchproben bestimmte Bakterienstämme zu erkennen, die Stränge von Protein A an ihrer Oberfläche tragen. Als Rezeptor diente eine Schicht von immobilisiertem humanem Immunoglobulin G. Die RM-Anordnung befand sich in einer Durchflußzelle.

8.5.4 Optische DNA-Sensoren

Wichtigste Anwendung ist wie bei den elektrochemischen DNA-Sensoren die Indikation der Hybridisierung von immobilisierten Einzelsträngen, die mit dem komplementären Gegenstück einen Doppelstrang bilden. Damit soll das Vorhandensein einer bestimmten biologischen Spezies festgestellt werden.

Traditionell wird die vollzogene Hybridisierung seit jeher optisch indiziert, und zwar in den weitaus meisten Fällen durch Fluoreszenzmessungen. Beim Übergang von den klassischen Methoden zur Sensormessung ging es im wesentlichen dar-

8.5 Optische Biosensoren

um, DNA-Stränge in geeigneter Weise auf der Oberfläche von Wellenleitern (faserförmig oder planar) zu immobilisieren.

An der Sensoroberfläche wird ein geeigneter Ausschnitt des DNA-Moleküls (das ist meist ein synthetisch hergestelltes Oligonucleotid mit 15 bis 40 Basenpaaren) immobilisiert. Wegen ihrer großen Vorteile für die optische Untersuchung wird die Bildung geordneter Schichten bevorzugt. Geordnete Schichten sind immer dünn genug, um unter Nutzung des evaneszenten Feldes untersucht zu werden. Selbstorganisierende Monolagen (SAMs) lassen sich am besten auf Goldschichten erzeugen, die bei der erwähnten SPR-Anordnung ohnehin vorhanden sind. Der Idealfall sieht so aus, daß das zu immobilisierende Oligonucleotid an einem Ende mit einer SH-Gruppe (über einen sog. *Linker*, d.h. eine als Brücke wirkende Molekülgruppe) und am anderen Ende mit einer fluoreszierenden Gruppe versehen wird. Es entsteht dann eine geordnete Schicht aus aufrecht stehenden Molekülen, die über die Schwefel-Brücke an die Goldoberfläche binden und deren fluoreszierende Seite in die Lösung ragt, ähnlich wie dies bei der redoxaktiven Seite bei amperometrischen Hybridisierungssensoren der Fall war. Eine andere, häufig genutzte Möglichkeit (Abb. 8.18) geht davon aus, daß wie geschildert zunächst eine Einzelstrang-Oligonucleotidschicht als SAM gebildet wird. Zuvor war das Target-Molekül durch Kombination mit einem fluoreszenzfähigen Komplementärstrang markiert worden. Die vollzogene Hybridisierung mit dem immobilisierten „Oligo" bewirkt eine meßbare Erhöhung der Fluoreszenz.

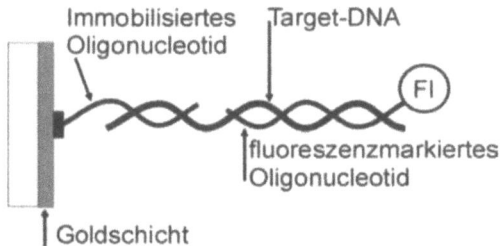

Abb. 8.18 Beispiel einer Indikation der DNA-Hybridisierung durch Fluoreszenzmessung

Typische Immobilisierungsmethode für Oligoucleotide auf nichtmetallischen Oberflächen ist die Avidin-Biotin-Reaktion (s. dazu Abschn. 7.4.1.2).

Beispiele für optische DNA-Hybridisierungssensoren finden sich in Tabelle 8.7. Im Beispiel in Zeile 1 (Abel et al. 1996) wurde eine Faseroberfläche zunächst mit (3-Aminopropyl)-triethoxysilan (APTES) oder mit Mercaptomethyldimethylethoxysilan (MDS) funktionalisiert, d.h. silanisiert. An die entstandene kurzkettige Alkylsilanschicht wurde Biotin gekoppelt, danach wurde diese Schicht mit Avidin oder Straptavidin behandelt. Da Avidin mehrere Biotin-Moleküle jeweils an gegenüberliegenden Seiten binden kann, ließen sich auf diesem Wege Oligonucleotide binden, die vorher am 5'-Ende biotinyliert worden waren. Die komplementären Stränge in der Lösung waren mit einer fluoreszierenden Gruppe markiert. Die optische Messung nutzt das evaneszente Feld.

232   8 Optische Sensoren

Im Beispiel in Zeile 2 der Tabelle (Piunno et al. 1994) wurde ein Isonucleotid mit 20 Basenpaaren auf die Oberfläche einer optischen Faser aufgebracht. Diese war vorher mit APTES funktionalisiert worden. Als *Spacer* wurde außerdem eine Kette von 1,10-Decandiol-bis-succinat (mit der Endgruppe Dimethoxytrityldeoxythymidin) kovalent gebunden. Spacer dienen dazu, die Abstände zwischen den DNA-Strängen zu regeln und unbedeckte Oberflächenstellen zu vermeiden. Die Oligonucleotidschicht war in der Lage, mit der komplementären ssDNA zu hybridisieren. Als Indikator für die abgeschlossene Bildung von dsDNA diente der Fluoreszenzfarbstoff Ethidiniumbromid (EB). Dieser wird selektiv in den DNA-Doppelstrang interkaliert. Über das evaneszente Feld der Faser kann die erhöhte Fluoreszenzintensität gemessen werden.

Tabelle 8.7 Optische DNA-Hybridisierungssensoren

Rezeptor	Transduktor	Meßprinzip
16er Oligonucleotid/Avidin-Biotin	Faseroptik	Fluoreszenz des Targets
20er Oligonucleotid mit Substituenten/fluoreszenzierender Interkalator	Faseroptik	Fluoreszenz des Indikators
40er Oligonucleotid/Streptavidin-Biotin/Wellenleiter	Planarer Wellenleiter	Brechungsindex mittels Resonanzspiegel (RM)
Oligonucleotide/Avidin-Biotin/Metall	Planare Wellenleiter/ Metallschichten	Brechungsindex mittels Oberflächenplasmonenresonanz (SPR)
Oligonucleotide/Linker/Ta_2O_5/ Glas	Planarer Gitterkoppler	Fluoreszenz des Targets

Zeile 3 aus Tabelle 8.7 (Watts et al. 1995) bezieht sich auf eine Messung mit Resonanzspiegel (RM). Biotinylierte Oligonucleotide mit 20 Basenpaaren wurden als Sondenmoleküle über Straptavidin an die Oberfläche des Wellenleiters gebunden. Die Hybridisierung bewirkt eine Veränderung des virtuellen Brechungsindexes der Schicht, die nach den für RM-Messungen üblichen Methoden gemessen werden kann. Sehr gut geeignet für die Untersuchung der DNA-Hybridisierung ist das Prinzip der SPR.

In Zeile 4 der Tabelle 8.7 (Jordan et al. 1997) werden verschiedene Varianten eines Verfahrens erfaßt, bei dem kommerziell erhältliche SPR-Chips mit biotinylierten Oligonucleotiden verschiedener Länge versehen wurden. Diese dienen als Sonden für die komplementären Stränge in der Probelösung. Mit diesem Verfahren wurden auch die Kinetik der Hybridbildung sowie andere grundlegende Probleme untersucht.

In Zeile 5 (Duveneck et al. 1997) wurde ein planarer Gitterkoppler, bestehend aus einer sehr dünnen Schicht von Tantalpentoxid (100 nm dick) auf einem Glassubstrat als Basis für Nucleinsäuresensoren untersucht. Der sehr hohe Brechungsindex des Tantaloxides sichert ein besonders starkes evaneszentes Feld in der biochemischen Rezeptorschicht auf dem Wellenleiter. Die Anregungsstrahlung wurde über ein eingeätztes Gitter eingekoppelt. Das Evaneszenzfeld führte zur Anregung von Lumineszenzstrahlung, die über ein Linsensystem ausgekoppelt und fokussiert wurde. Zur Bindung der als Rezeptor dienenden Oligonucleotide wurde die Wellenleiter-Oberfläche mit einem speziellen Trimethoxysilan behandelt. Auf die so funktionalisierte Oberfläche ließ man die Oligos über einen Linker aus Hexaethylenglykol durch einen Festphasensyntheseprozeß aufwachsen. Die Target-DNA-Stränge waren mit Fluorophoren markiert worden. Nach Hybridisierung ließen sich noch 100 Attomol nachweisen.

8.6 Sensorsysteme mit Integrierter Optik

Die Technologie der Integrierten Optik (s. dazu Abschn. 2.3.4.2) ist ein Teil der Mikrooptik, die zusammen mit der Mikromechanik und anderen Teilgebieten aus den erfolgreichen Verfahren der Mikroelektronik hervorgegangen ist, gewissermaßen als Ableger. Mit den Fertigungsmethoden der Integrierten Optik lassen sich komplette optische Meßinstrumente wie Spektrometer, Refraktometer u.a. in stark miniaturisierter Form und äußerst kostengünstig (weil in großen Stückzahlen und nahezu vollautomatisch) fertigen.

Sensorsysteme in integrierter Optik sind in vielen Fällen so komplex aufgebaut, daß man sie schon zu den miniaturisierten Instrumenten rechnen muß. Andererseits kann es sein, daß einem unbefangenen Benutzer die Komplexität des Systems nicht bewußt wird, daß er es vielmehr nicht anders einsetzt als einen Streifen Lackmuspapier oder eine Optode.

Die bereits im Abschn. 2.4.3.2 erwähnten Interferometer in Integrierter Optik werden nicht nur allgemein zu den Sensoren bzw. Sensorsystemen gezählt, sie sind darüber hinaus auch bisher die einzigen Systeme, die es bis zum routinemäßigen Einsatz gebracht haben. In einem solchen System wird das eingestrahlte Licht der Intensität I_0 geteilt und in zwei Lichtleitern parallel geführt. Einer dieser Zweige ist partiell dem Probemedium ausgesetzt, und zwar normalerweise unter Vermittlung einer Rezeptorschicht. Diese Schicht hat einen geringeren Brechungsindex als der Lichtwellenleiter. Das evaneszente Feld dringt in die Rezeptorschicht ein. Sofern durch Wechselwirkung mit dem Analyten eine Änderung des Brechungsindexes eintritt, wird der Winkel der Totalreflexion und damit die Weglänge des Lichts im Probezweig verändert. Damit werden also die optischen Eigenschaften des Wellenleiters selbst moduliert. Man definiert einen „effektiven Brechungsindex" n_{eff} des Leiters. Der Wert von n_{eff} kann sich auch mit der Dicke der Rezeptorschicht ändern. Daraus kann ebenfalls ein analytisches Signal gewonnen werden, wenn z.B. eine dünne Rezeptorschicht infolge der Aufnahme von Gasmolekülen „quillt" und damit ihre Dicke verändert. Dies funktioniert aber nur, wenn die Schichtdicke kleiner ist als die Eindringtiefe des Evaneszenzfeldes. Die Vergrößerung oder Verkleinerung der Lichtweglänge im Probezweig des Interferometers führt zu Interferenzerscheinungen bei der Zusammenführung der beiden Lichtleiter. Diese lassen sich als Intensitätsmodulation am Ausgang des Instrumentes messen. Für das Verhältnis zwischen der Intensität des eingestrahlten Lichts I_0 und der des ausgekoppelten Lichts I gilt der Zusammenhang in Gl. (8.11).

$$\frac{I}{I_0} = \frac{1}{2}\left[1 + \cos\left(\Delta n_{\mathit{eff}} \cdot k_0 \cdot L\right)\right] \quad (8.11)$$

In der Gleichung bedeuten Δn_{eff} die Differenz der effektiven Brechungsindices von Referenz- und Probezweig, k_0 eine Konstante, den sog. Wellenvektor und L die Länge der Rezeptorschicht (des Meßfensters).

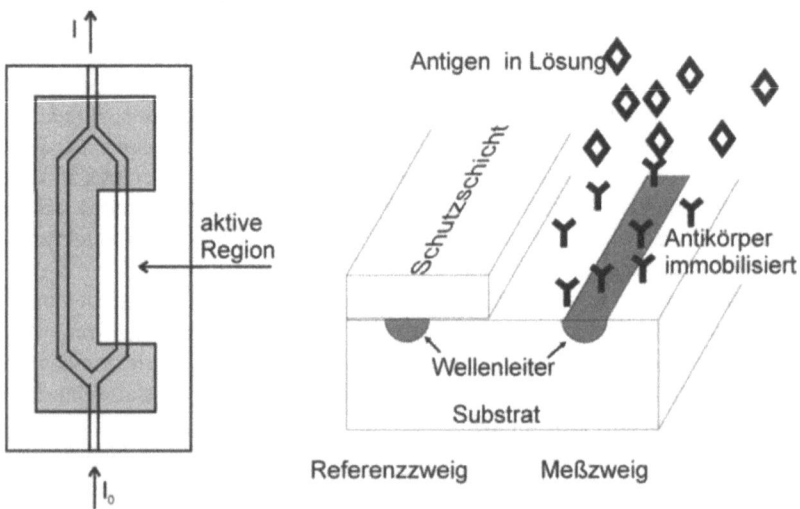

Abb. 8.19 Mach-Zehnder-Interferometer in Integrierter Optik als Immunosensor

Eine besonders wichtige Rolle unter den interferometrischen Sensoren in der Flüssigphase spielen Immunosensoren. Das Prinzip zeigt Abb. 8.19 am Beispiel eines Sensors auf Glasbasis. Die Wellenleiter wurden durch Eindiffusion von Ag^+ in die Glasoberfläche erzeugt.

8.7 Literatur

Abel AP, Weller MG, Duveneck GL, Ehrat M, Widmer HM (1996) Anal Chem 68:2905–2912

Bellon V, Boisdé G (1989), Proc. SPIE, Int. Soc. Opt. Eng. 1055:350–385
Duveneck GL, Pawlak M, Neuschäfer D, Bär E, Budach W, Pieles U, Ehrat M (1997) Sens Actuators B 38–39:88–95
Hirschfeld T (1985) J.Instrum. Soc. Am. 85:305–317
Jordan CE, Frutos AG, Thiel AJ, Corn RM (1997) Anal Chem 69:4939–4947
Kubo Y, Maeda S, Tokita S, Kubo M (1996) Nature 382:522
Piunno PAE, Krull UJ, Hudson RHE, Damha MJ, Cohen H (1994) Anal Chim Acta 288:205–214
Schaffar BP, Wolfbeis OS, Leitner, A (1988) Analyst 113:693–697
Smardzewski RR (1988) Talanta 35:95–101
Watts HJ, Yeung D, Parkes H (1995) Anal Chem 67:4283–4289
Wolfbeis OS (1990) Chemical Sensors – Survey and Trends, Fresenius J Anal Chem 337:522–527

9 Chemische Sensoren als Detektoren und Indikatoren

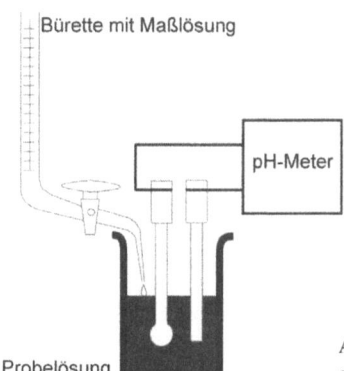

Abb. 9.1 Volumetrische Titration mit potentiometrischer Indikation

Nach den bisherigen Ausführungen ist es selbstverständlich, daß chemische Sensoren konzentrationsabhängige, meßbare Signale liefern. Stillschweigend vorausgesetzt, aber nicht ganz so selbstverständlich war, daß die Konzentration aus dem gemessenen Sensorsignal bestimmt wurde. In diesem Kapitel geht es um analytische Bestimmungsmethoden, bei denen die gewünschte Konzentration nicht primär aus dem Sensorsignal, sondern zum überwiegenden Teil aus anderen Phänomenen gewonnen wird. Die chemischen Sensoren haben hier nur eine Hilfsfunktion, die z.B. im Falle einer Titration darin bestehen kann, einen bestimmten Reaktionsgrad (das Ausmaß des chemischen Umsatzes) anzuzeigen, so daß aus der Menge eines bis zu diesem Punkt verbrauchten Reaktanden die Probenkonzentration ermittelt werden kann.

Die Anforderungen an chemische Sensoren, die zur Detektion oder Indikation dienen, sind generell geringer als an Sensoren, die zur direkten Messung benutzt werden. Insbesondere kommt es meist weniger auf Langzeitstabilität, Selektivität und Linearität an. Im Falle der Detektoren für Trennprozesse (Chromatographie und Elektrophorese) ist Selektivität geradezu unerwünscht.

Einige der in den folgenden Abschnitten vorgestellten Sensoren werden nahezu ausschließlich zur Detektion oder Indikation eingesetzt. Direkte Messungen damit sind ungebräuchlich.

9.1 Indikatoren für Titrationsprozesse

Die *Titration* gehört zu den klassischen Methoden der analytischen Chemie. Sie ist bereits seit dem 19. Jahrhundert weit verbreitet und hat bis heute nicht ihre Bedeutung verloren. Abb. 9.1 skizziert das Funktionsprinzip einer Titration, in diesem Falle einer sog. Volumetrie. Die Probelösung wird unter Rühren solange schrittweise mit einer Reagenslösung genau bekannter Konzentration (der *Maßlösung*) versetzt, bis *Äquivalenz* eingetreten ist, d.h. bis sich die Probe zu nahezu 100% mit dem Reagens in der Maßlösung umgesetzt hat. Bei einer Säure-Base-Titration wäre dieser Fall eingetreten, wenn die zuvor sauer reagierende Probelösung neutral

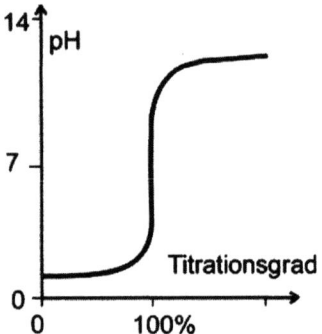

Abb. 9.2 Titrationskurve einer Säure-Base-Titration

reagiert, also *neutralisiert* worden ist. Der Indikator signalisiert das Eintreten dieses Zustandes. Aus dem *Verbrauch an Maßlösung* (ablesbar an der Graduierung der Bürette) läßt sich nun der Gehalt der Probelösung berechnen. Titrationen wurden lange vor der Verfügbarkeit messender Sensoren ausgeführt. Traditionell verwendet werden die bis heute gebräuchlichen *Farbindikatoren*, d.h. gelöste Substanzen, die ihre Farbe sichtbar in der Umgebung des Äquivalenzpunktes ändern. Erst seit den dreißiger Jahren des 20. Jahrhunderts begannen sich instrumentelle Techniken mit elektrochemischen Sonden allmählich durchzusetzen.

Im skizzierten Beispiel dient zur Indikation des Äquivalenzpunktes eine Elektrodenkombination aus Meß- und Referenzelektrode, mit der eine potentiometrische Messung vollzogen wird. Für eine Säure-Base-Titration würde man die Glaselektrode verwenden, deren Meßgröße der pH-Wert ist.

Potentiometrische Messungen zum Zwecke der Bestimmung des Äquivalenzpunktes herrschen gegenüber anderen Verfahren derart vor, daß die entstehende halblogarithmische (sigmoide; S-förmige) Kurvenform bei Auftragung der Meßgröße (Potentialdifferenz zwischen Meß- und Referenzelektrode) gegen den Verbrauch an Maßlösung im Bewußtsein der Chemiker fest mit dem Begriff *Titrationskurve* verbunden ist, obwohl es z.B. auch Titrationskurven mit linearen Ästen gibt. Typisch sind Kurvenformen wie in Abb. 9.2 für die Titration einer starken Säure mit einer starken Base. Der Äquivalenzpunkt (Punkt nahezu 100%igen Umsatzes) liegt hier beim pH-Wert 7. Aufgabe des Indikatorstromkreises ist es, dem Operator mitzuteilen, wann dieser pH-Wert erreicht ist und damit das Signal zur Ablesung des Volumens der Bürette sowie zur Berechnung des Ergebnisses zu

Ablesung des Volumens der Bürette sowie zur Berechnung des Ergebnisses zu geben.

Für die Indikation des Äquivalenzpunktes könnten nahezu alle Arten von chemischen Sensoren herangezogen werden, die in Lösungen verwendbar sind. Unter den elektrochemischen Sensoren sind es neben den erwähnten potentiometrischen die konduktometrischen und besonders die amperometrischen. Als Indikatorelektroden dienen oft einfache Doppeldrähte (biamperometrische Indikation). Im Vergleich zu elektrometrischen Verfahren viel weniger gebräuchlich sind die photometrische und die thermometrische Indikation. Da bisher kaum Notwendigkeit zur Miniaturisierung bestand, sind für Titrationszwecke klassische Anordnungen vorherrschend. Nur sehr langsam profitieren Titrationsgeräte von den Errungenschaften der modernen Sensorentwicklung. Beispielsweise haben erst in den letzten Jahren die pH-Optoden eine gewisse Verbreitung für Titratoren erfahren.

Bei den volumetrischen Titrationen wird das Titrationsmittel in gelöster Form zugesetzt. Dazu gibt es verschiedene Alternativen. Die wichtigste davon ist die *coulometrische Titration*. Bei dieser Methode wird das Titrationsmittel *in situ*, also innerhalb der Probelösung, auf elektrochemischem Wege erzeugt. Aus der bis zum Erreichen des Äquivalenzpunktes umgesetzten Ladungsmenge läßt sich nach dem Faradayschen Gesetz (Kap. 2, Gl. 2.36) berechnen, welcher Stoffmenge der Stromfluß entspricht. Coulometrische Titrationen lassen sich bequem im Miniaturmaßstab ausführen. Bei genügend kleinen Dimensionen der Generatorelektroden kann man auf mechanisches Rühren der Lösung verzichten, es genügt dann die Diffusion. Derartige Mikrotitratoren können mit einem elektrochemischen Indikatorstromkreis zu einem Sensor-Aktor-System zusammengefaßt werden. Eine solche Anordnung gehört zu den miniaturisierten Totalanalysatoren (siehe Kap. 10). Diese Instrumente unterscheiden sich prinzipiell von direkt anzeigenden Sensoren, auch wenn sich dies im praktischen Gebrauch manchmal nicht erkennen läßt.

9.2 Durchflußdetektoren für kontinuierliche Analysatoren und für Trennmethoden

Durchflußdetektoren sind chemische Sensoren, denn sie sollen über die Konzentration bestimmter Analyte in einem fließenden Strom „berichten". Ähnlich wie bei den Titrationsprozessen wird auch hier der Gehalt einer Probelösung nicht aus der Amplitude des Detektorsignals allein ermittelt. Es kommt vielmehr auf die vorangegangenen Operationen im fließenden Strom an. Möglich ist z.B., daß vor dem Detektor eine Trennstrecke durchlaufen wird, in der die im untersuchten Gemisch vorhandenen Stoffe in einzelne „Pakete" aufgetrennt werden, die nacheinander den Detektor durchqueren. Am Detektor soll ein Abbild dieser „Pakete" entstehen, d.h. der Detektor soll den zeitlichen Konzentrationsverlauf jedes dieser Probepfropfen wiedergeben. Aus den geometrischen Eigenschaften dieser Abbilder wird der Gehalt der Substanzen ermittelt, indem z.B. die Signalhöhe oder der Flächeninhalt der zeitlichen Signalverläufe bestimmt wird. Um diese Funktion

240   9 Chemische Sensoren als Detektoren und Indikatoren

ausführen zu können, muß der Durchflußdetektor nicht unbedingt streng konzentrationsproportionale Signale liefern, allerdings sollen die Signale in immer der gleichen Weise, also reproduzierbar, von den Konzentrationen abhängen. Auch auf Selektivität kommt es weniger an. Im Gegenteil: Für die als Beispiel gewählten Trennprozesse ist es wünschenswert, daß ein Detektor für gleiche Konzentrationen stets die gleiche Signalamplitude liefert, unabhängig davon, welche Substanz gerade im Detektor ist.

Um möglichst getreue „Abbilder" des Konzentrationsverlaufs der Probenbestandteile liefern zu können, werden besonders hohe Anforderungen an die folgenden Kennwerte gestellt:

- Das *Totvolumen* von Durchflußdetektoren soll möglichst klein sein. Jeder Detektor benötigt ein minimales Probevolumen, um ein Signal bilden zu können. So muß z.B. der vom Lichtstrahl durchquerte Kanal eines photometrischen Detektors vollständig gefüllt sein und die Elektrodenoberfläche eines elektrochemischen Detektors muß vollständig mit Probelösung bedeckt sein. Die *Auflösung* des Detektors (die Fähigkeit, nahe beieinanderliegende Signale zu unterscheiden) hängt entscheidend von seinem Totvolumen ab. Dies leuchtet ein, wenn man sich vorstellt, daß ein Konzentrationsgradient nicht mehr abgebildet werden kann, wenn er so steil ist, daß er innerhalb des Totvolumens Platz hat. Sehr schmale Peaks bei Trennverfahren wie Chromatographie und Elektrophorese erfordern zwingend Detektoren mit kleinem Totvolumen. Daraus folgt, daß Miniaturisierung immer angestrebt
- Die *Ansprechzeit* des Durchflußdetektors muß ebenfalls so gering wie möglich sein. Schleppende Reaktion hätte wiederum eine schlechte Auflösung zur Folge. Ein oft verwendetes quantitatives Maß für die Ansprechzeit ist die Zeit, die verstreicht, bis 99% des Endsignals erreicht ist (t_{99}, siehe Kap. 1, Abschn. 1.2.3.2).

9.2.1 Kontinuierliche Analysatoren

In kontinuierlichen Analysenautomaten werden klassische naßchemische Operationen in nichtklassischer Form, d.h. in einem fließenden Strom ausgeführt. Die Probe fließt durch das Gerät, wobei Reagenzien zugesetzt, Trennoperationen ausgeführt und chemische Operationen vollzogen werden, bis am Ende an einem Detektor der Gehalt ermittelt wird. Man unterscheidet *segmentierte* und *nichtsegmentierte* Techniken.

In Analysenautomaten mit Luftsegmentierung (Segmented Flow Analysis = SFA) hat eine Einzelprobe zwar nicht mehr ihr eigenes Reaktionsgefäß, immerhin aber ein individuelles Lösungsvolumen, das Segment (Abb. 9.3 oben). Zu diesem Segment werden die notwendigen Reagenzien hinzugefügt, mechanische und thermische Behandlungen vollziehen sich dort. Später gelang es, auch noch ohne die Segmentierung auszukommen. Abgemessene Volumina der Probelösung wurden nun direkt in einen kontinuierlich fließenden Trägerstrom *injiziert*. Dabei entstand die wichtigste unter den nichtsegmentierten Techniken, die Fließinjektionsanalyse (Flow Injection Analysis = FIA). Das Prinzip veranschaulicht Abb. 9.3

(unten). In beiden Fällen spielt der Detektor eine wichtige Rolle. Dieser liefert für jedes individuelle Proben-Inkrement eine charakteristische Signalform, aus der die Konzentration (im Idealfall) durch einfache Ausmessung der Signalhöhe ermittelt werden kann.

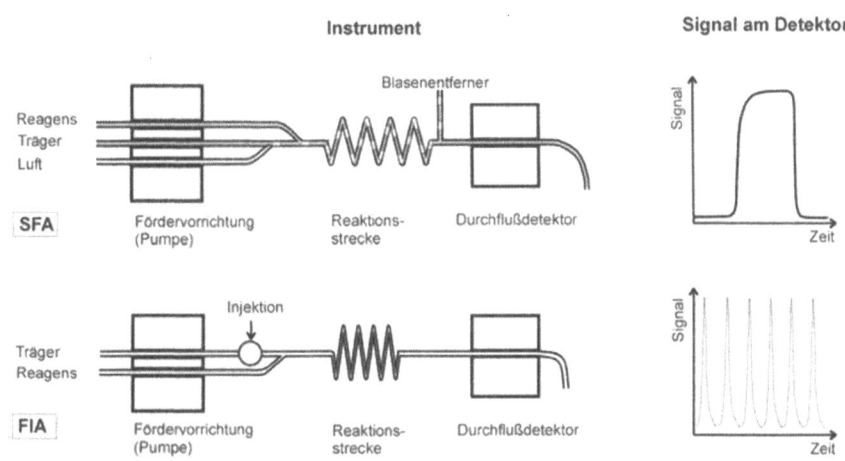

Abb. 9.3 Vergleich der kontinuierlichen Analysenautomaten nach dem Prinzip SFA (Segmented Flow Analysis, oben) und FIA (Flow Injection Analysis, unten)

Analysenautomaten nutzen, von Ausnahmefällen abgesehen, chemische Reaktionen als Signalquelle. Sie haben den Zweck, die normalerweise höchst arbeitsaufwendigen manuellen Operationen der klassischen chemischen Analyse zu automatisieren, um eine höhere Wirtschaftlichkeit zu erreichen. Man kann sich als Ausgangspunkt der in Abb. 9.3 gezeigten Schemata z.B. vorstellen, daß eine spektrophotometrische Bestimmung rationalisiert werden soll. Im einfachsten Fall läuft eine solche Analyse so, daß Probe- und Reagenslösung sorgfältig mit Pipetten dosiert und dann gemischt werden. Danach läßt man (nach Stoppuhr) eine Reaktionszeit verstreichen, die meist zwischen 15 und 60 Minuten liegt. Schließlich wird die Reaktionsmischung, bei der eine konzentrationsproportionale Farbtiefe entstanden ist, in die Küvette eines Spektralphotometers gefüllt, die Extinktion wird gemessen und daraus schließlich der Gehalt berechnet. All diese manuellen Operationen werden bei den Analysenautomaten ohne menschliches Zutun in einem fließenden Strom vollzogen. Dazu kommen noch weitere Operationen, die manuell ausgeführt sehr aufwendig sind, wie z.B. das Abdestillieren eines flüchtigen Probenbestandteils in ein Aufnahmegefäß mit dem Ziel, seinen Gehalt unabhängig von störenden Beimengungen ermitteln zu können.

Die Fließinjektionsanalyse soll hier als Beispiel für eine moderne naßchemische Analysenstrecke dienen. Die grundlegende Anordnung ist sehr einfach (Abb. 9.4 oben). Die Probe wird in den sog. Trägerstrom injiziert. Dieser kann z.B. ein photometrisches Reagens enthalten, das von den Rändern des eingespritzten Pro-

242 9 Chemische Sensoren als Detektoren und Indikatoren

bepfropfens her chemisch reagiert und dabei ein farbiges Produkt bildet. Je nach der Menge der im Pfropfen enthaltenen Probesubstanz entsteht am Detektor (hier ein optischer Sensor) ein zeitlich veränderliches Signal, dessen geometrische Form gleichbleibend ist, dessen Amplitude aber die Probenkonzentration widerspiegelt (Abb. 9.4 unten). Wie ersichtlich, kann man u.U. sogar ohne Fördervorrichtung (Pumpe) arbeiten. Im Normalfall aber wird eine Schlauchpumpe (peristaltische Pumpe) benutzt, die den Vorteil hat, daß alle Lösungen ausschließlich mit inerten Materialien in Berührung kommen. Zur FIA-Apparatur gehört ferner eine Injektionsvorrichtung für das Einbringen der Probe. Diese muß sicherstellen, daß genau abgemessene, reproduzierbare Volumeninkremente in den Trägerstrom gelangen. Im einfachsten Fall geschieht dies durch einen drehbaren Kolben, der im Inneren einen mit Probelösung gefüllten Kanal enthält. Bei der entsprechenden Stellung des Kolbens drückt der Trägerstrom das Kanalvolumen heraus und transportiert es als Pfropfen durch das System.

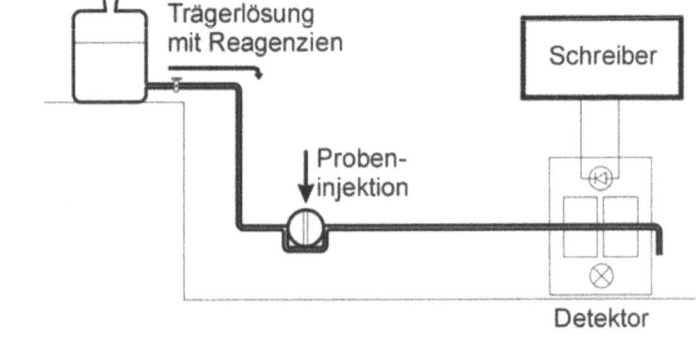

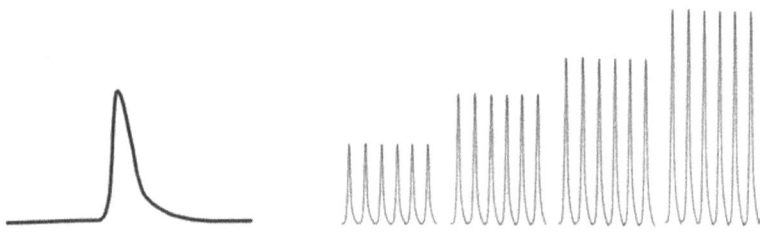

Abb. 9.4 Fließinjektionsanalyse (FIA). Oben: einfachste experimentelle Anordnung, unten: Signalform am Detektor (links), Mehrfachsignale von wiederholten Injektionen wachsender Konzentration (rechts)

Für die FIA finden überwiegend photometrische Detektoren Verwendung. Dies liegt daran, daß bisher auch überwiegend spektralphotometrische Bestimmungen an die Methode adaptiert wurden. Zwei sehr einfache Detektoren zeigt Abb. 9.5.

Der Trägerstrom mit den eingebetteten Probepaketen durchläuft einen lichtundurchlässigen Körper, der an gegenüberliegenden Seiten jeweils zu einer Lichtquelle und zu einem Lichtempfänger führt. In der Anordnung links im Bild dient als Lichtquelle eine Leuchtdiode, als Lichtempfänger eine Photodiode. Dies funktioniert gut mit einer rot leuchtenden Diode und einer rotempfindlichen Photodiode, vorausgesetzt das durch die photometrische Reaktion gebildete Produkt sieht mehr oder weniger grün aus, absorbiert also vorzugsweise rotes Licht. Andere günstige Kombinationen bestehen aus grün bzw. gelb emittierenden und empfindlichen Dioden. Universeller ist die rechts im Bild gezeigte Anordnung, bei der ein traditionelles Spektralphotometer mit Hilfe von Lichtleitkabeln für die FIA umgerüstet worden ist. Bei kommerziellen FIA-Geräten geht der Lichtstrahl meist nicht quer durch den fließenden Strom, sondern läuft eine Strecke parallel damit, um eine größere optische Weglänge und damit eine größere Empfindlichkeit der Methode zu erreichen. Detektoren dieser Art sind auch bei flüssigchromatographischen Bestimmungen gebräuchlich (Abb. 9.5).

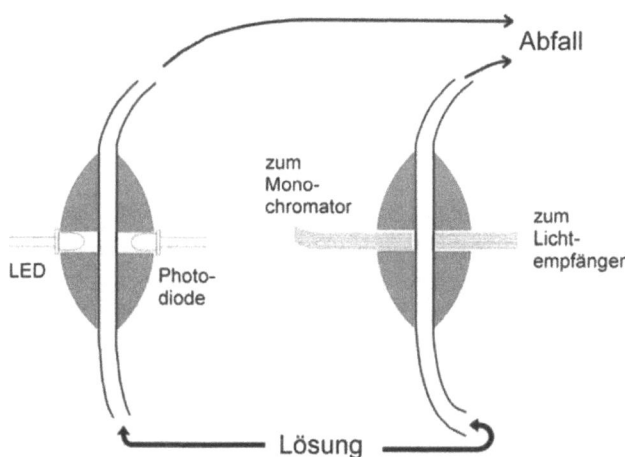

Abb. 9.5 Photometrische Detektoren für die Fließinjektionsanalyse

Elektrochemische Durchflußdetektoren arbeiten oft amperometrisch, seltener potentiometrisch. In beiden Fällen versucht man, das Totvolumen gering zu halten. Dies gelingt am besten nach den beiden vorherrschenden Bauweisen (Abb. 9.6). Bei den Dünnschichtzellen (rechts im Bild) fließt die Lösung in einem sehr engen Spalt (einige Mikrometer) an der Arbeitselektrode vorbei. Das Totvolumen ergibt sich aus dem mit der Elektrodenoberfläche in Kontakt befindlichen Kanalvolumen. Da die Fläche der Arbeitselektrode relativ groß und die Schichtdicke der Lösung sehr klein ist, kann die amperometrische Betriebsweise in die coulometrische übergehen, d.h. alle im Totvolumen befindlichen elektrodenaktiven Substanzen werden restlos umgesetzt (am Ausfluß ist nichts mehr vom eingespeisten Material vorhanden). Die Empfindlichkeit solcher Detektoren ist besonders hoch. Bei potentiometrischer Indikation kommt es weniger auf die Geometrie und das Strömungsverhaltender Zelle an. Problematisch ist bei potentiometrischen Detektoren, daß die Gegenelektrode als Referenzelektrode fungieren muß. Elektroden Zweiter Art sind in Dünnschichtbauweise schwierig zu realisieren.

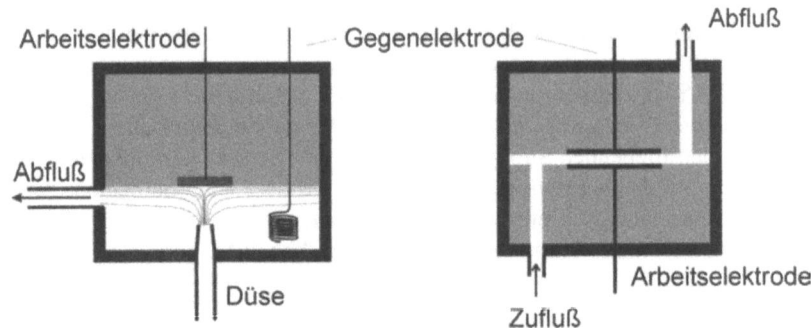

Abb. 9.6 Elektrochemische Durchflußdetektoren. Links: Wall-Jet-Prinzip; rechts: Dünnschichtdetektor. AE Arbeitselektrode, GE Gegenelektrode

Einfach, robust und anpassungsfähig sind elektrochemische Detektoren nach dem Wall-Jet-Prinzip (Wandstrahlzelle, Abb. 9.6 links). Arbeitselektrode und Gegenelektrode, ggf. auch noch eine Referenzelektrode, befinden sich in einem großen Löungsreservoir. Gegenüber der als Scheibe ausgebildeten Arbeitselektrode ist eine feine Düse angeordnet, aus der ein scharfer Strahl der Trägerlösung spritzt. Dieser Strahl wäscht alte Lösung schnell von der Elektrodenoberfläche weg und sorgt für eine kräftige Konvektion. Die Folge sind ein relativ hoher Wert des Diffusionsgrenzstroms bei amperometrischer Betriebsweise und eine schnelle Potentialeinstellung bei potentiometrischer Indikation. Das effektive Totvolumen der Wall-Jet-Detektoren ist klein. Es läßt sich nicht direkt aus den Abmessungen berechnen, sondern muß experimentell durch Kalibrierung bestimmt werden.

Die im Kap. 2, Abschn. 2.2 behandelten amperometrischen *Mikroelektroden* sind ebenfalls sehr gute Durchflußdetektoren. Ihre Diffusionsgrenzstromwerte, d.h. die von ihnen gelieferten konzentrationsproportionalen Signale, sind weitgehend unabhängig von den Strömungsbedingungen im Detektor. Dies liegt daran, daß die entscheidenden Konzentrationsgradienten innerhalb einer so dünnen Schicht entstehen, daß die Konvektion einer äußeren Strömung nicht in diese Dimensionen hineinreicht.

Chemische Sensoren, die als Durchflußdetektoren arbeiten sollen, nehmen offensichtlich andere Formen an als dies für die Aufgabe der direkten Messung in ruhender Lösung gebräuchlich ist. Noch etwas deutlicher wird dies bei Detektoren für Trennmethoden, für die sich einige spezielle Konstruktionen entwickelt haben.

9.2.2 Trennmethoden

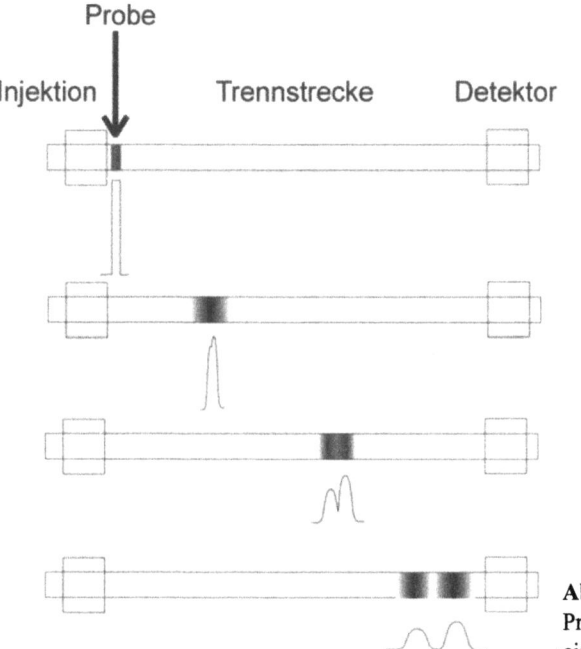

Abb. 9.7 Auftrennung von Probengemischen entlang einer Trennstrecke

Bei den analytischen Trennmethoden werden die Komponenten eines Probengemischs in räumlich unterscheidbare *Portionen* aufgetrennt. Im Idealfall hat danach jede Komponente ihr eigenes Volumeninkrement innerhalb eines Gesamtvolumens. Bei allen hier behandelten *instrumentellen Trennverfahren* wird eine kleine Menge des Probengemischs in einen *fließenden Strom* injiziert. Dieser Strom (die *mobile Phase* bei der Chromatographie; die *Trägerlösung* bei der Elektrophorese) fließt durch eine *Trennstrecke* (*Trennsäule* mit stationärer Phase in der Chromatographie; *Trennkapillare* in der Elektrophorese). Im Verlaufe des Durchflusses entstehen nach und nach voneinander unterscheidbare *Probenbezirke* (Pfropfen; Portionen). Wie Abb. 9.7 andeutet, findet außer der Auftrennung noch eine gewisse *Verbreiterung der Probenzonen* statt.

Die beiden Phänomene, die für den Trennprozeß genutzt werden, sind

- Die Wechselwirkung der Probenkomponenten mit der stationären Phase in der Chromatographie (Adsorption; Extraktionsgleichgewichte u.a.). Man kann sich vorstellen, daß stärker wechselwirkende Komponenten länger an der Oberfläche der stationären Phase verweilen als weniger stark wechselwirkende, so daß sie „zurückbleiben"
- Die unterschiedliche Beweglichkeit von Ionen in einem elektrischen Feld

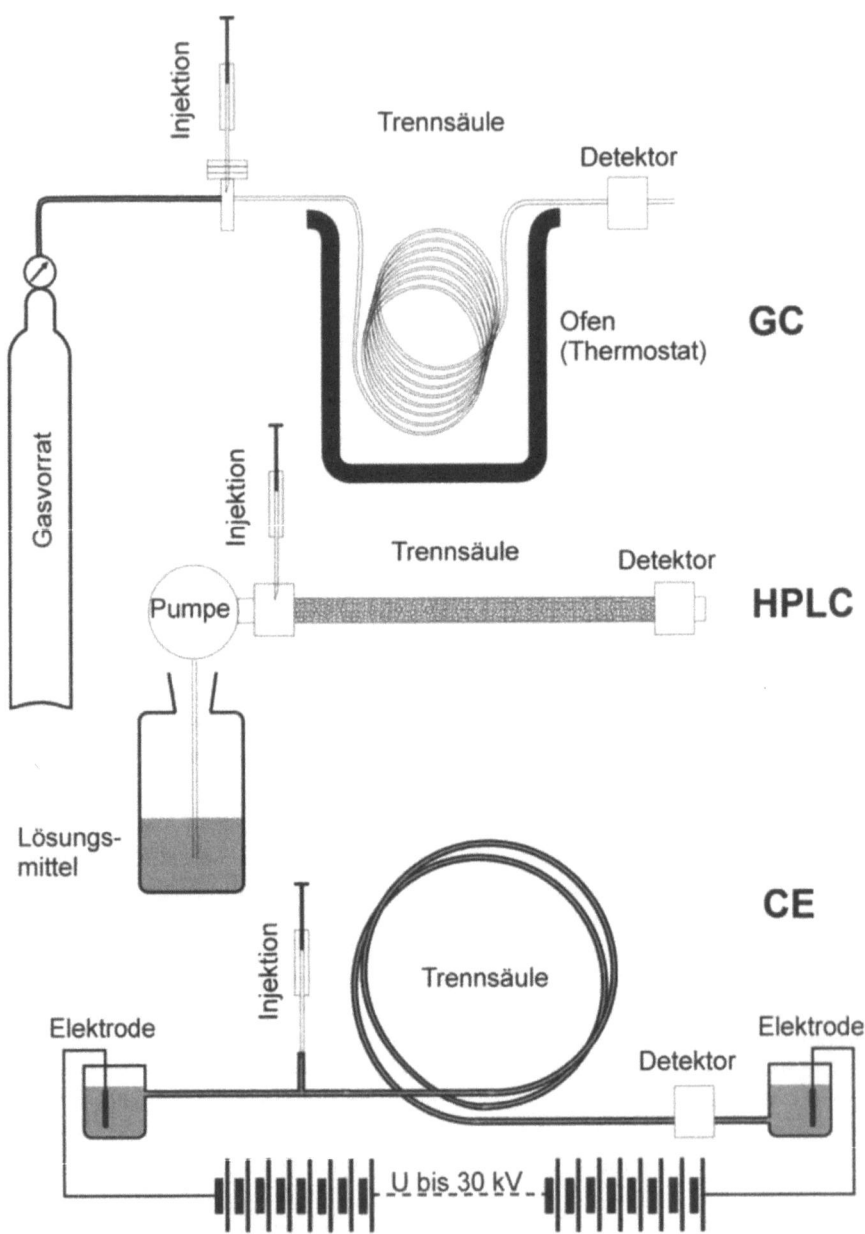

Abb. 9.8 Instrumentelle Anordnung der Trennmethoden Gaschromatographie (GC; oben), Hochleistungs-Flüssigchromatographie (HPLC; mitte) und Kapillarelektrophorese (CE; unten)

Bei den modernen Trennmethoden wird die analytische Information aus dem Signal des Detektors gewonnen, der sich am Ende der Trennstrecke befindet. Die Anforderungen an Durchflußdetektoren für Trennprozesse sind höher als die für die oben behandelten kontinuierlichen Analysatoren. Wegen der allgemein kleineren Probengröße sind insbesondere niedrigere Totvolumina notwendig. Einige der Detektoren sind ausschließlich in Trennverfahren gebräuchlich und finden sich an keiner anderen Stelle der Analytik wieder. Dies gilt besonders für die gaschromatographischen Detektoren. Unterschiede in den instrumentellen Anordnungen versucht Abb. 9.8 zu veranschaulichen.

Chromatographie

Die wichtigsten chromatographischen Methoden sind die Gaschromatographie und innerhalb der Gruppe der flüssigchromatographischen Methoden die sog. HPLC (High Performance Liquid Chromatography; Hochdruck-Flüssigchromatographie).

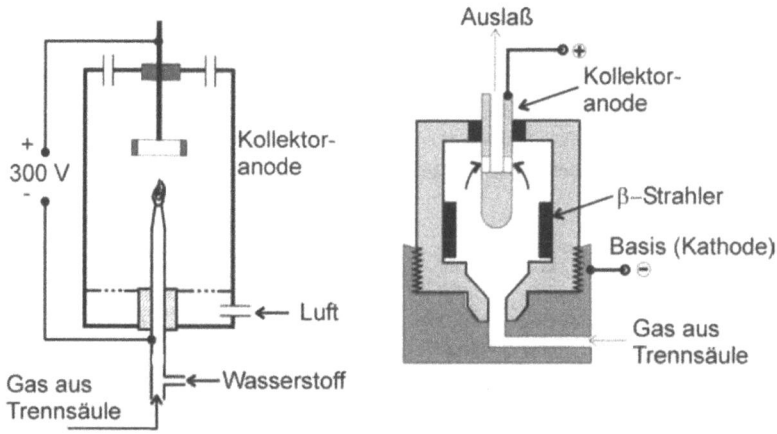

Abb. 9.9 Detektoren für die Gaschromatographie. Links: Flammenionisationsdetektor (FID). Rechts: Elektroneneinfangdetektor (Electron Capture Detector = ECD)

Gemessen an der enormen Bedeutung der chromatographischen Methoden ist die Auswahl an verfügbaren Durchflußdetektoren erstaunlich klein. Für die Gaschromatographie sind fast ausschließlich die Standard-Detektoren FID (FlammenIonisationsDetektor) und ECD (Electron Capture Detektor; Elektroneneinfangdetektor) im Gebrauch. In beiden Detektoren werden Bestandteile des strömenden Gasgemisches ionisiert (entweder durch die Wirkung eines Flammenplasmas oder durch einen radioaktiven Betastrahler). Ein elektrisches Feld saugt die geladenen Teilchen ab. Entsprechend ihrer Anzahl entsteht ein mehr oder weniger großer elektrischer Strom als registrierfähiges Signal (Abb. 9.9).

In der HPLC dominieren photometrische Detektoren, die im ultravioletten Bereich arbeiten und meist als „Z-Zelle" (Abb. 9.10) gestaltet sind. Ursache für die Bevorzugung der UV-Strahlung ist die Tatsache, daß durch HPLC überwiegend organische Stoffgemische analysiert werden. Alle diese Substanzen absorbieren UV-Licht. Man kommt daher fast für alle anfallenden Probleme mit nur einem Detektor aus. Die Z-Form wird gewählt, weil man damit eine relativ lange optische Weglänge bei vergleichsweise niedrigem Totvolumen erreicht.

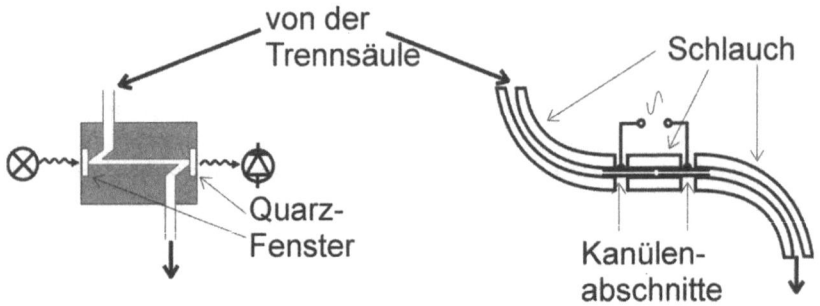

Abb. 9.10 Detektoren für die HPLC. Links: Photometrischer UV-Detektor als „Z-Zelle", rechts: Leitfähigkeitsdetektor (Beispiel), bei dem die Elektroden von schlauchüberzogenen Abschnitten medizinischer Kanülen gebildet werden

Eine für die anorganische Analytik wichtige Variante der HPLC ist die *Ionenchromatographie (IC)*. Gemische von Ionen (Salzlösungen, Säuren und Basen) werden an einer Trennsäule aus Ionenaustauschern getrennt. An einem Leitfähigkeitsdetektor (z.B. wie in Abb. 9.10 rechts) läßt sich in den meisten Fällen ein verwertbares Signal gewinnen.

Elektrochemische Detektoren, wie sie auch für kontinuierliche Analysenautomaten gebräuchlich sind (Abb. 9.6) wurden auch für die HPLC eingesetzt. Sie spielen aber bisher keine sehr große Rolle. Möglicherweise wird sich dies ändern, wenn Impulse von dem relativ neuen Gebiet der Kapillarelektrophorese kommen.

Kapillarelektrophorese

Die Kapillarelektrophorese gewinnt sehr schnell an Bedeutung, weil sie mit extrem kleinen Probemengen auskommt und leicht miniaturisiert und automatisiert werden kann. Entscheidend für den Erfolg dieser Methode sind zwei Besonderheiten:
- Die Trennstrecke ist im Gegensatz zur Chromatographie „leer". Dadurch entfällt eine der Ursachen für die Verbreiterung der Probenzonen

- Zur Förderung der Trägerlösung dient nicht eine mechanische Pumpe, sondern das Phänomen der *Elektroosmose*. Dieses trägt weiterhin zur Ausbildung schmaler Probenzonen bei (Abb. 9.11).

Abb. 9.11 Strömungsprofile bei Flüssigkeiten, die durch mechanisches Pumpen (rechts) bzw. durch Elektroosmose bewegt werden (links). Bei elektroosmotisch erzeugter Strömung wird die parabolische Verzerrung der Probenzone weitgehend vermieden

Bei der Elektroosmose entsteht die treibende Kraftz für die Bewegung der Flüssigkeitssäule nicht, indem ein mechanischer Druck ausgeübt wird. Stattdessen wirkt eine elektrostatische Anziehungskraft auf die in der Nähe der Wand gebildeten Ionen der „diffusen Doppelschicht", die beim Kontakt von Elektrolytlösungen mit einem polaren (d.h. elektrisch nicht neutralen) Wandmaterial, wie z.B. Glas, gebildet wird. Die Ionen dieser Schicht sind hydratisiert, also mit Wassermolekülen umgeben. Bei Einwirkung eines elektrischen Feldes in Längsrichtung der Kapillare setzen sich die Ionen zusammen mit der gesamten Lösungssäule in Bewegung und „pumpen" diese in Richtung zum Detektor. *Elektroosmose* und *Migration* (Wanderung der Ionen der zu trennenden Probe) sind zwei verschiedene Prozesse, die allerdings beide von ein und demselben elektrischen Feld verursacht werden. Die Bewegungsrichtungen dieser Prozesse können gleichsinnig oder entgegengesetzt sein.

Da die Probenzonen in der Kapillarelektrophorese sehr eng sind, wird nur wenig Substanz für eine erfolgreiche Analyse benötigt. Diesen Vorteil kann man aber nur nutzen, wenn hochauflösende Durchflußdetektoren zur Verfügung stehen. Mit herkömmlichen Detektionsprinzipien stößt man bald an Grenzen, so z.B. lassen sich photometrische Detektoren nicht beliebig verkleinern. Dies ist einer der Gründe, weshalb man in diesem Zusammenhang wieder auf die elektrochemischen Detektoren aufmerksam wurde. In den letzten Jahren ist viel Entwicklungsarbeit hierfür aufgewendet worden (Matysik 2003). Amperometrische Detektoren benötigen zur Gewinnung eines Signals nur die innerhalb der Nernstschen Diffusionsschicht befindlichen redoxaktiven Teilchen. Mit ihnen kann man durchaus nutzbare Signale aus wenigen Picomol (in manchen Fällen Femtomol) des Analyten gewinnen. Eine speziell für die Kapillarelektrophorese entwickelte Detektorkonstruktion zeigt Abb. 9.12. Eine dünne Glaskohlefaser als Arbeitselektrode ragt in das Ende der Kapillare, aus der die elektroosmotisch geförderte Lösung austritt. Der elektrische Kontakt zum Hochspannungskreis wird nicht über dieses Ende, sondern über einen dünnen Spalt in der Kapillare, etwas vom Ende entfernt, hergestellt. Dadurch bleibt die amperometrische Arbeitselektrode außerhalb des Hochspannung führenden Stromkreises, wodurch eine Störung des empfindlichen Meßkreises vermieden werden kann (Wallingford u. Olefirowicz 1989).

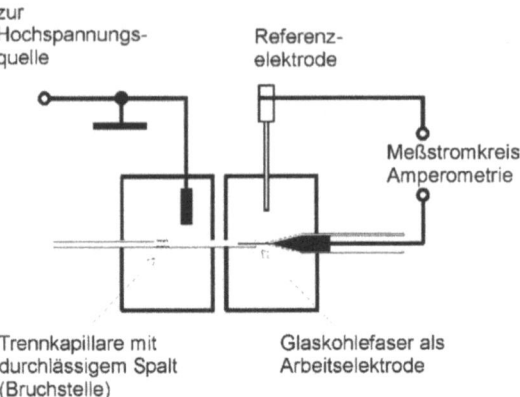

Abb. 9.12 Amperometrischer Detektor für die Kapillarelektrophorese

9.3 Literatur

Matysik FM (2003) Miniaturization of electroanalytical systems. Anal Bioanal Chem 375: 33–35

Wallingford RA, Olefirowicz TM (1989), Anal Chem 61:292A

10 Sensor-Arrays und miniaturisierte Totalanalysatoren

10.1 Zwei Entwicklungsrichtungen und ihre Ursachen

Sensoren sollen von vornherein klein, leicht und massenweise verfügbar sein. Ausgangspunkt für ihre Entwicklung war die Idee, technische Sinnesorgane zu schaffen. Andererseits sind sie zu einem Bestandteil des Arsenals der chemischen Analytik geworden. Betrachtet man all diese Besonderheiten im Zusammenhang, dann verwundert es nicht, daß mit Sensoren Ziele verwirklicht werden können, für die es mit klassischen naturwissenschaftlichen Mitteln keine Realisierungsmöglichkeit gab. Mehr noch: Nachdem es die Sensoren gab, tauchten völlig neue Ideen für eine „nichtklassische" chemische Analytik auf. Viele dieser neuen Ideen werden in der Zukunft stark an Bedeutung zunehmen.

Einige der Tendenzen, die sichtbar wurden, nachdem chemische Sensoren allgemein zugänglich und im Bewußtsein von Technikern und Naturwissenschaftlern verankert waren, sind die folgenden:

- Eine Kombination mehrerer unterschiedlicher Sensoren auf einer gemeinsamen Unterlage sollte es möglich machen, mehrere Probenbestandteile simultan zu analysieren. Mit einer Kombination vieler gleichartiger Sensoren würde die räumliche Verteilung von Analyten auf einer Fläche zugänglich
- Mit einem Arrangement mehrerer Sensoren müßte sich eine größere Funktionalität erreichen lassen, als mit klassischen Anordnungen gewohnt. Ziele könnten eine höhere Störsicherheit, die gegenseitige Kontrolle verschiedener Sensortypen oder eine bessere Anpassung an Umgebungsvariable sein
- So beeindruckend auch die Leistungsfähigkeit einzelner Sensoren und ihrer Kombination war, so wurde doch sichtbar, daß nicht jedes analytische Problem auf diesem Wege zu lösen war. In vielen Fällen bereitete die Probenvorbereitung, also das Zerkleinern der Probe, die Zubereitung von Lösungen usw. größere Probleme als die eigentliche Messung mit Sensorsystemen. Das Streben nach Miniaturisierung der Sensoren brachte wenig, wenn die peripheren Operationen konventionell durchgeführt werden mußten. Aus diesen Überlegungen entstand das Ziel, komplette

Analysengeräte bzw. Analysenautomaten in Miniaturform zu bauen. Die chemischen Sensoren bildeten hierfür eine unabdingbare Voraussetzung

Die genannten Tendenzen führten zu drei wichtigen Resultaten, nämlich zur Nutzung künstlicher Intelligenz in Sensorsystemen, also zur Entwicklung *„Intelligenter Sensoren"* (*Smart Sensors*), ferner zu den *Sensor-Arrays* und schließlich zu den sog. *Mikro-Total-Analysatoren (µ-TAS)*, die auch unter der Bezeichnung *„Lab-on-a-Chip"* bekannt geworden sind.

10.2 Intelligente Sensoren und Sensor-Arrays

10.2.1 Intelligenz in Sensorsystemen

Warum Intelligenz?

Die Entwicklung der chemischen Sensoren ist von Anfang an eng mit der Entwicklung der modernen Mikroelektronik verbunden gewesen. Oft wurde die gleiche technologische Basis, also der Silicium-Chip, benutzt. Integrierte elektronische Schaltungen auf dieser Basis haben einen beeindruckenden Stand erreicht und sind zu günstigen Preisen verfügbar. Es ist nicht weiter verwunderlich, daß man bald daran dachte, chemische Rezeptoren nicht nur mit einem mikroelektronischen Transduktor, sondern darüber hinaus mit integrierten Schaltkreisen zur Signalverarbeitung zu koppeln. Dies ging sogar so weit, daß man Unzulänglichkeiten des Sensors nicht mit einer Verbesserung der Rezeptoren, sondern mit Mitteln der Signalverarbeitung zu bekämpfen begann, eingedenk der Erfahrung „Chemie ist teuer, Mathematik ist billig". Tatsächlich sind selbst höchstintegrierte, extrem leistungsfähige Mikroprozessoren heutzutage kein entscheidender Kostenfaktor im Vergleich zum Forschungsaufwand, der in die Weiterentwicklung der Sensor-Chemie gesteckt werden müßte, um vergleichbare Verbesserungen zu erzielen. Typisch für die in diesem Kapitel behandelten modernen Systeme ist daher der Einsatz intelligenter Signalverarbeitung bis hin zu Methoden der Künstlichen Intelligenz wie *Fuzzy Logic* und die *Neuronalen Netzwerke*.

Selbst-Test, Selbst-Diagnose und Selbst-Kalibrierung

Intelligen in Sensorsystemen kann folgendes bedeuten:
- Kommunikation des Sensorsystems mit anderen Sensorsystemen oder mit Aktoren
- Anpassung des Systems an wechselnde Umgebungsvariable, z.B. die Temperatur
- Automatische Kalibrierung des Sensorsystems oder Basislinienkorrektur
- Selbstdiagnose des Systems bei Fehlern

Die *Kommunikationsfähigkeit von Sensorsystemen* wird durch Einbeziehung elektronischer Einheiten zur Signalverarbeitung stark verbessert. Insbesondere sind elektronische Systeme wichtig, wenn das Resultat der Messung nicht vom Menschen abgelesen und bewertet, sondern automatisch weiterverarbeitet werden soll. Im einfachsten Falle wird ein Signal ausgelöst, wenn die vom Sensor ermittelte Probenkonzentration einen bestimmten Schwellwert überschreitet. Im Extremfall werden weitreichende Operationen vom Sensorsystem automatisch gesteuert, so z.B. chemische Produktionsprozesse oder gar militärische Maßnahmen. Die Elektronik hat hier eine vielgestaltige Vermittlungsfunktion. Es handelt sich dabei aus der Sicht der elektronischen Technik um Routineanforderungen ohne Besonderheiten.

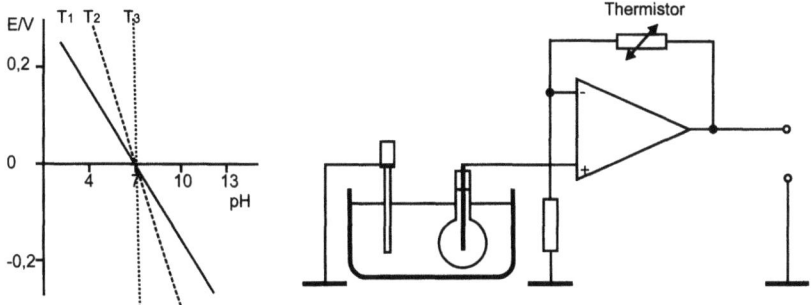

Abb. 10.1 Links: Steilheitsänderung der Kalibriergeraden einer potentiometrischen pH-Messung mit der Temperatur. Rechts: Kompensation der Steilheitsänderung durch einen Thermistor im Gegenkopplungszweig

Die *Anpassung von Analysensystemen an wechselnde Werte von Umgebungsvariablen* ist eine klassische Aufgabe, die auch vor dem Aufkommen der chemischen Sensoren eine wichtige Rolle gespielt hat. Ein typisches Beispiel ist die Kompensation des Temperatureinflusses bei pH-Messungen mit der der Glaselektrode. Steigende Temperaturen führen zunächst zu einem steileren Anstieg der Kalibriergeraden $E=f(pH)$. Darüber hinaus verschiebt sich die Gerade entlang der Achsen des Koordinatensystems, wenn sich die Temperatur ändert. Traditionell wird versucht, den letztgenannten Einfluß durch Wahl des Innenpuffers und der inneren Ableitung der Glaselektrode zum Verschwinden zu bringen oder zumindest zu minimieren. Wenn eine vollständige Eliminierung gelingt, wie schematisch in Abb. 10.1 links gezeigt, dann genügen bescheidene elektronische Hilfsmittel, um den Temperatureinfluß zu kompensieren. Die Verstärkerschaltung braucht nur ihren Verstärkungsfaktor gegenläufig zur Steilheitsänderung der gemessenen Geraden zu variieren. Das ist sehr einfach durch Einfügen eines Thermistors in den Gegenkopplungszweig einer Operationsverstärkerschaltung möglich (Abb. 10.1 rechts). Probleme entstehen hingegen, wenn sich zusätzlich zur Steilheitsvariation die Lage der Geraden im Koordinatensystem ändert. In diesem Falle müssen mindestens zwei Lösungen bekannten pH-Wertes vermessen werden. Zur Kompensation der beiden Temperatureinflüsse muß sowohl der Verstärkungsfaktor geändert als auch eine Hilfsspannung angepaßter Größe addiert werden. Bei klassischen Geräten ist die wiederholte Verstellung zweier Regler nach einem etwas komplexen Algorithmus notwendig. Eine einfache analogelektronische Kompensationsschaltung genügt hier nicht. Erst ein Mikrorechner im Gerät bringt eine wirksame Lösung. Mikrorechner sind inzwischen so klein und preiswert, daß es keine Probleme bereitet, sie mit einem pH-sensitiven chemischen Sensor zu kombinieren.

Die oben genannte Nutzung eines integrierten Mikrorechners zur Kompensation des Einflusses der Umgebungstemperatur läßt sich im Prinzip zur *Auto-Kalibrierung* ausbauen. Hierzu muß das zahlenmäßige Ausmaß der Temperatureinflüsse sehr genau bekannt sein. Das ist selten der Fall und außerdem an eine ganz bestimmte individuelle Sensoranordnung gebunden. Aber selbst dann kommt noch keine echte Selbstkalibrierung zustande. Eine solche würde es erfordern, daß das Meßsystem selbständig Konzentrationsänderungen bestimmter Größe hervorbringt, um die Kalibrierfunktion zu bestimmen. Das System müßte also chemische Spezies generieren oder verbrauchen können, wobei die damit verbundenen Konzentrationsvariationen exakt bekannt sein müßten. Derartige Anforderungen sind nur in wenigen Ausnahmefällen wirklich erfüllt worden, so z.B. bei einem System zur Bestimmung von Sulfid bzw. Schwefelwasserstoff in der Umwelt (Jeroschewski et al. 1994). In diesem System werden bekannte Mengen des Analyten auf coulometrischem Wege generiert, und zwar aus einer schwefelhaltigen Elektrode, durch die ein anodischer Strom fließt. Bekannte Ladungsmengen erzeugen nach dem Faradayschen Gesetz (Kapit. 2, Gl. (2.36)) bekannte Substanzmengen, so daß echte Konzentrationsänderungen erzeugt werden.

Leichter als die Selbstkalibrierung ist eine *automatische Basislinienkorrektur* zu verwirklichen. In vielen Fällen setzen analytisch verwertbaren Signale in Form von Peaks auf einer nur wenig variierenden Basislinie auf. Typisch ist, daß die analytische Information im Flächeninhalt des Signals steckt. Nach Subtraktion der Basislinie ist demnach eine Integration durchzuführen, die den gewünschten Flächeninhalt liefert. Wie gewinnt man die Basislinie? Bei klassischen Verfahren werden häufig zwei getrennte Messungen durchgeführt, eine mit und eine ohne Analyt. Man geht davon aus, daß die Basislinie in beiden Fällen gleich ist und daher einfach subtrahiert werden kann. Dies stimmt nicht immer mit der Wirklichkeit überein. Immerhin darf man nicht vergessen, daß zwei verschiedene Messungen zwangsläufig zwei verschiedene Zusammensetzungen bedeuten. Der unbekannte Hintergrund, d.h. der Gehalt an fremden Bestandteilen, kann bei beiden Meßvorgängen unterschiedlich sein, so daß die Subtraktion der separat gemessenen Basislinie zu großen Fehlern führen kann. Der Verzicht auf die zweite Messung (ohne Analyt) bringt also nicht in jedem Falle Nachteile. Wenn möglich, versucht man die Basislinie aus der realen Meßkurve zu extrahieren. Manchmal läßt sie sich durch eine Gerade ersetzen, in anderen Fällen kann sie durch eine gekrümmte Kurve angenähert werden, z.B. durch eine Spline-Interpolation. Beide Prozeduren lassen sich relativ leicht automatisieren, da nur mathematische Eigenschaften der Meßkurve genutzt werden. Es bleibt trotzdem ein schwer lösbares Problem, wenn ein Mikrorechner ohne menschliche Hilfe den wahrscheinlichen

Verlauf einer Basislinie finden soll. Die Anforderungen an die Intelligenz der Software sind nicht unbeträchtlich.

Selbst-Test und *Selbst-Diagnose* von Sensorsystemen sollen Probleme beseitigen, die durch fehlerhafte Funktion des Systems entstehen. Am einfachsten läßt sich der Totalausfall eines Sensors erkennen. Ein sicheres Mittel hierfür ist der Parallelbetrieb mehrerer gleichartiger Sensoren in einem Array, wie dies weiter unten ausgeführt wird. Viel schwieriger zu erkennen ist das allmähliche Nachlassen der Sensorfunktionen. Typisch für die weit verbreiteten Sensoren auf amperometrischer Basis ist die stetig kleiner werdende Empfindlichkeit infolge einer zunehmenden Desaktivierung der Elektrodenoberfläche, z.B. durch Vergiftung mit Substanzen, die fest haftende inerte Deckschichten auf Metalloberflächen bilden. Bei Elektroden aus Gold genügen oft schon Spuren von schwefelhaltigen Substanzen, um die Oberfläche nachhaltig zu schädigen. Derartige Fehlfunktionen, die in ähnlicher Form auch bei anderen Sensortypen vorkommen, können nur erkannt werden, wenn die Funktion periodisch mit einem unabhängigen Analysenverfahren verglichen wird. Unabhängig heißt, daß grundsätzlich ein andersartiges Analysenprinzip genutzt werden muß. Elektrochemische Sensoren können nicht mit elektrochemischen, optische Sensoren nicht mit optischen Methoden überprüft werden.

Echte Selbst-Tests und Selbst-Diagnosen kommen bisher kaum in der Praxis vor. Stattdessen wird im allgemeinen versucht, die Wirksamkeit der Sensoren durch eingebaute Regenerierungsprozesse so lange wie möglich, auf jeden Fall aber für eine garantierte Standzeit, zu erhalten oder gleich Wegwerfsensoren anzuwenden. Bei den erwähnten amperometrischen Sensoren wurden zahlreiche Impulsprogramme in den Meßprozeß eingebaut, die zur periodischen Auffrischung der Elektrodenoberfläche dienen sollen.

10.2.2 Sensor-Arrays

Warum Sensor-Arrays?

Für die Kombination mehrerer Sensoren zu einem Array gibt es eine Reihe von Gründen. Wichtig sind dabei die folgenden:

- Redundanz
  Wenn mehrere gleichartige Sensoren parallel arbeiten, ergibt sich eine verbesserte Störsicherheit. Bei Ausfall eines Einzelsensors können andere seine Funktion übernehmen, außerdem läßt sich der Ausfall leicht durch den Vergleich der Signale erkennen. Störsicherheit ist besonders wichtig bei klinischen Anwendungen
- Mehrdimensionale Information
  - *Zweidimensionale bildgebende Information (Mapping)* von Substanzverteilungen auf einer Fläche erhält man durch Zusammenfassung gleichartiger Sensoren im Array
  - *Zusätzliche Variable* (Temperatur, Lichtwellenlänge u.a.) lassen sich berücksichtigen durch verschiedenartige Sensoren im Array

- Mehrkomponentenanalyse

An Sensoren im Array werden in manchen Fällen höhere Anforderungen gestellt als an Einzelsensoren. Da man Arrays nicht so leicht kalibrieren kann wie einzelne Sensoren, sind *Reproduzierbarkeit* und *Langzeitstabilität* wichtiger. Die *Kleinheit* von Sensoren im Array ist zwingend, daher können bei weitem nicht alle Typen in Arrays genutzt werden. Die *Herstellung* von Arrays ist aufwendiger und kann im allgemeinen nicht mit handwerklichen Mitteln vollzogen werden. Meist müssen moderne automatisierte Technologien angewandt werden. Die *Datenverarbeitung* der Meßergebnisse von Arrays ist aufwendig und verlangt oft anspruchsvolle statistische Verfahren oder Methoden der Mustererkennung. Demzufolge wird auch die *Instrumentierung* aufwendiger. Klassische analoge Instrumente, Bandschreiber u.ä. scheiden aus. Typisch ist der Anschluß der Systeme an Mehrkanal-Input-Output-Karten im PC sowie die graphische Programmierung mit Softwarepaketen wie LabView ®.

Eine besondere Art von Sensor-Arrays sind die sogenannten *Elektronischen Nasen* und *Zungen*. Sie arbeiten nach ganz anderen Prinzipien als in der klassischen Analysentechnik üblich und werden deshalb in einem gesonderten Abschnitt behandelt.

Mehrdimensionale und Mehrkomponenten-Analyse

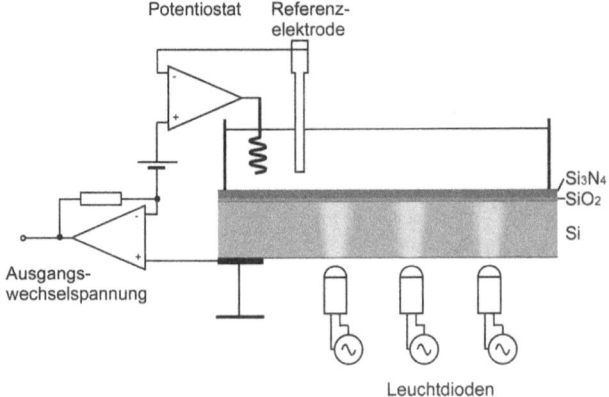

Abb. 10.2 Struktur und Meßanordnung von LAPS-Sensor-Arrays

Arrays für eine zweidimensionale bildgebende Darstellung (Mapping) lassen sich sehr elegant mit Licht-adressierbaren potentiometrischen Sensoren (LAPS) aufbauen. Abb. 10.2 zeigt das Schema eines solchen Arrays. Auf einem dünnen Siliciumchip (ca. 0,5 mm) sind zwei isolierende Schichten aufgebracht. Die untere aus Siliciumdioxid wird von einer etwas dickeren aus Siliciumnitrid überdeckt. Letztere dient als Schutzschicht gegen die wäßrige Lösung, die in Kontakt mit dem Chip steht. Ein Potentiostat stabilisiert die Spannungsdifferenz zwischen der Referenzelektrode in der Lösung und der Si-Basis. Einzelne Stellen des Chips können von unten, durch die Si-Basis hindurch, manchmal aber auch von der Lösungsseite her, beleuchtet werden. Die Beleuchtung erfolgt mit Wechsellicht über Leuchtdioden. Hierduch werden bestimmte Stellen des Chips aktiviert (*adressiert*) und liefern am Ausgang einen Wechselstrom, der wie gezeigt gemessen werden kann. Die Bezeichnung „potentiometrischer Sensor" ist etwas irreführend, denn Potentiale werden nicht direkt gemessen. Es gibt allerdings eine Betriebsart, bei der die Potentialabhängigkeit der lichtinduzierten Wechselströme ausgewertet wird. Bei Einzelansteuerung der Leuchtdioden erhält man ein Wertepaar, bestehend aus der Signalintensität und dem Ort, der sich daraus ergibt, welche Leuchtdiode jeweils in Betrieb ist. Man kann die so gewonnenen Punkte zu einer zweidimensionalen „Landkarte" zusammensetzen, erhält also die Verteilung von Konzentrationen auf einer Fläche.

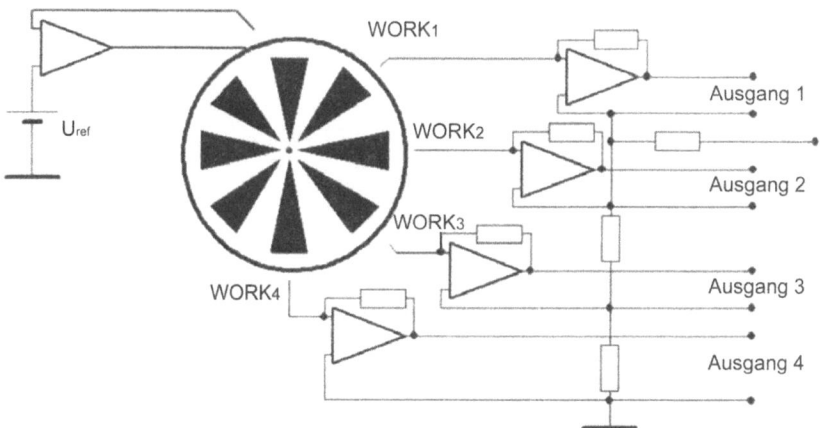

Abb. 10.3 Voltammetrie mit einem Mehrfachelektroden-Array. Jede Elektrode wird von einem eigenen Potentiostaten angesteuert

Ein Beispiel für eine andere Art der mehrdimensionalen Analyse sind voltammetrische Arrays, die aus einer größeren Anzahl einzelner Metallflächen auf einem gemeinsamen Substrat bestehen (Hoogvliet et al. 1991). Jede einzelne Fläche wird durch ihren eigenen Potentiostaten auf ein individuelles Potential polarisiert (Abb. 10.3). Die Potentiostaten lassen sich so programmieren, daß die Potentialdifferenz von Elektrode zu Elektrode konstant ist (z.B. $\Delta E = 5 mV$). Jeder Potentiostat liefert dann an seinem Stromausgang einen Wert, der einen Punkt im Voltammogramm darstellt. Eine komplette voltammetrische Kurve läßt sich so ohne Scanning aufzeichen. Alle Punkte sind zum gleichen Zeitpunkt verfügbar. Auf diesem Wege kann als weiterer Parameter die Zeit berücksichtigt werden. Wenn das genannte Array in einem Durchflußsystem angeordnet ist, entsteht ein dreidimensionales Bild, das aus Voltammogrammen von zeitlich nacheinander durchfließenden Substanzen gebildet wird. Abb. 10.4 veranschaulicht das Ergebnis in vereinfachter Form.

Daß man mit Sensor-Arrays *mehrere Komponenten simultan bestimmen* kann, ist einleuchtend. Bedeutsam ist diese Art der Analytik, wenn es auf die Kompaktheit der Meßsonde ankommt, jedoch nur wenige klar benannte Bestandteile in einem bgrenzten Konzentrationsbereich zu untersuchen sind. In der klinischen Praxis sind schon länger Arrays aus (noch nicht unbedingt miniaturisierten) potentiometrischen Sensoren bekannt, mit denen die medizinisch bedeutsamen Komponenten Ca^{2+}, K^+, Na^+ und Mg^{2+} simultan mit wenig Zeitaufwand bestimmt werden können. Die schnelle Verfügbarkeit der Resultate ist bedeutsam, wenn während einer Operation darauf geachtet werden muß, daß bestimmte physiologisch wichtige Konzentrationswerte nicht über- oder unterschritten werden dürfen.

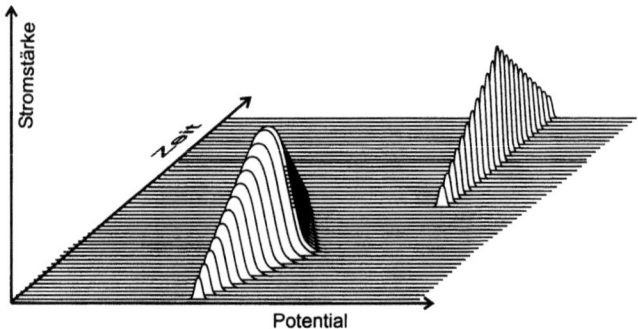

Abb. 10.4 Signal eines voltammetrischen Elektrodenarrays in einem Durchflußsystem während des Durchfließens mehrerer elektrodenaktiver Substanzen (schematisch)

Voltammetrische Sensorarrays zur Simultanbestimmung von Schwermetallen lassen sind in zahlreichen Varianten bekannt. Ähnlich wie beim Beispiel in Abb. 10.3 können Metallflächen individuell auf bestimmten Potentialen gehalten werden. Sinnvoll ist dies, um Stripping-Bestimmungen (siehe Kapit. 2, Abschn. 2.2) von Metallspuren auszuführen. In diesem Fall ist es günstig, die einzelnen Elektroden aus verschiedenen Materialien auszuführen. Die jeweiligen Potentiale werden zunächst zeitlich konstant gelassen und unter Rühren werden die Metallkationen zum Element reduziert. Im nachfolgenden anodischen Auflösungsvorgang entstehen die Signale. Die voltammetrisch gut bestimmbaren Metalle Zink, Cadmium und Blei wurden an Elektroden aus Gold, Silber, Kupfer und Platin angereichert.

Elektronische Nasen, elektronische Zungen (ENoses; ETongues)

Ein sehr unkonventioneller Weg, eine chemische Analyse der Umwelt durchzuführen ist die Anwendung der „elektronischen Sinnesorgane". „Nase" steht für ein Array zur Gasphasenanalyse, „Zunge" für eine Anordnung, die in Flüssigkeiten arbeitet.

Arrays dieser Art gehen von den gewohnten Prinzipien der chemischen Analytik ab und arbeiten ähnlich wie die natürlichen Sinnesorgane. Es handelt sich stets dabei um Arrays aus mehr oder weniger zahlreichen Einzelsensoren des gleichen Typs, so wie z.B. auch die Oberfläche der menschlichen Nasenschleimhaut aus zahlreichen Geruchsrezeptoren zusammengesetzt ist. Ziel ist in jedem Falle die Untersuchung komplexer vielkomponentiger Stoffgemische. Es kommt nicht mehr darauf an, einzelne Komponenten der Probemischung zuverlässig zu identifizieren und zu quantifizieren. Die klassischen Fragen der chemischen Analytik („was ist drin?"; wieviel ist drin?") werden zwar nach wie vor gestellt, d.h. man möchte etwas über die Qualität der enthaltenen Stoffe und etwas über deren Quantität erfahren. Die zu erwartende Antwort fällt aber mit Sensor-Arrays anders aus als mit den klassischen Verfahren. Von Sensor-Arrays wird prinzipiell eine kollektive Aussage geliefert, ähnlich wie dies auch natürliche Sinnesorgane tun. Letztere liefern Eindrücke wie „brenzliger Geruch", „saurer Geschmack", „fruchtiges Aroma" und ähnliches, also gewissermaßen ein *„chemisches Porträt"* oder eine *„Signatur"* eines Stoffgemisches. Dennoch handelt es sich auch in diesem Fall um eine chemische Analyse eines Ausschnittes aus der Umwelt.

Die im Array vereinigten Sensoren müssen so angeordnet sein, daß sie einzeln abgefragt werden können. Es entsteht eine große Zahl von Signalen. Diese können mit herkömmlichen Mitteln nicht ausgewertet werden. Notwendig sind moderne Rechenverfahren, die mit großen Datenmengen und vieldimensionalen Systemen umgehen können.

Mathematisch gesehen sind alle Sensoren, die hier behandelt werden (also auch alle in den hier besprochenen Arrays enthaltenen) sogenannte *Sensoren Erster Ordnung*. Damit ist gemeint, daß eine einzelne Messung einen *Datenvektor* für jede Probe liefert. Dieser Vektor gruppiert die Signale der Einzelsensoren. Diese Eigenschaft der Sensor-Arrays kann man sich veranschaulichen, wenn man sie mit einer spektroskopischen Messung vergleicht. Dort entspräche eine Messung bei einer bestimmten Wellenlänge der Messung mit einem Einzelsensor. Das resultierende Spektrum (zusammengesetzt aus Messungen mit mehreren verschiedenen Wellenlängen) enthält dann Aussagern über Qualität und Quantität jeder einzelnen Komponente in der Mischung. Bei Sensor-Arrays gilt es nun, eine geeignete Darstellung der Ergebnisse (eine geeignete Repräsentation des erzielten *„chemischen Porträts"* der Mischung zu finden.

Bei der Auswertung der Ergebnisse von Sensor-Arrays handelt es sich, wie zu erwarten, um ein quantitatives Kalibrierungsproblem. Zuvor versucht man aber eine qualitative Untersuchung der Probenmatrix, wozu Verfahren der Mustererkennung (Pattern Recognition) geeignet sind. Für die Zielrichtung einer quantitative Multikomponenten-Analyse bedient man sich multivariater Regressionsmodelle.

Am häufigsten werden die folgenden Rechenverfahren angewandt:
- Parametrische Analyse
    - Lineare Regression
    - Nichtlineare Regression
    - Discriminant Function Analysis (DFA)
- Nichtparametrische Analyse
    - Mustererkennung (Pattern Recognition)
        darunter besonders Hauptkomponentenanalyse

(Principal Component Analysis = PCA)
- Clusteranalyse
- Fuzzy Logic
- Neuronale Netze

Fuzzy Logic und die Neuronalen Netze gehören schon zu den Methoden der Künstlichen Intelligenz. Mit Neuronalen Netzen wird eine sehr weitgehende Analogie zur Funktionsweise natürlicher Sinnesorgane erreicht.

Die neue Qualität der elektronischen Sinnesorgane zeigt sich nicht zuletzt darin, daß die Ansprüche an die im Array vereinigten Sensoren relativ bescheiden sind. Es genügt, wenn die folgenden Bedingungen erfüllt sind.

- Nasen- und Zungen-Arrays bestehen aus einer Anzahl von *partiell selektiven* Einzelsensoren. Selektivität bedeutet hier *bevorzugtes Ansprechen auf eine Probesubstanz*, wobei die übrigen Substanzen formal als *Störsubstanzen* eingestuft werden
- Jeder der Einzelsensoren muß eine gewisse Unterscheidungsfähigkeit zwischen den Komponenten des Gemischs haben, also *Probe* und *Störsubstanz* unterscheiden können. Er soll auf beide mit unterschiedlicher Empfindlichkeit ansprechen
- Die Signale der Einzelsensoren müssen voneinander in gewissem Umfange abweichen, d.h. jeder der Einzelsensoren soll eine gewisse *Individualität* aufweisen

Wie man erkennt, sind dies leicht erfüllbare Forderungen. Man könnte sagen, daß hier eher aus einer Not eine Tugend gemacht wird. Eigenschaften, die normalerweise als Unzulänglichkeiten gelten, werden zur Quelle der Information. Diese Information läßt sich allerdings erst durch Anwendung umfangreicher Rechenverfahren erschließen.

Tabelle 10.1 Beispiele für Elektronische Nasen

Sensortyp	Anzahl Sensoren im Array	Meßmethode	Anwendung
Leitfähige Polymerschichten	12	Konduktometrie	Aromastoffe in Bier
Metalloxid-Keramik	12	Konduktometrie	Aromastoffe in Kaffee
Metallelektroden	16	Amperometrie	Toxische Dämpfe in Getreidelagern
MOSFETs	20	Kapazitiver Photostrom	Dämpfe von Alkohol, Ammoniak u.a.
Lipidschichten	6	Piezokristall	Unterscheidung alkoholischer Getränke

Beispiele für ENoses sind in Tabelle 10.1 aufgelistet. Erstaunlich ist, mit welch primitiven Rezeptoren beachtliche Erfolge erzielt worden sind. Simple Schichten aus einem leitfähigen Polymer ändern z.B. ihren Widerstand bei Einwirkung von Aromastoffen immerhin so deutlich, daß auf diesem Wege Biersorten unterschieden werden können. Man läßt die über dem Getränk stehende Gas-

10.2 Intelligente Sensoren und Sensor-Arrays

atmosphäre auf das Array einwirken. Allgemein sind Elektronische Nasen gut geeignet zur Charakterisierung von Getränkesorten. In einfacheren Fällen, wenn es etwa darum geht, echten schottischen Whisky von einem künstlich aromatisierten Surrogat zu unterscheiden, können sie bereits in der Gegenwart die teuren speziell geschulten Lebensmittelkoster ersetzen.

Zu den Elektronischen Nasen gehören auch die *Frischesensoren*, die sich in der Fleisch- und Wurstwarenindustrie allmählich einen Platz erobern. Man sagt voraus, daß in Zukunft sogar abgepackte Lebensmittel im Einzelhandel mit derartigen Sensoren versehen sein werden.

Elektronische Zungen (ETongues), also Sensorarrays zur Analyse bzw. Charakterisierung von Flüssigkeiten, sind noch nicht so weit verbreitet wie die elektronischen Riechorgane. Es gibt aber auch hier schon ernstzunehmende Entwicklungen, wie aus Tabelle 10.2 ersichtlich.

Tabelle 10.2 Beispiele für Elektronische Zungen

Sensortyp	Anzahl Sensoren im Array	Meßmethode	Anwendung
Ionenselektive Glaselektrode (Chalkogenidgläser)	4-6	Potentiometrie	Getränke; Mineralwässer
Metallelektroden	3	Voltammetrie	Tee-Aromen; Schwermetalle
Edelmetallschichten im fließenden Strom	12	SPR	Organische adsorbierbare Spuren in Reinstchemikalien

Nicht alle Beispiele in der Tabelle 10.2 folgen der weiter oben gegebenen Standardkonfiguration. Zum Beispiel arbeitet die in der Tabelle angeführte voltammetrische ETongue (Ivarsson et al. 2001) nicht mit gleichartigen, sondern mit drei aus verschiedenen Edelmetallen bestehenden Elektroden. Trotzdem, und ungeachtet auch der geringen Anzahl von Elektroden, gelang eine deutliche

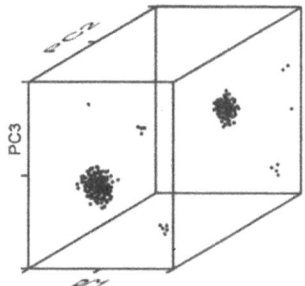

Abb. 10.5 Ergebnis einer Hauptkomponentenanalyse mit Daten eines Sensor-Arrays

tet auch der geringen Anzahl von Elektroden, gelang eine deutliche Unterscheidung von Teesorten. Ein weiteres interessantes Beispiel ist die in der Tabelle erwähnte Untersuchung von Mineralwässern mittels eines Arrays aus Chalkogenid-Glaselektroden (Di Natale et al. 1999). Wässer aus verschiedenen Quellen konnten deutlich erkannt und voneinander unterschieden werden. Eine absichtliche Kontamination einer Probe mit einer kleinen Menge organischen Materials machte sich sofort bemerkbar.

Beim gegenwärtigen Stand der Technik steht die qualitative Zielsetzung im Vordergrund. Wie auch die Beispiele in den obigen Tabellen zeigen, geht es meist darum, Varianten komplexer Stoffgemische voneinander zu unterscheiden. Deshalb ist in der internationalen Literatur die Präsentation der Ergebnisse mittels Verfahren der Mustererkennung weit verbreitet. Oft wird die Hauptkomponentenanalyse (Principal Component Analysis, PCA) verwendet. Kernstück dieses Verfahrens ist eine *Eigenvektor-Analyse* der Daten. Der *Eigenvektor* repräsentiert die Richtung der maximalen Varianz einer Anzahl von Daten. Die Daten werden skaliert, indem die Mittelwerte subtrahiert und durch die Standardabweichung des Sensorsignals dividiert wird. Die gibt jedem Sensor das gleiche Gewicht in der Auswertung. Nach Durchführung der Eigenvektor-Analyse lassen sich die Ergebnisse in einem neuen Koordinatensystem als Funktion der Eigenvektoren darstellen, wie schematisch in Abb. 10.5 am Beispiel einer dreidimensionalen Analyse gezeigt. Oft ergeben sich deutliche Zusammenballungen von Datenpunkten, die eine klare Zuordnung ermöglichen. Auch Ausreißer unter den Daten können leicht erkannt werden.

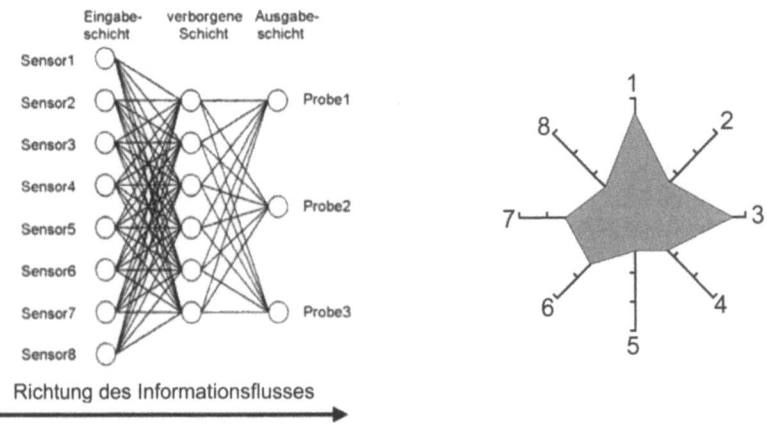

Abb. 10.6 Schema eines dreischichtigen Neuronalen Feed-Forward-Netzes zur Auswertung der Daten von Sensor-Arrays (links). Darstellung des Signalmusters als „Radarplot" (rechts)

Die *Fuzzy Logic* ist ein mathematisches Konzept, um mehr qualitativ beschriebene systeme oder Prozesse zu behandeln. Z.B. ist die menschliche Sprache ein System, das es erlaubt, mit geringer Präzision genügend Informationen zu übermitteln und weiter zu verarbeiten. *Fuzzy Logic* bildet diese unscharfen Denkweisen (z.B. Begriffe „warm" und „kalt", um die Temperatur zu beschreiben) am Computer nach. In der Sensorik werden die Ergebnisse der Arrays in *Fuzzy-*

10.2 Intelligente Sensoren und Sensor-Arrays

Mengen unterteilt. Auch auf diesem Wege lassen sich vielkomponentige Probengemische unterscheiden.

Neuronale Netze (Rojas 1993) simulieren Gehirnfunktionen und werden in der Sensorik genutzt, nichtparametrische, nichtlineare Modelle der Ergebnisse von Sensorarrays zu konstruieren. Neuronale Netze sind homogen aufgebaut, und zwar aus Elementen gleicher Grundstruktur, den *Neuronen*. Oft werden dreischichtige, sog. *Feed-Forward-Netze* aufgebaut, bei denen die Neuronen in *Schichten* angeordnet sind (Abb. 10.6 links). In solchen Netzen entspricht die Anzahl der Eingangsneuronen der Anzahl eingehender Sensorsignale. Die Zahl der *Verborgenen Neuronen* und der *Ausgangsneuronen* hängen von den Bedingungen ab. Das Netz wird mit Standardproben „trainiert". Dabei läßt sich auch die Anzahl der *Verborgenen Neuronen* optimieren. Neuronale Netze eignen sich besonders zur Gewinnung qualitativer Aussagen und weniger für quantitative Analysen. Für die Präsentation der Ergebnisse hat sich die Darstellung in Form von „Radarplots" bewährt Abb. 10.6 rechts).

Eine besondere Art von Sensor-Arrays sind die *DNA-Chips*, die bereits im Kapit. 7, Abschn. 7.4, erwähnt wurden. Wie dort beschrieben kann eine Spezies oder gar ein einzelnes Individuum durch den Vorgang der *Hybridisierung*, d.h. durch die Kombination der beiden Einzelstränge der DNA zum Doppelstrang, identifiziert werden. Dazu war es notwendig, ein *Oligonucleotid*, d.h. einen charakteristischen Ausschnitt aus dem einsträngigen DNA-Molekül, als *Sonde* auf einer Oberflächen zu immobilisieren. Für den Fall, daß der komplementäre Strang (als Teil des gesuchten Organismus) vorhanden war, vollzieht sich die Bildung des Duplexes aus Strang und komplementärem Strang, d.h. die *Hybridisierung*.

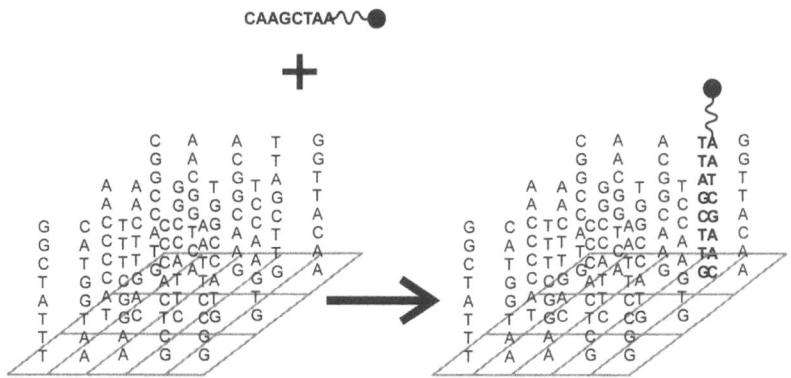

Abb. 10.7 Prinzip der Sequenzanalyse mit einem DNA-Chip

Für die Entschlüsselung bestimmter Genombereiche eines Individuums ist es notwendig, sehr viele Genomabschnitte gleichzeitig zu analysieren. Zu diesem Zweck wurden die sogenannten DNA-Chips entwickelt. Dies sind Glasplättchen, die in zahlreiche Segmente eingeteilt wurden. Jedes Segment enthält eine bestimmte Oligonucleotidsequenz, die nach den gebräuchlichen Methoden dort immobilisiert wurde. Ein Plättchen mit der Kantenlänge 25 mm kann bis zu 50000 unterschiedliche Oligonucleotidsequenzen enthalten. Die zu untersuchende DNA wird enzymatisch in Fragmente zerschnitten, an welche Indikatorgruppen angeknüpft werden. Dies sind in den meisten Fällen Fluorophore, aber auch Redox-Indikatoren sind gebräuchlich. An den Stellen des Chips, wo sich Doppelstränge gebildet haben, erscheint ein fluoreszierender Fleck bzw. eine Insel mit Redoxaktivität. Wenn die Fläche des Chips mit einem scannenden Gerät abgetastet wird, können der Ort (d.h. die Art) und die Menge der markierten Moleküle bestimmt werden. Dies bedeutet, daß in einem einzigen Experiment simultan bis zu 50000 Gensequenzen getestet werden können. Die Vorgänge sind schematisch in Abb. 10.7 dargestellt.

10.3 Miniaturisierte Totalanalysatoren

10.3.1 Entstehungsgeschichte

Chemische Sensoren haben große Fortschritte in der Analytik bewirkt. Viele traditionelle Aufgaben können preiswerter gelöst werden, viele unkonventionelle neue Möglichkeiten sind sichtbar geworden. Dennoch kann man keinesfalls annehmen, daß man in der Zukunft alles in der chemischen Analytik allein mit Sensoren machen wird, daß Sensoren also traditionelle Analysengeräte ersetzen werden. Dies ist schon deshalb unmöglich, weil in den weitaus meisten Fällen der eigentlichen *Messung* zahlreiche Operationen vorgelagert sind. Selbst wenn man schon von einer fertigen Probelösung ausgehen kann, sind Dosierungsoperationen notwendig, d.h. der Lösung muß ein genau bemessener Teil entnommen werden, dieser Teil (das *Aliquot*) muß transferiert werden u.v.a.mehr. Auch vorgeschaltete Trennprozesse (Filtrieren, Ionenaustausch, Fällungen u.a.) gehören zum alltäglichen Standard.

In der instrumentellen chemischen Analytik gibt es seit langer Zeit eine Tendenz zur Miniaturisierung. Während noch in den 1950er Jahren die meisten anspruchsvollen Instrumente ganze Laborräume einnahmen, herrschen heute Tischgeräte vor. Diese Entwicklung ist in erster Linie der Tatsache zu verdanken, daß sich in der Elektronik eine extrem schnelle Entwicklung zu hochkomplexen Miniaturschaltkreisen vollzogen hat, die billig verfügbar sind. Insofern kann man bei allen messenden Instrumenten, unabhängig davon ob sie zum Arsenal der Analytik zu zählen sind, eine starke Miniaturisierungstendenz beobachten. Es gibt jedoch andere gewichtige Gründe dafür, daß Analyseninstrumente immer kleiner werden. Einer dieser Gründe ist das Bestreben, mit dem Instrument zur Probe, also z.B. in die Umwelt zu gehen und nicht umgekehrt. Ein anderer Grund ist die Erwartung, daß sehr kleine Instrumente schneller arbeiten als große, da chemische Umsetzungen in kleineren Volumina stets schneller ablaufen.

Nachdem man mit chemischen Sensoren Erfahrungen gesammelt hatte und nachdem klar geworden war, daß eine Verkleinerung keineswegs immer mit einer Verschlechterung der Leistungsfähigkeit einher gehen muß, lag es nahe, diese Gesichtspunkte auf komplette Laboratorien anzuwenden. Von Anfang an spielte dabei die Überlegung eine Rolle, daß ein verkleinertes Instrument bessere Möglichkeiten für eine Automatisierung der auszuführenden Operationen bringen müßte. Dies wiederum würde die Störsicherheit erhöhen und die Möglichkeit bieten, auch weniger hoch qualifiziertes Personal einzusetzen.

Makroskopische Analyseninstrumente können nicht einfach linear verkleinert werden, wenn es um Miniaturisierung geht. Beim Verkleinern wirken sich physikalische Parameter in unterschiedlicher Weise aus. Beispielsweise verliert bei Verkleinerung die Schwerkraft an Wirkung, hingegen wirken sich Adhäsionskräfte oder die Viskosität stärker aus. Diffusions- und Wärmeausbreitungsvorgänge gewinnen an Einfluß. Hieraus läßt sich vielfältiger Nutzen ziehen. So kann z.B. Verlustwärme bei sehr dünnen Drähten bzw. Leiterzügen besser abgeführt werden als bei Leitern makroskopischer Dimension. Daher vertragen Mikroschaltkreise im allgemeinen höhere elektrische Leistung pro Leiterquerschnitt. In chemischen Mikrosystemen genügt als Transportvorgang oft einfach die Diffusion, z.B. bei Titrationen. Die Grundlagen des Scaling Down sind urprünglich für die Verkleinerung mikroelektronischer Schaltkreise entwickelt worden, inzwischen gibt es universell anwendbare theoretische Grundlagen (Pagel.2001).

Vorläufer

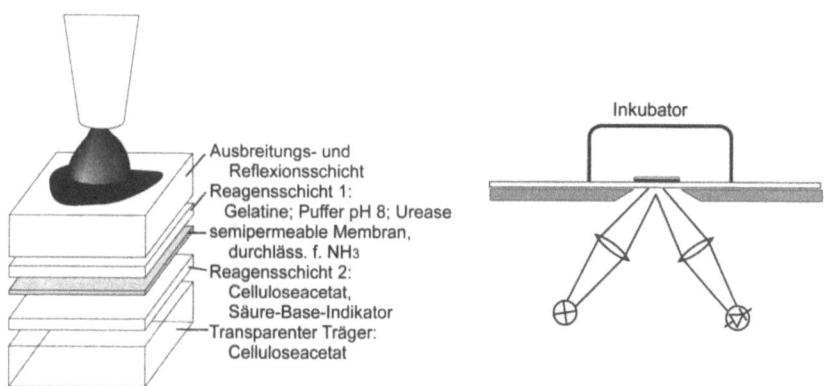

Abb. 10.8 Mehrschicht-Filmelement für die Bestimmung von Harnstoff in Blut als Beispiel eines frühen µ-TAS (links). Auswertung durch ein Reflexionsphotometer (rechts)

Total-Analysensysteme (TAS) hat es durchaus auch schon gegeben, bevor überhaupt dieser Begriff aufkam. Dazu gehören zahlreiche Techniken, die mit fließenden Strömen arbeiten, z.B die *Fließinjektionsanalyse (FIA)*, die *Elektrophorese* und die *Chromatographie* (siehe dazu Kapit. 9). Bei der Fließinjektionsanalyse z.B. automatisiert man traditionelle chemische Prozesse, indem man nicht wie üblich die Probe mit einem Reagens mischt, wartet bis sich eine charakteristische Färbung entwickelt hat und schließlich die Farbtiefe in einem Photometer ausmißt. Stattdessen wird ein Proben-Aliquot in einen fließenden Reagensstrom injiziert.

Der Strom transportiert die Probe, die dabei mit den vorhandenen Reagenzien reagiert. Am Ende des Systems fließt alles durch einen Detektor (z.B. eine photometrische Durchflußzelle), der ein konzentrationsabhängiges Signal produziert. Auf diesem Wege kann der Probendurchsatz einer photometrischen Analyse enorm gesteigert werden. Ähnliche Leistungen werden von chromatographischen Methoden erbracht, die man auch zu den Durchflußmethoden rechnen kann. Ein erster Ausgangspunkt für die Entwicklung miniaturisierter Totalanalysatoren (µ-TAS) waren also bereits vorhandene Fließsysteme. Durch Miniaturisierung versuchte man im wesentlichen drei Ziele zu erreichen, nämlich kürzere Analysenzeiten, Verringerung des Probenbedarfs und Erleichterung des dezentralen Einsatzes, z.B. im Gelände für umweltanalytische Ziele.

Auch echte µ-TAS gibt es bereits lange Zeit, ohne daß dieser Ausdruck verwendet wurde. Diese kaum beachteten frühen Systeme kommen aus einer anderen Quelle, nämlich der Direktfotografie auf chemischem Wege, eine Technik, die insbesondere von der Firma Polaroid vorangetrieben worden ist. In der Direktfotografie werden komplexe Prozesse wie etwa die Filmentwicklung und -fixierung, das Entfernen des Silbernegativs u.a. nicht nacheinander mit getrennten Lösungen in einer Dunkelkammer, sondern ausschließlich durch gezielte Diffusion innerhalb der Kamera ausgeführt. Es handelte sich also bei derartigen Filmen tatsächlich um ein Miniaturlaboratorium. Die Technik ließ sich relativ leicht auf die chemische Analytik übertragen. Es werden Mehrschicht-Filmelemente aufgebaut, die äußerlich wie Testpapierstreifen aussehen. Tatsächlich handelt es sich um komplexe Filmsysteme, bei denen auf einer transparenten Unterlage, die identisch mit den aus der Fotografie bekannten Celluloseacetat-Folien ist. Auf dieser Basis sind mehrere Schichten in wohlabgestimmter Dicke aufgebracht. Sie bestehen entweder aus trockenen Gelen oder aus semipermeablen Membranen mit selektiver Durchlässigkeit. In den Schichten sind alle notwendigen Reagenzien bereits enthalten. Die Analyse beginnt mit dem Aufbringen eines Tropfens Probelösung. Die Flüssigkeit verteilt sich schnell in der Fläche einer Ausbreitungs- und Reflexionsschicht, so daß ein Lösungsfleck konstanter Schichtdicke entsteht. Die Bestandteile der Lösung diffundieren in die darunter liegende Schicht und reagieren dort. Nach dem selektiven Abtrennen störender Bestandteile mittels Filterschichten entsteht schließlich ein farbiges Produkt, dessen Menge proportional zur Probenkonzentration ist. Die Farbtiefe, und damit die Konzentration, kann mit einem Reflexionsphotometer gemessen werden. Als Beispiel ist in Abb. 10.8 die Bestimmung von Harnstoff im Blut gezeigt. In der Reagensschicht 1 entsteht durch enzymatisch katalysierte Hydrolyse Ammoniumcarbonat. Bei dem durch den Puffer auf den Wert 8 gehaltenen pH-Wert liegt im Gleichgewicht Ammoniak vor, das eine gasdurchlässige Membran durchqueren kann und in der Reagensschicht 2 eine Farbänderung des dort immobilisierten Farbindikators hervorruft. Die Extinktion dieser Farbstoffschicht ist ein lineares Maß für den Harnstoffgehalt der Probe. Bei der photometrischen Messung tritt das Licht zweimal durch die Farbschicht, einmal beim Eintritt und einmal nach diffuser Reflexion an der ganz oben liegenden Verteilungs- und Reflexionsschicht. Alle Vorgänge laufen „wie von selbst" ab. Der Transport wird ausschließlich durch Diffusion bewirkt. Günstig ist allerdings, wenn für die Dauer der Messung sowohl die Temperatur als auch die relative

Feuchte konstant gehalten werden. Dazu dient der in Abb. 10.8 rechts gezeigte kleine Inkubator.

µ-TAS und Lab-on-a-Chip

Die Begriffe *Mikro-Totalanalysensystem (µ-TAS)* und *Lab-on-a-Chip* sind neueren Datums und wurden von vornherein für Analysensysteme mit fließenden Materieströmen geprägt. Zunächst versuchte man eine Verkleinerung herkömmlicher Fließsysteme, darunter insbesondere der Chromatographen. Nachdem Techniken aus der Mikroelektronik in abgewandelter Form zur Verfügung standen, kam die Bezeichnung *Lab-on-a-Chip* auf. Man verstand darunter zunächst Systeme, die auf einem einzigen Siliciumchip (monolithisch) aufgebaut waren. Später wurden auch andere Materialien als „Chip" akzeptiert. Inzwischen gilt der Begriff für alle auf einem planaren Untergrund aufgebauten miniaturisierten Anordnungen.

Die Entwicklung der Systeme begann in den siebziger Jahren des 20. Jahrhunderts. Das Aufkommen der Mikromechanik im Gefolge der Mikroelektronik führte zur Entwicklung von Mikropumpen und Mikroventilen. Gleichzeitig wurden SAW-Sensoren und ISFETs bekannt, also gelungene Beispiele der Vereinigung elektronischer und chemischer Funktionseinheiten. Daraus entstand ein coulometrischer Mikrotitrator, der im wesentlichen aus einer Generatoreinheit zur Erzeugung titrimetrischer Reagenzien und einem in das System integrierten ISFET als Indikatoreinheit bestand (van der Schoot u. Bergfeld 1985). Bereits 1979 hörte man auch von einem Miniatur-Gaschromatographen (Terry et al. 1988), mit dem Stoffgemische innerhalb weniger Minuten getrennt werden konnten. Injektionsventil und Trennsäule (Länge 1,5 m) waren auf einem einzigen Siliciumchip integriert und in Siliciumtechnologie gefertigt. Ein zweiter gekoppelter Chip enthielt einen Wärmeleitfähigkeitsdetektor in Siliciumtechnologie. Die Ankündigung eines solchen Gerätes wirkte zur damaligen Zeit sensationell, jedoch wurde der Chromatograph niemals praktische einer größeren Öffentlichkeit vorgeführt, auch eine kommerzielle Fertigung blieb aus. Möglicherweise waren dafür militärische Interessen verantwortlich. Eine Zeitlang schwand das Interesse an miniaturisierten Laboratorien.

In den 1990er Jahren wurde zum ersten Mal öffentlich über Notwendigkeit und Wichtigkeit miniaturisierter Totalanalysatoren spekuliert. Der Begriff des *µ-TAS* wurde von Manz u. Graber et al. 1990 geprägt, zugleich wurde das Konzept vorgestellt, in dem ein Fließsystem auf einem Siliciumchip mit integrierter Probenvorbehandlung, Trennung und Detektion die wesentlichen Bestandteile waren. Bereits zu diesem Zeitpunkt machte man sich Gedanken darüber, ob nicht zum Zwecke des Lösungstransports anstelle mechanischer Pumpen besser die Elektroosmose Verwendung finden sollte. Diese hatte sich hervorragend für die in den 80er Jahren neu aufgekommene Kapillar-Elektrophorese bewährt. 1990 wurde ein Miniatur-Flüssigchromatograph mit offener Kapillarsäule auf einem Siliciumchip vorgestellt, der mit einer externen Hochdruckpumpe und einem Leitfähigkeitsdetektor arbeitete (Manz u. Miyahara et al. 1990).

Auch die Entwicklung neuer Miniatur-Module für die Fließinjektions-Analyse (FIA) mit faseroptischen Detektoren wirkte sich günstig aus (Manz et al. 1991).

1992 gelang es dann, ein vollständiges kapillarelektrophorese-System auf einem planaren Glasträger aufzubauen (Harrison et al. 1992). Damit hatte sich die Elektroosmose sowohl für den Lösungstransport als auch für Injektionsprozesse bewährt.

Der Aufschwung der Miniatur-Analysatoren begann etwa 1994. Nunmehr wurde es möglich, aufwendige Probenvor- und -nachbehandlungen in besonderen vor- oder nachgeschalteten Reaktoren (Reaktionssäulen) auszuführen. Auch die Entwicklung hochleistungsfähiger Instrumente wie z.B. eines miniaturisierten Massenspektrometers waren wesentliche Errungenschaften. Die besonders leicht zu miniaturisierenden amperometrischen Detektoren entwickelten sich zum Standard in Fließsystemen, insbesondere in flüssigchromatographischen und kapillarelektrophoretischen µ-TAS.

Zum gegenwärtigen Zeitpunkt wendet man den Begriff Mikro-Total-Analysator fast ausschließlich auf Anordnungen an, deren Grundstruktur bereits im Kapit. 9, Abb. 9.8, angedeutet worden ist. Eine *Flüssigkeitssäule* bewegt sich durch das System, angetrieben entweder durch eine Mikropumpe oder durch die Elektroosmose. Diese bewegte Flüssigkeitssäule, der *Trägerstrom*, nimmt ein *kleines Probevolumen* auf, das an einer geeigneten Stelle *injiziert* wird. In einer nachfolgenden Strecke findet entweder eine Trennung statt, wie dies typisch für chromatographische und elektrophoretische Verfahren ist, oder die Probe reagiert mit Bestandteilen des Trägerstroms unter Bildung eines indizierbaren Produkts. In jedem Falle befindet sich am Ende der Trenn- oder Reaktionsstrecke ein Detektor, der ein konzentrationsabhängiges (möglichst konzentrationsproportionales) Signal liefert.

10.3.2 Technologien

Technologisch geht es im wesentlichen darum, die für strömende Flüssigkeiten notwendigen Kanäle zu erzeugen und mit den übrigen Einheiten auf einem planaren Untergrund zu vereinigen. Eine weitere Herausforderung ist die Entwicklung und Herstellung von Miniaturdetektoren, die konzentrationsabhängige Signale in geringsten Volumina liefern müssen.

Die meisten der ursprünglich angewandten Technologien entstanden als Nebenprodukte der Mikroelektronik. Die Begriffe Mikromechanik, Mikrofluidik, MEMS (Microelectromechanical Systems), MST (Micro System Technology) oder Micromachining bezogen sich ursprünglich oder beziehen sich noch immer auf die Siliciumtechnologie, bei der von einem Wafer aus einkristallinem Silicium ausgegangen wird. Durch Mikrolithographie und Ätzen lassen sich komplexe Strukturen erzeugen, zum Teil sogar dreidimensional wie etwa ein freischwingender Arm zur Messung von Beschleunigungen. Um auf photolithographischem Wege Kanäle herzustellen, muß man ein hohes *Aspekt-Verhältnis* erreichen. Darunter versteht man, daß die „Seitenwände" von geätzten Vertiefungen vergleichbar hoch oder höher sind als ihre Grundfläche.

Außer der Siliciumtechnologie haben sich in den letzten Jahren alternative Technologien entwickelt. bedeutsam sind Gießharz-Abformtechniken zur Strukturierung von Mikrokanälen sowie die LIGA-Technologie (Kurzform für *Li*thographie, *G*alvanik und *A*bformung). In dieser Technologie werden Strukturen im wesentlichen durch elektrochemische Metallabscheidung (Galvanik) erzeugt.

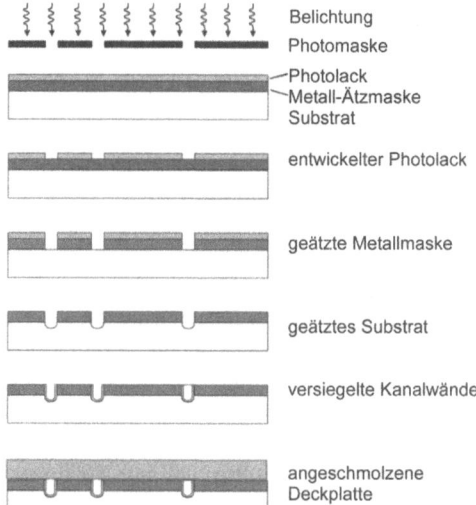

Abb. 10.9 Mikrolithographischer Prozeß zur Herstellung von Mikrokanälen

Die Abb. 10.9 zeigt am Beispiel der Mikrolithographie, wie auch bei den anderen Verfahren vorgegangen wird. Zunächst wird durch Abdecken einzelner Areale mittels einer *Maske* eine *Struktur* erzeugt, von der aus in die Tiefe geätzt wird. Man versucht nach Möglichkeit Kanäle mit rechteckigem Querschnitt zu erzeugen. Dies gelingt durch zwei Ätzschritte. Im ersten wird eine metallische Schicht bis auf das Substrat durchgeätzt. dadurch werden mehr oder weniger senkrechte Wände gebildet. Erst im zweiten Schritt wird das Substrat selbst angegriffen, wodurch ein leicht gerundeter Boden in den Kanälen entsteht. Nach Entfernung der ursprünglichen Maske wird eine Deckplatte aufgeklebt oder angeschmolzen. Hier kommt es darauf an, die feinen Kanäle nicht wieder mit Kleber zu verstopfen bzw. zu verunreinigen. In den meisten Fällen müssen außerdem die „Seitenwände" der Kanäle mit einem inerten Material versiegelt werden. Das ist immer auch dann notwendig, wenn die Kanalwände aus silikatischen Materialien bestehen sollen. Dies ist eine Voraussetzung für die Nutzung der Elektroosmose. Wenn das Substrat aus elementarem Silicium besteht, wird durch Erhitzen an der Luft eine dünne SiO_2-Schicht erzeugt.

10.3.3 Charakteristische Operationen und Prozesse in Mikro-Total-Analysatoren

Elektroosmose in Mikrokanälen

Mikro-Total-Analysatoren arbeiten in den meisten Fällen mit bewegten Flüssigkeitsströmen, in denen die Probe in Form von „Pfropfen" eingelagert ist. Diese bestehen aus *Lösung in einer Lösung*, bilden also vollständig miteinander mischbare, nur zeitweilig unterscheidbare Bezirke. Durch natürliche Konvektion und durch die Diffusion verschwinden sie, wenn man sie lange genug sich selbst überläßt. Durch die Bewegung der Flüssigkeit innerhalb einer Kapillare wird die allmähliche, unerwünschte, Verbreiterung der Substanzzonen begünstigt, da entlang einer Wandung die Adhäsionskräfte zur Bildung anhaftender Schichten führen und infolgedessen ein sogenanntes parabolisches Strömungsprofil entsteht, wie dies schon im Kapit. 9 erklärt worden war. Noch bevor es um Miniaturisierung ging, wurde ein großer Fortschritt bei Fließsystemen erreicht, als es gelang, die Erscheinung der *Elektroosmose* als Ersatz für die mechanische Pumpe bei der Förderung von Flüssigkeitsströmen nutzbar zu machen (Kapit. 9, Abschn. 9.2). Im Gegensatz zur mechanisch angetriebenen Strömung entfällt die Verbreiterung der Substanzzonen durch die Strömungsbewegung. Dies hat dazu geführt, daß bei Methoden, die die Elektroosmose nutzen, eine wesentliche Verringerung des Probenbedarfs erzielt wurde. Bei Miniatursystemen ist der hierdurch erzielte Vorteil besonders groß, denn das Verhältnis Wandfläche zu Volumen nimmt mit Verringerung der Dimensionen zu, somit also auch die negative Wirkung parabolischer Strömungsprofile. Dazu kommt, daß mechanische Pumpen bei den sehr engen Kanälen der Mikrosysteme auf extrem hohe Strömungswiderstände stoßen. Die notwendigen hohen Drücke können von Mikropumpen nur schwer aufgebracht werden. All diese Probleme entfallen bei Anwendung der Elektroosmose in Mikrosystemen.

Die zu bestimmenden Ionen können u.U. entgegengesetzt zur Fließrichtung der Flüssigkeit wandern. Hier müssen die Verhältnisse so eingerichtet werden, daß auf jeden Fall die Elektroosmose so schnell ist, daß alle durch Auftrennung entstandenen Ionenpakete den Detektor erreichen und durchqueren können.

Probenahme und Probenvorbehandlung

Die klassischen Methoden der Probenahme und der Probenvorbereitung passen nicht gut zu miniaturisierten Analysatoren. Der Vorteil der Kleinheit geht verloren, wenn z.B. zum Zwecke der Probenahme zunächst mit einer traditionellen Injektionsspritze eine Blutprobe genommen werden muß, oder wenn der eigentlichen Messung Maßnahmen wie Ausschütteln (Extrahieren) oder Filtrieren vorgeschaltet werden. Zu einem Total-Analysator gehören auch derartige Operationen. Es ist verständlich, daß mit dem Aufkommen miniaturisierter Systeme verstärkt auch über die Einbeziehung vor- oder nachgeschalteter Hilfsprozesse nachgedacht wird. Einige Beispiele für die gelungene Integration solcher Prozesse werden im folgenden behandelt.

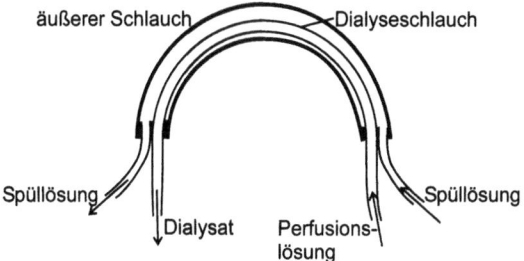

Abb. 10.10 Mikrodialyse als Methode zur Probenahme in den Gefäßen eines lebenden Organismus

Eine neuartige Technik der Probenahme aus lebenden Organismen ist die Mikrodialyse (Abb. 10.10). Ein halbdurchlässiger Schlauch, meist aus einem Zellulosederivat, wird in den Körper eingefügt. Kleine Moleküle durchdringen die Wand des Schlauches und werden von einer Akzeptorlösung aufgenommen, die das Material zum Analysator transportiert. Eine technisch ausgereifte Ausführung der Fa. BAS (Abb. 10.10) besteht aus einer konzentrischen Anordnung aus zwei Schläuchen, die auch das Einbringen von Wirkstoffen in den Organismus erlaubt.

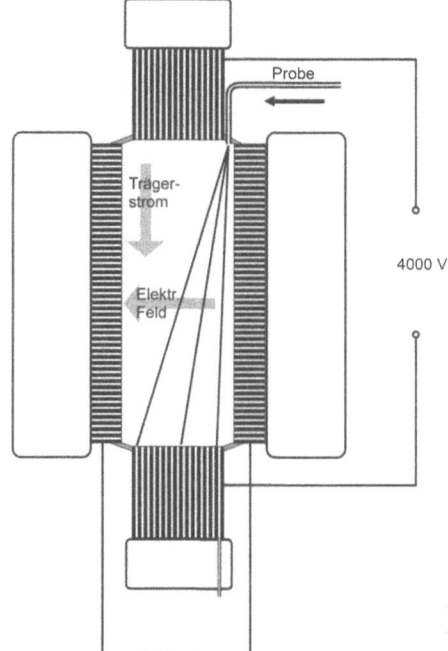

Abb. 10.11 Freifließende Elektrophorese als Mittel zur Abtrennung störender Ionen aus einem fließenden Strom

Die Mikrodialyse wird erst in Kombination mit Mikroanalysatoren richtig wirksam. Der besonders kleine Probebedarf erlaubt es, sehr dünne Dialyseschläuche einzusetzen. Diese wiederum arbeiten schneller als herkömmliche Schlauchgrößen, denn hier wirkt sich das vergrößerte Verhältnis Oberfläche zu Volumen günstig aus.

Die Wiederentdeckung der Dialyse war nicht das einzige Ergebnis der Suche nach möglichst vielseitig einsetzbaren vorbereitenden Verfahren. Für die Abtrennung störender Bestandteile hat sich die Freifließende Elektrophorese (FFE) bewährt. Hier wird der Probestrom durch eine flach ausgebildete Zelle geleitet. Senkrecht zur Strömungsrichtung liegt ein elektrisches Feld an, das dazu führt, daß Ionen je nach ihrer Beweglichkeit seitlich abgelenkt und am Durchqueren des Detektors gehindert werden. Durch Variation von Fließgeschwindigkeit und Feldstärke lassen sich bestimmte Elektrolytfraktionen gezielt abtrennen. Eine besonders erfolgreiche Konstruktion (Raymond et al. 1994) arbeitet auf einem Siliciumchip mit einer Kantenlänge von 10x50 mm, an dessen Längskanten über kammförmige Leiter eine Spannung in der Größenordnung von 50 V anliegt. Die Leiter sind kammförmig ausgeführt, damit Teile der Lösung seitlich abströmen und die abgetrennten Ionen entfernt werden können (Abb. 10.11).

Probeninjektion und Detektion

In miniaturisierten Fließsystemen wird mit sehr engen Kapillaren bzw. Kanälen gearbeitet. Die Innendurchmesser liegen in der Größenordnung von etwas über 10 Mikrometer. Es ist ein großes Problem, in derart enge Röhren eine wohlabgemessene Probemenge einzubringen, unabhängig davon, ob als Antrieb für den Flüssigkeitsstrom nun eine mechanische Pumpe (bei Mikro-HPLC-Geräten) oder die Elektroosmose (bei der Mikro-Kapillarelektrophorese) eingesetzt wird. Es gibt hier praktisch nur eine Möglichkeit, nämlich die Anwendung gekreuzter Kanäle (Abb. 10.12). Wie dort gezeigt fließt der Trägerstrom von Punkt 1 nach 2. Wenn kurzzeitig eine Bewegung der zweiten Flüssigkeitssäule durch Anlegen einer Triebkraft zwischen den Punkten 3 und 4 bewirkt wird, dann schiebt sich ein definiertes, kalibrierbares Probevolumen in den fließenden Trägerstrom. Mit gewissen Abwandlungen wird dieses Prinzip bei allen Mikrosystemen angewandt.

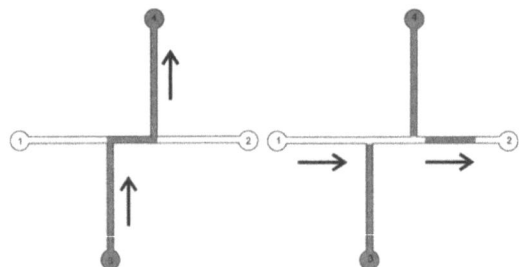

Abb. 10.12 Dosierung von Probevolumina in einen fließenden Strom

An die *Detektoren für Mikrosysteme* werden extreme Anforderungen gestellt. Ein Detektor mit zu großem Totvolumen würde alle Bemühungen um die Leistungsfähigkeit solcher Systeme zunichte machen, denn es leuchtet ein, daß bei einem Gesamtvolumen im Fließsystem von einigen Mikrolitern das Totvolumen des Detektors höchstens im Bereich von Picolitern liegen darf, anderenfalls könnte man keine mit Makrosystemen vergleichbaren Auflösungen erreichen.

Unter den photometrischen Detektoren haben sich bisher nur solche mit laserinduzierter Fluoreszenz (LIF) durchsetzen können. Absorptionsdetektoren würden, um eine genügend lange Weglänge des Lichts bei sehr kleinen Totvolumina zu erzielen, einen Lichtstrahl in Längsrichtung mit extrem dünnen Kapillaren senden müssen. Dies stößt auf technische Schwierigkeiten. Laser als Anregungslichtquelle lassen sich extrem genau auf einen als Durchflußküvette definierten Punkt des Durchflußsystems fokussieren. Als Lichtempfänge ist man bis heute auf Sekundärelektronenvervielfacher (SEVs) angewiesen, obwohl diese schlecht zu den Dimensionen von Mikrosystemen passen.

Elektrochemische Detektoren werden immer bedeutungsvoller für Mikrosysteme. Am leichtesten lassen sich *amperometrische Detektoren* miniaturisieren. Sie sind der vorherrschende Typ in aktuellen Geräten. Die Vorteile der Mikroelektroden (siehe Kapit. 2, Abschn. 2.2) ergeben sich hier von selbst. Vorteilhaft ist insbesondere die Unabhängigkeit der Mikroelektroden-Signale von der Strömungsgeschwindigkeit. Im übrigen folgen die Detektoren den im Kapit. 9 gegebenen Grundsätzen. Man benutzt Wall-Jet- sowie Dünnschichtdetektoren mit weiter verringerten Abmessungen.

Mikrosystem-Massenspektrometer wurden entwickelt (Feustel et al. 1994), sind aber noch nicht zum Standard geworden. Es wird erwartet, daß die Kopplung von Kapillarelektrophorese und Massenspektrometer in naher Zukunft große Bedeutung erlangen wird.

10.3.4 Beispiele für µ-TAS

Die einzigen bisher ernst zu nehmenden Mikro-Total-Analysatoren, zugleich die einzigen kommerziell erhältlichen, sind Geräte zur Kapillar-Elektrophorese. Die Fließinjektionsanalyse ist bisher noch nicht bis zu diesem Stadium gediehen, jedoch gibt es zahlreiche Konstruktionsvorschläge in der Literatur.

Kapillar-Elektrophorese

Ursprünglich war erwartet worden, daß sich für solche Systeme die monolithische Silicium-Technologie durchsetzt. Dies konnte bisher aber nicht beobachtet werden. Es scheint so zu sein, daß planare Glasträger als Basis die größeren Chancen haben.

Vorbild für alle späteren Entwicklungen waren Mikro-CE-Chips auf Glasbasis. Einer der ersten Chips dieser Art (Effenhauser et al. 1993) bestand aus einer Glasplatte mit 70x80 mm Kantenlänge, in die Kanäle von 12 µm Tiefe und 50 µm Breite geätzt worden waren. Die Gestaltung des Chips mit den sich überlappenden Kanälen (Abb. 10.13) erlaubte es, drei verschiedene Probenvolumina (90, 180 und 240 pl) einzuspeisen, je nachdem, wie der vorher gleichmäßig gefüllte Probenkanal (Verbindung zwischen den Reservoiren 1 und 4) in den Trägerkanal geschaltet wurde. Entscheidend dafür war, zwischen welchen Punkten die Hochspannung angelegt wurde. Die Dosierung erfolgte hier ausschließlich durch elektroosmotische Vorgänge. Als Trennkapillare war die im Bild sichtbare lange Strecke (Länge

50 mm) wirksam. Zur Detektion wurde ein Aufbau für die laserinduzierte Fluoreszenz verwendet, der sich an beliebige Stellen des Chips verschieben ließ.

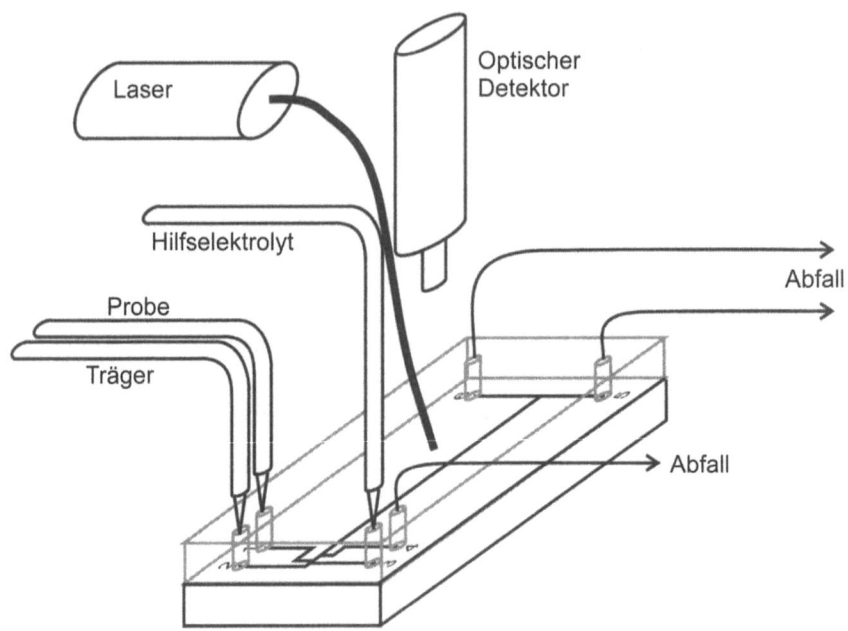

Abb. 10.13 Gestaltung eines Mikro-CE-Chips mit elektroosmotischer Probeninjektion. Detektion durch laserinduzierte Fluoreszenz

Ähnliche Geräte wie das hier exemplarisch beschriebene wurden in großer Zahl publiziert, oft mit amperometrischen Detektoren anstatt des photometrischen.

Titrationsvorrichtungen

Herkömmliche Titrationen sind materialintensiv, arbeitsaufwendig und teuer. Dennoch kann man wegen der mit ihnen erreichbaren Präzision nicht auf sie verzichten. Seit jeher besteht großes Interesse, Titrationsapparaturen zu miniaturisieren und gleichzeitig auch zu automatisieren. Die besonders aufwendige Präzisionsmechanik zur genauen Dosierung von Maßlösungen läßt sich zwar schon seit langer Zeit durch elektrochemische (coulometrische) Erzeugung und Dosierung ersetzen, aber auch coulometrische Titratoren sind anspruchsvoll in der Handhabung. Die seit vielen Jahren handelsüblichen Autotitratoren arbeiten nach wie vor volumetrisch und unterscheiden sich hinsichtlich Probenbedarf und Schnelligkeit nicht wesentlich von den klassischen manuellen Arbeitsplätzen.

Ein interessanter Ansatz für einen Mikrotitrator beruht auf der schon früher erwähnten Kombination einer Generatorelektrolyse-Einheit (Aktor), an der coulometrisch Säure oder Base erzeugt werden kann, mit einem pH-sensitiven ISFET als Sensor (van der Schoot u. Bergveld 1985). Innerhalb einer dünnen Diffusionszone wird der Säure- oder Basegehalt der umgebenden Lösung neutralisiert. Die aus dem ISFET gewonnene Titrationskurve ergibt den Gehalt. Es handelt sich also um eine echte Titration, auch wenn die klassische Prozedur nicht vollständig nachvollzogen wird. Der Titrator arbeitet so schnell, daß man ihn sogar in ein Fließsystem einfügen kann (Olthuis u. Bergveld 1995). Damit entsteht gewissermaßen ein Mikro-Totalanalysator „höherer Ordnung". Einerseits dürfte die Kombination Generatorelektrode und ISFET-Sensor (von den Autoren als Sensor-Aktor-System bezeichnet) schon für sich genommen mit einiger Berechtigung als µ-TAS bezeichnet werden, andererseits wird sie zum Bestandteil eines übergeordneten TAS. Bei der Ausführungsform, die in Abb. 10.14 schematisch angedeutet ist, gibt es zwei ISFET-Anordnungen. Eine dient in Kombination mit einer Pseudo-Referenzelektrode als Bezugssystem, die andere liegt innerhalb der Titrationszone und dient zur Aufnahme der Titrationskurve. Das Beispiel könnte zum Vorbild für eine neue Generation komplexerer Systeme werden.

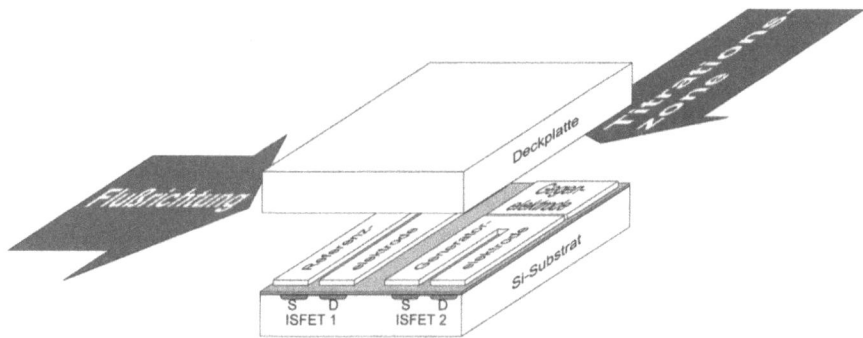

Abb. 10.14 Coulometrischer Mikrotitrator in einem Fließsystem

Auch die volumetrische Titration ist in den Mikromaßstab übertragen worden. Ein besonders interessantes Beispiel (Guenat et al. 2001) nutzt das „elektroosmotische Pumpen", um Lösungen (sowohl die Probe- als auch die Titratorlösung) zu einem Mikro-Mischer zu befördern, wo die titrimetrische Reaktion stattfindet. Dort befindet sich die Indikatorelektrode, die sich zur Aufnahme einer gewohnten Titrationskurve eignet. Dieser „Nanotitrator" erreicht Fließraten von 2 – 65 nl/s. Als Beispiel wurde die cerimetrische Titration von einigen Mikromol Eisen(II) durchgeführt.

10.4 Literatur

D'Amico A, Di Natale C, Paolesse R (2000) Portraits of gasses and liquids by arrays of nonspecific chemical sensors: Trends and perspectives. Sens Actuat B 68:324–330

Di Natale C, Mazzone E, Mantini A, Bearzotti A, D'Amico A, Legin A, Rudnitskaya A, Vlasov Y (1999) An electronic tongue distinguishes different mineral waters. Alta Freq 10:1–3

Effenhauser CS, Manz A, Widmer HM (1993) Anal Chem 65:2637–2642

Feustel A, Müller J, Relling V (1994) A microsystem mass spectrometer. In: Van den Berg A, Bergveld P (Hrsg) Micro Total Analysis Systems. Kluwer Academic Publishers, Amsterdam, S. 299–304

Guenat OT, Ghiglione D, Morf WE, de Rooij NF (2001) Partial electroosmotic pumping in complex capillary systems Part 2: Fabrication and application of a micro total analysis system suited for continuous volumetric nanotitratzions. Sens Actuators B 72:273–282

Harrison DJ, Manz A, Fan ZH, Ludi H, Widmer HM (1992) Anal Chem 64:1926–1932

Hoogvliet JC, Reijn JM, van Bennekom WP (1991) Multichannel amperometric detection system for liquid chromatography and flow injection analysis. Anal Chem 63:2418–2423

Ivarsson P, Holmin S, Höjer NE, Krantz-Rülcker C, Winquist F (2001) Discrimination of tea by means of a voltammetric electronic tongue and different applied waveforms. Sens Actuat B 76:449–454

Jeroschewski P, Schmuhl A, Haushahn P (1994) Elektrode zur Herstellung von Schwefelwasserstoff/Sulfid-Standardlösungen. DE-Patent Nr. 4244438

Manz A, Graber N, Widmer HM (1990) Sens Actuators B1:244–248

Manz A, Miyahara Y, Miura J, Watanabe Y, Miyagi H, Sato K (1990) Sens Actuat B1:249–255

Manz A, Fettinger JC, Verpoorte A, Haemmerli S, Widmer HM (1991) Micro Sys Technol 1991:49–54

Olthuis W, Bergveld P (1995) Proceedings Electrochem Soc 1995:24–32

Pagel L (2001), Mikrosysteme: Physikalische Effekte bei der Verkleinerung technischer Systeme. Schlembach, Weil der Stadt

Raymond DE, Manz A, Widmer HM (1994) Anal Chem 66:2858–2865

Rojas R (1993) Theorie der neuronalen Netze. Springer, Berlin Heidelberg New York

Terry SC, Jerman JH, Angell JB (1988) IEEE Trans Electron Devices ED–26:1880

Van der Schoot B, Bergveld P (1985) Sens Actuators 8:11–22

Stichwortverzeichnis

1-Phenylethylamin 218
2,2,2-Kryptand 158
3-Aminopropyl)-triethoxysilan 231
3-Wege-Katalysator 164
Abbé-Refraktometer 212
Absorbanz 29
Absorption 30, 32, 219
Absorptionsbande 34
Absorptionsmaximum 223
Absorptionsspektren 33, 35
Absorptivität 33, 210
Absorptivschicht 78
ADC 106
Adenin 82
Adenosin
  -monophosphat 227
  -triphosphat 227
Adhäsionskräfte 270
Adsorption 9, 72, 90, 131, 155, 184, 196, 201, 244
  spezifische 90
  unspezifische 204
Adsorptionsbedeckung 77
Adsorptionsgleichgewicht 67
Adsorptionsisotherme 78
Adsorptionsisotherme,
  Langmuirsche 78
Adsorptionsprozess 141
Adsorptivschicht 123, 184
Agarose-Gel 201
$A^{III}B^{V}$-Halbleiter 110
aktive Stelle 79
Aktivierungsenergie 41, 79
Aktivität 39, 145, 160, 173
Aktivitätskoeffizient 39, 130, 170
Aktivitätskoeffiziente 42
Aktor 274

Albumin 187, 229
Algen 198
Aliquot 264
Alkalifehler 162
Alkohol
  -dämpfe 130
  -testgeräte 131
Alkyl
  -kette 154, 184
  -silanschicht 231
  -thiole 95
  -trichlorsilan 95
Aluminiumoxid 199
Amidasen 136
Aminogruppe 184, 186
Ammoniak 222
Ammonium 188
  -carbonat 266
AMP 227
Amperometrie 66
amperometrisch 165
amphiphil 73, 156
amphiphile Moleküle 96, 154
Ampholyt 43
Analog-Digital-Wandler 106
Analogverstärkertechnik 102
Analysenautomat 240
Analytik 4, 5
Analytische Chemie 5
angeregter Zustand 27
Anionenaustauscher 74
anisotropes Ätzen 168
Ankergruppe 73, 74, 216
Anode 55
Anregungslicht 228
Anregungslichtquelle 273
Anregungsstrahlung 233

Stichwortverzeichnis

Anreicherung 67
Ansprechverhalten höherer Ordnung 151
Ansprechzeit 13, 174, 189, 239
Anthracen 35
Antibiotika 156
Antigen 80, 195, 223, 227
Antigen-Antikörper-Komplex 81, 183, 187, 195, 229
Antikörper 80, 123, 197, 227, 229
  monoklonaler 230
  -schicht 196
Antioxydationsmittel 170
APTES 231
Äquivalentanteil 75
Äquivalenz 237
  -punkt 66, 237
Aquokomplex 48
Arachinsäure 220
Arbeitsbereich 13
Arbeitselektrode 62, 70, 177, 178, 181, 242, 248
Arbeitswiderstand 167
Aromastoffe 260
Array 62, 212, 255, 256, 257, 259
Aspekt-Verhältnis 268
Asymmetriepotential 162
Atmung 199
Atomgitter 15
Atomspektroskopie 27
ATP 227
ATR 221
Atrazin 228
Attenuated Total Reflectance 221
Ätzen 268
Auflösung 13, 106, 239
Ausbreitungsschicht 266
Ausfallswinkel 30
Ausgangskreis 167
Ausgangsneuronen 263
Ausgangswiderstand 102
Auspuffgas 163
Ausschütteln 270
Austauscherharze 74
  -membran 74
Austauschisotherme 75

Auswaschen 186
Auto-Kalibrierung 254
Autoprotolyse 43
Autotitrator 274
Avidin 187, 231
Avidin-Biotin-Komplex 186, 202, 230, 231
Bacillus licheniformis 199
Bacillus subtilis 199
Bakterien 198
Bananatrode 198
Bananenmasse 198
Bandbreite 27
Bande, spektrale 27
Bändermodell 16
Bandlücke 17, 23
Bandverbiegung 22, 25
Bariumtitanat 87
Base 43
Basekonstante 44
Basen 82
Basen-Fehlpaarung 203
Basislinie 254
Basislinienkorrektur, automatische 254
BAW 122
BAW-Sensor 122
Benzindämpfe 130
Benzo[a]pyren 228
Benzol 35
Berliner Blau 94
Berührungsspannung 20, 148
Betastrahler 246
Beugung 222
Beweglichkeit 42, 153, 244, 272
Bezugselektrode 54, 145
Bier 198, 260
bifunktionelle Moleküle 91
Bifurkation 213
Bilirubin 226
Bindemittel 185
Bindung
  koordinative 47
  kovalente 90, 184, 188, 196
Bioaffinitätssensor 183, 195
  optischer 227

Biochemilumineszenz 226
Biochemische Reaktionen 78
Biochip 192
Bio-FET 199
Biokatalysatoren 42, 79
biokatalytische Sensoren 183
Biologisch aktive Substanzen 183
Biologische Erkennung 183
Biologischer Sauerstoffbedarf 199
Biolumineszenz 225, 226
  -sensor 227
Biomonitor 197
Biosensor 7, 78, 136, 153, 177, 183, 189
  amperometrischer 183
  optischer 224
Biotin 187, 231
Biotinylierung 187
Bipolare Technologie 99
Bismut-Ferrit 131
Blutzucker 188, 194
BOD 199
Botenstoff 198
Brechungsindex 30, 100, 208, 210, 212, 219, 223, 225, 232, 233
Brenzcatechin 198
Bulk Acoustic Waves 122
Calcium 156
Calixaren 158, 179, 218
Carbonat 188
CCD-Bauelement 114, 211
Celluloseacetat 186
Chalkogenid-Glaselektroden 261
Charge Coupled Device 114, 212
Chelatligand 153
CHEMFET 166
Chemical Vapor Deposition 87, 132
Chemilumineszenz 30, 201, 213, 225, 226, 229
Chemische Erkennungsschicht 213
Chemische Kinetik 41
Chemischer Sauersoffbedarf 164
Chemisches Gleichgewicht 38
chemisches Porträt 259
Chemisorption 90
Chemoresistor 133, 135, 182, 197

Chinon 198
Chip 168, 267
chirale Erkennung 158, 218
Chlor 222
Chlorella vulgaris 199
Chlorid-Optode 219
Cholesterin 226
Chromatographie 236, 244, 265
Chromoionophor 218
Chromophor 35, 215, 217, 218
Chronocoulometrie 204
Cladding 208, 219
Clark-Sensor 11, 60, 177, 199
Clusteranalyse 260
Coated-Wire-Elektrode 152, 159
COD 164
Cofaktor 227
Concanavalin A 227
Coulombsche Anziehungskraft 21
Coulometrie 144
coulometrisch 165, 274
CVD 86, 87, 132
Cyanurchlorid 194
Cyclodextrin 158, 179
Cyclovoltammetrie 63, 204
Cyclovoltammogramm 63, 202
Cytochrom C 91
Cytosin 82
DAC 106, 181
Daniell-Element 55
Datenvektor 259
  -verarbeitung 256
Defekte 18
Dehydrogenase 190
Denaturierung 184
Desaktivierung 219, 255
Desorption 184
Desoxyribonucleinsäure 82, 200
Detektion 267, 272
Detektor 130, 140, 236, 238, 240, 246, 266, 268, 270, 272
  amperometrischer 248, 268, 273, 274
  elektrochemischer 247, 273
  faseroptischer 267
  photometrischer 241

Deuteriumlampe 111
Dextran 224, 228, 230
DFA 259
Dialkylphosphat 156
Dialyse 272
 -membran 175, 186, 199, 227
 -schlauch 214, 271
Diaphragma 146, 168
Dickschichtsensor 153
Dickschichttechnik 83, 84, 85, 147, 152, 159, 193
Dicyclo-18-Krone-6 156
Dielektrika 183
Dielektrizitätskonstante 127, 134, 182
Differenzpuls-Voltammetrie 66, 198
Diffuse Doppelschicht 69, 248
Diffusion 55, 150, 189, 226, 265, 270
Diffusionsbarriere 60
Diffusionsgrenzstrom 59, 64, 176, 178, 243
Diffusionshof 61
Diffusionskoeffizient 56
Diffusionsschicht 178
Diffusionstransport 59
Diffusionszone 275
Digital-Analog-Wandler 106, 181
Dimethyldichlorsilan 92
Diode 21
Dioxan 92
Direktfotografie 266
 -kontakt 148, 160
Discriminant Function Analysis 259
Dissoziationsgrad 130
DNA 82
DNA-Chip 202, 263
DNA-Diagnostik 200
DNA-Doppelstrang 232
DNA-Hybridisierungssensor 231
DNA-Sensor 230
DNS 82
Dopamin 198
Doppelhelix 82, 200
 -schicht 21, 68

 -strang 82, 201, 203
Dosierung 274
Dosierungsoperationen 264
Dotanden 18
Dotierung 17
DPV 66
Drain 24, 169
Dreielektrodenschaltung 181
dsDNA 82, 232
Dünnfilmtechnologie 83, 85, 153
Dünnschicht
 -detektor 273
 -zelle 242
Duplex 201
Durchfluß
 -detektor 238, 246, 248
 - detektor, elektrochemischer 242
 -küvette 273
 -system 257
 -zelle 223, 230, 266
Durchlässigkeit 29
Durchlaßrichtung 22
Durchtritt 55
Düse 243
Dynoden 112
EB 232
ECD 246
EDAC 202
Eigen
 -fluoreszenz 228
 -leitfähigkeit 17
Eigenvektor-Analyse 262
Eindringtiefe 30, 210
Einfallswinkel 30
Eingangswiderstand 102
Einkristall 121
Einschluß 185
 in Gele 201
Einstabmeßkette 160
Einstrahlphotometer 108
Einzelstrang 82, 203, 230
EIS 77, 127
Eisen(II)oxid 19
Electron Capture Detektor 246
Electron Hopping 20

Elektrisches Feld 244, 272
Elektrochemie 51, 52
Elektrochemische
  Impedanzspektroskopie 77, 127
Elektrochemische Quarz-
  Mikrowaage 123
elektrochemische Zelle 135
elektrochemisches Cycling 89
Elektrochemisches Potential 146
Elektrode 52
  1. Art 52
  2. Art 144, 147
  3. Art 151
  geheizte 61
Elektrodenoberfläche 175, 255
Elektrodenreaktion 63
  irreversible 56
Elektrolyse 55
  -strom 57, 175
  -zelle 11
Elektrolyt 42
  -fraktionen 272
  -lösung 42
Elektromagnetische Wellen 25
Elektromotorische Kraft 50
Elektronendonator 133
Elektroneneinfangdetektor 246
Elektronen-Loch-Paar 113
Elektronenübertrager 191
Elektroneutralitätsbedingung 18
Elektronik 101
Elektronische Nase 256, 258
Elektronische Zunge 256, 258, 261
Elektroosmose 248, 267, 268, 269,
  270, 272
elektroosmotisches Pumpen 275
Elektrophorese 201, 236, 244, 265
Elektropolymerisat 186
Elektropolymerisation 93
Emissionsmaxima 27
Emissionsspektrum 35, 212
Empfänger 124, 215
Empfindlichkeit 13, 255, 260
Enantiomer 218
Energiebarriere 41
Energieniveauschema 27

ENFET 118, 187
ENose 258
Enzym 79, 90, 136, 183, 185, 194,
  197, 198, 225
  -Optode 225
  -Polyelektrolyt-Komplex 195
Enzymsensor, amperometrischer
  189, 191
Ephedrin 158
EQCM 123
Erkennungsschicht 210
Ersatzschaltbild 67, 71
ETH 295 156
Ethanol 131
Ethidiniumbromid 232
ETongue 258, 261
Europium 150
  -komplex 229
Evaneszenz 30, 210, 215, 219, 223,
  225, 229, 232. 233
externe Übertragung 32
Extinktion 29, 210, 240, 266
Extinktionskoeffizient 33, 210
Extrahieren 270
Extraktion 9, 72, 75
Extraktionsgleichgewicht 54, 75,
  153, 244
Extraktionsphotometrie 76
Fällung 43, 47, 264
Fällungsgleichgewichte 46
Fällungsmittel 47
Faraday-Käfig 182, 195
  -Konstante 43, 50, 130
Faradaysche Impedanz 69
Faradaysches Gesetz 56, 238, 254
Farbänderung 266
Farbindikator 46, 217, 237, 266
Farbstoff 214
  -laser 109
  -schicht 266
Farbtiefe 240
Faserbündel 210
  -sensoren 213
Feed-Forward-Netz 263
Fehlpaarung 200
Feldeffekttransistor 199

Feldstärke 272
Fermi-Niveau 16
Ferrocen 184, 192
 -carboxylat 180
Festelektrolyte 42
Festkörper 15
 -membran 150
 -membranelektrode 147, 149
 -membran-ISE 148
Festphasensynthese 233
FET 24
Fettsäuren 96
Feuchtigkeitssensor 134
FFE 272
FIA 239, 242, 265, 267
Ficksches Gesetz, Erstes 56
FID 246
Film
 -entwicklung 266
 expandierter 97
 kondensierter 97
Filter
 -matrix 229
 optisches 111
 -schicht 174, 266
Filtrieren 264, 270
FlammenIonisationsDetektor 246
Flammenplasma 246
Fließgeschwindigkeit 272
Fließinjektionsanalyse 140, 239, 240, 265, 267
Fließ
 -richtung 270
Fließsystem 266, 267, 272
Flow Injection Analysis 239
Fluoreszein 228, 229
Fluoreszenz 28, 31, 201, 213, 219, 223, 226, 228, 229, 230, 231
 -farbstoff 232
 -indikator 217
 -intensität 35, 232
 -löschung 31, 219, 226
 -messung 81
 -sensor 213
 -spektrum 35
Fluorid 170, 189, 198

Fluorophor 233, 264
Flüssigableitung 148
Flüssig-flüssig-Verbindung 53
Flüssigkeitsreservoir 214
Flüssigkeitssäule 268
Flüssigmembran 153, 155
 -elektroden 147
Flußsäure 168
Fourier-Transformation 115
Fourier-Transform-Spektrometer 114
Fragment 264
Freie Reaktionsenthalpie 40, 50
Freifließende Elektrophorese 272
Frenkel-Defekt 19
Frequenz 28
 -analysator 70
 -konstante 37
 -normal 121
Frischesensoren 261
Funktionalität 251
Fuzzy Logic 252, 260, 262
Fuzzy-Menge 263
GaAs 23
Galliumarsenid 23, 110
Galliumnitrid 23
Galliumphosphid 110
Galvanik 269
Galvanische Zelle 10
Galvanispannung 21, 54, 67, 145, 147, 153, 154, 161, 176
Galvanostat 106
Gaschromatographie 246
Gaselektrode 52
Gasentladungslampe 109, 211
Gassensor 140
Gate 24, 169
 -spannung 199
Gegenelektrode 243
Gegenkopplungszweig 253
gekreuzte Kanäle 272
Gel 90, 134
 -bildner 178
 hydrophiles 93
 -pfropfen 214
Generatorelektrolyse-Einheit 274

Genetischer Fingerabdruck 200
geordnete Schicht 220
Gesamtionenkonzentration 130
Gesetz von der unabhängigen
  Ionenwanderung 129
Gewässer 199
Gewebe
  -homogenisate 198
  -schnitte 198
Gibbsscher Adsorptionssatz 77
Gießharz-Abformtechnik 268
Gitter 222, 233
  -defekte 163
  -koppler 222, 232
  -monochromator 111, 211
  optisches 112
Glas 95
  -elektrode 103, 148, 159, 188,
  237, 253
  -kohlefaser 248
  -substrat 233
  -träger, planarer 268, 273
Gleichgewicht, mobiles 216
Glucose 188, 226
  -oxidase 194
  -sensor 227
Glühlampe 211
Glühwürmchen 226
Glutaraldehyd 186, 194, 197, 228
Gold 223
  -elektrode 180, 184
  -film 230
  -oberfläche 184, 197
  -schicht 231
graphische Programmierung 256
Graphit 194
Grenzflächenspannung 145
Grenzstrombereich 59
Grundelektrolyt 56, 70
Grundzustand 27
Guajakol 199
Guanin 82, 199, 202
Halbleiter, oxidische 133
Halbstufenpotential 65, 174
Halogenlampe 111
Hapten 80

-Eiweiß-Konjugat 80
Harnstoff 136, 266
  -sensor 136, 188
Hauptkomponentenanalyse 259,
  262
Helmholtzsche Doppelschicht 69
Henderson-Hasselbalch-Gleichung
  45
Hexacyanoferrat 94, 197
Hexaethylenglykol 233
HF-Sputtern 87
High Performance Liquid
  Chromatography 246
Hilfselektrode 105, 181
Hochdruck-Flüssigchromatographie
  246
Hochdruckpumpe 267
Hochfrequenzplasma-
  Polymerisation 92
Hochspannungskreis 248
Hopping 19
Host-Guest-Chemie 158
HPLC 246
Human-IgG 230
Hybridelektrode 168
Hybridisierung 82, 201, 204, 230,
  232, 233, 263
Hybridisierungssensor 83, 199, 202
Hybrid
  -sensor 166
  -technik 99
Hydrathülle 153
Hydrochinon 180
hydrodynamische Elektroden 58
Hydrogel 93, 161, 185, 188
  -schicht 135
Hydronium 44
hydrophob 216
Hypoxanthin 226
Hysterese 13
IC 98, 247
Ideal verdünnte Lösung 42
Identifizierung 200
IGFET 119, 166
IHP 69
Imaginärteil 71

IMFET 118
Immobilisierung 89, 183, 201, 216, 225
Immunoglobulin 80
Immunologische Reaktion 80
Immunosensor 81, 187, 195, 227, 229, 234
   elektrochemischer 196
Impedanz 67, 127, 128, 143, 182
   -messung 143, 182, 196, 197
   -spektroskopie 135
Impedimetrie 127, 182
Impulsmethoden 66
Indikation 236
   biamperometrische 238
   photometrische 238
Indikator 197, 232
   -elektrode 238, 275
   -farbstoff 225
Individualität 260
Individuum 200
Indophenolblau 219, 222
Information, bildgebende 255
Injektion 240
Injektionsprozeß 268
Injektionsspritze 270
Injektionsventil 267
Injektionsvorrichtung 241
Ink 84
Inkubator 267
Innenlösung 162
   -puffer 253
   -widerstand 168
Innere Helmholtz-Schicht 69
Inneres elektrisches Potential 145
Instrumentalanalyse 5
Instrumentierung 256
Integrated Circuit 98
Integration 254
Integrator 104
Integrierte Elektronik 98, 99, 252
Integrierte Optik 99, 100, 233
Intelligenz 252
Intensität 29

Intensitätsmodulation 234

Interferenz 115, 234
   -filter 112
   -muster 115
Interferometrie 114, 115, 233
Interionische Wechselwirkung 42
Interkalation 202
Interkalator 203
intermolekular 179
interne Umwandlung 31
intramolekular 179
Inversionsschicht 24
invertierender Eingang 102
Ion 42, 182, 244, 248
Ionenaustausch 9, 54, 72, 73, 101, 155, 156, 247, 264
   -gleichgewicht 74, 161
Ionenaustauscher, flüssiger 154
Ionenbeweglichkeit 129
Ionenchromatographie 247
Ionenkonzentration 129
ionenleitender Festkörper 148
Ionenprodukt des Wassers 44
Ionenselektive Elektrode 54, 147
Ionenstärke 39, 42, 170, 173
Ionophor 218
IR-Spektroskopie 26, 211
ISE 54, 147, 155
ISFET 165, 187, 267
Isonucleotid 232
Kalibriergerade 253
Kalibrierkurve 171
Kalibrierung 170
Kalilauge, ethanolische 89
Kalium 154, 220
Kalorimetrie 140
Kanal 174, 268, 272
   molekularer 179
   -widerstand 25
Kapazität 20
Kapazitive Feuchtesensoren 134
Kapillare 248, 272
Kapillar
   -elektrophorese 247, 248, 267, 273
   -säule 267
Kartoffelkäfer 199

Kartoffelpflanze 199
Katalysator 41, 175, 183
Katalyse 41, 56
Kathode 55
Kathoden-Zerstäubung 86
Kationenaustauscher 74
Keimbildung 56
Keramik 193
Kern 208
Kettenmoleküle 141
Kinetik 41
Kleine Furche der DNA 202
Kleinkrebs 199
Kobalt-Phenanthrolin-Komplex 202
Kofaktor 190
Kohlenmonoxid 131, 139, 163
Kohlenstoff 184
Kohlenwasserstoff 164
Kohle
  -oberfläche 188
  -paste 176, 185, 202
  -paste-Elektroden 175
  -pulver 185, 198
kollektive Aussage 259
Kombinationselektrode 160
Kommunikationsfähigkeit 253
Kompetitive Bestimmung 228
komplementär 82
Komplementärstrang 231, 263
Komplex 43
  -bildung 155, 217
Konduktometrie 127
Kontakt
  -potential 21
  -spannung 20
Kontinuierlicher Analysator 238, 239
Kontinuumsstrahler 109
Konvektion 59, 141, 176, 243, 270
  thermische 61
Konzentration 38
Konzentrationsgefälle 56
Konzentrationsgradient 59
Konzentrationsprofil 178
Konzentrationszelle 163
Kopfgruppe 97

Korngrenze 131
korpuskulare Betrachtungsweise 208
Korrespondierende Redoxpaare 49
Korrespondierende Säure-Base-Paare 43
Kristallviolett 156
kritischer Winkel 30
Kronenether 92, 96, 156
Kryptand 158
Künstliche Intelligenz 260
Kunststoff 193
Kupfer/Kupferion-Elektrode 145
Küvette 207, 210, 240
Lab-on-a-Chip 84, 252, 267
Lactat 226
  -sensor 193, 226
Ladung 145
Ladungsdurchtritt 71
Ladungsmenge 50, 144
Ladungstransport 203
Ladungstrennung 21
  partielle 153
Lagerfähigkeit 194
Lambda-Sonde 87, 148, 163, 180
Lambert-Beersches Gesetz 33, 210, 222
Landkarte 257
Langmuir-Blodgett-Film 96, 133
Langmuir-Blodgett-Technik 179, 220, 224
Langmuir-Waage 97
Langzeitstabilität 256
Lanthanfluorid 150, 189
LAPS 256
Laser 109, 222, 273
Laserdioden 111
laserinduzierte Fluoreszenz 273, 274
Laserstrahl 224
LBL 96
Lebensdauer 13
LED 23, 110
leitfähige organische Salze 185
leitfähige Polymere 92, 134, 176
Leitfähigkeit 11, 42, 67, 136

elektrolytische 69
spezifische 42
Leitfähigkeitsband 16
Leitfähigkeitsdetektor 247, 267
Leitfähigkeitskoeffizient 130
Leitfähigkeitsmessung 127
Leitfähigkeitssensor 72, 143
Leitsalz 56, 70
Leitwert 131
Leptinotarsa decemlineata Say 199
Leuchtdiode 23, 110, 212, 242, 257
Leukomethylenblau 204
Licht
 -absorption 208, 214, 225
 -adressierbarer
  Potentiometrischer Sensor 256
 -ausbreitung 208
 -empfänger 111, 211, 213, 242
 -induzierter Wechselstrom 257
 -intensitäten 210
 -leiter 30, 207, 233
 -leitfasern 207, 219
 -leitkabel 115, 211, 213, 242
 -leitung 207
 -quelle 210, 242
 -tstrahl 273
 -streuung 225
 -wellenleiter 233
 weißes 111
LIF 273
Lift-off-Technik 88
Ligand 47, 199
LIGA-Technologie 268
Lineare Regression 259
Linearisierung nach Gran 172
Linearität 13
Linienstrahler 109
Linker 91, 94, 196, 231, 233
lipophil 216
Lipophile Schicht 175
Lithium
 -niobat 100
 -tantalat 141
Löschung 219
Löslichkeitsgleichgewicht 54
Löslichkeitsprodukt 47

Lösung, kolloidale 93
Lösungsmittel 43
Lösungstransport 268
Lösungswiderstand 70
Low Temperature Cofired Ceramics 85
LTCC-Technik 85
Luciferin 226
Luft
 -atmosphäre 131, 199
 -segmentierung 239
 -zahl 164
Lumineszenz 208, 212, 213, 214, 215, 224, 226, 233
 -Intensität 219
 -sensor 219
Luminol 36, 226, 229
Mach-Zehnder-Interferometer 101, 115, 234
Magnetron-Sputtering 87
Mantel 208
Mapping 255, 256
Marker 179, 223
Maske 88, 99, 269
Massenempfindliche Sensoren 121
Massenspektrometer 273
 miniaturisiertes 268
Massenwirkungsgesetz 18, 40
Maßlösung 237, 274
Maul- und Klauenseuche 197
maximaler Einfallswinkel 208
MDS 231
Mediator 91, 191, 208, 210, 214
Meerrettich-Peroxidase 194
Mehrdimensionale Analyse 256
 Information 255
Mehrkanal-Input-Output-Karten 256
Mehrkomponentenanalyse 256
Mehrschicht-Filmelemente 266
mehrzähnig 153
Meldolas Blau 91
Membran 147, 160, 167
 gaspermeable 177
 -partikel 198
 permselektive 174, 175, 186

MEMS 268
Mercaptomethyldimethylethoxysilan 231
Meßbrücke 129
  -fenster 234
  -gerät 168
  -instrument, optisches 233
  -ion 173
  -karte 106
  -stromkreis 168
Metall – Oxid – Feldeffekttransistor 165
Metall-Metallion-Elektrode 52, 144
Metall
  -abscheidung, elektrochemische 269
  -oxid 130
  -spur 258
Metallurgie 164
Metal-Organic Deposition 87
Methamphetamin 197
Methan 131
Methylenblau 203
Methylorange 46
Michaelis-Konstante 79
Michaelis-Menten-Gleichung 79
Michelson-Interferometer 115
Microelectromechanical Systems 268
Micromachining 268
Migration 55, 248
Mikroalge 199
Mikroanalysator 271
Mikrobe 198
Mikro-CE-Chip 273
Mikrodialyse 271
Mikroelektrode 57, 61, 176, 181, 243, 273
Mikroelektronik 83, 85, 233, 252
Mikrofluidik 83, 86, 99, 268
Mikrofonie-Effekt 149
Mikro
  -HPLC 272
  -kalorimeter 140
  -kanäle 270
  -Kapillarelektrophorese 272
  -kügelchen 214
  -lithographie 268, 269
  -mechanik 83, 86, 99, 233, 267, 268
  -Mischer 275
  -optik 99, 233
  -organismen 185, 197, 198
  -prozessor 252
  -pumpe 267, 268, 270
  -rechner 254
  -refraktometer 212, 213, 219
  -system 272
  -Thermostat 61
  -titrator 238, 274
  -titrator, coulometrischer 267
  -ventil 267
Mikrosystem-Massenspektrometer 273
Mikrosystem-Technologie 98, 99
Mikro-Total-Analysator 251, 252, 264, 267, 268, 270, 275
Milch 230
Mineralwasser 261
Miniatur
  -detektor 268
  -Flüssigchromatograph 267
  -form 178
  -Gaschromatograph 267
Miniaturisierung 152, 251, 264, 270
Miniatur
  -laboratorium 266
  -schaltkreis 264
MIS 24
Mischoxide 131
Mobile Phase 244
MOD 86, 87
Mode 208
modifizierte Oberfläche 89
Mol 38
Molecular Imprinting 176
molekulare Erkennung 9
Molekulares Prägen 176
Molekül
  -gitter 15
  -größe 175
Molenbruch 39

Monensin 156
Monochromator 109, 210
monolithisch 267, 273
Monolithische Integration 99
Monoschicht 78, 89, 154, 174, 176
Morphin 229
 -sensor 229
MOSFET 24, 117, 165
MOSFET, gassensitiver 117
MOS-Technologie 24, 99
Multikomponenten-Analyse 259
Multi-Mode 209
multiple Totalreflexion 100
multivariate Regressionsmodelle 259
Mustererkennung 256, 259, 262
Mutation 200
Nachweisgrenze 13, 35
NAD 190, 226
NADH 190
Nafion® 176, 178
Nanotitrator 275
Naphthalin 35
Natriumsilikatglas 160
Negator 121
n-Eicosansäure 220
Nernstfaktor 162
Nernstsche Diffusionsschicht 58, 248
 Gleichung 53, 145, 152, 162
Nernstscher Verteilungssatz 75, 153
Neuronale Netze 260, 252, 263
Neuronen 263
 verborgene 263
Neutralträger 92, 154, 157, 217, 220
n-Halbleiter 18
nichtinvertierender Eingang 102
Nichtlineare Regression 259
Nichtparametrische Analyse 259
Nichtstöchiometrie 19
Nickel 156
Nicotinamid-Adenin-Dinucleotid 190, 226
Nikolskij-Gleichung 147, 171, 173
Nilblau 217

Nitrat 156
Nitrobenzol 156
Nitroprussid 222
Nucleinsäure 78, 82, 183, 199
 -sensor 199, 233
Nujol 198
Nukleation 55
Nullinstrument 128
Nullpunktabgleich 182
Numerische Apertur 209
Nylonnetz 188, 225
Nyquist-Diagramm 71
Oberflächen
 -modifizierung 88
 -plasmonen 223
 -plasmonenresonanz 223, 229
 -spannung 77
 -welle 124
Oligonucleotid 201, 231, 263
 -sequenz 263
Operationsverstärker 102, 182
 -schaltung 253
Optik 25
Optimalzustand 189
Optisches Isomer 158
Optische Mehrkanal-Analysatoren 114
Optode 207, 210, 211, 213, 214, 219, 225, 226
Organischer Halbleiter 133
Organismus 2
Organteile 197
Orientierung 196
Osmium-Bipyridyl 192
Oszilloskop 106, 128
Ottomotor 163
OV 103
Oxidase 190
Oxidationsmittel 49
Oxidkeramik 133
 -schicht 132
Ozon 36
Palladium 117, 122
 -Iridiumoxid 180
Palmitinsäure 97
PAR 217

parabolisches Strömungsprofil 270
Paracyclophan 176
Paraffinöl 185
Parallelbetrieb 255
Parametrische Analyse 259
Partialdruck 50
Passivschichten 123
Paste 94
Pattern Recognition 259
PCA 260, 262
Peakpotential 63
  -strom 63
Pellistor 139
Penicillin 226
Perowskite 134
Peroxidase 226
p-Halbleiter 17
Phase 76
Phasengrenze 153
Phasenverschiebung 72
Phenanthrolin 156
pH-Indikator 215, 217
  -Messung 253
  -Meter 144, 168
  -Optode 238
  -sensitive Optode 217
  -sensitiver ISFET 274
  -Skala 160
  -Wert 44, 160, 170, 188, 237
Phosphat 198
Phosphatasen 136
Phosphoreszenz 28, 32, 213, 219
Phosphorpentoxid 134
Photodiode 23, 113, 212, 242
Photodiodenarray 114, 211, 223
Photoelement 10
Photokathode 112
Photolithographie 85, 99
Photolumineszenz 30, 32, 35
Photometrie 33, 107
Photon 23, 112
Photo
  -strom 113
  -synthese 199
  -voltaische Zelle 23
  -widerstand 113

Phthalocyanin 133, 222
Physisorption 77, 90, 222
Picoampere-Vorverstärker 182
Piezo
  -effekt 121, 124
  -elektrizität 36
  -kristall 121
Pilze 198
Pinhole 95, 204
Piranha-Lösung 89
Platin
  -mohr 139
  -wendel 140
  -Widerstandsthermometer 140
p-Nitrophenylphosphat 225
pn-Übergang 21
Pumpe, peristaltische 241
Licht, polarisiertes 222
Polyacrylamid 94
  -Gel 188
Poly
  -anilin 93
  -carbonatmembran 92, 199
  -elektrolyt 73, 78, 156
  -ether 156
  -kristalline Gassensoren 131
Polymer 92, 134, 185, 188
Polymerase Chain Reaction 201
Polymerase-Kettenreaktion 200
Polymer
  -membran 155
  -oberfläche 186
  -schicht 90
Polynucleotid 202
Polyolzucker 195
Polyphenol 198
Polyphenolase 198
Polyphenoloxidase 198
Polyphenylacetylen 134
Polypyrrol 93, 159
Polystyrolfaser 225
Polytetrafluorethylen 178
Polythiophen 93
Polyurethan 92, 188
Polyvinylchlorid 92, 155
Polyvinylidendifluorid 141

Polyvinylpyridin 180
positves Loch 17, 163
Potentialeinstellung 243
Potentiometrie 53, 104, 144, 166
Potentiometrische Stripping-Analyse 67
Biosensor, potentiometrischer 183
Potentiostat 62, 68, 105, 181, 182, 256, 257
  invertierender 105
PPY 159
Präzision 12
Principal Component Analysis 260, 262
Prismen 112
  -koppler 221
  -monochromator 111, 211
Probe
  -nahme 270
  -pfropfen 238
  -volumen 268
Proben
  -bezirke 244
  -injektion 272
  -kanal 273
  -vorbehandlung 251, 267, 270
Protozoen 198
PSA 67
Pseudo-Referenzelektrode 146, 153, 275
PTFE 177, 178, 199, 219
Puffer
  -kapazität 46
  -lösung 45, 170
  -wirkung 46
PVC 92, 155, 159, 188
  -Membran 155
PVDF 141
Pyroelektrika 37
Pyroelektrizität 36, 141
Pyruvat 226
Quarz 95, 121
  -faser 229
  -glas 208
  -kristall 37
Quecksilber

  -dampflampe 109
  -tropfelektrode 58
Quellschicht 160, 162
Quer
  -empfindlichkeit 147, 159
  -vernetzung 185, 201, 228
Radarplot 263
Rakel 84
Randwelle 210
räumliche Verteilung 251
Rauschen 113
Reagens 214
  photometrisches 240
  -schicht 214
Reaktion erster Ordnung 41
  zweiter Ordnung 41
Reaktionsgeschwindigkeit 40, 41, 55, 174, 189
Reaktionshemmungen 41
Reaktionsmischung 240
Reaktionsprodukt 189
Reaktionssäulen 268
Reaktionswärme 140
Reaktionszeit 240
Reaktor 268
Rechenverfahren 259
Redox
  -elektrode 52, 150, 159, 163, 189
  -gleichgewicht 49
  -Indikator 264
  -mediator 185, 191
  -Netzwerk 192
  -paar 163
  -polymer 93, 177, 192
  -potential 51
  -reaktion 49, 194
Reduktionsmittel 49
Redundanz 255
reduzierendes Gas 130
Referenz
  -elektrode 54, 62, 70, 144, 146, 152, 162, 167, 168, 181, 237, 243
  -spannung 181
Reflexion 26, 208
Reflexionsphotometer 266
Reflexionsschicht 266

Refraktometer 212, 223
Regelschaltung 105
Regenerierung 255
Reinigung 88
Reporter-Molekül 202
Reproduzierbarkeit 256
Resonant Mirror 224
Resonanz
  -frequenz 121
  -spiegel 224, 229, 232
  -winkel 230
reversibel 63, 216
Reversibilität 6
Rezeptor 3, 7, 9, 183, 210, 217, 225
  -molekül 176
  -schicht 127, 134, 184, 198, 217, 219, 220, 223, 233
Rhodamin B 36, 220
Richtigkeit 12
RM 232
Rückkopplung 121
Ruthenium 203, 226
  -dioxid 194
Salinität 130
Salzbrücke 144, 146
SAM 92, 94, 177, 179, 184, 194, 196, 201, 204, 231
Sandwich-Indikation 228
Sättigung 217
Sauerbrey-Gleichung 37, 122
Sauerstoff 163, 178, 199, 217, 219, 225, 226
  -ion 131
Säure 43
  -konstante 44
SAW-Sensor 122, 124, 267
Scaling Down 265
Scannen 112, 257
Scanrate 60
Schicht 263
  -dicke 33, 210
Schlauchpumpe 241
Schloß-Schlüssel-Prinzip 79, 183
Schottky-Defekt 19
Schutz
  -membran 176

  -schicht 194
Schwarzer Strahler 111
Schwefel
  -dioxid 180
  -wasserstoff 131, 139, 254
Schwellenkonzentration 171
Schwellwert 253
Schwermetallkation 218
Schwing
  -kreis 121
  -quarz 121
Schwingungszustände 31
Seebeck-Effekt 142
Segmented Flow Analysis 239
Sekundärelektrodenvervielfacher 112, 211, 273
Selbst
  -Diagnose 252, 255
  -Kalibrierung 252
  -Test 252, 255
selbstorganisierende Monolage 92, 94, 177, 179, 184, 194, 196, 231
Selektivität 13, 79, 147, 156, 174, 177, 195, 218, 260
Selektivitätskoeffizient 74, 147, 171, 173
  amperometrischer 174
Self Assembled Monolayer 92, 94, 177, 184
Sender 124, 215
Sensor 3
  amperometrischer 65, 173
  chemischer 4, 6
  -Aktor-System 238, 275
  -Array 100, 251, 252, 255, 261, 263
  -Array, voltammetrisches 257, 258
  coulometrischer 144
  elektrochemischer 143
  -Element 83
  Erster Ordnung 259
  extrinsischer 208, 225
  impedimetrischer 72, 127, 143, 183, 197
  intelligenter 252

intrinsischer 208, 225
kalorimetrischer 139, 140
kapazitiver 127, 134
konduktometrischer 128
-Matrix 191
optischer 207, 241
pyroelektrischer 141
resistiver 127, 134
-schicht 127
spezifischer 147
thermometrischer 139
SEV 11, 112, 211, 273
SFA 239
SHE 54
SH-Gruppe 184, 204, 231
Siebdruck 83, 84, 94
-paste 152
sigmoide Kurve 57, 178
Signal-Rausch-Verhältnis 35
Signalverarbeitung 252
Signatur 259
Silanisierung 92
Silber 223
-chlorid 147, 150
-film 230
-Silberchlorid-Elektrode 54, 144
-sulfid 151
Silicagel 94
Silicium 202
-chip 252, 256, 267, 272
-dioxid 256
-Einkristall 99, 268
-nitrid 256
poröses 168
-technologie 267, 268
-Technologie 273
-Wafer 98
Silikagel 36
Silikon
-gummi 178, 188, 219
-öl 185
Simultanbestimmung 258
Single-Mode 209
Singulett 31
Sinnesorgan 258
Sinneszellen 2

Sinterpille 131
Smart Sensors 252
Snelliussches Gesetz 30
Sollspannung 105
Sonde 82, 201, 263
Sondenmolekül 232
Source 24, 169
Spacer 232
Spannungsänderungsgeschwindigkeit 60
Spannungsbildung 155, 161
Spannungsfolger 103
Spannungsquelle 102
Spannungsreihe 51
Spannungsverstärker, invertierender 104
spektrale Breite 210
Spektral
-linien 27
-photometrie 210, 240, 241
Spektrofluorimeter 211
Spektrometer 100, 107
Spektroskopie 25
nichtscannende 112
Spektrum 115, 212
optisches 27
Sperr
-richtung 21
-schicht 20, 149
Spin 31
spin coating 87
Spline-Interpolation 254
SPR 230, 232
SPR-Chip 232
Sputter-Beschichtung 86, 132
Sputtern, reaktives 87
Square-Wave-Voltammetrie 66
ssDNA 202, 232
Stabilität 13
Stabilitätskonstante 47
Standard
-addition 172
-potential 145
-probe 263
-Redoxpotential 51
-Wasserstoffelektrode 54

-zusatz 171
Stearinsäure 97
Steilheit 162, 253
Sterische Erkennung 9, 176
Steuerspannung 167
Stickoxid 36
stöchiometrisch 164
stöchiometrischer Faktor 40
Stoff
  -gemisch, vielkomponentiges 259
  -menge 144
  -mengenanteil 39
Stör
  -ion 147, 173
  -sicherheit 251, 255
  -substanz 260
Strahlenteiler 213
Strahlstärke 29
Strahlung 25
  monochromatische 34, 210
Strahlungsdetektor 29
Strahlungsfluß 29
Strahlungsleistung 29
Strahlungslose Relaxation 31
Streptavidin 187, 231
Streptomyces 187
Stripping 66, 90, 200, 258
  adsorptives 67
  chronopotentiometrisches 67
  voltammetrisches 67
Strom
  -folger 104, 168, 182
  -messung 182
  -schlüssel 52
  -Spannungs-Kurve 57, 65
Strömungsgeschwindigkeit 273
Strömungswiderstand 270
Strukturierungstechniken 83
Stützkörper 155
Substanz
  -verteilung 255
  -zone 270
Substrat 79, 183
Sulfatasen 136
Sulfid 254

Sulfit 180
Surface Acoustic Wave 122
SWV 66
Taguchi-Sensor 87, 130
Tantalpentoxid 232
Target 87
  -DNA 233
  -Molekül 231
TAS 265
TCNQ 185
Teesorten 261
Temperatur
  -einfluß 253
  -einfluß, Kompensation 253
  -koeffizient 142
  -Puls-Voltammetrie 61
Tensid 77
Tetracyanochinodimethan 185
Tetrathiafulvalen 185
Theophyllin 229
Thermistor 11, 139
Thermoelement 142
Thermometer 139
Thermopaar 10
Thiolgruppe 91, 196
Thymin 82
Tinte 152
TIRF 223
TISAB 170, 172
Titandioxid 197
Titration 172, 236, 237, 274
  cerimetrische 275
  coulometrische 238
  volumetrische 275
Titrationskurve 237, 275
Titrationsmittel 238
Titrationszone 275
Titrator 275
  coulometrischer 274
Toluol 222
Total Internal Reflection Fluorescence 223
Total Ionic Strength Adjustment Buffer 170
Total
  -Analysator 265, 270

-ausfall 255
-reflexion 29, 207, 210, 212, 223, 233
Totvolumen 239, 242, 243, 272
Toxizität 199
TPV 61
Träger 83
  -kanal 273
  -lösung 244
  -strom 239, 240, 268, 272
Transduktor 3, 7, 9, 83
Transparenz 29
Trenn
  -kapillare 244, 273
  -methode 238, 243, 246
  -prozeß 236, 264
  -säule 244, 267
  -strecke 238, 244
Trennung 267, 268
Triebkraft 40, 55
Triggersignal 107
Trimethoxysilan 233
Trimethylaminoxid 199
Trimethylcetylammonium 180
Triplett 31
t-RNA 200
Trog 98
Trübung 212
TTF 185
Übergangsmetallkomplex 219
Umgebungsvariable 251, 252
Umhüllung 208
Unterniveaus 27
Unterscheidungsfähigkeit 260
Uranyl 157
Urease 188
Urin 197
UV-Strahlung 214, 247
UV-Vis-Spektroskopie 26
Vakanz 19
Vakuum
  -photozelle 11, 112
  -verdampfung 132
Valenzband 16
Valinomycin 48, 154, 156, 220

Van-der-Waals-Wechselwirkung 73, 158
Verarmung 149, 226
Verarmungsschicht 21, 24, 59
Verbrauch 237
Verbreiterung 244
Vergiftung 255
Verkleinerung 265
Verstärkung 104
Verstärkungsfaktor 253
Verteilung 257
Verteilungsgleichgewicht 75, 176
Verteilungskoeffizient 76, 154
Verteilungsverhältnis 76
Verzögerungsschicht 124
Via 85
Vierpunktmethode 70
Vollblut 194
Voltammetrie 58, 62, 257
Volumetrie 237
Wafer 268
Wall-Jet-Detektor 243, 273
Wanderungsgeschwindigkeit 42
Wandstrahlzelle 243
Warburg-Impedanz 71
Wärmeleitfähigkeit 140, 141
Wärmeleitfähigkeitsdetektor 267
Wärmetönung 141
Wasserdipol 69, 153
Wasserstoff 131
  -brückenbindung 82
  -elektrode 52, 145
  -peroxid 89, 226
  -sensor 141
Wechselstrom
  -messung 68
  -widerstand 127, 128, 134
Weglänge 35, 273
Wegwerfsensor 152, 194, 255
Weichmacher 92, 188
Weißei 187
Wellen
  -länge 28
  -längenselektion 109, 111
  -leiter 101, 207, 231, 233
  -vektor 234

-zahl 28
Wellenleiter, planarer 221
Wheatstonesche Brücke 128, 140
Widerstand 42
  kapazitiver 127
  spezifischer 129, 140
Widerstandsmessung 127
Widerstandswandlung 127
Wolframlampe 111
Xanthin 226
Yttriumoxid 163
Zeitgesetz 41
Zelle 197, 198
Zelle, elektrochemische 52
Zellfragment 198
Zellkonstante 129
Zellmembran 98
Zentralion 47
Zentralteilchen 47
Zinndioxid 223
Zirkondioxid 87, 163
Zucker 226
  -krankheit 188
Zusatzverstärker 182
Zweistrahlprinzip 108
Zwischenschicht 149, 151
Z-Zelle 247
β-Aluminiumoxid 134
μ-TAS 252, 266, 267, 268, 273, 275
π-Stapel 203

Druck: Mercedes-Druck, Berlin
Verarbeitung: Stein+Lehmann, Berlin

MIX
Papier aus verantwortungsvollen Quellen
Paper from responsible sources
FSC® C105338

If you have any concerns about our products,
you can contact us on
ProductSafety@springernature.com

In case Publisher is established outside the EU,
the EU authorized representative is:
**Springer Nature Customer Service Center GmbH
Europaplatz 3, 69115 Heidelberg, Germany**

Printed by Libri Plureos GmbH
in Hamburg, Germany